이 책에 쏟아진 찬사

당신이 현재 누군가의 엄마나 아빠라면 반드시 이 책을 읽어야 한다. 이 책이 얼마나 현명하고 생생하며 사람의 마음을 사로잡는지, 저자가 우리 집에 몰래 들어와서 훔쳐본 게 아닐까 하는 생각이 들 정도다. 이 책은 어린아이의 부모가 됨으로써 엄청나게 기쁘면서도 전혀 예상하지 못하던 삶을 살게 된 모든 사람들이 반드시 읽어야 할 필독서다.

커티스 시튼펠드, 『사립학교 아이들』 저자

성경이 이스라엘에 관한 책이라면 이 책은 부모 노릇 하기에 관한 책이다. 사람들이 대부분 지도도 없이 '부모 노릇 하기' 여행을 하는데, 역사와 사회과학을 멋지게 버무린 이 책은 이 여행을 할 때 반드시 챙겨야 하는 지도책이다. 재기 넘치고 재미있으며 통찰력이 넘쳐흐르는 이 책은 모든 부모가 반드시 읽고 또 읽어야 할 만큼 중요한 내용을 담고 있다. 제니퍼 시니어는 지구상에서 가장 글을 잘 쓰고 가장 현명한 엄마라는 생각이 든다. 시니어는 육아와 행복에 대한 잘못된 신화의 진실을 최초로 밝히는, 예리하고도 생기 넘치는 기사를 썼던 사람이기도 하다. 전문가적인 식견과 솜씨로 엮어 낸 이 책은 이 주제를 다룬 책들 가운데 최고의 자리에 올라설 것이며, 앞으로도 오랜 세월 그렇게 남을 것이다.

대니얼 길버트, 『행복에 걸려 비틀거리다』 저자

관대한 정신과 예리한 지식으로 집필된 사랑스럽고 사려 깊은 책이다. 저자는 부모로 사는 것에 대한 사회적 논평을 당당하면서도 따뜻한 목소리로 담아낸다.

수전 케인, 『콰이어트』 저자

이 책은 과도한 스트레스에 힘들어하는 오늘날의 부모에게 완벽한 지적 처방전을 제시한다. 부모의 삶이 그야말로 결딴이 나 버린 것처럼 보이는 모든 이유를 총정리하는 차분하면서도 명석한 혜안이 돋보인다. 이 책의 장점은 저자가 아이를 키우는 부모들을 만나 그들의 이야기를 소박하게 경청하면서 부모들이 알고 있는 잘못된 여러 믿음과 가정의 실체를 밝히고, 오늘날 부모들의 자녀 양육 경험이 과거에 그들이 성

장할 때와 전혀 다를 수밖에 없는 이유를 드러낸다는 데 있다. 사랑의 의미를 밝히는 책이며, 자식을 키운다는 것은 단순히 자식만이 아니라 우리 스스로를 키운다는 심오한 가르침을 주는 책이다.

톰 리스, 2013년 퓰리처상 수상작 『블랙 카운트』 저자

영아기와 유아기 그리고 소아기와 아동기를 거쳐 사춘기라는 격렬한 생애 단계에 이르기까지 모든 부모들이 경험하지만 좀처럼 드러내 놓고 이야기하려 하지 않는 여러 유형의 경험들을 해체하고 분석한다. 아이를 키우는 일의 감추어진 실체가 드러날 때, 자식을 키우는 사람이라면 그 누구도 이 이야기가 자기 이야기가 아니라고 말하지 못할 것이다.

매들린 레빈, 『자녀 잘 가르치기』 저자

제니퍼 시니어는 오늘날 많은 부모들이 자식을 키우는 일과 관련해서 가장 신성하게 여기는 여러 원칙들을 놀랍도록 멋지게 뒤흔들어 놓는다. 이 책은 미친 듯하고 전율이 넘치는 그러나 여전히 기쁨이 넘치는 육아라는 길고 긴 여정에서 부모들이 반드시 챙기게 될, 권위와 지혜가 넘치는 바로 그 책이다.

데이비드 그랜, 『잃어버린 도시 Z』 저자

통렬한 내용을 눈을 뗄 수 없는 흡인력으로 담아낸 책이다. 매우 인상적인 연구 결과와 통찰과 강렬하면서도 짧은 풍경들이 담겨 있는 이 책에는 번쩍이는 지혜와 투명한 정직성이 관통한다. 저자는 부모만이 느낄 수 있는 감정을 소설가의 감성으로 섬세하게 그려 낸다. 이 책을 읽고 나는 부모로 산다는 것의 의미를 다시 생각하게 되었다.

「뉴욕타임스」 북리뷰

지금 현재 아이가 없는 사람들은 이 말을 잘 들어야 한다. 만일 아이를 가질 생각을 한다면 그리고 아이를 가진다는 게 어떤 경험인지 정확하게 정리하고 평가한 것을 찾는다면, 가족이 단란하게 휴일을 보내는 온갖 종류의 이미지들은 깨끗이 잊어버려

라. 그리고 이 책을 읽어라. 이 책의 놀라운 설득력에 유쾌한 활력을 느낄 것이다.

「허핑턴포스트」

이 책은 놀라운 통찰력과 지성과 감수성과 미묘함으로 아이를 키우는 부모의 삶에서 묻어나는 기쁨과 슬픔 그리고 조증과 울증의 온갖 복잡한 질감을 포착한다.

앨리슨 고프닉, 『우리 아이의 머릿속』 저자

여러 가지 사실과 일화가 씨줄과 날줄로 촘촘하게 엮인 이 책은 흥미진진하고 몰랐던 사실을 일깨워 주며 고통스럽기도 하고 재미있기도 하다. 「워싱턴포스트」

제니퍼 시니어는 학술적인 연구 저작물 더미를 실제 삶 속에서 아이를 키우는 엄마 아빠의 모습 속에 매끄럽게 녹여 냈다. 이 책은 말로 다 할 수 없을 정도로 매혹적이다. 저자는 복잡한 학술적 내용을 아름다운 현실 언어로 갈아 내는 놀라운 솜씨를 발휘한다. 그리고 따로 써서 벽에다 붙여 놓고 싶을 정도로 아름다운 인용을 적재적소에서 구사한다. 이 책은 너무도 현실적이지만 뭐라고 꼭 꼬집어서 말할 수 없는 어떤 것을 이야기한다. 정말 꼭 읽어야 할 책이다. 「북페이지」

여성에게 『여성의 신비』가 중요했던 것만큼이나 부모에게는 이 책이 중요하다. 이 책은 부모에게는 어떤 공통된 언어가 있으며, 엄마든 아빠든 육아와 그로 인한 문제로 고통을 겪는 사람이 혼자가 아니라는 것과, 그럴 수밖에 없는 문화적·정치적·경제적 이유들을 설명하고 있기 때문이다. 「크리스천사이언스 모니터」

시니어의 현명한 공감은 꼭 필요한 것을 일러 주고 격려를 아끼지 않는 친절한 가이드가 되어 준다. 「보스턴글로브」

다른 부모들이 살아가는 모습을 구경하고 그들이 하는 이야기를 듣는 것만으로도 많은 생각에 잠길 수 있다. 게다가 재미있다. 동시대 부모의 삶과 현실을 통렬하게 들여다본다. 「뉴스데이」

정신없이 몰입해서 빠르게 읽을 수 있는 책이다. 저자가 선별한 오늘날의 가족 군상이 아이와 까꿍 놀이를 하고 숙제를 도와주고 바닥 분수 놀이장을 깔깔거리면서 뛰어다니는 어른들로 섬세하게 묘사되는데, 이들은 마치 소설 속 등장인물들처럼 생생하게 살아 있다. 저자는 이렇게 쓰고 있다. "아이를 키운다는 게 어떤 의미인지 인생의 보다 넓은 맥락에서 살펴보고자 한다." 그리고 그녀는 부모로 살아갈 때의 가슴 뛰는 순간들로 우리를 초대한다. 「샌프란시스코 크로니클」

부모가 아이들에게 하는 것들에 대한 일반적인 연구 내용을 거침이 없고 풍성하게 보여 줄 뿐만 아니라 그 이면까지 풍자적으로 풀어낸다. 「뉴욕포스트」

이 책에는 많은 부모가 소개된다. 다들 흠이 있고 상처를 받고 있지만 사소한 승리들을 거두면서 너무도 인간적으로 살아가는 사랑스러운 사람들이다. 「시카고 트리뷴」

빈틈이 없고 명쾌하고 유익하고 눈이 번쩍 뜨이는 책이다. 이 책을 읽은 부모라면 다른 부모들에게 동질감을 느끼며 외로움을 털어낼 것이다. 「뉴욕타임스」

이 책은 수많은 논문 및 연구 저작물에서 뽑아낸 폭넓은 주제에 관한 매혹적인 정보들을 빽빽하게 담고 있다. 많은 것을 생각하게 해 주는 소중한 정보들과 일화들은 삶의 방향과 의미를 찾는 부모라면 누구에게나 꼭 필요한 것이다. AP통신

부모로 산다는 것

ALL JOY AND NO FUN
: The Paradox of Modern Parenthood

부모로 산다는 것

잃어버리는 많은 것들
그래도 세상을 살아가는 이유

제니퍼 시니어 지음
이경식 옮김

차 례

서 문

'부모로 산다는 것'은 무엇인가?

아이를 키우는 일에는 환상과 현실이 공존한다. 그런데 앤젤리나 홀더가 지금 당장 처한 상황으로만 보자면 환상과 현실 가운데 어느 쪽일지는 명백하다. 앤지(앤절리나의 애칭－옮긴이)의 세 살배기 아들 엘리는 방금 오줌을 쌌다고 말한다.

"알았어."

앤지는 거의 쳐다보지도 않은 채 대답한다. 그녀는 지금 바쁘다. 쉐이크 앤 베이크(간단하게 요리해 먹을 수 있는 인스턴트 닭고기 식품－옮긴이) 파르마산 치즈 닭가슴살로 점심에 먹을 음식을 만들고 있기 때문이다. 병원에 다니는 그녀는 오늘은 저녁 근무라서 오후 3시부터 일을 시작한다.

"2층으로 가서 갈아입어."

하지만 식탁 의자 위에 선 엘리는 블랙베리를 집으며 짧게 대답한다.

"못 해요."

"왜 못 해?"

"못 해요."

"잘할 수 있을 것 같은데. 다 컸잖아."

앤지는 끼고 있던 조리용 장갑을 벗는다.

"엄마 지금 뭐 하고 있지?"

"갈아입혀 줘요."

"안 돼! 엄마 지금 요리하잖아. 곤란하니까, 어떡해야 하겠니?"

엘리가 훌쩍거리기 시작한다. 앤지는 하던 일을 멈춘다. 성가시기도 하고 재미있기도 하다. 하지만 무엇보다도 당혹스럽다. 이런 종류의 우스꽝스러운 협상을 명쾌하게 해결할 수 있는 매뉴얼이 육아 서적에 분명히 나와 있을 것이다. 하지만 지금 당장은 책을 뒤져 볼 여유가 없다. 점심을 준비해야 하고 설거지를 해야 하고, 또 간호사복으로 미리 갈아입어야 한다.

"혼자 갈아입을 수 있잖아? 혼자 입으면 되는데 왜 그러니? 이유를 말해 봐."

"못 해요."

앤지는 아들을 똑바로 바라본다. 그녀는 모든 부모들이 아이들과 벌이는 철창 링의 이런 대결 상황에서 어떻게 해야 할지 재빨리 계산해 본다. 과연 아이의 응석을 받아줄 것인지 말 것인지, 그렇게 하는 게 과연 도움이 될 것인지 아닐 것인지 판단해야 한다. 사실 엘리는 혼자서 옷을 갈아입을 줄 안다. 게다가 대부분의 세 살배기들과 다르게 보통은 한 번 만에 성공한다. 바지 구멍 하나에 발 하나씩 넣을 줄 알고, 앞면과 뒷면을 헛갈리지도 않는다. 그러니 논리적으로 따지자면 앤지의 주장이 옳았다. 하지만 한참 생각한 뒤에 이렇게 말했다.

"2층으로 올라가서 갈아입을 옷 골라 올 수는 있지? 초록색 속옷 통을 보면 거기에 있을 거야. 네 속옷 담아두는 통 말이야, 알지?"

어른의 관점에서 보자면 이 거래는 쌍방이 만족하는 좋은 협상의 모든 요소를 갖추고 있다. 서로가 체면을 세우고 자존심을 지킬 수 있는 요소들 말이다. 그야말로 윈윈의 해법이다. 그러나 세 살배기 아이 엘리는 '예'라고 대답하지 않는다. 대신 앤지의 배낭에서 곡물 과자를 꺼내며 엉뚱한 말을 한다.

"제이가 이거 좋아할 텐데…."

제이로 불리는 아이는 엘리의 남동생 제이비어이다.

"아니, 제이는 그거 좋아하지 않아."

앤지는 차분하지만 단호하게 말한다. 그녀는 이미 어떤 선택을 내렸고, 이제 다른 길은 거들떠보지도 않았다.

"나는 네가 엄마 말을 들으면 좋겠어. 그런데 지금 엄마 말 안 듣고 있지?"

하지만 엘리는 계속해서 앤지의 가방을 뒤지기만 한다. 그러자 앤지가 다가가서 손가락으로 계단을 가리킨다.

"혼자서는 못 해, 엄마가 도와줘야지."

아이는 버틴다.

"아냐, 그럴 필요 없어. 넌 할 수 있어. 네 옷은 엄마가 모두 제자리에 정리를 해 뒀잖아. 그러니까 2층으로 가서, 가지고 오렴."

2, 3초 동안 긴장된 침묵이 흐른다. 세 살배기 아이가 벼랑 끝 전략을 구사한다. 그러자 엄마는 제이를 자기편으로 확보하면서 우회

공격을 펼친다.

"제이, 형아 심술부리는 거 좀 봐라. 우리, 형을 어떻게 할까?"

엘리는 화가 나지만 결국 항복하고 만다. 천천히 계단을 기어오른다. 잠시 뒤에 엘리는 계단 위에 다시 나타난다. 큐피드처럼 벌거벗은 몸이다. 그리고 엘리는 초록색 속옷을 계단 아래로 휙 집어던진다.

"그래, 초록색 속옷 찾았구나. 잘했어, 엘리!"

엄마는 활짝 웃으면서 얼른 달려가 속옷을 집는다. 마치 그게 결혼식장의 신부가 던진 부케라도 되는 것처럼.

부모가 되기 전에는 결코 알지 못했던 일들 | 전에는 상상도 못 했다. 세 살밖에 되지 않은 아이가 속옷을 계단 아래로 집어던지는 걸 보고 좋아서 이렇게 깡충깡충 뛰게 될 줄은. 한 아이의 부모가 되기 전에는 정말 상상도 하지 않은 일이다. 이런 상황이 닥치기 전에는 늘 피 마르게 진행되는 정교한 협상을 자기 아이와 하게 될 거라는 사실도 몰랐다. 우스꽝스러우면서도 가슴 졸이는 이런 정교한 협상을 날마다 아침저녁으로 하게 될 줄은 정말 상상도 하지 못했다. 이런 일들이 일어나기 전만 하더라도 앤지는 저녁 시간에 정신과 간호사로 일을 했고, 일을 하지 않는 시간에는 자전거를 타고 그림을 그렸다. 주말에는 남편과 미네하하 폭포로 하이킹을 갔다. 자기 삶은 온전히 자신만의 것이었다.

하지만 아무리 자기 생활과 삶을 잘 조직하는 사람이라고 하더라도 아이를 갖고 부모가 되는 일에 준비를 잘 갖추는 사람은 없다. 이것이 현실이고 진리다. 수많은 책을 사서 읽을 수 있고, 친구와 친척의 경우를 관찰할 수 있고, 또 어린 시절의 기억을 떠올릴 수는 있어도, 이런 것들만으로는 문제가 해결되지 않는다. 이런 간접적인 경험들과 실제 현실 사이의 거리는 광년 단위로만 측정할 수 있을 정도로 멀고도 멀다. 부모가 될 사람들은 자기 아이들의 얼굴이 어떻게 생겼을지 전혀 알 수 없다. 자기 마음이 누군가에게 영원히 매여 있다는 게 어떤 뜻인지 전혀 알 수 없다. 겉으로만 보자면 단순하기 짝이 없는 수많은 결정들을 내리려고 온갖 복잡한 계산을 하는 게 어떤 느낌인지, 심지어 양치질을 하면서까지 다른 여러 가지 일을 동시에 하는 게 어떤 느낌인지, 혹은 오만 가지의 걱정이 형형색색의 색종이가 되어 머리 위로 쏟아져 내리는 게 어떤 느낌인지 전혀 알 수 없다. 부모가 된다는 것은 성인의 삶에서 맞이할 수 있는 가장 갑작스럽고 극적인 변화 가운데 하나다.

1968년에 앨리스 로시Alice Rossi라는 사회학자가 이 변화의 갑작스러운 과정을 매우 깊고도 길게 탐구한 논문 한 편을 발표했다. 그녀는 이것을 그저 「부모 되기Transition to Parenthood」라고만 단순하게 불렀다. 그녀는 아이를 가진다는 것은 결혼하기 전에 구혼을 하는 것이나 간호사가 되기 전에 직업 훈련을 받는 것과는 비교도 되지 않는 일이라고 말했다. 아기는 '연약하고 신비로우며' 또 '하나에서 열까지 의존적인' 존재이기 때문이라고 했다.[1]

당시에 그것은 혁명적인 관찰이었다. 당시의 학자들은 주로 부모가 아이들에게 미치는 영향에 관심을 기울였다. 그런데 로시가 생각했던 것은 관찰 대상을 바꾸는 것이었다. 즉, "부모가 된다는 것이 성인인 부모 자신에게 어떤 영향을 미치는가? 아이는 자기 엄마와 아빠의 삶에 어떤 영향을 미치는가?"라는 문제에 초점을 맞춘 것이다.[2]

그리고 45년이 흐른 뒤에 지금 우리는 다시 이 문제의 해답을 찾고자 한다.

아이는 당신을 불행하게 만든다? | 내가 처음 이 문제를 생각한 것은 2008년 1월 3일, 내 아들을 처음으로 세상에서 만난 날이었다. 그러나 당시만 하더라도 어렴풋하게만 생각하다가, 2년도 더 지난 뒤에 사회과학 분야에서 확인된 특이한 몇몇 현상들 가운데 하나를 탐구하는 어떤 글을 「뉴욕 매거진New York Magazine」에 쓰기 시작하면서 이 문제를 본격적으로 생각하기 시작했다. 내가 관심을 가진 주제는, 자식이 있는 사람은 자식이 없는 사람보다 결코 더 행복하지 않으며, 오히려 몇몇 경우에는 덜 행복하다는 사실이었다.

이런 결론은 일반적인 통념을 깨는 것이지만, 사실 이런 생각은 60년 전쯤으로 거슬러 올라간다. 로시의 논문이 나오려면 아직 10년 가까이 더 기다려야 하던 때다. 최초의 글은 1957년에 나왔는데, 당시는 핵가족에 대한 찬양이 절정에 이르렀던 시기다. 이 글의 제목은 "위기의 부모Parenthood as Crisis"였고, 저자는 단 네 쪽으로 이루어진 이 글로 당시 일반적이고 정통적이던 이론을 파괴하면서, 아이는 결혼을 구원하는 게 아니라 허물어뜨린다고 천명했다. 그러면서 다음과 같은 어떤 엄마의 말을 인용했다.

"우리는 아기가 어디에서 오는지는 알았습니다. 그러나 아기가 어떤 모습을 하고 있을지는 알지 못했습니다."(강조는 원 저자)[3]

그런 다음에 자기가 조사한 엄마들의 불만을 다음과 같이 열거했다.

수면 부족(특히 출산 후 몇 달 동안), 만성피로, 바깥출입 및 사회적인 접촉 제한, 직장 생활에 따른 충족감 및 소득의 포기, 늘어난 빨랫감과 다림질감, 더 좋은 엄마가 되지 못한다는 죄책감, 낮과 밤이 따로 없고 휴일도 없이 갓난아기를 돌보아야 하는 장시간 노동, 여러 가지 점에서 엉망으로 변해 가는 집안 꼴, 임신 뒤부터 늘어난 몸무게를 비롯한 여러 가지 외모 걱정.[4]

또 아빠들은 이런 것들 외에도 수입에 대한 압박감, 섹스를 자주 하지 못하게 된 데 대한 불만 그리고 '부모 역할에 대한 전반적인 환멸'에 시달렸다.[5]

그리고 1975년에 또 한 편의 기념비적인 논문이, 집에 있던 자식을 떠나보낸 부모가 여전히 자식을 데리고 있는 부모에 비해서 더 행복하다는 사실을 입증했다.[6] 기존의 통념과는 정반대인 사실을 확인한 것이다. 1980년대에 여자들이 대거 취업 활동에 나서기 시작하면서 사회학자들은, 일이 여성의 복지에는 도움이 되지만 아이들이 그것의 긍정적인 효과를 상쇄하는 경향이 있다는 결론을 내렸다.[7] 그리고 그 뒤 20년 동안, 어린아이는 아빠보다 엄마 그리고 양부모보다 편부모의 심리적인 건강을 더 많이 해치는 경향이 있음을 입증하는 여러 논문들이 발표되면서 보다 구체적인 현실이 꾸준하게 세상에 알려졌다.[8]

한편 심리학자들과 경제학자들도 비슷한 결과를 찾아내기 시작했다. 이런 결과들은 찾으려고 해서 찾은 게 아니라 다른 연구를 하는 과정에 부수적으로 드러난 경우가 많았다. 2004년에는 노벨상 수상자인 경제학자 대니얼 카너먼Daniel Kahneman을 포함한 다섯 명의 학자들이 텍사스에 거주하는 직장 여성 909명을 대상으로 어떤 활동이 가장 큰 즐거움을 주는지 설문 조사를 했다. 그런데 결과가 놀라웠다. 육아는 전체 19개 항목 가운데서 16위를 차지했다. 음식 준비보다 뒤였고, 텔레비전 시청보다 뒤였으며, 낮잠보다 뒤였고, 쇼핑보다 뒤였으며 집안일보다 뒤였다.[9] 캘리포니아 대학교 버클리 캠퍼스와 샌프란시스코 캠퍼스에서 강의하는 매튜 킬링스워스Matthew Killingsworth가 진행한 또 다른 연구 조사에서도, 아이들과 함께 있는 부모가 느끼는 즐거움은 순위에서 한참 뒤로 밀려나 있음을 확인했다.[10] 이런 사실에 대해서 매튜는 나와 전화 통화를 하면서 다음과 같이 설명했다.

"친구와 소통하는 것이 배우자와 소통하는 것보다 좋고, 배우자와 소통하는 것이 친척과 소통하는 것보다 좋고, 친척과 소통하는 것이 지인과 소통하는 것보다 좋고, 지인과 소통하는 것이 부모와 소통하는 것보다 좋고, 부모와 소통하는 것이 아이들과 소통하는 것보다 좋다는 겁니다. 아이들은 진짜 낯선 사람이나 다름없거든요."[11]

이런 연구 결과들은 말할 것도 없이 도발적이다. 그러나 이 연구들이 전하는 내용은 불완전하다. 연구자들이 부모의 특정한 감정들을 측정하려 할 때 이 부모들은 전혀 다른 대답, 미묘한 뉘앙스의 차이가 있는 대답을 하는 경향이 있기 때문이다. 앵거스 디턴Angus Deaton과 아서 스톤Arthur Stone은 2008년부터 2012년 사이에 이루어진 170만 건의 갤럽 조사 결과를 바탕으로 해서 15세 이하의 아이를 키우고 있는 부모들은 보다 많은 불편한 감정들뿐만 아니라 보다 많은 좋은 감정들을 느끼고 있음을 발견했다.[12] (이 두 사람은 이 결과를 최근에 발표했다.) 그리고 연구자들이 보다 본질적인 성격의 질문들로 파고들 때면, 부모들은 의미와 보상에 대해서 좀 더 크고 깊은 감정을 드러낸다.[13] 사실 많은 부모들이 그 모든 소란을 감내하는 이유도 바로 여기에 있다.

다른 말로 하면, 아이들은 우리의 모든 일상을 붙잡고 늘어지지만 동시에 그 모든 일상에 깊은 의미를 주기도 한다는 뜻이다. 그래서 어린 두 아이를 키우는 나의 한 친구도 "모든 게 기쁨, 그러나 재미는 전혀 없음All Joy and No Fun"이라는 표현으로 이런 사정을 묘사했다. (이것은 이 책의 원제목이기도 하다.)

그래서 어떤 사람들은 경박스럽게도, 이런 연구 결과들은 "어린아이는 당신을 불행하게 만든다"라는 모질고도 짧은 한 문장으로 축약할 수 있다고 결론을 내리기도 한다. 그러나 내 생각은 다르다. 사회과학자인 윌리엄 도허티William Doherty의 말처럼 육아는 '고비용-고수익 활동'이라고 부르는 편이 보다 정확한 표현일 것 같다.[14] 비용이 높은 데는 여러 가지 이유가 있겠지만 그 가운데 하나는 오늘날의 부모 노릇이 예전의 부모 노릇과 매우 다르다는 점이다.

이 시대에 부모가 된다는 것의 의미 | 부모로 살아가면서 감수해야 하는 일 가운데 결코 변하지 않는 몇 가지 어려운 일들이 있다. 예를 들어 수면 부족을 꼽을 수 있다. 온타리오의 퀸즈 대학교에서 진행한 일련의 연구 조사 결과에 따르면, 수면 부족은 몇몇 측면에서 볼 때 음주만큼 판단력을 흐트러뜨린다.[15] (이런 비교에 놀라울 정도로 정당성을 부여할 수 있는 어떤 요소들이 분명히 있다.) 쉽게 풀리지 않을 이런 어려움들은 깊이 있게 파헤쳐 볼 가치가 충분히 있으며, 이 책

에서 커다란 역할을 할 것이다. 그러나 나는 예전의 육아와 다르게 차별성이 있는 오늘날 육아의 새로운 특징들에도 관심이 있다. 부모로서의 우리 삶이 예전에 비해서 한층 복잡해졌다는 사실은 누구도 부인할 수 없다. 게다가 이런 복잡한 여러 문제들을 명쾌하게 해결해줄 새로운 지침이 마련되어 있지도 않다. 표준적인 규범이 없다는 것만큼 난처하고 까다로운 상황은 없다. 그러니 개인적인 차원의 걱정이나 문화적인 차원의 걱정이 어느 정도는 있을 수밖에 없다.

최근 수십 년 사이에 부모가 되는 경험은 그야말로 수백 가지 점에서 과거와 달라졌다. 그러나 크게 보자면 세 가지 측면의 발전이 가장 핵심적이라고 생각한다. 우선 첫 번째가 선택이다. 그다지 멀지 않은 과거에만 하더라도 어머니와 아버지는 아이를 몇 명 낳을지, 혹은 언제 낳을지, 스스로 선택할 수 있는 사치를 누리지 못했다. 그리고 과거의 부모들은 오늘날의 부모들만큼 자기 자식을 존중하거나 소중하게 여기지 않았다. 그저 관습이니까, 경제적으로 이득이 되니까, 혹은 가족과 공동체에 대한 도덕적인 의무니까 (그러나 보통은 이 세 가지 필요성을 모두 충족하기 위해서) 아이들을 낳았던 것이다.

그러나 오늘날 성인들은 아이를 보통 인생에서 이루는 소중한 성취 가운데 하나로 바라본다.[16] 그리고 마치 인생의 어떤 거대한 목표를 대하듯이 대담한 독립성과 개성으로 육아에 임한다. 아이에게 필요하고 유익하다고 판단할 경우, 아이들끼리 따로 떼어 놓으며, 개인적인 육아 철학에 입각해서 아이들을 키운다. 실제로 많은 성인들은 부모의 자격을 충분히 갖추고 또 준비가 될 때까지는 아이를 가질 생각을 하지 않는다. 2008년에 대학 교육을 받은 25세부터 29세까지의 여성 가운데 72퍼센트가 아직 아이를 갖지 않았다.[17]

예전에 누구나 의무로 여겼던 육아를 지금은 많은 사람들이 열성적인 자원자가 되어서 하고 있기 때문에, 아이들이 자기에게 장차 보답으로 해 줄 일에 대해서 사람들이 거는 기대는 점점 높아지고 있다. 이런 경향의 연장선 속에서 사람들은 아이들을 생활의 일상적인 한 부분이라기보다는 존재론적인 충족감의 원천으로 여긴다. 바로 여기에서 희소성의 원리가 작동한다. 우리는 희소한 것에 그리고 우리가 보다 열심히 노력하고 정성을 쏟는 것에 더 높은 가치를 매긴다. (2010년에 61,500명이 넘는 아이들이 보조 생식기술을 통해서 태어났다.)[18] 이런 맥락에서 발달 심리학자인 제롬 케이건Jerome Kagan은 다음과 같이 썼다.

"가족계획이 굉장히 꼼꼼하고 신중하게 이루어진다. 결국 이런 가족계획은 한 부모가 (흔히 여유가 없는 상황에서) 아이를 예닐곱 명씩 낳던 시절에 비해서 갓난아기에게 과도한 의미를 필연적으로 부여하게 된다."[19]

이런 변화를 일반적이긴 하지만 조금 잔인하게 해석하자면, 현대의 육아는 자아도취의 어떤 행위가 되어 버렸다고 말할 수 있다. 그러나 이런 변화에 조금 더 동정적으로 공감할 수도 있다. 예컨대 현대의 많은 부모들은 아이 가지기를 미룸으로써, 자기들이 곧 포기하게 될 자유를 훨씬 더 많이 인식한다고 볼 수도 있다는 말이다.

달라진 육아 환경 속에서 무작정 항해하는 부모들 | 오늘날의 육아 경험이 예전에 비해서 좀 더 복잡해진 두 번째 이유는 사람들이 직업적으로 수행하는 일들이 예전에 비해서 훨씬 더 복잡해졌다

는 데 있다. 직장인의 하루 업무는 퇴근해서 집으로 돌아오고 나서도 한참 뒤까지 더 이어진다. 스마트폰은 계속 울리고 노트북의 전원을 꺼둘 여유가 없다. 더 중요하게는, 노동 시장에서 여성 인력의 포화 상태는 (아이를 가진 여성들 다수가 지금은 직장인이다) 가정생활을 예전과는 완전히 다르게 바꾸어 놓았다. 1975년에는 3세 미만의 아이를 가진 여성 가운데 34퍼센트가 직장을 다니고 있었다. 그런데 이 수치는 2010년에 61퍼센트로 늘어났다.[20]

여성이 베이컨을 사 가지고 와서 프라이팬에 구워 아침으로 먹은 다음에 프라이팬에 남은 기름으로 아이들의 과학 과제물로 쓸 양초를 만드는 일은 예전과 달라지지 않았다. 그러나 예전과 완전히 달라진 조건 아래에서 육아와 관련된 의무를 어떻게 분류하고 정리할 것인가 하는 문제는 아직 해결되지 않고 남아 있다. 정부와 민간 기업 모두 이렇게 바뀐 현실을 인정하고 거기에 맞춰서 필요한 조정을 해야 함에도 그렇게 하지 않은 채 모든 부담을 개인 가정에 떠넘긴다. 오늘날의 아버지들은 과거 그 어느 세대의 아버지들보다 더 많은 시간을 아이들에게 붙들려 있지만, 사실 이들은 해도海圖도 없이 온갖 시행착오를 겪으면서 ('착오'의 쓰라린 결과가 결정적이고 치명적인 경우가 얼마나 많은데!) 육아라는 미지의 바다를 무작정 항해하고 있다. 많은 여자들은 남자들이 제공하는 이런 도움을 고마워해야 할지 어째야 할지조차 (혹은 남자들이 도움을 주지 않을 때 화를 내야 할지 어떨지조차) 알지 못한다. 한편 많은 남자들은 아내의 일-생활 패턴에 맞추려고 무진 애를 쓴다. 그래서 이제는 남자가 유아용품점에 발을 들여놓아도 누구 하나 이상하게 여기지 않는다.

그 결과 집안은 엉망이 되어 버렸다. 우리 어머니 세대를 풍미했던 가정생활의 풍자작가 에르마 봄벡Erma Bombeck의 계보를 잇는 오늘날의 후예들이 남자들이라는 사실이 전혀 놀랍지 않다. 『재워야 한다, 젠장 재워야 한다Go the F**k to Sleep』를 쓴 애덤 맨스바크Adam Mansbach가 그렇고, 수많은 열혈 부모 팬을 거느리는 코미디 배우 루이스Louis C. K.가 그렇다. 루이스는 2011년에 아버지의 날 특집의 어떤 프로그램에서 다음과 같이 말했다.

"우리 아이들이 지금보다 더 어릴 때 나는 이 아이들을 슬슬 피했습니다. 여러분은 아빠가 화장실에 왜 그렇게 오래 앉아 있는지 궁금하죠? 그건, 자기가 정말로 아빠가 되고 싶은 건지 확신이 서지 않았기 때문입니다."[21]

손윗사람이 된 아이들 | 그러나 내 생각에 오늘날의 육아 경험을 훨씬 근본적으로 바꾼 것은 지금까지 말한 두 가지 이유보다 지금 말하려고 하는 세 번째 이유가 더 크다. 그리고 바로 이것 때문에 가정에서나 사회에서 어린아이의 역할도 근본적으로 바뀌었다. 제2차 세계대전 이후로 어린이를 바라보는 인식은 완전히 달라졌다.

오늘날 우리는 아이들이 인생의 시련을 겪지 않도록 보호하기 위해서 갖은 노력을 다한다. 그러나 사실 미국 역사를 통틀어서 대부분의 시기 동안 이런 일은 없었다. 아이들은 노동을 했다. 건국 초기에 아이들은 동생을 보살피거나 농장에서 일을 했다. 산업화가 이루어진 다음에는 광산이나 직물 공장에서, 통조림 공장에서 그리고 길거리의 좌판에서 일을 했다. 시간이 흐르면서 개혁가들이 아동 노동을 금지하는 법안을 발의하고 이런 법안들이 의회에서 통과되었지만,

변화는 느리게 진행되었다. 제2차 세계대전이 끝난 다음에야 비로소 우리가 현재 알고 있는 '어린이'라는 개념이 등장했다. 그리고 가족 경제를 지탱하는 부담은 오로지 부모만 지게 되었다. 부모는 아이를 보호하고 먹였으며 아이는 이제 돈 먹는 하마가 되었다. 부모와 자식 사이의 인간관계 균형이 무너졌다. 아이들은 이제 일을 하지 않았고 부모들은 두 배로 일을 했다. 아이들은 손아랫사람에서 손윗사람으로 바뀌었다.

대부분의 역사학자들은 이런 변화를 설명하면서 아이들이 '유용한' 존재에서 '보호받는' 존재로 바뀌었다고 표현한다. 그러나 사회학자 비비아나 젤라이저Viviana Zelizer는 훨씬 더 통렬한 표현을 동원해서, 오늘날의 어린이를 "경제적으로 가치가 없지만 정서적으로는 무한한 가치를 가진" 존재라고 정의한다.[22]

오늘날의 부모들은 정서적, 금전적으로 예전의 부모들이 상상도 하지 못했을 정도로 많은 자본을 아이들에게 쏟아붓는다. 그리고 오후 5시에 직장 일을 끝내고 나서도, 대부분의 어머니는 직장 생활을 하지 않고 집에만 있던 예전에 비해서 아이들에게 더 많은 시간을 더 집중해서 쓴다. 그러나 부모들은 자기들이 무엇을 해야 하는지, 정확하게 말하면 자기들에게 주어진 새로운 '업무'에서 무엇을 해야 하는지 알지 못한다. '부모 노릇 하기'는 그야말로 하나의 전문적인 직업 활동이 되어 버렸을 수도 있지만, 이 활동의 목적은 전혀 분명하지 않다. 아이들은 이제 더 이상 경제적인 자산이 아니다. 그러므로 수지 균형을 맞추기 위한 유일한 방법은 이 아이들을 미래의 자산이라고 설정하는 것이다. 그런데 단지 그런 믿음만 가진다고 해서 아이가 미래의 자산이 되는 건 아니다. 실제로 엄청나게 많은 투자를 해야 한다. 아이들은 현재 정서적으로 매우 소중한 가치를 지니고 있는 존재로 설정되어 있으므로, 오늘날의 부모들은 자기 아이들의 심리적인 복지도 책임져야 한다. 심리적인 복지를 책임지며 여기에 신경을 쓴다는 것은 칭찬받아 마땅한 행위로 보이지만, 사실 이것의 실제 내용은 모호하기 짝이 없다. 또 언제나 현실성이 있는 것도 아니다. 아이들에게 자신감을 불어넣는 것은 글을 가르치거나 자동차 바퀴를 교체하는 방법을 가르치는 것과는 다르기 때문이다.

부모를 힘들게 하는 것들에 대하여 | 이 책에서 나는 부모로 살아간다는 현실의 경험을 요소별로 그리고 단계별로 살펴볼 것이다. 그럼으로써 오늘날의 부모들이 아이들을 키우고 살아가면서 그토록 힘들어하는 것들의 정체를 분명하게 밝혀내고, 또 어떤 경우에는 더 나아가서 이런 것들을 계량화하고자 했다. 앤지와 엘리 사이의 분통 터지는 줄다리기가 이런 과제의 한 가지 사례가 될 수 있다. 연구자들은 이런 종류의 줄다리기를 40년 이상 연구해 왔다. 1971년에 하버드 대학교의 세 연구자들은 엄마와 두 살배기 아이 90쌍을 다섯 시간 동안 관찰한 끝에 평균적으로 엄마는 3분에 한 번씩 아이에게 어떤 명령을 내리거나, 안 된다는 말을 하거나, 아이가 하는 요구를 (흔히 '칭얼대면서 하는' '말도 안 되는' 요구를) 얼렁뚱땅 받아넘긴다는 사실을 확인했다. 또한 아이들은 엄마의 말에 평균적으로 60퍼센트만 복종하고 따른다는 사실도 확인했다.[23] 이런 상태가 엄마나 아이의 정신건강에 좋지 않음은 두말할 나위도 없다.

그리고 오늘날의 부모들이 느끼는 심정을 설명하는 데 도움이 될 연구 성과들도 많이 있다. 내가 이 책에서 시도하는 것은 이런 연구 성과들을 다양한 자료를 바탕으로 해서 짜 맞추는 작업이다. 나는 성생활에 대한 자료들을 살펴보았고 수면 관련 자료들을 살펴보았다. 주의력과 관련된 책들을 읽었고 산만함을 다룬 에세이들을 읽었다. 결혼 및 어린이에 관한 역사를 탐구했으며, 십 대 청소년이 언제 부모에게 가장 격렬하게 반항하는지(중학교 2학년에서 고등학교 1학년 시기다)[24] 또 일과 생활 사이의 균형에서 누가 가장 큰 갈등을 겪는지(아빠다)[25] 등과 같은 다양한 현상을 설명하는 폭넓은 분야의 연구서들을 읽었다. 그런 다음에 이 모든 자료들이 실제 가정의 현장에서, 즉 부엌과 침실에서 또 승용차를 다른 가족과 함께 타고 통학을 하는 동안이나 숙제를 하는 동안에, 어떤 식으로 나타나는지 보여 주려고 노력했다.

책을 읽기 전 몇 가지 주의사항 | 비록 나는 많은 부모들이 이 책을 읽고 자기 자신을 보다 많이 이해하고 더 나아가 스스로를 너그럽게 받아들이길 바라는 마음을 가지고 있긴 하지만, 이 책이 육아와 관련해서 뭔가 유용한 조언을 준다고 장담하지는 못하겠다. 조금만 생각하면 알 테지만, 사실 육아와 관련해서 유용한 조언을 주는 게 이 책의 기본 목적이 아니다. 이 책은 아이에 대한 책이 아니라 부모에 대한 책이다. 『첫 임신 출산에 관한 모든 것What to Expect When You're Expecting』이 임신에 따른 변화를 알기 쉽게 설명하겠지만, 당신의 아이가 세 살, 아홉 살 혹은 열다섯 살일 때 당신이 이 아이에게 무엇을 기대해야 할지는 말해 주지 않는다. 그렇다. 당신의 아이가 당신 부

부의 결혼생활이 나아갈 방향, 당신의 직업, 당신의 친구, 당신의 야망, 당신의 내면의 자아를 자기 마음대로 비틀 때 당신은 무엇을 기대해야 할까?

또 하나 결정적인 조건이 있다. 이 책은 중산층 독자를 대상으로 한다. 정도의 차이가 있긴 하겠지만 모든 사람들은 (직업이 3교대 직장인이든, 사회복지사든, 의사든, 혹은 보안회사 설치 기사든 간에) 만만치 않은 경제적인 현실과 씨름을 해야 한다. 그런데 나는 상류층에 대해서는 거의 시간을 들이지 않았고 지면도 할애하지 않았다. (사실 이 책에서 소개하는 아이들은 모두 공립학교에 다닌다.) 그들의 걱정거리는 이 책의 주제와 특별히 관련이 없기 때문이다. 그런데 나는 빈곤층에도 초점을 맞추지 않았다. 빈곤층 부모들은 부모로서 가지는 걱정거리들과 씨름할 호사의 여유가 없기 때문이다. 이 사람들은 그저 하루하루 먹고살아야 하는 일상적인 압박만으로도 벅차기 때문이다. 주디스 워너Judith Warner의 『엄마는 미친짓이다Perfect Madness』를 비롯해서 많은 저작들이 지적했듯이, 가난한 부모에 대해서는 전혀 다른 종류의 책으로, 그것도 한 권이 아니라 여러 권으로 따로 심층적으로 다루어야 한다.[26]

육아의 각 단계들은 서로 전혀 다르므로 (아이가 막 걷기 시작할 때의 지옥 같은 몇 년 동안의 감정은 사춘기 청소년을 키울 때의 불안 및 좌절과는 전혀 다른 감정이다) 나는 이 책을 연대기적으로 구성했다. 1장과 2장은 아이가 태어난 뒤에 가장 본질적인 변화를 겪는 두 가지에 각각 초점을 맞춘다. 하나는 완전히 뒤집혀 버리는 자율성이고, 또 하나는 모든 규칙과 형식을 새로 마련해야 하는 결혼생활이다. 그러나

3장은 어린아이가 주는 독특하고도 특별한 즐거움에 초점을 맞춘다. 이어서 4장은 육아 시기의 중반쯤 되는 시기를 다룬다. 이 시기는 아이가 초등학교에 다닐 무렵으로, 이 시기에는 경쟁이 점점 더 심해지는 사회에 아이들이 잘 적응할 수 있도록 준비시켜야 한다는 부모의 압박감이 점점 커지면서 부모는 방과 후나 주말에 아이들에게 길고 긴 일련의 과외 활동을 순례시킨다. 그리고 5장에서는 사춘기를 다루는데, 이 시기가 부모에게 미치는 영향에 대한 논의는 매우 중요함에도 불구하고 그동안 제대로 이루어지지 않았다. 부모가 오랜 세월 보호하고 돌보았던 아이들은 이제 자기들만의 독특한 생물학적 변태 과정을 통해 성인으로 변모하면서 부모와 함께 생활한다. 그러나 이 어색한 조정 상황을 다룬 글은 거의 없다. 하지만 아이들이 사춘기를 통과하는 바로 이 시기에 부모는 폐경이나 퇴직과 같은 인생의 중요한 변화를 겪는다는 사실을 생각한다면 이런 공백은 특히나 더 놀랍다.

그러나 육아의 어려움을 분석하는 것만이 나의 목적은 아니다. 윌리엄 도허티가 말했던 '고수익' 역시 분석할 가치가 있다. 사실 육아에서 비롯되는 고수익은 측정하기가 매우 어렵다. 의미 혹은 기쁨이라는 개념은 사회과학이 동원하는 체를 쉽게 빠져나가 버린다. 추상적이고 초월적인 내용이기 때문이다. 하지만 나는 마지막 장인 6장에서, 아이를 키운다는 게 어떤 의미인지 인생의 보다 넓은 맥락에서 살펴보고자 한다. 다시 말해서, 기쁨을 느낀다는 게 무엇인지, 보다 큰 의무를 순순히 받아들이고 그 의무를 다하려고 애쓴다는 게 무엇인지 그리고 우리가 자기 이야기를 하고 또 자기의 전체 전망을 기억하고 형성한다는 게 어떤 것인지 살펴보고자 한다. 사람은 누구나 할 것 없이 자기 경험의 집합체다. 그래서 아이를 키우는 일은 현재의 자기를 있게 하는 데 엄청나게 크고 많은 역할을 했다고 볼 수 있다. 많은 사람들에게 어쩌면 이게 가장 중요한 역할이었을 수도 있다.

1장

나의 삶은 어디로 간 것일까?

◇◇◇◇◇◇

나는 아기를 불빛 가까이로 들어 올리고 한쪽이 충혈된 눈으로 그 의사를 흘겨보면서 퉁명하게 말을 뱉어 냈다. "말 좀 해 보세요. 의사선생님, 선생님은 이 일을 오래 했으니까 잘 아실 거 아닙니까?" 나는 거기에서 보란 듯이 아기를 슬쩍 한번 쳐다본 다음 다시 말을 이었다. "얘가 내 인생을 망치고 있습니다. 내가 자야 할 잠을 망치고, 내 건강을 망치고, 내 일을 망치고, 아내와 나 사이의 관계까지도 망치고 있습니다. 게다가 또… 못생겼잖아요!" 나는 흥분한 마음을 진정시키려고 애를 썼다. 그리고 내가 가장 궁금해 하던 간단한 질문을 던졌다. "내가 도대체 이 아이를 좋아해야 하는 이유가 뭐죠?"[1]

멜빈 코너, 『뒤얽힌 날개』(1982년)

내가 처음 제시 톰슨을 만난 건 3월 중순이었다. 그 시기는 미네소타의 부모들에게는 힘겨운 때였다. 미국의 다른 곳에는 이미 봄이 왔지만, 미네소타에서 아이들이 집 바깥으로 나갈 수 있으려면 적어도 한 달은 더 있어야 했다. 당시 나는 한 주 내내 미니애폴리스와 세인트폴 등지에서 열리던 ECFEEarly Childhood Family Education(ECFE는 미네소타 주립대학교의 유아 교육론을 실제 교육 현장에서 실현하는 유아 교육 프로그램으로 영아에서부터 만 5세까지의 유아를 대상으로 한다. 미국에서 유일하게 미네소타에만 있는 유아 및 어린이 교육 프로그램이다 – 옮긴이) 강좌의 부모 모임에 참석해서, 대략 125명의 부모들이 육아와 관련해서 털어놓는 솔직한 이야기를 들었다.[2] 그런데 한 주 내내 거의 모든 부모가 똑같은 얘기를 했다. 신경은 곤두설 대로 곤두섰으며 아이들이 가지고 노는 장난감도 더 이상 참지 못하겠다고 말했다. 장난감

점토는 이미 바짝 말라 부스러졌고, 레고 조각들이 집 안 구석구석에 흩어져 있다고 했다. 모임에 참석한 학부모들은 하나같이 이코노미석에 앉아 오랜 시간 비행을 한 끝에 지칠 대로 지친 승객의 표정이었다. 더는 참고 기다릴 수 없어서 비상문을 열고 비행기 밖으로 뛰어내리기 직전의 표정 말이다.

미네소타의 ECFE는 대단히 인기가 좋았고 미국에서 유일하게 미네소타에만 있는 프로그램이었는데, 바로 그런 이유로 나는 그 프로그램에 일부러 참석했다. 아직 유치원에 갈 나이가 되지 않은 어린아이를 데리고 있는 부모라면 누구나 아주 적은 돈만 내고도 (어떤 경우에는 전혀 돈을 내지 않고도) 참석할 수 있는 강좌였고, 한 주에 한 번씩 열렸다. 이 강좌는 부모들에게 인기가 무척 높아서, 2010년에 이 강좌에 참석한 엄마나 아빠의 수는 9만 명 가까이 되었다. 강좌의 주제는 다양하지만, 어떤 강좌를 택하든 부모들이 마음속에 담아 두었던 고민들을 털어놓는 시간을 마련해 둔다는 공통점이 있었다.

각 강좌의 처음 절반은 단순하다. 부모와 아이들이 함께 참여하며 유아 교육 전문가들인 ECFE 직원들이 맡아서 강의를 하지만, 이 시간이 끝나고 나머지 절반 시간에는 모든 게 달라진다. 부모들은 아이들을 직원들에게 맡기고 자기들끼리만 오붓하게 한 시간을 보내는데, 부모 교육 전문가가 토론을 진행하는 동안 머리를 편안하게 풀고 커피를 마시며 자유롭게 서로의 경험을 공유한다.

내가 제시를 만난 곳은 사우스 미니애폴리스의 어떤 ECFE 강좌였는데, 나는 금방 그녀를 좋아하게 되었다. 자기가 예쁘다는 사실을 알지 못하는 것처럼 보이는 사람들이 있는데, 제시가 바로 그런 사람이었다. 그녀는 조금은 산만한 방식으로 자기를 표현했다. 토론에 참여하는 그녀의 모습으로 보건대 (비록 가끔은 "나는 오프라가 마음에 안 들어요."라면서 뒤틀린 모습을 보이긴 했지만) 자기 안의 어둡고 날카로운 감정들을 두려워하지 않는 것 같았다. 심지어 마치 실험실의 연구자가 실험대상 동물을 대할 때처럼 그런 감정들과 냉정하게 거리를 유지하는 것 같았다. 예를 들면, 그 시간이 절반쯤 지났을 때 제시는 전날 밤에 친구를 만나려고 집에서 빠져나왔다고 말했다. 여섯 살도 안 된 세 아이를 떼어 놓고 나갔다는 사실을 고려한다면 대단한 도전이자 승리였다.

"그때 이런 생각이 딱 들더라구요. 아, 엄마들이 아이들을 두고 달아날 때의 기분이 이렇겠구나, 하고 말이에요. 왜 엄마들이 자동차를 타고 그냥… 그냥 여기저기 돌아다니는지 기분을 알겠더라니까요."

제시는 몇 분 동안 혼자 있다는 사실에 무척 들떴고 또 그 기분을 즐겼다고 했다. 아이를 한 명도 차에 태우지 않은 채 뻥 뚫린 도로를 달리는 기분이 최고라고 했다.

"아주 잠깐 동안이지만 환상 그 자체를 경험했어요. 그냥 이대로 계속 달려가면 어떻게 될까 하는 생각도 들었죠."

제시는 이런 생각을 심각하게 즐기지는 않았다. 그녀는 분명 책임감이 있는 엄마였다. 그랬기에 그런 감정이나 소망을 거리낌 없이 편안하게 털어놓을 수 있었다. 그러나 그녀가 죽을 정도로 지치지도 않았고 육아의 무거운 짐에 완전히 압도되지 않았다는 사실도 분명했다. 그녀는 새로 시작한 사진 사업을 확장할 생각을 가지고 있었다. 사진 사업을 자기 집에서 하고 있었고, 또 이 사업으로 근근이 살아가고 있었다. 게다가 막내는 이제 겨우 여덟 달밖에 되지 않았다. 그녀에게는 아이들을 유치원에 보낼 여유는 말할 것도 없고 아이들에게 발레 강습을 시킬 여유도 없었다. 심지어 한 주에 두세 번씩 오전에 아이들을 보모에게 맡길 여유도 없었다. 그래서 식료품점에 갈 때마다 세 아이를 모두 자동차에 태우고 다녀야 했다.

"그래서 가끔씩은 이기적인 행동을 한답니다. 뭐 이런 거죠. 기저귀를 갈아 줘야 하는데 한 번쯤은 그냥 내버려 둔다든가 하는 거 있잖아요…. 아이들이 하루 24시간 일주일 내내 내게 달라붙어 있는 게 싫어요. 아이들 때문에 방해받는 일 없이 친구와 수다를 떨고 싶단 말이에요."

제시는 예전에 누렸던 생활을 그리워했다. 그러나 그녀가 그리워하는 일들은 어린아이 셋을 데리고 집에서 복닥거리면서 할 수 있는 일들이 아니었다. 어쩌면 30여 년 전 에르마 봄벡의 표현이 이런 사정을 가장 적절하게 표현한 것이리라. "나는 지난 10월 이후로 화장실에 단 한 번도 혼자 있어 본 적이 없다."[3]

자율성의 파괴 | 왕년에는 당신도 결단의 귀감이었을 것이다. 가고 싶으면 가고 오고 싶으면 오고 마음 내키는 대로 행동했을 것이다. 그러다가 부모가 되었고, 부모가 마땅히 해야 하는 온갖 일들 때문에 성인이 살아가는 정상적인 생활에서 벗어나 버렸다. 많은 연구서들이 초기 육아기가 가장 덜 행복한 시기라고 규정하는 것도 우연이 아니다. 늘 막다른 궁지에 몰린 것처럼 살아가는 시기가 바로 이때다. 그래서 실질적으로는 그다지 길지 않음에도 불구하고 당사자들에게는 끝없이 이어지는 긴 기간으로 느껴진다. 한때는 당연하게 여겼던 자율성이 어느 사이엔가 흔적도 없이 멀리 사라져 버렸다.

이런 내용은 ECFE 강좌에 참석한 부모들이 입을 모아서 하는 말이다.

자기가 원해서 전업주부 일을 하며 집에서 두 아이를 돌보던 어떤 아빠가 거리에서 우연히 예전 직장동료를 만난 이야기를 했다. 이 동료는 쿠바로 출장을 가는 길이라고 했다. 그래서 치아를 훤하게 드러내며 “이야아, 그거 정말 멋지구나!”라고 말을 하긴 했지만, 마음속으로는 전혀 멋진 일이 아니라고 생각한다는 사실이 표정에 고스란히 드러났던 것 같다고 했다. 솔직히 자기 생각은 그렇다고 했다. 그러면서도 이 사람은 이렇게 덧붙였다.

> 나는 훨씬 더 자유로워 보이는 사람들을 봅니다. 이 사람들은 내가 할 수 있으면 참 좋겠다고 소망하는 그런 일들을 하고 있습니다. 하지만 나로서는 가족이 있기 때문에 도저히 할 수 없는 일들입니다. 물론, 내가 가족을 원했느냐고요? 당연하죠. 내 아이들에게서 많은 기쁨을 얻느냐고요? 당연히 그렇습니다. 그런데 때로는 하루하루 일상 속에서 그런 기쁨을 찾기가 어려운 것 같아요. 진정으로 어떤 것을 원할 때 그것을 할 기회를 잡기란 거의 불가능하잖아요.

꽤 최근까지도 부모들이 원하는 것은 완전히 요점에서 빗나갔다. 하지만 우리는 지금 우리가 가진 다양한 욕망들의 지도가 상당히 확장된 세상에 살고 있다. 그리고 그런 욕망들을 충족하는 것은 우리의 권리(사실은, 의무)라는 말을 빈번히 듣는다. 역사가인 존 모리스 로버츠John Morris Roberts는 세기말에 발표했던 한 에세이에서 “과거와는 달리 20세기는 인류가 지구상에서 행복해질 수 있다는 생각을 퍼트렸다.”고 썼다.[4] 물론, 그렇게만 될 수 있다면 얼마나 좋을까? 그러나 이것은 언제나 현실적인 목표는 되지 못한다. 그리고 현실이 기대에 미치지 못할 때 우리는 흔히 스스로를 탓한다. 영국의 정신분석가 애덤 필립스Adam Phillips는 2012년에 발간한 에세이집 『놓쳐 버린 것들Missing Out』에서 다음과 같이 쓴다.

"우리의 삶은 충족되지 못한 필요성과 덧없이 희생된 욕망에, 거절당한 가능성에, 걸어가지 않은 길에 바쳐진 슬픈 만가挽歌가 되고 만다. 잠재적 가능성의 신화는, 우리가 할 수 있는 가장 현실적인 행동이라고 해 봐야 기껏 애도와 불평밖에 없는 것처럼 느끼게 만든다."

설령 우리의 꿈이 결코 이루어질 수 없는 것이라고 하더라도 또 설령 그 꿈들이 애초부터 잘못된 것이었다고 하더라도, 우리는 그것을 추구하지 않은 것을 후회한다. 계속해서 필립스는 다음과 같이 쓴다.

"우리의 삶이 담고 있는 살아 보지 않은 또 다른 삶들이 없이는, 지금 현재의 우리 삶을 상상할 수 없다."[5]

그래서 우리는 이렇게 묻는다. 그냥 이대로 계속 달려가면 어떻게 될까?

오늘날 성인들이 그 살아 보지 않은 삶들에 사로잡히게 되는 데는 또 하나의 이유가 있다. 아이들이 태어나기 전에 그 잠재적인 가능성을 추구할 시간적인 여유를 더 많이 누린다는 점이다. 연구 기관인 국제 결혼 프로젝트National Marriage Project에서 낸 어떤 보고서는 2010년의 출생률을 정리한 통계 자료를 이용해서 대학 교육을 받은 여성이 출산을 처음으로 경험하는 평균 연령을 30.3세로 계산했다.[6] 이 보고서는 대학 교육을 받은 여성이 "평균적으로 결혼 후 첫아이를 낳기까지는 2년 이상 걸린다."라고 덧붙였다.[7] 이렇게 출산을 미룸으로써 출산 전과 후의 상황은 한층 더 뚜렷한 대조를 이룬다. 출산을 미룬 부모들은 아이가 태어나기 전에 어떤 결혼생활을 했는지 생생하게 기억한다. 이들은 첫 출산을 하기 전까지 대략 10년 동안 자기에게 가장 잘 맞는 일을 찾으려고 여러 가지 직업을 경험했고, 이성을 만나서 낭만적인 시간을 보냈고, 그 밖에 삶과 관련된 여러 가지 모색을 했다. 이 기간은 대학교에서 보낸 시간의 대략 두 배쯤 된다.

ECFE 강좌에 참석하는 동안 내가 만난 사람들 가운데서 아이를 낳기 전과 낳은 뒤의 변화에 대해서 제시만큼 솔직하게 말한 사람은 거의 없었다. 제시는 이십 대 초반에 독일에서 영어를 가르쳤고, 영국에서는 술집에서 서빙 일을 했으며, 또 잠깐 동안 델타항공의 승무원으로도 일했다. 그랬던 그녀가 지금은 욕실 하나짜리의 약 160평방미터(48평)의 목조 건물에서 하루하루를 보내고 있다. 이십 대 후반에는 광고계에서 일하고 싶다는 생각을 했었고, 첫아이가 태어날 때까지는 그 길을 향해서 잘 나아가고 있었다. 지금 그녀는 (본인이 생각하기에) 가족 친화적인 새로운 사업을 꾸려 가고 있는데, 평온하던 그녀의 시내 사무실은 텔레비전이 있는 방 바로 맞은편에 놓인 소란스러운 작은 벽감壁龕으로 대체되었다.

"나는 정말, 정말로 이 상황과 힘들게 투쟁하고 있거든요. 그런데 서른두 살 때까지는 나와 남편밖에 없었습니다."

제시가 ECFE 강좌에서 사람들에게 한 말이다.

아이를 낳고 나면 삶은 도저히 상상도 하지 못했던 수백 가지 방식으로 확장된다. 그러나 이런 상황은, 일과 관련해서든 여가생활과 관련해서든 혹은 일상의 평범한 일과와 관련해서든 간에, 도저히 상상하지 못했던 여러 가지 방식으로 자율성을 파괴하고 방해한다. 바로 이 지점에서 이 책은 시작된다. 그렇게 완전히 바뀌어 버린 삶을 해부해서, 왜 그 삶은 그렇게 보이고 또 느껴지는지 설명하려는 게 이 책의 출발점이다.

도둑맞은 잠

오전 8시에 어떤 집의 현관에 도착할 때의 좋은 점이 여러 가지가 있겠지만, 그 가운데 하나는 (만일 여전히 잠옷을 입은 채 빗지 않은 머리로 여기저기 돌아다니는 사람들에게서 느낄 수 있는 어떤 기묘한 감정을 아무렇지 않게 넘겨 버릴 수만 있다면) 아이들을 키우는 부모의 얼굴만 보고도 그날 아침과 전날 밤에 집에서 무슨 일이 있었는지 읽을 수 있다는 점이다. 제시를 ECFE에서 처음 만나고 몇 달이 지난 뒤에 사우스 미니애폴리스에 있는 그녀의 집 현관 앞에 섰다. 토목기사인 그녀의 남편은 출근한 지 꽤 시간이 지난 뒤였다. 지금 집에 있는 제시는 지쳐 보인다. 아침 일찍 일어났거나 늦게 잠들었던 게 분명하다. 그런데 알고 보니 그녀는 늦게 자기도 했고 일찍 일어나기도 했다.

"당신이 도착할 때까지 내내 기분이 좋지 않았어요."

제시는 내 뒤에서 현관문을 닫으면서 솔직하게 털어놓는다. 그녀는 보라색과 밤색의 줄무늬 탱크탑을 입고 있다. 젖은 긴 머리는 뒤로 질끈 묶여서 아래로 드리워져 있다. 다섯 살 벨라와 네 살 에이브는 집 안 여기저기를 유쾌하게 뛰어다니고 있는데, 이런 모습에 엄마는 더욱 지친 기색이다. 그리고 갓난아기인 윌리엄은 2층에서 잠을 자고 있다.

"아기가 일찍 일어났거든요. 다른 두 애도 일찍 일어났고요. 그런데 아기가 동물 인형에다 토했지 뭐예요."

정확하게 바로 그 시점에 에이브가 침대에 오줌을 쌌다. 침대에 오줌을 쌌다는 것은 침대 시트를 갈고 에이브를 씻겨야 한다는 뜻이었다. 그런데 또 그때 윌리엄이 식탁에서 주스를 어마어마하게 게워내기 시작했다.

"이때가 7시 37분이었죠. 어떻게 그 시각을 정확하게 기억하느냐 하면, 모든 것이 엉망진창으로 되기에는 너무 이른 시각이 아닌가 하는 생각을 그때 했거든요."

이것은 왜 그녀가 아침에 일찍 일어났는지 설명해 준다. 하지만 그녀가 늦게 자야만 했던 이야기가 아직 남아 있다. 저녁 시간은 제시가 아무런 방해를 받지 않고 일을 할 수 있는 시간이다. 그리고 그녀는 하던 일을 오늘 오후까지 마감해야 한다. 게다가 또 다른 걱정거리 하나를 초조하게 안고 있다. 비용을 줄이기 위해 조만간에 외곽으로 이사를 할 예정이기 때문이다. 논리적으로만 보자면 이사를 하면 걱정거리가 줄어든다.

"세금도 절반으로 줄고 집값도 절반밖에 되지 않으니까요."

그러나 새로 이주할 동네에는 제시가 아는 사람이 한 명도 없다. 그런 걱정을 하느라 그리고 일을 하느라 그녀는 새벽 3시까지 잠자리에 들지 못했다.

솔직히 보통 아침에는 너무 힘든 나머지 남편의 아침 식탁에 시리얼 한 그릇과 우유 한 잔만 달랑 올려놓고 다시 잠자리에 든다고 말한다. 그러면서 이렇게 덧붙인다.

"잠을 충분히 자는 엄마들을 몇 명 아는데, 어떻게 하면 그럴 수 있는지 정말 궁금해요. 아무리 해도 난 그렇게 할 수 없거든요."

수면 부족에 시달리는 부모들 | 새로 부모가 된 사람들이 받는 여러 가지 고문 가운데서 가장 악명 높은 것이 바로 수면 부족이다. 그러나 곧 부모가 될 사람들은 아무리 이런 사실을 경고해도 첫아기가 태어나기 전까지는 이런 사실을 실감하지 못한다. 이 사람들이 수면 부족이 어떤 느낌인지 안다고 생각하지만 실제로 어떤 것인지 제대로 알지 못하는 것도 바로 이런 까닭에서다. 이따금씩 잠을 설치는 것과 지속적으로 수면 부족에 시달리는 것 사이에는 엄청난 차이가 있다. 부분 수면 박탈PSD 분야의 전문가인 심리학자 데이비드 딩어스David Dinges는 지속적으로 수면 부족을 겪는 집단은 이 문제를 상당히 잘 제어하는 부류와 이 문제로 허물어지는 부류 그리고 이 문제에 재앙적으로 반응하는 부류, 이렇게 세 부류로 나뉜다고 말한다.[8] 그런데 문제는 곧 아기의 부모가 될 사람들 가운데 대부분은 자기가 어느 부류에 속하는지 아이가 태어나고 난 다음에야 안다는 데 있다. (개인적으로 나는 세 번째 유형에 속하는데, 이틀 밤만 잠을 설치면 진이 빠져서 반미치광이가 된다.)

당신이 어떤 부류에 속하든 간에 (딩어스는 남자와 여자 사이에 특별히 차이가 없는 고정된 특징이 아닐까 하고 의심하는데), 대니얼 카너먼과 그의 동료들은 수면 부족에 따른 정서적인 결과가 얼마나 심각한지 알아보려고 별도로 연구 조사를 했다. 이 연구진은 텍사스의 엄마 909명을 대상으로 연구를 해서, 엄마들이 빨래를 하는 것보다 아이와 함께 있는 시간을 더 낮게 평가한다는 사실을 밝혀낸 바로 그 사람들이다. 하루에 여섯 시간 이하로 잠을 자는 여자들이 누리는 행복감은 일곱 시간 이상으로 잠을 자는 여자들에 비해서 질적으로 다르다.[9] 이 두 집단이 누리는 복지의 차이가 얼마나 큰지, 연봉 3만 달러 이하의 소득을 버는 집단과 9만 달러 이상의 소득을 버는 집단 사이의 복지 차이보다 더 클 정도다. (신문이나 잡지에서 이런 발견은 때로 "한 시간 잠을 더 자는 것은 연간 6만 달러 소득 증가의 가치가 있다."라는 말로 인용되곤 하는데,[10] 이런 설명이 정확하다고는 할 수 없지만 충분히 진실에 가까운 건 사실이다.)

미국 국립 수면 재단은 2004년에 두 달 이하의 갓난아기를 키우고 있는 부모는 평균적으로 밤에 6.2시간밖에 잠을 자지 못하는데,[11] 이 수치는 열 살 이하의 아이를 키우는 부모가 밤에 자는 시간인 6.8시간과 별로 큰 차이가 나지 않는다. 이것 외의 다른 연구 자료들은 이 연구 결과만큼 모질지는 않다. 이 분야에 많은 저작을 발표한 신경과학자인 홀리 몽고메리-다운스Hawley Montgomery-Downs는 최근에, 신생아의 부모는 아이가 없는 사람과 큰 차이 없이 밤에 평균 7.2시간을 자지만, 그들 사이에 결정적인 차이가 있다는 사실을 발견했다. 전자는 자다 깨다를 반복하면서 그 시간을 채운다는 것이다.[12]

그러나 수면 연구의 결과가 조금씩 다르긴 해도 거의 모든 연구자들은 새로 아이를 낳은 부모의 수면 패턴이 토막잠으로 이루어지고 도무지 만족스럽지 못해서 정신과 육체의 원기를 회복시키는 수면 본래의 기능을 다하지 못한다는 점에 대해서는 동의한다. 서문에서도 언급했듯이, 평소보다 아주 조금만 잠을 덜 자도 마치 술을 많이 마신 것처럼 작업 성과가 떨어진다. 그래서 수면 연구가이자 오하이

오 데이턴에 있는 캐이터링 메디컬 센터Kattering Medical Center의 임상 본부장인 마이클 보닛Michael H. Bonnet은 나에게 이렇게 말했다.

"석 달 동안 매일 네 시간밖에 잠을 자지 못했을 때 어떤 효과들이 나타나는지 생각해 보세요. 그런데 우리는 이것을 고약한 부작용들을 적어놓은 목록이라고 생각하는 경향이 있어요. 그래서 '이런 일도 일어나고, 이런 일도 일어나고, 이런 일도 일어난다.'라는 식으로 말을 하지요. 그러나 수면 부족이 정말로 심각한 문제라는 사실은 음주 상태와 수면 부족을 비교한 연구들이 문제의 핵심을 짚고 있습니다. 사실 음주 운전 행위에는 당연히 징벌을 가해야 한다는 사회적 동의가 이루어져 있는데, 수면 부족은 이런 음주 상태와 별반 다르지 않기 때문입니다."[13]

보닛은 또 수면 부족에 시달리는 사람들이 짜증을 내는 정도는 상대적으로 높으며 자제력 정도는 상대적으로 낮다는 말도 덧붙인다. 이런 사실은 평정심을 유지하려는 부모로서는 특히 새겨들어야 할 내용이다. 사실 심리학자들은 자제력이 서서히 침식되는 현상을 표현하기 위해서 '자아 고갈ego depletion'이라는 용어를 사용한다. 2011년에 심리학자 로이 바우마이스터Roy F. Baumeister와 「뉴욕타임스New York Times」의 칼럼니스트 존 티어니John Tierney는 『의지력의 재발견Willpower』이라는 책을 공동으로 펴냈다. 이 책의 중심적인 주장은 자제력이 무한한 자원이면 좋겠지만 불행하게도 그렇지 않다는 것이다. 이 책의 저자들이 인용한 가장 흥미로운 연구 가운데 하나는, 하루에 200명이 넘는 피실험자들을 추적한 뒤에 내린 다음의 결론이다.

"사람들이 의지력을 더 많이 소모하면 할수록 이 사람들이 다음

차례의 유혹에 굴복할 가능성은 점점 더 커진다."[14]

나는 이 결론을 보고 한 가지 의문을 떠올렸다. 부모가 잠을 자고 싶은 충동과 싸우느라고 많은 시간을 소비한다고 치면[15] (그리고 또 수면 충동이 식욕 충동과 함께 성인이 맞서 싸우는 가장 일반적인 두 개의 충동 가운데 하나임을 염두에 둔다면), 부모는 이 충동에 맞서서 싸우는 대신, 나중에 어떤 충동적인 유혹에 쉽게 굴복할까 하는 의문이었다. 내가 생각할 수 있는 가장 분명한 대답은 고함을 지르고자 하는 충동이다. 엄마나 아빠로서는 세상에서 가장 연약한 존재인 자기 아이를 큰 소리로 꾸짖는 걸 유쾌하게 여길 리가 없다. 그럼에도 불구하고 우리는 그렇게 한다. 제시도 원래 자신은 천성이 부드러움에도 불구하고 그렇게 한다고 고백한다.

"맞아요, 나도 고함을 지를 거예요. 그러고는 고함을 질렀다는 사실을 자책하면서 나 자신에게 몹시 화를 내겠죠. 왜 나는 잠을 충분히 자지 않았을까 하고 말이에요."

과잉의 대장

다섯 살배기 벨라가 부엌으로 들어온다. 부엌에는 벨라의 엄마와 내가 막 자리를 잡고 앉는다. 제시는 두 손으로 딸의 얼굴을 부드럽게 감싼다.

"왜?"

"배고파."

"그럼 뭐라고 말해야지?"

"먹을 거 주세요."

"좋아."

제시는 얼른 냉장고 문을 연다. 벨라가 냉장고 안을 들여다본다. 에이브는 서성거리며 돌아다닌다. 갓난아기 윌리엄은 여전히 자기 방에서 잠을 자고 있다.

"에이브, 넌 요구르트 먹을래?"

"어."

"예, 엄마. 엄마가 최고야."

제시가 에이브의 말투를 바로잡은 뒤 미소를 지으며 에이브를 바라본다. 사실 바라는 게 너무 많긴 하다. 하지만 바라는 거야 내 마음이니 얼마든지 많이 바랄 수 있지 뭐….

"너희들 애플파이 먹고 싶니?"

제시는 원래 의미의 애플파이를 말하는 게 아니라 요구르트 위에 사과 소스와 치리어스 그리고 계피를 얹은 것을 말한다. 이것은 아이들이 발명해 낸 음식이다. 때로 두 아이는 '파이 먹기' 시합을 벌이기도 한다. 누가 그 비율을 가장 정확하게 잘 맞추는지 보는 경기다.

"예!"

아이들이 각자 자기 '애플파이'를 들고 거실로 달려 나가고 우리는 부엌에 남는다. 한동안 조용하다. 그러나 몇 분 뒤에 우리가 거실을 지나 제시가 일하는 방으로 걸어갈 때 에이브가 점토 한 덩어리를 요구르트 그릇에 풍덩 집어넣으려 하는 게 보인다.

"에이브, 안 돼!"

제시가 힘껏 고함을 질러 막으려 해 보지만 이미 늦었다.

"전부 다 식탁에 갖다 놔, 얌전하게. 엄마가 치울 테니까. 알았지?"

제시의 목소리에서 묻어 나오는 긴장감을 처음 느끼는 순간이다. 그녀는 얼마나 차분한지, 어린아이들과 함께하는 생활은 아수라장 난장판을 막는 끊임없는 시도의 연속이라는 것을 본인조차 잊어 버릴 정도다. 그녀는 식탁에 묻은 요구르트 자국을 닦아 낸다. 그러다가 잠깐 동작을 멈추고 윌리엄의 높은 아기의자 뒤에 치리어스와 과자 부스러기들이 떨어져 있는 걸 바라본다. 아마도 윌리엄이 아침에 집어던졌을 것이다. 저것도 마저 치워야 할까? 아이들은 어느새 또 다른 장난질을 시작한다. 거실 탁자에서 장난감 점토로 핫도그를 만들고 있다. 나중에 치우지 뭐. 제시는 그렇게 마음먹고 일하는 방으로 들어간다.

어린아이와 미치광이의 공통점 | 애덤 필립스는 2005년에 출간한 에세이집 『멀쩡함과 광기에 대한 보고되지 않은 이야기 Going Sane: Maps of Happiness』에서 예리한 관찰을 한다.

"아기는 향기로울 수 있고 사랑스러울 수 있고 숭배의 대상이 될 수 있다. 그러나 만약 어른이라면, 너무도 뻔뻔스러워서 미치광이라고 생각할 수밖에 없는 모든 특성 또한 가지고 있다."[16]

그러면서 필립스는 이 특성들을 하나씩 열거한다. 아기는 자제할 줄 모른다. 우리가 하는 언어로 말을 하지 않는다. 또 스스로를 다치게 하지 않도록 끊임없이 지켜볼 필요가 있다.

"아기는 지나칠 정도로 자기가 원하는 대로만 사는 것 같다. 마치 이 세상에는 자기 혼자만 산다고 생각하는 것 같다."

계속해서 필립스는 아기뿐만 아니라 어린아이들도 마찬가지라고 쓴다. 어린아이도 지나칠 정도로 많은 것을 원하고 자제력은 모자라도 너무나 많이 모자라기 때문이다.

"오늘날의 아이들은 욕망은 너무 많고 조직화는 너무 적게 되어 있다."[17]

그래서 아이들은 과잉의 대장이다.

만일 당신이 성인 시기의 대부분을 다른 성인들과 함께 어울리는 공간에서 보냈다면 (특히, 미묘한 사회성이 존재하며 합리적인 토론과 이 토론의 결과가 언제나 우선인 그런 공간인 일터에서 보냈다면), 자기가 생각하는 것보다 더 많은 것을 느끼는 사람들과 어울려서 많은 시간을 보내려면 어떤 조정이 필요하다는 걸 잘 알 것이다. (재미있는 우연의 일치지만, 어린이와 미치광이 사이의 비슷한 특성을 이야기하는 필립스의 글을 내가 처음 접할 당시에, 세 살이던 나의 아들은 자기 방에서 "나, 는, 바, 지, 입, 기, 싫, 어!"라고 고함을 지르고 있었다.)

그러나 아이들은 자기가 지나치다고 생각하지 않는다. 계속해서 필립스의 글을 인용해 보자.

"아이들은 우리가 자기를 미치광이라고 생각한다는 사실을 알면 아마도 깜짝 놀랄 것이다."

필립스의 견해로는, 진짜 위험한 것은 아이들이 자기 부모를 미치게 만들 수 있다는 사실이다. 아이의 무절제한 바람, 행동, 활력 등은 모두 부모가 살아온 잘 정돈된 생활을 위협한다.

"오늘날의 모든 육아 지침서들은 모두 누군가(아이들)를 미치게 만들지 않는 방법과 누군가(아이들)로 인해서 미치지 않는 방법을 담고 있다."[18]

이것이 필립스가 내리는 결론이다. 이런 통찰은 부모들이, 자기가 양육 책임을 져야 하는 어린아이를 놓고 무기력감에 모든 것을 놓아 버리고 싶은 마음에 그토록 자주 휩싸이는 이유를 선명하게 파악하는 데 도움이 된다. 미취학 아동에게는 엉망으로 어질러진 방이 정상이다. 쿠션과 스파게티 그릇이 바닥에 제멋대로 마구 뒹굴어도 아무렇지도 않다. 하지만 어른의 눈에 이런 아이들은 모리스 센닥Maurice Sendak의 동화책에 나오는 늑대 옷을 입은 아이처럼 보일 뿐이다. (모리스 센닥은 유명한 그림책 작가다. 그의 베스트셀러 그림책 『괴물들이 사는 나라Where the Wild Things Are』는 늑대 옷을 입고 장난을 치던 맥스가 저녁을 먹으라는 엄마에게 "내가 널 잡아먹고 말겠어!"라며 대들다가 굶은 채 자야 하는 벌을 받는 것으로 시작된다-옮긴이) 이런 아이들에 대해서 어른이 보이는 반응은 아이의 장난질을 중단시키는 것이다. 그게 어른이 할 일이고 또 문명인의 생활방식이기 때문이다. 그러나 부모는 아이가 의도적으로 난장판을 만들고 시끄럽게 떠들며 넘어가지 말아야 할 경계선이 어디인지 끊임없이 탐색하고 시험한다는 것을 어느 정도는 직관적으로 파악한다.

"모든 부모는 때로 아이들에게 질려 버리고 만다. 자기가 해 줄 수 있는 것보다 훨씬 많은 것을 요구한다고 느끼기 때문이다. 부모 노릇 가운데 가장 어려운 일 가운데 하나가 자기 아이를 좌절시켜야만 한다는 사실을 감내하는 것이다."[19]

필립스가 또 다른 에세이에서 쓴 구절이다.

아이들이 우리를 미치게 만드는 이유 | 어린아이들이 우리를 미치게 만드는 이유를 설명하는 데 도움이 되는 몇 가지 생물학적인

근거가 있다. 성인의 경우 전전두엽 피질이 온전하게 발달해 있다. (전전두엽은 이마 바로 뒤쪽에 있다.) 그런데 아이의 경우에는 전전두엽 피질이 거의 발달하지 않았다. 전전두엽 피질은 실행 기능을 제어하는데, 그 덕분에 우리는 자기 생각을 조직화할 수 있으며, 따라서 행동도 조직할 수 있다. 이런 능력이 없다면 주의 집중을 하지 못한다. 우리가 아이들을 다루는 데 가장 좌절감을 느끼는 것 중 하나가 바로 주의력을 집중하지 못하는 아이들의 이런 특성이다. 아이들은 어떤 것 하나에 주의력을 집중하지 못한다. (혹은 필립스가 말했던 '너무도 형편없는 조직화'에 시달린다.)

그러나 아이들은 자기가 주의 집중을 하지 못한다는 사실을 전혀 알지 못한다. 심리학자이자 철학자이며 아울러 학습과 인지발달 분야의 세계 최고 권위자이기도 한 앨리슨 고프닉Alison Gopnik은 『우리 아이의 머릿속The Philosophical Baby』에서 등불과 스포트라이트의 차이점을 들어서 설명한다. 스포트라이트는 단 한 가지 대상만 환하게 밝히는 데 비해서 등불은 360도의 모든 방향을 밝힌다고 썼다.[20] 성인은 스포트라이트 의식을 가지고 있지만, 어린아이들의 의식은 등불과 같다. 애초에 갓난아기와 미취학 아동은 머리 전체에 눈을 달고 있는 곤충처럼 주의력이 매우 산만하다. 그리고 전전두엽 피질은 실행 기능뿐만 아니라 자제력까지 제어하기 때문에, 전전두엽 피질이 미처 발달하지 않은 어린아이들로서는 자기 환상을 사로잡는 모든 사물에 관심을 가지고 탐구하며 또 여기에 대해서 전혀 거리낌이 없다. 이런 맥락에서 고프닉은 다음과 같이 쓰고 있다.

"세 살배기 아이가 유치원에 갈 채비를 하도록 옷을 입히려고 해 본 사람이라면 누구나 억제 혹은 금지에 대한 인식이 얼마나 중요한지 알 것이다. 거실 바닥에 묻어 있는 얼룩 하나까지 탐구하려는 그 멈출 줄 모르는 산만함을 억제할 수만 있다면, 그 일은 한결 쉬울 것이다."[21]

어른이 아이들의 관점에 눈높이를 맞추는 것이 쉽지만은 않음을 이런 차이점에서 금방 추론할 수 있다. 부모가 아이에게 신발을 신겨서 유치원에 데리고 가려 한다고 치자. 부모의 이런 바람에 아이도 동의할 것이다. 그러나 동시에 동의하지 않을 수도 있다. 신발을 신기 직전에 갑자기 양말을 가지고 장난을 치는 게 훨씬 더 중요하다고 아이가 판단하는 순간, 상황은 그렇게 바뀌어 버린다. 부모는 아이의 갑작스러운 이 양말 장난질을 즐기도록 놓아둘 수도 있고, 그렇지 않을 수도 있다. 그러나 어떤 경우든 간에 부모는 적응을 해야 하는데, 사실 이런 상황에 적응하기란 쉽지 않다. 우리가 세상이 편안하고 기분 좋다고 생각하는 이유 가운데 하나는 살아가면서 부대끼는 사람들의 행동을 어느 정도는 예측할 수 있기 때문이다. 그런데 어린아이들은 이런 예측 가능성을 창문 밖으로 던져 버린다.

전전두엽 피질은 이성과 집중과 금지 외에 미래를 계획하고 예측하고 곰곰이 생각하는 능력도 제어한다. 그러나 전전두엽 피질이 충분하게 발달하지 않은 어린아이들은 미래를 생각할 수 없다. 끊임없이 현재에서만 생각하고 살아간다는 뜻이다. 아이들에게는 오로지 '지금 당장'밖에 존재하지 않는다. 때로 이런 의식 상태는 바람직할 수도 있다. 아닌 게 아니라 명상을 하는 사람들이 궁극적으로 바라는 의식 상태도 바로 이것이다. 그러나 오로지 현재에서만 살도록 하는 것은 실용적이거나 실천적인 양육 전략이 아니다.

하버드 대학교의 사회심리학자이며 2006년의 베스트셀러 『행복에 걸려 비틀거리다Stumbling on Happiness』의 저자인 대니얼 길버트Daniel Gilbert는 나와 대화를 나누면서 이렇게 말한다.

"모든 사람은 현재에 있기를 바랍니다. 현재에 있는 것이 우리가 사는 삶에서 중요한 역할을 한다는 점은 분명하죠. 모든 자료가 이렇게 말하고, 또 내가 직접 진행한 연구 조사의 결과도 이렇게 말합니다."

그런데 어린아이는 애초에 오로지 현재에만 살게 되어 있는데, 이런 점이 부모에게는 매우 불리하고 불편하다.

"모든 사람이 동일한 속도로 미래를 향해 이동합니다. 그러나 아이들은 눈을 감은 채로 똑같은 속도로 이동하거든요. 그러니까 어른이 이 아이들의 방향을 잡아 줘야 합니다."

길버트는 여기에 대해서 조금 길게 설명한다.

"나는 칠십 대 초반에 현재에 살고자 하는 많은 사람들과 어울려서 함께 시간을 보냈습니다. 그런데 그때는 그 일로 인해서 불리해지거나 불편해 하는 사람은 아무도 없었습니다."[22]

사실상 부모와 어린아이는 각자 전혀 다른 두 개의 사고방식을 가지고 있다. 부모는 미래를 내다볼 수 있다. 하지만 어린아이는 현재에 닻을 내리고 있어서 현재를 훨씬 더 힘들게 보내고 있다. 이런 차이로 어른들은 아이들 때문에 속이 상한다. 이제 막 걷기 시작한 아이들은, 지금까지 가지고 놀던 장난감을 치우라는 말을 부모에게 들을 때 나중에 언젠가 그 장난감을 가지고 다시 놀 수 있을 것이라는 생각을 중요하게 받아들이지 않는다. 마트에서 감자칩 과자를 한 봉지만 사야 한다는 말을 들을 때도, 나중에 다시 감자칩을 한 봉지 더 먹을 수 있을 정도로 인생이 충분하게 길다는 사실을 그다지 중요하게 받아들이지 않기 때문에, 굳이 그 과자를 한 봉지 더 가지겠다고 떼를 쓴다. 이 아이들은 지금 당장 그것들을 원한다. 왜냐하면 지금 당장이라는 시간 속에서만 살아가기 때문이다.

그러나 아빠와 엄마는 자기들이 내린 판단의 올바른 논리를 아이에게 제대로 전달하기만 하면 아이들이 충분히 알아들을 것이라고 믿는다. 그러나 이것은 (아이들이 태어나기 이전에) 어른들의 세계에서 길들여지고 최적화된 뇌의 세계, 의도나 동기가 명료하게 설명되고 섬세한 분석이 충실하게 이루어지는 논리적인 세계에서만 통하는 이야기다. 그러나 아이들은 감정적으로 강렬한 삶을 살아간다. 이성적인 논의는 어른들에게 미치는 만큼의 효과를 아이들에게 주지 못한다. 아이들의 뇌는 그런 논의를 받아들일 수 있도록 최적화되어 있지 않기 때문이다. ECFE 강좌 모임에서 만난 케냐라는 여성도 이런 말을 했다.

"나는 가끔씩 어린 딸이 마치 어른이기라도 한 것처럼 말을 하는 실수를 저지르거든요. 그 애가 내 말을 알아들으면 좋겠다고 바라는 거지요. 내가 하고 싶은 말을 잘게 쪼개서 하나씩 먹여 주면 딸이 그걸 다 받아먹고 충분히 알아듣는다고 믿는 거지요."

ECFE의 강좌 진행자 토드 콜로드가 동의한다는 듯 고개를 끄덕였다. 그는 이런 말을 이전에도 수천 번이나 들었다. 그러면서 그것은 '어린 어른'의 문제라고 설명했다. 우리는 우리 아이들이 우리 식의 추론 방식으로 설득이 될 것이라는 헛된 믿음을 가지고 있다는 것이다. 콜로드는 케냐에게 이렇게 말했다.

"그러나 당신의 세 살배기 딸은 '예, 엄마 말이 맞아요. 엄마가 핵심을 정확하게 파악하시네요.'라는 말은 절대로 하지 않을 겁니다."

몰입

"댄스파티를 원하니? 베개 싸움을 할까? 아니면 칼싸움?"

제시가 묻는다. 윌리엄이 막 아침잠에서 깨어났다. 그래서 제시는 잠시 일손을 놓는다. 엄마로서 그녀가 가진 가장 사랑스러운 면은 놀이를 정말 진지하게 포용한다는 점이다. 그녀는 음악에 몸을 맡기고 놀기를 좋아하고, 그림 그리기를 좋아하며, 상황극 게임을 좋아한다. (제시가 하는 상황극 게임은 "아무거나 하나 말해."라고 할 때 대답은 "코딱지!"라고 말하는 식이다. 그러면 코딱지와 관련된 상황이 그들 사이에서 펼쳐진다.)

"내 배에서 당장 내려가!"

제시가 에이브에게 말한다. 에이브가 요즘 해적 이야기에 사로잡혀 있기 때문이다.

"당장 네 배로 꺼지란 말이야!"

제시는 한 손으로는 광선검을 빼들어 휙휙 찌르면서 다른 한 손으로는 아이팟으로 음악을 튼다. 그런 다음에 윌리엄을 들어 올려서 빙빙 돌리며 에이브에게 심술궂은 표정을 지어 보이며 말한다.

"내가 해적질할 거야! 네 배에 있는 모든 보물은 내가 가져갈 것이다!"

그러자 에이브가 광선검을 바닥에 세게 팽개친다.

제시는 짧은 순간 원래의 엄마로 돌아온다.

"그러지 마, 부러지잖아."

그랬다가 다시 상상 속의 캐릭터로 돌아간다.

"말은 필요 없다. 행동으로 끝장내 버릴 테다!"

제시는 몸을 굽혀서 광선검으로 에이브를 찌르는 시늉을 하고, 이어서 윌리엄에게 검을 주어서 똑같이 하게 한다. 그런 다음에 윌리엄을 내려놓고는 에이브를 간질이기 시작하는데, 에이브는 처음에는 좋아하다가 제시가 입을 벌려 자기 배를 삼키려고 하자 기겁을 하며 저항한다.

"안 돼, 하지 마요!"

그러자 두 사람의 리듬은 다시 헝클어진다.

"하지 마? 내가 왜 그러는지 알잖아. 엄마가 널 사랑하니까 그러지."

제시가 이번에는 에이브의 발을 잡고 에이브를 거꾸로 들었다.

"싫어요!"

그러자 제시는 뭐가 잘못 되었을까 하는 눈으로 에이브를 바라본다.

"그래 맞아. 너무 일찍 들어 올렸지? 그렇지? 좋아, 흔드는 건 안 할게."

제시는 음악과 전술을 모두 바꾸기로 마음먹고, 아들을 똑바로 세운 다음에 코알라 포옹의 자세로 안는 한편 아이팟에서 아름다운 스페인 발라드를 찾는다. 그리고 두 사람은 느리게 춤을 추기 시작한다. 효과가 있다. 음악이 두 사람 주위를 마치 산호처럼 둘러싼다. 두 사람에게 나는 그 자리에 아예 존재하지도 않는다. 에이브가 엄마의 품 안으로 파고든다. 엄마는 아들의 숨결을 가만히 느낀다.

몰입에 대한 맹렬한 저항 | 세상의 그 어떤 것도 이런 예상치 않은 순간들을 온전하게 보여 주지 못한다. 연이어 터지는 자애로운

작은 은총의 방울들이다. 이 순간들은 피부에 감각의 기억을 남긴다. 아이에게서 나는 샴푸 냄새 혹은 아이의 두 팔에서 느껴지는 부드러운 촉감 같은 것들…. 바로 이것이 우리가 존재하는 이유, 세상을 살아가는 이유 아닐까? 이런 황홀한 기분을 알려고 세상을 살아가는 게 아닐까?

그런데 문제는 이런 순간들을 포착하기가 너무도 어렵고 이런 순간들은 너무도 쉽게 깨져 버리고 너무도 덧없이 사라져 버린다는 데 있다. 그야말로 막간극의 짧은 순간처럼 사라져 버리고 만다. 에이브와 함께했던 몇 분 동안의 달콤한 춤이 끝나자, 윌리엄이 갑자기 앞으로 쓰러질듯이 얼굴을 바닥으로 처박으며 울기 시작한다. 그러자 제시가 다시 춤을 추면서 유쾌한 표정과 목소리로 이 상황을 타개한다. 이게 현실이고, 또한 제시의 숙련된 솜씨다.

왜 이런 은총의 순간들이 그토록 희귀한지 나 나름대로의 설명을 제시하고자 한다. 가족생활의 초기 몇 년 동안에는 심리학자들이 말하는 이른바 '몰입flow'의 행동들이 그다지 많이 나타나지 않는다. 몰입을 간단하게 정의하면, 현재 하고 있는 어떤 것에 너무 몰두한 나머지, 스스로의 행위 주체감sense of agency(자기가 하는 의지적 행동들을 스스로 실행하고 제어한다는 주관적인 의식－옮긴이)으로 워낙 강하게 강화되어 마치 시간이 정지하기라도 한 것처럼 주변의 모든 것을 전혀 감지하지 못하는 심리 상태다. 운동선수들은 모든 슛을 성공하거나 모든 패스를 성공할 때 흔히 이런 감정을 경험한다. 예술가들도 역시, 마치 자기 몸이 수도꼭지나 된 것처럼 저절로 선율이나 붓질이 자기 몸을 통해서 쏟아질 때 이런 경험을 한다.

그런데 몰입의 역설적인 특징은, 흔히 감정이 느껴지지 않아도 우리는 이 몰입을 희석되지 않은 순수한 축복으로 경험한다는 점이다. 몰입이 우리의 정서적인 삶 속에서 가장 매력적이면서도 또한 모든 사람에게 균등한 기회가 보장되는 공평한 심리 상태인 것도 바로 이런 까닭에서다. 그래서 사람은 저마다 다른 기질을 타고나고, 심지어 천성적으로 우울한 사람도 있지만, 거의 모든 사람이 자기가 사랑하는 것 혹은 특히 잘하는 것에 자기를 잃어버릴 정도로 푹 빠지는 능력을 가지고 있다.

그러나 이런 마법의 순간을 경험할 수 있으려면 주변 환경도 적절하게 맞춰져 있어야 한다. 바로 이 지점에 헝가리의 심리학자 미하이 칙센트미하이Mihaly Csikszentmihalyi가 밝혀낸 사실이 놓인다. 칙센트미하이는 수십 년 동안 몰입을 연구하면서 몰입이 가능할 수 있는 조건들을 분석하고, 우리에게 가장 깊은 만족감을 안겨 주는 문화적 상황들을 폭넓게 들여다보았다.[23] 그는 수천 명이 경험한 몰입을 철저하게 해부했으며, 1983년에는 심지어 몰입의 정도를 측정하는 기법을 다른 학자와 공동으로 개발하기도 했다. 그는 연구 피험자들에게 무작위적인 주기로 연락해서 지금 현재 하고 있는 일이 무엇인지 그리고 그 일에 대한 현재의 느낌이 어떤지 (예를 들면, 지겨운가? 푹 빠졌는가? 스스로를 통제할 수 있는가? 겁이 나는가? 스트레스를 느끼는가? 유쾌한가?) 기록하도록 했다. 그는 이 연구 조사 방법을 경험 표집 방식experience sampling method, ESM이라고 불렀다. 이 방법은 그의 연구 분야에 상당한 기여를 했다. 그래서 연구자들은 처음으로, 피험자들이 현재 순간에 느끼는 감정과 과거에 느꼈던 감정을 나누어서 생각할 수 있게 되었다.

그리고 마침내 칙센트미하이는 몰입의 경험에서 공통적인 어떤 패턴들을 포착하기 시작했다. 예를 들어서 대부분의 몰입 경험은 "목표 지향적이고 규칙의 규제를 받는" 상황에서 나타난다.[24] 사실 몰입으로 이어지는 대부분의 활동들은 행위자로 하여금 주의력을 최대한으로 집중하고 능력을 최대한 발휘하도록 설계되어 있다. 운동 경기나 고도의 집중력을 요구하는 작업이 그렇다. 칙센트미하이는 몰입을 주제로 한 1990년의 저서 『몰입의 즐거움Flow』에서 이렇게 썼다.

"그런 활동들에는 배울 필요가 있는 기술의 규칙이 있다. 또한 규칙들은 목표를 설정하며, 피드백을 제공하고, 통제를 가능하게 한다."[25]

이론적으로만 보자면 어린아이들은 규칙을 좋아한다. 그러나 아이들은 규칙에 관한 한 상당히 들쑥날쑥하다. 일관성이 없고 꾸준함이 모자란다. 어떤 부모든지 완벽하게 계획했던 하루에 관한 일화를 가지고 있다. 예를 들면 동물원에 간다든가 아니면 동네에서 유명한 어떤 아이스크림 가게에 간다든가 했던 날의 일화 말이다. 그런데 이 일화는 무정부 상태에 근접하는 소동으로 발전한다. 아이들과 함께 하는 생활의 대부분은 각본이 따로 있지 않다. 언제 어떤 돌발적인 일들이 벌어질지 모르기 때문이다. 아무리 부모가 멋진 각본을 쓴다고 하더라도 아이들은 그 각본대로 움직이길 거부한다. 어린아이, 즉 전전두엽 피질이 미성숙한 사람을 돌보는 일이 간단치 않은 것도 이런 까닭에서다. 아이들의 신경회로는 집중력을 흐트러트리려고 음모를 꾸민다. 고프닉은 이런 현상을 『우리 아이의 머릿속』 중간쯤에서 노골적으로 표현한다.

"이 과대망상적인 (스포트라이트가 아닌) 등불 의식은 심리학자들이 '몰입'이라고 부르는 것이 동반하는 성인의 독특한 행복과 거의 정반대에 위치한다."[26]

몰입 상태에 빠지려면 주의력을 집중해야 한다. 그러나 어린아이들은 수많은 외부 자극에 활짝 열려 있다. 발견할 거리도 많고 청소할 거리도 많다. 너무도 많다. 그런데 만약 아이들이 몰입을 할 수 없다면, 아마 당신 역시 뭔가에 몰입하기가 굉장히 어려울 것이다. 어떤 운동선수가 팀 동료들이 집중력을 잃고 허둥댈 때 집중력을 잃지 않고 경기에 몰입하기 어려운 것과 마찬가지 이치다.

이 주제는 ECFE 강좌 모임에서 반복해서 등장했다. 한번은 ECFE의 베테랑 직원인 아네트 개글리아디가 부모들에게 집중력 있게 계획을 세웠기 때문에 평소보다 훨씬 행복하다는 감정을 느꼈던 적이 있는지 묻기 시작했다. 그러자 한 엄마가 그녀의 말을 도중에 잘랐다.

"그 계획이 계획대로 잘되어야 말이죠. 일들이 터지기 시작하면, 내가 무슨 생각을 했던 거지? 이렇게 됩니다."

그러자 다른 여자가 거들었다.

"그래서 난 아예 처음부터 기대치를 낮춰요. 기대치를 낮추면 아주 작은 목표를 달성해도 기분이 좋아지잖아요."

선명한 계획은 몰입이라는 심리 상태에 도달하기 위한 유일한 요구조건이 아니다. 칙센트미하이 역시 사람들이 "지루함과 불안 사이에 놓여 있을 때, 자기가 가진 역량으로 충분히 해낼 수 있는 어떤 과제를 수행할 때" 자기가 하는 일에 가장 큰 즐거움을 느낀다는 것을 알았다.[27] 그러나 어린아이의 부모는 종종 지루함과 불안이라는 그 두 가지 극단의 적당한 어느 지점에 편안하게 자리를 잡는 게 아니라 양 극단 사이를 끊임없이 오가면서 비틀거리는 느낌이 든다고 말한다. 그래서 사회심리학자 대니얼 길버트도 이렇게 말했다.

"사실 우리는 어린아이들과 함께 있을 때 최고로 행복하지는 않습니다. 아마도 아이들이, 우리가 쉽게 줄 수 없는 것을 달라고 요구하기 때문이겠죠. 그러나 어쩌면 아이들은 그다지 많은 것을 요구하는 게 아닐지도 모릅니다."[28]

제시의 즉흥적인 댄스파티에서 어떤 일이 일어나는지 보자. 윌리엄이 울기 시작하자 제시는 어떻게 하면 윌리엄을 달랠 수 있을지 고민한다. 안고 흔들어 주기도 하고 치리어스를 주기도 한다. 그러다가 어느 시점에는 심지어 에이브가 여전히 자기 어깨에 매달려 있음에도 불구하고, 윌리엄을 안아 올리기도 한다. 그러나 유일하게 효과가 있는 것은 아주 단순하게 반복되는 어떤 행동이다. 예를 들면 빨래바구니에서 바지를 꺼내서 에이브의 머리 위로 휙 던지는 행동 같은 것 말이다.

"윌리엄이 어디 있을까?"

슉!

"저기 있구나!"

이 행동은 똑같이 반복된다.

"윌리엄이 어디 있을까?"

슉!

"저기 있구나!"

분명 지루한 행위다. 그리고 이 행동에서는 몰입이라고는 찾아볼 수 없다. 그러나 이게 윌리엄에게는 먹힌다.

지루함은 어린아이를 키우는 부모에게는 어딘지 맞지 않는 주제일 수도 있다. 아이와 함께 보내는 시간이 흥미롭거나 자극적이지 않다는 사실을 인정하면 어쩐지 아이를 배신한다는 느낌을 가질 수도 있다. 그러나 심지어 20세기 후반의 육아 조언 시장을 지배했던 호감지수 백 퍼센트의 소아과 의사 벤저민 스포크Benjamin Spock조차도 이런 이야기를 했다. 다음은 그가 썼던 글 가운데 한 구절이다.

"솔직히 말해서, 아무리 훌륭한 부모라고 하더라도 많은 시간을 오로지 아이들과 함께하는 데만 쓰려고 하는 건 어딘지 모르게 비효율적이고 지루한 측면이 있다."[29]

이 지루함이라는 주제는 내가 참가했던 ECFE 강좌 모임에서도 등장했다. 제시도 이 자리에 함께했었는데, 이 강좌를 이끌던 진행자조차도 딸이 아직 어릴 때 '나의 예쁜 망아지'와 놀아 주는 게 지루했다고 고백했다. 마찬가지 사실을 길버트도 말한다.

"그것은 내가 아빠로서 경험했던 감정 가운데서 가장 부정적인 감정이었습니다. 지루함 그 자체였죠. 공을 던졌다가 받고 던졌다가 받고 던졌다가 받고…. 이 끝없는 반복. 또 해 줘요, 또 읽어 줘요…. 차라리 날 죽여라, 이런 생각을 한 게 솔직히 한두 번이 아니었습니다."[30]

『몰입의 즐거움』에서 칙센트미하이는 대부분의 몰입 경험은 일상생활 한가운데에서 일어나는 게 아니라 일상생활과 동떨어진 데서 일어난다고 설명한다. 그러나 아이를 키우는 일은 일상적인 생활이다. 그리고 칙센트미하이의 견해로는 사람들이 특화된 어떤 설정 아래에 있을 때 더 통제를 잘한다. 설령 위험한 일이라고 하더라도 그렇다. 칙센트미하이는 이렇게 썼다. 행글라이더, 심해 잠수부, 카레이서 등은 여전히 "강화된 통제감이 중요하게 작용할 때 몰입 경험을 한다고 보고한다." 그것은 그들이 성공의 가능성을 느끼기 때문이다. 무엇보다도, 사람들은 일을 하는 동안에 몰입을 경험한다고 보고한다. 얼른 듣기에는 앞뒤가 맞지 않는 것 같지만, 그렇지 않다. 적정한 조건이 갖추어진 일, 즉 규칙과 명확한 목표와 즉각적인 피드백을 제공하는 일이 몰입과 어떤 상관성이 있는지 살피면 금방 알 수 있다.

『몰입의 즐거움』을 다 읽고 나면, 사람들은 대부분 혼자 있을 때 몰입을 경험한다는 명백한 사실을 깨달을 것이다. 칙센트미하이는 낚시, 자전거 타기, 암벽 등반에 대해서 이야기하고, 또 수학 방정식 풀기, 음악 연주 그리고 시 쓰기에 대해서 이야기한다. 그가 묘사하는 행동들은 일반적으로 사회적인 소통을 그다지 많이 필요로 하지 않는다. 어린아이와의 소통은 더 말할 것도 없다.[31]

나는 『몰입의 즐거움』을 읽은 뒤에 이 책이 부모에 대해서 부정적인 인상을 가지고 있다는 점에 충격을 받아서 꼭 한 번 칙센트미하이와 이야기를 나눠 보고 싶었다. 내가 혹시 책을 잘못 읽은 게 아닌지 확인하고 싶어서였다. 마침내 그 소망이 이루어졌다. 필라델피아에서 열린 어느 총회 자리에서 그가 기조 발제자로 나섰는데, 나는 그 기회를 놓치지 않았다. 그와 마주 앉은 뒤에 내가 맨 처음 던진 질문은 『몰입의 즐거움』에서 가족생활에 대한 내용을 겨우 열 쪽밖에 쓰지 않은 이유가 무엇이냐는 것이었다.

"그 점에 대해서는 두어 가지 할 이야기가 있지요."

그는 그렇게 운을 뗀 뒤에 자신의 개인적인 이야기를 했다. 그가 처음 경험 표집 방식이라는 방법론을 개발했을 때 이 방법론을 처음 시도한 대상은 다름 아닌 자기 자신이었다고 했다.

"한 주가 끝나는 시점에 내가 보였던 반응을 살펴보았답니다. 그런데 한 가지 매우 낯선 점이 눈에 띄더군요. 내가 두 아들과 함께 있을 때면 어김없이 내 기분이 언제나 매우, 매우, 매우 부정적이더라는 겁니다."

그의 두 아들들은 미취학 아동보다는 나이를 훨씬 많이 먹었다고 했다.

"그 결과를 보고 나는 이렇게 혼잣말을 했습니다. '이건 말이 안 되는데…. 내가 우리 아들들을 얼마나 자랑스럽게 생각하는데. 게다가 우리 부자 관계는 더할 나위 없이 사이가 좋은데…'라고요."

그런데 바로 그 순간에, 자기가 실제로 두 아들에게 했던 일이 떠올랐고 그 일이 자기 기분을 그렇게 고약하게 만들었음을 깨달았다고 말했다.

"내가 아들들에게 어떤 일을 했을까요? 나는 늘 아이들에게 말했습니다. '이제 일어나야지, 안 그러면 지각한다.' 혹은 '시리얼 먹은 그릇은 설거지통에다 넣어 둬야지'라고 말입니다."

그는 아들들에게 잔소리를 늘어놓았던 것이다. 잔소리는 몰입의 행동이 아니다.

"부모 노릇을 한다는 것은 크게 봐서, 문명사회 안에서 살아갈 준비가 미처 되지 않은 어떤 개인의 성장 패턴을 바로잡아 주는 것이구나, 하는 걸 그때 깨달았죠."

그래서 나는, 당시의 그 자료를 분석했을 때 가정생활에서 몰입을 경험한 수치는 얼마나 되느냐고 물었다. 『몰입의 즐거움』에는 그런 내용이 담겨 있지 않았기 때문이다. 칙센트미하이는 가정생활에서도 몰입을 경험했다고 말했다.

"하지만 많지는 않았어요. 가정생활의 여러 활동들은 몰입이라는 경험을 하기 매우 어렵도록 구성되고 조직되어 있으니까요. 사실 우리는 가정을 긴장을 풀고 행복을 느끼는 공간이라고 생각하잖아요. 그러나 사람들은 가정생활에서 행복을 경험하기보다는 지루함을 경험합니다."

혹은 예전에 그가 아들들에게 잔소리를 할 때 그랬던 것처럼 무기력을 경험할 수도 있다. 그리고 어린아이들은 끊임없이 변하기 때문에 이 아이들을 제어하는 '규칙'도 역시 바뀌는데, 이런 사정은 가족이 몰입을 경험하기 한층 어렵게 만든다.

"그러다 보니 갈등의 악순환이 계속되고 우리는 그 안에 묻혀 버리죠. 일을 할 때 몰입 상태를 경험하기 훨씬 쉽다고 말하는 이유도 바로 여기에 있어요. 일은 훨씬 더 구조화되어 있잖아요. 일은 어떤 운동 경기나 게임처럼 구조화되어 있습니다. 분명한 목적을 가지고 있고 또 즉각적으로 피드백을 받을 수 있으니까요. 일을 할 때는 무엇을 해야 하는지, 어디까지 또 언제까지 해야 하는지 알고 있잖아요."

칙센트미하이는 여기에 대해서 마지막으로 자기 생각을 다음과 같이 정리했다.

"가정생활에서는 구조화가 상대적으로 부족합니다. 이런 점은 사람들에게 자유를 주는 것 같지만, 사실은 구조화가 부족하다는 점이 일종의 장애물이라고 할 수 있지요. 모든 문제를 이것에만 돌릴 수는 없겠지만 말입니다."[32]

분열

이른 오후 시각이다. 윌리엄은 두 번째 낮잠을 자려고 누워 있고, 제시는 컴퓨터 앞에 앉아서 가장 최근에 찍은 사진을 바라보고 있다. 사진은 꽤 멋지게 잘 찍혔다. 여자가 두 아이를 붉은색 장난감 자동차에 태우고 끌고 가는 사진이다. 하지만 제시는 그 사진을 바라보는 게 그다지 즐겁지 않다. 이 고객은 내일 저녁에 찾아오기로 되어 있다. 내일 저녁이 마감이고, 그 전에 이 작업을 모두 마쳐야만 한다는 뜻이다. 그러려면 서둘러야 한다.

이때 벨라가 방으로 들어온다.

"엄마, 도와주세요."

제시는 모니터에서 눈을 떼지 않은 채 묻는다.

"왜 그러는데?"

"로쿠를 하고 싶어요."('로쿠'는 셋톱박스의 상표명이다-옮긴이)

"지금은 로쿠를 할 수 없어. 그냥 영화를 봐."

"도와주세요."

제시는 한숨을 쉬고 자리에서 일어나 텔레비전이 있는 방으로 간다. 제시가 일을 하는 작업실 바로 맞은편에 있는 방이다.

"벨라, 잘 봐. 이렇게 채널을 바꿔야 하는 거야."

그렇게 말하면서 제시는 리모컨의 버튼을 누른다.

어린아이를 돌보는 단 한 가지 일만 한다 하더라도 몰입 상태에 빠지기 어렵다. 그러니 어린아이를 돌보면서 동시에 직업과 관련된 어떤 일을 하는 경우라면 몰입은 더욱 어려울 수밖에 없다. 하지만 오늘날 많은 사람들이 아이를 돌보면서 동시에 직업 관련 일을 한다. 미국 노동 통계국 자료에 따르면 남자와 여자를 통틀어 미국 전체 피고용자 가운데 약 4분의 1이 적어도 일정 시간 동안은 재택근무를 한다.[33] 집 밖에서만 일을 하는 사람들조차도 지금은 자기 집 거실과 근무지 사이의 경계선이 허물어지고 있다고 느낀다. 예전에는 오로지 응급 환자들을 봐야 하는 의사들만이 퇴근 후에도 이따금씩 일을 했다. 그러나 지금은 많은 전문직 종사자들이 자기가 하는 모든 일이

긴급하다는 느낌 속에서 살아간다. 이런 긴급 상황은 정기적으로 일어난다. 밤늦은 시각의 문자 메시지는 집과 근무지의 경계를 넘나든다. 업무를 손으로 들고 다닐 수 있을 정도로 업무에 쉽게 접근할 수 있게 됨에 따라서, 누구든 언제나 호출하거나 접근할 수 있다는 생각이 아예 뿌리를 내렸다. 그래서 이제 모든 사람들은 마치 상습적인 방해와 끊이지 않는 다중 작업으로 거의 반反몰입의 삶을 살아가는 것 같다.

이 주제는 ECFE 강좌에서도 제기되었다. 강좌에 참석한 사람들 사이에서는 강좌가 진행되는 동안에 스마트폰이 보내는 온갖 신호에 반응하는 행동은 부끄러운 행동으로, 그것도 엄청나게 부끄러운 행동으로 인식되었다. 사람들은 그런 방해가 마치 자신의 아이 때문에 받는 방해라도 되는 것처럼 질색했다. 한 아빠는 이런 감정을 단순명료하게 다음과 같이 정리했다.

"나는 일을 젖혀 두고 모든 시간을 오로지 아들과 함께 있기도 합니다. 그런데 '만일 누군가 다른 사람이 이 녀석을 돌볼 수 있다면 나는 컴퓨터에 앉아서 일을 할 수 있을 텐데' 하는 생각을 할 때도 있습니다. 이런 생각이 들 때면 정말 끔찍합니다."

집이라는 공간에서 벗어나 일을 하려고 시도하는 부모들이 이 주제를 가장 많이 제기했다. 제시는 자신의 주의력이 분산되는 사례를 자세하게 이야기했다. 사진 사업과 관련된 일을 하는 것과 아이들을 돌보는 일을 하는 것 사이를 끊임없이 오가는 것이 감정적으로나 지적으로 얼마나 힘든지 모르겠다고 말했다. 그녀는 본인이 직장에 나가지 않고 집에 머물기를 바란다는 것을 잘 알고 있었다. 그녀의 어머니는 벨라가 태어나기 2년 전에 세상을 떠났고, 그 갑작스러운 결별 때문에 부모로서 자식 곁에 머무는 것이 얼마나 중요한지 절실히 깨달았다. 그러나 그녀는 또한 사회생활을 함으로써 가계에 힘을 보태는 여성, 즉 '박사 학위를 가진 여성 그리고 기업을 경영하는 여성'이라는 오래된 문화의 영향을 받으며 살아온 사람이기도 하다. 어쨌든 간에 그녀는 자기 일을 사랑했다. 그 일을 함으로써 자립감을 느낄 수도 있었고 자부심도 가질 수 있었다. 그러나 가정과 일의 리듬과 요구를 동시에 충족하며 이 두 가지를 이끌어 가는 방법을 알아낼 수 없었다. 특히 막내인 윌리엄이 태어난 뒤로는 더욱 그랬다.

"어제 있었던 일을 돌아보면, 좋은 부모라면 어떻게 행동해야 하는지 나도 알고 있었어요. 당장 일을 그만둬야 한다는 걸 말이에요."

제시는 어제도 오늘과 마찬가지로 사진을 편집하고 있었는데, 윌리엄이 울기 시작했다.

"만일 내가 윌리엄에게 젖병을 물리고 안아서 뽀뽀를 해 주면 모든 게 다 잘될 거라는 걸 알았어요. 하지만 고객과 약속한 마감 시한이 코앞으로 닥쳐 왔고, 그 밖의 다른 이유로 그렇게 하지 않았죠. 그래서 나는 의뢰인이 될 수도 있는 부모들에게 이메일을 보내고 있어요. 동시에 내 직업과 관련된 일을 계속하려고 애를 써요…. 그런데 이렇게 하는 순간에도 내가 왜 이러나 싶고, 과연 내가 선택을 잘했나 하는 생각이 들어요. 심지어 내가 왜 그랬는지조차도 확실하게 모르겠어요. 결국 모두가 다 손해를 보고 말았죠."

그렇게 말하는 제시의 얼굴에는 혼란스러움이 가득 차 있었다.

그러나 신경학적인 차원에서 말한다면, 우리가 컴퓨터 모니터 앞에 앉아 있을 때 무슨 일을 우선적으로 해야 할지 혼란을 느끼는 데는 여러 가지 이유가 있다. 우선, 이메일은 전혀 예상할 수 없는 주기로 날아와서 딩동 하는 소리와 함께 그 사실을 알려 주는데, 행동주의 심리학자 스키너B. F. Skinner가 쥐를 대상으로 한 상자 실험에서 입증했듯이[34] 이것은 포유동물의 뇌에는 가장 유혹적이며 습관적인 보상 패턴이다. (스키너는 상자 두 개를 만들어서 한 상자는 쥐가 레버를 서른 번 누르면 먹이가 나오게 하고 다른 상자는 쥐가 레버를 누르는 횟수에 상관없이 아무 때나 먹이가 나오게 했다. 이 경우에 후자의 쥐가, 레버를 누르는 것과 먹이가 나오는 것 사이에 아무런 상관성이 없음에도 불구하고, 레버를 누르는 횟수가 더 많았다. 성공 확률이 지극히 낮음에도 불구하고 사실보다 더 높이 생각하는 경향 때문에 미련을 버리지 못하고 계속 단추를 눌러 대는 것이다−옮긴이) 하지만 슬롯머신에서 언제 체리 세 개가 나란히 설지 안다면, 또 그런 일이 몇 번이나 일어날지 안다면, 아마도 슬롯머신을 하는 사람이 느끼는 쾌감은 절반으로 줄어들 것이다. 제시도 나중에 내가 왜 그렇게 이메일에 집착하느냐고 물었을 때 ('집착'이라는 표현은 제시 본인이 사용한 것이다) 이렇게 대답했다.

"낚시 같은 거죠. 언제 잡힐지 모르잖아요."

핵심에 조금 더 다가가면, 우리의 신경계는 우리가 컴퓨터 모니터 앞에 앉는 순간 불규칙으로 바뀐다. 마이크로소프트 사의 이사로 근무한 적도 있는 의사이자 작가인 린다 스톤Linda Stone이 제시한 이론상으로는 적어도 그렇다. 그녀는 사람들이 컴퓨터로 작업을 할 때 이따금씩 숨을 멈춘다고 한다. 이른바 '이메일 무호흡증'이다. 이메일을 확인하기 전이나 갑작스럽게 긴장하거나 글쓰기에 지나치게 집중할 때 이런 증상이 나타난다고 한다. 스톤은 나에게 보낸 이메일에서 이렇게 썼다.

"이것은 스트레스 반응입니다. 우리는 평소보다 더 흥분하고 충동적이 되는 겁니다."[35]

스마트폰이나 거실에 형성된 와이파이 존이 오늘날 중산층 부모에게는 커다란 혜택이 아니냐는 주장도 있을 수 있다. 부모가 어린아이를 돌보면서 재택근무를 할 수 있다는 게 그 근거다. 뉴욕 대학교의 사회학자 돌턴 콘리Dalton Conley는, 자신의 저서 『미국 어디에서나Elsewhere, USA』에서 이런 환경 때문에 어린아이가 딸린 많은 아빠나 엄마가 하루 내내 집에서 일을 할 수 있게 되었으며, 바로 이 점에서 어려운 문제가 비롯된다고 지적한다.

"그 잘난 자유와 효율성에도 불구하고, 일이 기차의 엔진이 되고 사람은 식당칸이 되고 만다."[36]

유무선 인터넷 설비가 구축된 집은 사람들로 하여금 오래된 작업 습관을 계속 유지하면서도 동시에 어린아이를 돌볼 수 있다는 믿음을 가지도록 유혹한다.

그러나 이런 환경이 여러 가지 문제점을 안고 있음은 분명하다. 제시도 경험했지만 두 가지 일을 동시에 하기란 쉽지 않다. 인간은 어떤 일을 하다가 도중에 다른 일을 하고 다시 또 아까 하던 일로 돌아올 수 있는 능력을 가진 걸 자랑스러워할 수도 있겠지만, 사실 여러 연구 결과를 보면 이런 과업 변환 능력은 인간 종만 특별하게 가지고 있는 능력이 아니다. 마이크로소프트 사의 주의력 전문가인 메리 체르윈스키Mary Czerwinski에 따르면, 사람은 과업을 변환할 때 관련 정보를 충분히 철저하게 처리하지 않는다.[37] 즉, 관련 정보가 우리의 기억 속에 깊이 갈무리되거나 가장 똑똑한 선택이나 연상을 하도록 자극을 주지 않는다는 말이다. 또한 과제를 변환할 때마다 시간을 낭비한다. 다른 과제를 새로 시작할 때는 지적인 예열 과정이 필요하기 때문이다.

이런 사정은 집이 아니라 직장의 사무실에서도 마찬가지로 적용된다. 그리고 집에서 직업과 관련된 일을 할 때는 더욱 더 많은 방해를 받는다. 예를 들어서 동료가 이메일을 보내서 어떤 것을 물어볼 때, 감정적으로 약간의 열이 발생한다. 한편 아이들로부터 받는 방해는 훨씬 많은 열을 발생시킨다. 그리고 이럴 때의 격렬한 감정은 쉽게 없어지지 않는다. 미시간 대학교의 다중 작업 전문가인 데이비드 메이어David E. Meyer는 나와 대화를 나누면서 다음과 같이 설명한다.

"뜨겁게 달아오르는 시간대가 있고, 그다음에 원래대로 다시 돌아가는 시간대가 있습니다. 어떤 과제를 완수하는 데 필요한 시간은 이 두 시간대로 소모되는 시간을 따로 계산해서 추가해야 합니다. 어떤 감정이 일어남에 따라서 분출된 호르몬은 혈관 속에서 몇 시간 동안, 심지어 며칠 동안이나 남아 있습니다."

특히 부정적인 감정일 때는 더욱 더 그렇다.

"만일 이 막간의 시간대가 분노나 슬픔과 같은 감정, 혹은 불교에서 말하는 번뇌 따위로 채워진다면, 이 사람이 하고자 하는 감정적으로 중립 상태인 어떤 일에 부정적인 영향을 훨씬 많이 미칠 것입니다."[38]

자, 그렇다면 당신의 어린아이가 당신이 일을 하는 동안에 커다란 저지레를 저지른다고 상상하자. 혹은 이 아이가 배가 고프다고 칭얼댈 수도 있고, 넘어져서 무릎이 까질 수도 있고, 동생이나 누나와 싸울 수도 있다. 우리는 이런 방해들을 물리적으로는 전혀 다른 것들로 경험한다. 그런데 메이어는 다음과 같이 말한다.

"이런 일은, 속성상 중립적인 두 개의 서로 다른 창문 사이를 오갈 때 제기되는 방해입니다. 감정적인 차원의 과제 전환인 것이죠. 이 용어를 누군가 다른 사람이 먼저 사용했는지는 모르겠지만, 아무튼 또 하나의 층이 덧붙여진 것만은 분명합니다."[39]

그 결과, 어떤 경우든 간에 당신은 죄책감을 느낀다. 아이를 제대로 살피지 않았다는 죄책감. 집중해서 제대로 일하지 못했다는 죄책감. 일을 하는 부모는 죄책감을 한층 크게 느낀다. 그러나 돌턴 콘리의 표현을 빌리자면, 모든 것이 컴퓨터로 연결된 이 세상에서 부모는 하루 내내 죄책감을 느낄 수 있다. 이 사람들이 제대로 살피지 않거나 게을리하는 것은 언제나 있게 마련이기 때문이다.

나는 지금 이 갈등을 제시가 작업을 하는 방에서 실시간으로 목격한다. 제시가 리모컨으로 조작을 해 주고 돌아오고 30분쯤 지났을 무렵에 벨라가 다시 엄마에게 왔다.

"엄마? 두루루루루루 하지 않아요."

벨라는 '루' 발음을 최대한 굴리려고 노력한다. 비디오테이프 돌아가는 소리를 흉내 내는 것이다. 이 집에서는 아직도 VCR을 사용한다.

"되감기가 안 되니?"

"되감기가 안 돼요. 〈바니〉를 한 번 더 보고 싶은데…."

제시는 자리에서 일어나 벨라와 함께 텔레비전이 있는 가족방으로 가서, 테이프 되감기 방법을 설명한다. 그런 다음 세 번째로 다시 작업방으로 돌아와서 일에 집중하려고 한다. 어딘지 모르게 어색해 보이는 사진 이미지의 밝기를 조정해 본다.

"포토샵 표시가 너무 많이 날까 봐 걱정이에요."

그런데 벨라가 다시 들어온다. 이번에는 눈에 눈물이 그렁그렁

하다.

"아직도 안 돼요."

제시는 딸을 지그시 바라본다.

"그걸 가지고 왜 우니?"

뒤에 달린 두 주머니에 각각 하트가 하나씩 달려 있는 데님 스커트를 입은 딸은 엄마가 한 질문을 곰곰이 생각하는 눈치다.

"심호흡을 해. 심호흡, 그렇지. 됐어? 진정해. 아무것도 아냐."

제시는 다시 텔레비전이 있는 방으로 간다.

"이거 보이지?"

제시는 VCR을 가리킨 다음에 벨라를 바라본다.

"이 버튼을 누르면 되감기가 되는 거야. 그런 다음에 '플레이'를 누르면 되잖아."

제시는 네 번째로 자기 방으로 들어가서 자리에 앉는다. 제시가 지금까지 자리에 앉아 있던 시간을 다 합쳐도 30분이 되지 않는다. 남편은 저녁을 먹기 전까지는 집에 들어오지 않을 터였다.

"때로 나는 아이들 때문에 정말 아무것도 할 수 없다는 사실을 깨달아요. 일이 아주 커다란 휴식인 셈이죠. 하지만 이 순간에도 에라 모르겠다, 할 수는 없어요. 진짜 마감이 코앞이거든요."

거기까지 말을 한 제시가 나를 올려다본다.

"애기 소리가 들리는 것 같은데…."

윌리엄이 잠에서 깬 모양이다.

"망했다. 아직 일에는 손도 못 댔는데…."

그녀는 모니터 속의 이미지를 마우스로 깔짝거린다.

"이 일은 정신력이 정말 중요한 일이에요. 나는 사진을 찍을 때 빛과 배경과 옷 그리고 다리를 많이 생각해요. 편집할 때는 될 수 있으면 포토샵 작업을 한 흔적이 나지 않도록 하면서도 어딘가 마법의 세상 같은 느낌이 나도록 하려고 노력하죠."

그런데 바로 그 순간 제시는 하던 일에서 길을 잃는다. 그리고 아이들은 저마다 엄마를 부르기 시작한다. 그리고 그렇게 몇 분이 지나간다.

"보셨죠?"

제시는 나를 올려다보면서 말한다. 자기가 알아차린 사실을 나도 알아차리길 바라는 눈치다. 나는 무슨 뜻인지 모르겠다는 표정을 짓는다.

"나는 지금 줄곧 나 자신에게 이렇게 말을 하고 있습니다. 나는 지금 포토샵 작업을 하고 있는 이 사진의 편집을 끝내고 싶은 마음뿐이다. 이걸 마저 끝낸 다음에 윌리엄에게 가야지, 하고 말입니다."

그러면서 제시는 손가락으로 위층을 가리킨다. 아무 소리도 들리지 않는다. 그녀가 알아차린 것은 정적이었다. 우리 두 사람은 사진에 너무 빠져 있던 바람에 윌리엄이 울기를 그쳤다는 사실을 몰랐던 것이다.

놓쳐 버리는 것들?

제시는 아이들이 좀 더 자랄 때까지 직업과 관련된 일을 미룰 수도 있다. 이것은 많은 여성들이 하는 일종의 선택이다. 그녀는 돈이 조금 부족해도 얼마든지 살아갈 수 있고, 커다란 충족감이 없이

도 살 수 있다. 이렇게 하면 적어도 자기에게 주어진 시간과 에너지를 오로지 육아라는 주된 과제에 집중함으로써 위안을 찾을 수 있다. 그러면 늘 죄의식에 시달리지 않아도 된다.

혹은 다른 선택을 할 수도 있다. 사업의 규모를 키워서 아예 집 밖으로 나가는 것이다. 만일 그녀가 본격적으로 나서서 가계에 많은 보탬이 될 돈을 벌고자 한다면 그리고 그 일과 관련된 자기의 전문성을 충분히 자신한다면 못 할 것도 없다. 얼마든지 그렇게 할 수도 있다. 그러면 일과 시간에는 오로지 일만 하면 된다. 비디오테이프를 되감을 필요도 없고 아이들이 흘린 요구르트를 닦을 일도 없다. 물론 그렇게 하려면 돈이 많이 필요할 것이다. 그러니 이 일은 어쩌면 실현 가능성이 희박할 수도 있다. 사업을 확장하려면 은행에 가서 돈을 빌려야 한다. 그러나 그렇게 할 때 몰입을 경험할 기회는 한층 더 많아질 것이다. 바깥에서는 사진가이고 집에 돌아오면 엄마가 된다. 그럴 경우 분명히 스마트폰은 바쁘게 울려 댈 것이고 이메일의 편지함에는 메일이 넘쳐날 것이다. 그러나 적어도 직업적인 일과 집안일이 공간적으로 분리될 것임은 분명하다.

그런데 제시는 가장 어려운 길을 선택했다. 둘 다 하기로 했다. 하루 온종일 저글링을 하듯이 두 가지 일을 동시에 하기로 한 것이다. 그러나 처음 이런 선택을 할 때는 아이들이 시도 때도 없이 방해를 하며 주의력을 빼앗아 가고 또 고객에게 약속한 마감 시한이 갑자기 불쑥 들이닥칠 것임은 알지 못했다.

이 두 가지 일 사이에서 균형을 유지하며 동시에 진행할 수 있는 방법이 없을까? 정말 골치 아픈 질문이다. 최근에 이 질문을 놓고 감정적인 차원으로까지 치달은 매우 논쟁적인 논의가 진행되었다. 만일 당신이 페이스북의 최고운영책임자COO이자 『린인Lean In』의 저자인 셰릴 샌드버그Sheryl Sandberg라면,[40] (저자는 이 책에서 여성들이 다양한 상황에 맞닥뜨렸을 때 필요한 현실적인 해답은 무엇인지, 일과 사생활에서 잠재력을 발휘하는 방법은 무엇인지 흥미진진하게 이야기한다－옮긴이) 여자라 하더라도 직업의 전문성을 좇아서 소리 높여 발언하고 자기를 주장하며 이사회를 지배할 권리를 지키고 바지를 입고 자랑스럽게 활보해야 옳다고 믿을 것이다. 그러나 만일 당신이 전직 국무부 정책기획국장으로 2012년 6월에 「애틀랜틱The Atlantic」 지에 일과 가정 사이의 균형에 관한 글을 발표한 앤-마리 슬로터Anne-Marie Slaughter라면,[41] 직업의 세계와 가정 두 분야에서 모두 포기할 수 없는 야망을 가진 여자들이 필요로 하고 또 바라는 것을, 사회경제적인 변화가 전제되지 않는 한, 세상은 호락호락하게 보장해 주지 않는다고 믿을 것이다.

두 주장 다 일리가 있다. 게다가 이 두 주장에서는 상호 배타적인 구석을 거의 찾아볼 수 없다. 그러나 이 질문은 여자가 두 가지를 모두 다 가질 수 있을까, 그리고 어떻게 하면 그럴 수 있을까 하는 틀에 (그것도 상당히 지루하게!) 갇히고 만다. 그것도 대부분의 여자들로서는 (이 문제에 관한 대부분의 남자들로서도) 그저 육체와 정신이 따로 떨어지지 않도록 하는 게 가장 중요한 문제인 시점에서 말이다. "두 가지를 모두 다 가지기"는 여자가 원하는 것과 거의 아무런 관련이 없다. 설령 있다고 하더라도 그것은 널리 퍼져 있는 잘못된 문화적인 믿음이며 남자와 여자가 똑같이 가지고 있는 믿음, 즉 미국의 중산층으로서 우리에게는 무한한 약속이 보장되어 있으며 모든 가능성을 최대한 활용하는 것이야말로 우리의 의무라는 믿음이 반영된 것일 뿐이다. 애덤 필립스가 『놓쳐 버린 것들』에서 암시하듯이, "두 가지를 모두 다 가지기"는 이 표현 안에 담겨 있는 어떤 가능성이라는 발상의 폭압적인 학정에 시달리는 문화의 빈껍데기 구호일 뿐이다.

기쁘지 않은 선택의 연속 | 몇 세대 전만 하더라도 사람들은 대부분 아침에 일어나서 그날 하루를 과연 최대한 충실하게 살 수 있을지 초조하게 고민하지 않았다. 그동안 자유는 아주 당연하게도 언제나 미국적인 실험 속에 녹아들었다. 그러나 비행기를 타고 훌쩍 떠난다거나 오후 시간을 내서 암벽 등반을 한다거나 혹은 공학을 공부한다거나 심지어 아침에 10분이라는 짬을 내서 신문을 읽는다거나 하는 자유, 이런 종류의 자유는 아주 최근까지도 우리의 사적인 기대 속에 녹아들어 있지 않았다. 이런 사실을 기억해야 한다. 만일 우리들 가운데 대부분이 우리에게 주어진 수없이 많은 선택들 그리고 이 선택들을 최대한 활용하려고 할 때 느끼는 다양한 압박감을 어떻게 처리해야 할지 모른다면, 아마도 그것은 그 선택들과 압박감들이 너무도 새롭기 때문일 것이다.

사회학자인 앤드류 철린Andrew Cherlin은 2009년의 저서 『다양한 결혼The Marriage-Go-Round』에서 이 문제를 명쾌하게 정리한다. 식민지 시대 때 뉴잉글랜드의 여러 식민지들에서는 개별적인 가족 구성원들이 자기의 개인적인 관심사를 추구할 시간을 거의 갖지 못했다. 한 가정에 아이들이 너무도 많았기 때문에 이 아이들에게 각자 충분한 평화와 조용함을 보장해 줄 수 없었고 [플리머스(메이플라워 호가 도착했던 항구 도시, 미국 청교도의 출발지 - 옮긴이)의 경우에 가구당 아이의 수는 평균적으로 일고여덟 명이나 되었다] 또 청교도의 전형적인 건축 방식은 개인이 혼자 무언가를 시도하는 걸 좋지 않게 바라보았던 터라, 집은 보통 대부분의 가족 활동이 커다란 방 하나에서 이루어지도록 지어졌다. 그래서 철린은 "오늘날에는 당연시되는 개인의 사생활도 예전에는 턱없이 부족했다."고 썼다.[42] 사람들은 세상에 태어나는 그 순간부터 의무와 공식적인 역할의 복잡한 거미줄에 둘둘 말려서 평생토록 헤어날 수 없었으며, 사회 규범이 마련한 각본을 충실하게 따라야만 했다. 그게 개인이 충족되는 길이었고 또 미덕이었다.

산업화가 되고 나서야 (더 정확하게 규정하자면, 도시화가 되고 나서야) 사람들은 자기 운명에 대한 통제권을 보다 많이 가지기 시작했다. 처음으로 청년들이 떼를 지어 가정이라는 판에 박힌 궤도에서 벗어나서 확장일로의 도시로 일거리를 찾아 떠났다. 이것은 그들이 직업과 아내 둘 다를 자기 의지에 따라서 선택할 수 있게 되었다는 뜻이다. 20세기가 점점 더 펼쳐지면서 여자도 통제권을 조금은 더 많이 가지게 되었다. 여성 운동이 활짝 꽃을 피운 1960년대 말 이전까지는 여자들이 그야말로 기도 펴지 못하고 살았다는 사실만 알고 있던 터라서, 이런 이야기를 들으면 사람들은 대개 깜짝 놀란다. 그러나 역사학자 스테파니 쿤츠Stephanie Coontz는 『우리가 한 번도 가 보지 않은 길The Way We Never Were』에서 여성들이 꾸준하게 집에서 벗어나 바깥에서 일을 했으며, 이런 여성의 수가 20세기 동안 꾸준하게 늘어났음을 보여 준다.[43] 흔히 가족의 황금시대라 일컬어지는 1950년대는 정말이지 이상한 시기였다. 1940년에 여성의 초혼 평균 연령은 스물세 살이었지만 1950년대에는 스무 살 아래로 내려갔으며,[44] 출생률도 증가했고, (자녀를 세 명 이상 낳은 여성의 수가 20년 만에 두 배

로 늘어났다)[45] 또 대학교를 도중에 그만두는 시점도 남자들보다 훨씬 빨랐다.[46]

그러나 1960년대에 남녀 대학생의 중퇴율은 비슷해졌고,[47] 자격을 갖춘 여성들이 누릴 수 있는 취업 기회도 보다 많아졌다. 1960년대에는 경구피임약이 보급되었고, 덕분에 여성들은 역사적으로 유례가 없는 자유를 누렸다. 가족을 계획하는 자유였다. (뿐만 아니라, 원치 않는 임신으로 억지로 결혼을 하는 일이 줄어듦에 따라서 남편을 선택할 자유도 함께 누리게 되었다.) 그리고 1970년대에는 이혼을 보다 자유롭게 할 수 있는 법률이 제정되었고, 이제 여성들은 불행만 안겨 주는 결혼생활에서 벗어나 경제적인 자유를 누릴 수 있게 되었다.

이 모든 변화의 정점은 풍성한 선택이 보장되는 문화였다. 미국 중산층의 남자와 여자는 그때까지는 도저히 상상도 할 수 없었던 여러 가지 것들을 마음대로 선택해서 각자 자기의 인생 행로를 개척할 수 있는 자유를 누렸다. 1970년대에 진행된 자유화는 오늘날의 자아실현과는 비교도 되지 않을 정도로 강력한 충격을 사회에 던졌다. 이런 사정을 철린은 다음과 같이 적고 있다.

"미국인은 교육 수준과 관계없이 누구나 자기의 라이프스타일을 스스로 결정할 수 있는 상황을 맞이한다. 50년 전만 하더라도 제한적인 선택권이던 라이프스타일 선택이 이제는 당연한 것으로 자리를 잡았다. 누구나 수없이 많은 선택을 계속해서 해야만 한다.(강조는 철린) 그 결과 개인은 자기 삶이 어떤 식으로 진행되고 있는지 지속적으로 평가할 수 있게 되었다. 이것은 마치 개인의 정서적인 심박수를 끊임없이 모니터링 하는 것이나 마찬가지다."[48]

새로 발견한 자유들을 우리에게 제공한 역사적인 진보를 되돌리길 원하는 사람은 거의 없을 것이다. 이 자유들은 경제적 번영, 기술적 진보 그리고 여성의 권리 신장을 통해서 어렵게 얻은 산물이다. 나의 어머니는 부모의 집에서 벗어나 자기만의 세상에 들어가기 위해서 스무 살에 결혼을 해야 했다. 어머니 세대 여성들의 승리는, 영화 평론가 출신의 프리랜서 기자인 클레어 데더러Claire Dederer가 쓴 아름다운 회고록인 『포저Poser』가 표현했던 '결혼하지 말고 자유로워져라'라는 이 규칙을 다시 정하는 것이었다.[49](『포저』는 비정상적 가정에서 자란 아픔을 가지고 성장한 저자가 자신의 인생을 요가 이야기로 풀어낸 에세이다—옮긴이) 그렇게 해서 새롭게 마련된 규칙은 어머니 세대의 딸들이 아파트를 얻고, 직업을 얻어 자리를 잡고, 늦게 결혼하고, 심지어 그 결혼이 마음에 들지 않으면 미련 없이 벗어던질 수 있도록 했다.

그러나 남자와 여자 모두에게 자유를 통해서 얻은 이 혜택은 더하기가 아니라 빼기의 승리처럼 보인다. 그래서 시간이 흐름에 따라 미국인은 자유를 "부정적으로, 즉 상호 의존성의 결핍으로, 다른 사람들에 대한 의무를 지지 않는 권리로 바라보게 되었다. 독립은 자기의 재산이나 시간에 대해서 사회가 어떤 주장을 하는 것으로부터 면책을 받는 것을 뜻하게 되었다."고 쿤츠는 쓴다.[50]

만일 당신도 자유를 의무로부터의 해방이라는 뜻으로 파악한다면, 누군가의 부모가 된다는 것은 그야말로 현기증이 나는 충격일 수밖에 없다. 대부분의 미국인은 배우자를 자유롭게 선택하고 바꾸기도 한다. 중산층은 적어도 직업을 선택하거나 바꿀 자유를 적어도 조금은 가지고 있다. 그러나 우리는 우리 아이를 선택하거나 바꿀 수는 없다. 아이들은 우리 문화권에 유일하게 남아 있는 마지막 족쇄이자 의무여서 우리에게 영원히 헌신적인 의무를 요구한다.

이런 사정은 다시 자동차를 타고 고속도로에 올라서 끝도 없이 달려가는 걸 꿈꾸는 제시의 환상으로 이어진다. 물론 제시는 그렇게 할 수 없으며 결코 그렇게 하지도 않을 것이다. 이 여행은 오로지 그녀의 마음속에만 존재한다. 우리를 둘러싼 환경이 아무리 완벽하다고 하더라도, 애덤 필립스가 관찰했듯이 우리는 대부분 "우리가 현재 누리는 삶과 바라는 삶 사이의 어떤 지점에 위치하는 삶을 살아가는 방법을 배운다."[51] 그런데 어려운 점은 인생의 안개 지대를 무사히 헤치고 나가는 일이다. 그리고 살아볼 가치가 있는 인생이라면 어떤 인생도 구속에서 자유로울 수 없다는 사실을 깨닫는 일이다.

2장

조급한 엄마,
야속한 아빠

◇◇◇◇◇◇

나를 향한 아내의 분노는 아무런 막힘도 없이 마구 터져 나왔다. "당신은 오로지 자기만 생각하지! 난 내가 혼자서 가족을 부양해야 하리라고는 한 번도 생각해 보지 않았단 말이야!" 아내가 늘 하던 말이었다.[1]

버락 오바마, 『담대한 희망』(2006년)

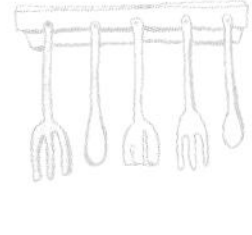

제시 톰슨이 참석하는 ECFE 강좌는 사람의 수는 적었지만 다들 집중했고 모임의 분위기는 일사불란했다. 이에 비해서 앤절리나 홀더가 참석하는 강좌는 모인 사람의 수도 많았고 늘 왁자지껄한 분위기였다. 여자들은 서로가 겪는 갈등이나 사정을 이미 잘 알고 있던 터라서 쉽게 속을 터놓고 이야기했다. (예를 들면 이런 식이다. "두 달 전에 내가 어땠는지 당신도 봤죠? 진짜 두 번 다시는 결혼을 하고 싶지 않았다니까요.") 사람들은 번갈아 가면서 격려하고 서로의 말을 자르면서, 앞서 말한 사람의 이야기 위에 또 다른 것을 보태서 전체 이야기를 아주 높이 쌓아 올렸다. 이 모임의 에너지와 선의에는 분명 다소 허풍과 과장도 섞여 있긴 하지만, 이런 우호적이고 활기 넘치는 분위기는 모임의 참석자들이 도시 외곽에 사는 사람들이기에 가능하기도 했다. 이 여자들은 인구 밀집 지역에 사는 사람들보다 사회적인 고립을 더 많이 이야기했고, 정기적으로 사회적인 접촉을 할 수 있다는 사실을 보다 의미 깊게 받아들이고 좋아하는 것 같았다.

이 특별한 ECFE 강좌 모임에는 변호사, 현장 경찰, 여자 농구감독, 컴퓨터 과학자 그리고 콜스(유통업체－옮긴이)의 파트타임 직원도 각각 한 명씩 참석했다. 그리고 갓난아기 혹은 이제 막 걸음마를 뗀 아이를 하루 온종일 돌보기 위해 다니던 직장을 일시적으로 포기한 사람들이 전체 참석자들 가운데 절반이 조금 넘었다. 그리고 나머지는 파트타임으로 일을 하면서 일과 가정 사이에서 균형을 잡으려고 노력하는 사람들이었다. 하지만 이 사람들이 하는 이야기로 비추어 보자면 그런 시도는 볼링 공 위에 올라서는 것만큼이나 어렵고 허망했다.

서문에 등장했던 앤지는 스물아홉 살이며 그 모임에서 나이가 어린 축에 속했다. 또한 이따금씩 남편이 함께 참석하기도 하는 몇 안 되는 부부 가운데 한 사람이기도 했다. 비록 그녀의 남편 클린턴은 낮에만 참석하긴 했지만….

"나 먼저 얘기할까요? 지난 두 주는 정말이지 내 인생에서 최악의 두 주였어요. 엘리('엘리야'의 애칭으로 세 살 된 그녀의 큰아이이다)가 위장염에 걸려 거의 잠을 자지 못하는 바람에 그 뒤치다꺼리를 내가 다 해야 했거든요, 하나에서부터 열까지요. 아침에 아이들과 함께 일어나서 씻기고 먹이고 입히고 청소하고, 잠은 자지도 못한 채 일하러 나가고…."

거기서부터 그녀의 목소리가 떨리기 시작했다.

"나와 남편, 우리 두 사람 사이 관계는 지금 끔찍할 정돕니다. 남편이라는 사람은 내가 막 숨이 넘어갈 지경이라는 걸 몰라요. 그런데 어제 이 사람이 자기도 배가 아프다는 거예요. 아직도 내가 챙겨야 할 그 모든 일들이 그렇게나 많이 있는데 말이죠. 그러다 내가 그랬어요. '정말?'"

복받치는 감정 때문에 그녀는 말을 잘 잇지 못했다.

"배가 아프다는데 어떡해요."

마침내 앤지는 소리를 내어서 울기 시작했다. 그러다가 한마디 더 불쑥 뱉었다.

"할 수 없지 어떡해요, 내 직업이 간호사니까요."

그 말은 회심의 한 방이었다. 자신의 자의식을 다치지 않으려고 정교하게 고안된 그 발언은 매우 효과가 좋았다. 여러 여자들이 그 말에 폭소를 터트렸다. 앤지도 그 여자들을 따라서 함께 웃으며 눈물을 닦았다.

"남편은 자기도 충분히 일을 많이 한다는 거예요. 자기는 한 주에 닷새, 오전 5시부터 오후 2시까지 일을 하고, 또 쓰레기도 자기가 갖다 버린다고…."

그러자 한 여자가 재빨리 앤지의 말을 가로챘다.

"쓰레기를 갖다 버린다? 오오, 대단하시네!"

계속해서 앤지가 말을 이어 갔다.

"또 자기는 눈을 치우고 정수기 관리를 한다는 거예요. 그러니 내가 자기보다 아이들 돌보는 일을 더 많이 하는 게 당연하다는 거죠."

그러자 다른 여자가 끼어들었다.

"그리고 또 이러지 않나요? '아, 그리고 말이야. 아이들이 나보다는 늘 당신을 찾잖아, 안 그래?'라고 말이에요. 우리 남편은 아이들은 엄마만 찾으면서 자기가 도와줄 틈을 주지 않는대요. 기가 막혀, 정말! 그러면 내가 이렇게 말하죠, 진짜 그럴 마음 있으면 그만 소리하지 말고 시간 내서 한번 해 보라고 제발!"

그러자 또 다른 여자가 거든다.

"우리 남편은 '내가 돈을 버니까 너는 그 밖의 잡다한 모든 걸 다 해야 해'라는 콤플렉스를 가지고 있어요. 남편은 이렇게 말하죠. '나는 하루 종일 일했단 말이야.' 그럼 나는 이렇게 말해 버려요. '옴마야, 난 오늘 하루 종일 뭘 했는지도 모르겠네?'"

이번에는 다시 앤지가 말한다.

"진짜 분노가 차곡차곡 쌓여요. 그래서 뭐라고 얘기를 좀 하면 이 사람이 뭐라는지 아세요? '그래, 알았어. 당신은 이거, 이거, 이거, 또 이거만 하면 되겠네. 그래, 이렇게 하면 나도 마음이 편하겠다. 아이들은 내가 더 많이 돌볼게.' 이런답니다."

그때 네 번째 여자가 앤지의 말을 받는다.

"이게 무슨 물물교환 시장판이 아니라는 거 남편이 아나요?"

계속해서 앤지가 설명한다.

"우리는 우리 두 사람이 모두 해야 할 필요가 있는 일들을 놓고 이런저런 역할을 정해요. 그러면 며칠 동안은 좋아지죠. 그런데 그러다가 보면 어느새 원래대로 돌아가 있는 거 있죠."

그러자 또 다른 여자가 말했다.

"남편 불러다 놓고 청문회 대판으로 한번 해야겠네!"

그 말로 그 문제는 일단 매듭이 지어졌다. 이 판단을 내린 사람은 현장 경찰이었다. 이런 판단은 본인의 경험에서 우러나온 것이라고밖에 할 수 없는 것이었다.

위기의 부부 | 부부 사이에 아이가 태어나면 남자나 여자 모두 개인적으로 가지고 있던 오랜 습관을 갑작스럽게 바꾸어야 한다. 그리고 이것 다음으로 가장 극적인 결과는 결혼생활 자체의 변화다. 아이를 가짐으로써 얻을 수 있는 심리적인 이득에 대한 기존 관념에 최초로 정면으로 도전한 심리학자 르매스터스E. E. LeMasters가 1957년에 쓴 유명한 논문 「위기의 부모Parenthood as Crisis」가 엄마와 아빠를 개별적으로 바라보지 않고 한 쌍으로 묶어서 바라본 것은 결코 우연이 아니다.

르매스터스는 새로 아빠 엄마가 된 사람들 가운데 83퍼센트가 '심각한' 위기를 맞는다는 사실을 발견했다.[2] 이 수치가 지나치게 높은 것 아니냐는 느낌이 들 수도 있지만, 그것은 아마 아무도 그런 대담한 주장을 단정적으로 한 적이 없기 때문이 아닐까 싶다. 그런데 현대에 이루어진 여러 연구 결과를 놓고 보더라도 위기의 비율은 상당히 높다. 2009년에 네 명의 연구자가 어떤 대규모 연구 조사에서 수집한 132쌍의 자료를 분석했는데, 이들 가운데 약 90퍼센트가 첫 아기가 태어난 뒤로 결혼생활의 만족도가 감소하는 경험을 했다고 응답했다.[3] 비록 여기에는 이런 변화가 주로 '부정적인 영향을 아주 조금밖에' 미치지 않았다는 단서가 달려 있긴 했지만, 결혼생활 만족도 감소를 경험한 비율이 매우 높았음은 분명하다. 2003년에 세 명의 연구자가 자식과 결혼생활 사이의 상관성을 다룬 100개 가까운 연구 조사를 분석했는데, "갓난아기를 돌보는 여자들 가운데 겨우 38퍼센트만이 결혼생활에서 평균보다 높은 만족도를 느끼는 반면, 아이가 없는 여자들 가운데서는 평균 이상의 만족을 경험하는 비율이 무려 62퍼센트나 된다."는 사실을 발견했다.[4] 이 분야의 개척자격인 캐럴린 코완Carolyn Cowan과 필립 코완Philip Cowan 부부는 1992년에 발간한 『부부가 부모가 될 때When Partners Become Parents』에서, 장기간에 걸쳐서 관찰한 약 100쌍의 부부 가운데 거의 4분의 1은 아이가 태어나서 18개월쯤 될 때 결혼생활에 상당한 위기 징후가 나타난다고 응답했다.

"우리가 진행한 연구에서 결혼생활의 만족도가 높아졌다고 말한 부부는 매우 적었다."[5]

가족 및 사회적 쟁점에 주로 초점을 맞추는 민간 연구소인 미국적 가치 연구소The Institute for American Values는 편부모가 아이를 키울 때보다 양부모가 아이를 키울 때 행복감을 느낄 가능성이 더 높다고 지적하는데,[6] 이 말이 맞다. 그리고 대부분의 결혼생활 만족도는 부부 사이에 아이가 생기든 그렇지 않든 간에 상관없이 떨어지는 경향을 보이긴 하지만, 거의 모든 연구는 평균적으로 결혼생활의 만족도 곡선이 아이가 태어나는 순간부터 뚜렷하게 내리막으로 치닫는다고 지적한다.[7] 몇몇 연구들은 부모가 되는 상황은 기존에 시작되고 있던 감소의 추세에 박차를 가하는 것일 뿐이라고 주장하지만, 다른 연구들은 부모가 되는 상황이 이런 추세의 결정적인 원인이라고 말한다. 그러나 또 어떤 사람들은 결혼생활 만족도의 수준은 부부 사이의 자녀들 나이에 따라서 달라진다고 주장한다. 즉, 아이가 태어난 뒤 처음 몇 년 동안은 이 만족도가 급격하게 떨어지지만 아이가 초등학교에 다니는 동안에는 이 만족도가 다시 상승하고, 아이가 사춘기를 거칠 때 다시 이 만족도는 급격하게 떨어진다는 것이다.

그런데 이런 이론들에 대해서 주류의 자녀 양육 서적들은 거의 다루지 않고 있다. 그저 아이들의 안전한 피임을 위한 데이트 날짜 선택에 관한 조언 따위만 난무한다. 정말 놀라운 일이다. 사회과학 분야를 놓고 보자면, 아기 없이 살던 어떤 부부가 부모가 되는 변화는, 연구자 자신이 겪은 구체적인 사실들을 이끌어 낼 수 있는 드문 주제들 가운데 하나다. 사회과학 분야가 아니라 하더라도 여러 해 동안 진행하고 수집한 인터뷰와 자료들을 방대하게 담은 『부부가 부모가 될 때』는 대단한 학술 저서다. 그러나 이 책의 도입부는 지극히 개인적인 내용을 펼쳐 보인다. 공동 저자인 코완 부부는 자기들의 십 대 소년 소녀 시절의 만남과 이른 결혼 그리고 세 아이를 연달아 빠르게 낳은 일 등 자신들의 경험을 묘사하기 때문이다.

"우리 아이들이 초등학교에 다닐 무렵이 되자 이 문제를 더 이상 회피할 수 없었다. 우리 관계는 팽팽한 긴장 속에서 어떻게 달라질지 그 누구도 장담할 수 없었다."[8]

그런데 그들은 주변의 다른 많은 친구들도 똑같은 문제로 고민한다는 걸 알았다.

> 다른 부부가 자기들 사정을 이야기하며 털어놓는 고통과 분노를 들으면서 그리고 우리 부부의 문제를 온전하게 이해하려고 노력하면서, 대부분의 부부들이 어떤 공통적인 문제를 하소연한다는 사실을 깨달았다. 우리는 부부로서의 관계에서 고통을 겪고 있었지만, 우리가 겪는 어려움들의 시작점을 처음 가족을 형성하던 과거 몇 년으로 거슬러 올라가서 찾을 수 있었다.

아이를 낳기 전에 부부는 흔히 자기들 사이에 태어날 아이를 자기들 결혼생활의 질을 높여 줄 존재라고 생각하며, 아이를 부부 사이에 새로 편입시키는 일이 부부 사이를 더욱 돈독하게 만들어 주고 또한 이 관계를 영속시키는 하나의 이유가 될 것이라고 상상한다. 사실, 아이를 키우고 있는 부부들은 적어도 아이들이 아직 어릴 때는 쉽게 갈라서지 않는다. 하지만 아이들이 어릴 때 부부 사이에 갈등이 생기고, 또 이 갈등이 점점 심화될 가능성은 훨씬 높다. 코완 부부는 『부부가 부모가 될 때』에서 자기들이 관찰한 표본의 92퍼센트가 아이가 태어난 뒤에 의견충돌이 더 잦아졌다고 했다.[9] (이 패턴은 이성 부부에만 한정되는 것은 아니다. 2006년에 발표된 어떤 논문은 레즈비언 커플 사이에서도 아이가 태어난 뒤에 갈등의 정도가 높아진다는 사실을 제시했다.)[10] 2009년에 세 사람의 심리학 교수가 멋들어지게 잘 설계된 연구를 수행했는데, 이 연구 결과 새로 태어난 아이는 돈, 일, 새로 맺게 된 친척 관계, 고약한 개인적인 버릇, 의사소통 방식, 여가 활동, 약속 준수, 성가신 친구, 섹스 등 다른 어떤 주제들보다 부부 사이에 갈등과 다툼을 많이 유발한다는 사실이 드러났다.[11] 이 세 명의 연구자들은 또 다른 연구를 진행했는데, 그 연구에서는 부모가 아이들이 지켜볼 때 더 격렬하게 싸우는 것으로 나타났다. 그때 아버지는 적의를 보다 많이 드러내고 어머니는 슬픔을 보다 많이 드러내며, 싸움이 끝난 뒤에도 서로에 대한 앙금은 다른 경우보다 쉽게 사라지지 않는다는 사실이 드러났다.[12]

이 세 심리학자들 가운데 한 사람인 마크 커밍스E. Mark Cummings는 나와 나눈 대화에서 이렇게 갈등을 아이들 앞에 공개하는 이유는 매우 단순하다고 밝힌다.

"아이를 둔 부부가 정말로 화가 많이 나면 자제심을 잃어버리고 아이들이 보는 데서도 거침없이 싸웁니다."[13]

어쩌면 이렇게 단순한 차원의 문제일 수도 있다. 하지만 나는 다르게 생각한다. 철저한 분석에 입각하기보다는 개인적인 경험 및 다른 사람들과 가진 인터뷰를 바탕으로 한 견해이긴 하지만, 부모가 아이들 앞에서 특히 격렬하게 싸우는 이유는, 아이들이 자기 인생의 성공과 실패를 끊임없이 상기시키는 존재이기 때문이 아닐까 하고 생각한다. 남편이 직업적 전문성과 투지가 부족해서 혹은 아내가 딸에게 지나치게 목소리를 높인다는 이유로 벌어지는 부부싸움은 단지 그런 문제가 원인이 되어서 일어나는 게 아니다. 이 싸움은 미래를 놓고 벌이는 싸움이다. 즉, 자기들이 아이들에게 보여 주고 싶은 롤 모델이 무엇인가, 자기들이 되고자 열망하는 사람의 모습은 어떤 것인가, 아이들이 나중에 커서 어떤 사람이 되면 좋겠다고 생각하는가 등이 그 부부싸움의 주제라는 말이다. 그래서 다음과 같은 말들이 이 싸움의 본질을 가장 잘 드러낸다. 당신은 아버지라는 사람이 당신 아들에게 세상이 살기 어렵고 무서운 곳이라서 월급 올려 달라는 말도 할 줄 모르는 멍청이로 비추어졌으면 좋겠어? 당신 딸이 나중에 커서 고함이나 빽빽 질러 대는 여자가 되면, 이 아이가 그런 버릇을 누구에게 배웠다고 생각해?

설명이야 어떻든 간에, 부부 사이에 아이가 태어나면 이 부부의 관계에서 갈등이 유발될 잠재적인 이유가 여러 가지 있음을 우리는 잘 안다. 우선 돈이 많이 들어간다. 사회적인 관계나 부부 사이의 성생활도 완전히 새로 정립해야 한다. 부부가 이런 문제(이 거대한 문제), 즉 아이가 관련된 문제만 나오면 싸운다는 생각도 편치 않다. 이 장에서는 이 모든 쟁점들을 살펴볼 참이다. 그러나 우선 겉으로 보기에는 지극히 세속적이고 사소한 것 같지만 지극히 보편적인 문제, 즉 가사 노동의 분담이라는 문제부터 살펴볼 것이다. 아이가 태어나면 가사 노동의 양은 폭발적으로 늘어나며, 누가 무슨 일을 얼마나 자주 할 것인가 하는 것과 관련된 여러 규칙들은 그야말로 난장판 속으로 던져진다. 이런 규칙들을 분류하고 정리해서 정하는 일은 대부분의 부부가 알고 있는 것보다 훨씬 더 복잡하고 어렵다. 이유는 여러 가지가 있겠지만 특히, 대부분의 여성이 직업적인 일을 하는 문화권에서 정작 이 문제에 대한 규범이 거의 마련되어 있지 않기 때문이다. 또한 이런 규칙들은 (꼭 필요하지만 사소하기 짝이 없는) 이른바 '집안 잡일'에 대한 단순한 태도 차원이 아닌 그 이상의 어떤, 가슴 깊은 곳에 놓인 감정들을 뒤흔들어 놓기 때문이다.

여자의 일

내가 미네소타 로즈마운트에 있는 앤지의 집에 갔던 그날 아침에도 앤지는, 제시를 처음 만날 때 제시가 그랬던 것처럼 진이 다 빠질 정도로 지쳐 있었다. 하지만 전날 밤 늦게까지 일을 했기 때문이 아니었다. 앤지는 허리 통증과 싸우며 동시에 밤새 울어 대던 한 살짜리 아기와 씨름하면서 지난밤을 보냈다. 하지만 앤지는 이 싸움과 씨름에서 모두 바라던 성과를 올리지 못했다. 현관문을 여는 앤지의 품에 문제의 한 살짜리 아기 제이비어(제이)가 안겨 있다.

"내려놓으면 울 것 같아서요."

그리고 세 살 먹은 남자아이 엘리는 집 뒤쪽에 있는 데크에서 공룡 오트밀을 먹고 있다. 우리는 그쪽으로 가서 엘리를 만난다. 엘리는 진지한 아이다. 생각이 깊고 사물에 집중하며, 멋지게 짧게 깎은 헤어스타일을 하고 있다. 앤지는 엘리의 머리를 쓰다듬으며 서두르라고 말한다. 몇 분 뒤에 우리 네 사람은 자동차에 타고 '리틀 익스플로러스'로 향한다. 두 주에 한 번씩 열리는 지역 차원의 여름 프로그램이다.

제시의 경우와 마찬가지로 나는 ECFE 강좌에서 처음 본 뒤 몇 달이 지난 뒤에야 앤지를 다시 만났다. 그리고 역시 제시와 마찬가지로 앤지는 자기 인생에 닥친 시련을 솔직하고도 담담하게 이야기한다. 그런데 내가 많은 후보자들 가운데서 굳이 앤지를 만나기로 선택한 것은 앤지와 그의 남편 클린트가 동시에 각자의 직장에서 교대 근무를 한다는 상황 때문이다. 이 교대 근무라는 것은 어린아이들을 키우면서 결혼생활을 순탄하게 유지하기 어렵게 만드는, 반드시 극복해야 하는 매우 중요한 문제다. 이 경우에 맞벌이 부부는 각자가 배우자 없이 혼자서 아이를 키운다는 느낌에 사로잡힌다. 배우자의 도움을 받지도 못한 채로 아이들을 떼어 놓고 직장으로 발길을 옮길 때는 더욱 그렇다. 맞벌이 부부 경우에는 각자가 해야 할 일을 조정하는 일에서부터 벌써 힘이 빠진다. 비번이 겹치는 날에는 누가 좀 더 쉬운 일을 맡고 누가 낮잠을 자거나 자전거를 탈 여유를 누릴지를 두고 팽팽한 줄다리기가 벌어진다. 두 사람 다 서로 자기가 더 힘든 일을 한다고 확신하기 때문이다. 여기에 대해서 앤지는 나에게 이렇게 말한다.

"우리는 한 가족이면서도 두 개의 다른 세계관으로 두 개의 다른 의견을 가지고서 두 개의 다른 삶을 살아간답니다. 난 이런 상황에 처했다고 생각해요. 그리고 여러 가지 어려운 부분들도 생각하죠. 그런데 남편은 늘 나처럼 생각하지는 않아요."

아마 클린트도 다른 누군가에게 앤지와 똑같은 하소연을 할 것이다.

그런데 흥미로운 것은, 어린아이를 키우는 많은 젊은 부부들이 각자 분리된 별개의 삶을 따로 살아간다고 말한다는 점이다. 심지어 부부 두 사람의 일정이 겹칠 때조차도 그렇게 생각한다. 각자 따로 아침과 저녁에 아이들을 (누군가에게 혹은 어딘가에) 맡기거나 데려온다. 또 주말에는 각자 다른 일을 한다. 그런데 앤지와 클린트 부부가 다른 부부들과 다른 점이 있다면, 그런 역할의 분담이 구조적으로 철저하게 사전에 결정되어 있다는 점이다. 이들의 상황을 보며 많은 부부들은 자기들의 삶과 동일한 어떤 것을 발견한다. 하지만 앤지와 클린트 부부에게서는 이런 상황의 위험성이 최고점으로 치닫고 있다. 앤지는 이렇게 말한다.

"지금 우리 삶은 깨어지기 직전의 혼돈 상태예요. 여기에서 만일 평소에 비해 조금이라도 부하가 더 걸리면, 예를 들어서 제이가 밤에 잠을 자지 않는다거나 개가 병에 걸린다거나 (이들 부부는 애완견을 키운다) 내가 허리가 아파서 몸을 제대로 움직이지 못한다면, 모든 게 엉망진창이 되어 버릴 거예요."

내가 방문했을 때 앤지는 정신과 병동의 간호사로 이틀에 한 번씩 야근을 하는 교대 근무 조에 속해 있었다. 집에서 오후 2시 30분에 나가서 자정 무렵에 돌아오는 일과였다. 한편 클린트는 미니애폴리스/세인트폴 공항에 있는 렌터카 회사 아비스 앤드 버짓에 다니는데, 한 주에 닷새 근무를 하고 날마다 오전 4시에 일어나며 집에는 대략 오후 2시 15분쯤 돌아온다. 그러다 보니 한 주에도 몇 번씩은 두 사람은 겨우 15분밖에 서로 얼굴을 보지 못하는데, 오늘이 바로 그런 날이었다.

앤지와 나는 엘리를 캠프에 데려다 줄 예정이다. 차에 타면서 나는 몇 달 전의 ECFE 강좌 이후로 달라진 게 있는지 앤지에게 물었다. 왜냐하면 앤지가 무척 심란해 보였기 때문이다.

"사실… 어젯밤에 클린트와 좀 다퉜어요."

앤지의 푸른 눈은 두 시간밖에 잠을 자지 못한 사람치고는 놀라울 정도로 초롱초롱하다.

"개와 관련된 문제를 어떻게 좀 도와달라고 부탁했는데, 뭐랬는지 아세요? '나 쳐다보지 마!' 이러더라고요."

애완견 '에코'를 키우자는 아이디어는 앤지가 냈다. 아이들도 개가 있으면 무척 좋아할 거라고 생각했고, 이 생각은 옳았다. 그러나 문제는 클린트가 앤지와 다르게 생각한다는 데 있다. 이런 상황에 개를 들여서, 그것도 집에서 훈련시킨다는 건 미친 짓이나 다름없다고 생각한 것이다. 그리고 클린트의 이 생각도 옳다.

"그래서 내가 그랬죠. '좋아. 그럼, 밤에 아이들이 깨면 당신이 애들을 맡아 줘.'라고요."

클린트는 그러겠다고 대답했고, 정말로 그렇게 했다. 그러나 잠깐 동안만이었다.

"그런데 아기가 자지러질듯이 울지 뭐예요. 새벽 3시에 말이에요. 그 애를 내가 달래서 재웠단 말이에요."

클린트가 하기로 했다면서?

"그러니까 미칠 일이죠! 안 일어났어요. 아기는 계속 울어 대는데…. 그런데 그때 갑자기 요통이 시작되는데, 허리가 끊어질 것처럼 아팠어요. 그래서 난 엉엉 울기 시작했어요. 아기와 함께 말이에요."

그제야 클린트가 부스스 일어나서 얼음팩을 가져다주었다.

"오늘밤에는 아기가 깨면 밤을 꼬박 새는 한이 있더라도 진짜 남편이 아기를 맡아야 할 거예요."

그런데 이런 훙정과 타협을 접하면 결정적인 의문 하나가 떠오른다. 앤지와 클린트는 아이들이 태어나기 전에 집안일을 각자 어떻게 나누어서 맡을지 의논하지 않았을까?

"당연히 의논했죠! 클린트는 이랬어요. '50 대 50! 사실 난 나 혼자서 다 하고 싶어!' 진짜예요, 그때는 그랬어요."

그렇게 말하는 앤지의 목소리에서는 어떤 쓰라림이나 빈정대는 감정이 느껴지지 않는다. 그저 막막한 좌절만 느껴질 뿐이다.

"클린트는 너무 이기적이에요. 자기 시간은 철저하게 다 챙기려고 하죠. 그렇지만 난 달라요. 난 늘 그러죠, 아이들이 가장 우선이라고요."

돈 버는 아내, 집안일 하는 남편 | 사회학자인 알리 러셀 혹실드Arlie Russell Hochschild가 1989년에 『돈 잘 버는 여자 밥 잘하는 남자The Second Shift』(원제목은 '2교대 근무'라는 뜻이다-옮긴이)를 출간했는데, 이 책은 놀라운 주장을 했다. 급료를 지급받는 노동과 급료를 지급받지 못하는 노동을 합칠 경우, 1960년대와 1970년대의 직장 여성은 일 년 기준으로 꼬박 한 달(24시간 곱하기 30일)을 남자보다 더 일했다는 주장이었다.[14] 물론 오늘날은 그렇지 않다. 여자들은 예전에 비해서 집안일을 훨씬 적게 하고, 이에 비해서 남자들은 예전에 비해서 더 많이 한다. 아빠들이라면 예전에 비해서 아이들을 더 많이 돌보고, 예전에 비해서 훨씬 많은 엄마들이 훨씬 많은 시간을 직장

일에 소비한다.[15] (2010년 기준으로 3세에서 5세 사이의 아이를 키우는 여성의 50퍼센트가 풀타임 직장 생활을 한다.) 혹실드가 위에 언급한 책의 증보판 서문에서 밝혔듯이,[16] 그리고 또 「애틀랜틱」의 편집자 해나 로진Hanna Rosin이 2012년에 펴낸 저서 『남자의 종말The End of Men』에서 설득력 있게 밝히듯이, 경제적인 성쇠의 운명을 놓고 볼 때 지난 수십 년 동안 여성에 비해서 남성이 내리막길을 걸어왔다.[17] 제조업의 일자리가 그만큼 많이 줄어들었기 때문이다. 결혼해서 함께 살아가는 부부의 경제에서 누가 무슨 일을 할 것인가 하는 역할 분담도 마찬가지로 진화의 길을 걸어왔다. 2000년에는 결혼한 여성의 거의 3분의 1이 남편이 집안일을 절반 이상 한다고 대답했지만, 이보다 20년 전인 1980년에는 그 수치는 22퍼센트밖에 되지 않았다.[18] 그리고 이 동일한 20년의 시기에서 집안일을 전혀 하지 않는다고 대답한 결혼한 남성의 비율은 거의 절반으로 줄어들었다.

사실, 미국 노동 통계국의 "미국인 시간 사용 조사American Time Use Survey"에 따르면 오늘날 남성과 여성은 거의 같은 시간을 일에 투자하는데, 남성은 급료를 받는 일에 그리고 여성은 급료를 받지 않는 일에 상대적으로 더 많은 시간을 쓴다.[19] 「타임Time」 지는 이런 사실들을 바탕으로 해서 2011년의 어떤 호에 "가사 전쟁Chore Wars"이라는 제목의 커버스토리를 싣고, 여자들의 불만과 저항이 과연 합당한지 살폈다.[20]

그러나 혹실드의 책이 유명해진 이유는 아마도 통계 자료나 수학 방정식 따위와는 아무런 관련이 없을 것이다. 그녀의 책은 결혼생활을 기묘하게 묘사한 여러 장면들, 이 결혼생활 속에 감추어져 있는 팽팽한 긴장들 그리고 부부의 양쪽이 새로운 균형점을 찾으려고 분

투하는 (그것도 필요한 지침이라고는 거의 제공해 주지 않는 문화권 속에서 나름대로 열심히 노력하는) 모습들이 독자를 사로잡았다. 거기에는 분명히 터무니없이 한쪽으로 치우친 가사 분담의 사례들도 있었다. (예를 들면 낸시 홀트가 "나는 위층을 맡고 에반은 아래층을 맡는다."라고 하소연하는 장면이 그렇다. 여기에서 '아래층'은 창고, 자동차, 개를 의미하고 '위층'은 그것을 뺀 나머지 전부를 의미한다.)[21] 그러나 『돈 잘 버는 여자 밥 잘하는 남자』가 그렇게 강력한 파급력을 발휘한 것은, 결혼해서 함께 살아가는 부부들의 결혼생활 유지에 필요한 여러 잘못된 믿음이나 환상을 예리하게 분석했기 때문이다. 혹실드는, 보통 매우 민감할 수밖에 없고 또 흔히 실패로 돌아가고 마는 가사 분담 조정 시도들, 그 반복되는 시도들이 끔찍할 정도로 성가신 감정적인 결과들을 빚었음을 포착해 냈다. 그래서 그녀는 이렇게 쓰고 있다.

"누가 무엇을 하느냐 하는 문제만을 놓고 부부가 싸우는 경우는 거의 없다. 부부 가운데 어느 쪽이 어떤 일을 했을 때 이 일을 두고 고마움을 주고받는 (혹은 그렇게 하지 않는) 과정을 놓고 싸우는 경우가 훨씬 많다."[22]

그리고 이 책의 말미에 가서는 다음과 같이 정리한다.

> 여자들이 부닥치는 보다 심각한 문제는 자기 남편에게 의심할 나위 없이 명백한 사랑이라는 감정의 사치를 누릴 수 없다는 점이다. 낸시 홀트와 마찬가지로 많은 여자들이 결혼생활 속에서 남편에 대한 불쾌하고도 거대한 부담을 끌어안고 있다. 해로운 제도에서 비롯된 위험한 쓰레기와 마찬가지로 이런 강력한 분노는 도무지 어찌할 도리가 없다.[23]

그리고 이런 분노는 여전히 결혼생활 속에 끈질기게 달라붙어 있다. 비록 이 분노는 보다 미묘한 여러 가지 다른 형태로 존재하긴 하지만, 어쨌거나… 아이가 결혼생활에 미치는 영향을 30년 이상 연구해 온 코완 부부는 자기들의 연구에서 가사 노동의 분담이 출산 이후 갈등의 가장 큰 원천임을 보여 준다. 사회학자 폴 아마토Paul Amato와 그의 동료들은 2007년에 발간한 결혼생활에 관한 모든 종류의 흥미로운 자료를 개략적으로 정리한 『얼론 투게더Alone Together』에서 "가사 노동 분담이 배우자들 사이에 발생하는 분쟁의 핵심적인 원천"임을 보여 준다.[24] (아울러, 네 살 미만의 어린아이를 키우는 엄마들은 가사 노동 분담에 대해서 불공정하다는 생각을 가장 예리하게 가지고 있다는 사실도 증거를 통해 보여 준다.)

그러나 가정에서의 공정함에 대한 가장 흥미로운 이야기는 UCLA에서 대대적으로 시행했던 어떤 연구 조사 프로젝트에서 찾아볼 수 있을 것 같다. 그것은 연구자들이 32쌍의 맞벌이 부부 중산층 가정을 한 주 이상 밀착해서 관찰하며 총 1,540시간 분량의 영상 자료를 확보한 거대한 프로젝트였다.[25] 이렇게 수집한 자료를 바탕으로 해서 수많은 연구 결과들이 나왔다. 그 가운데 하나로 연구자들은 모든 관찰 대상 부모들로부터 침(타액) 표본을 시시때때로 채취해서 스트레스 호르몬인 코르티솔cortisol의 수치를 측정했다. 그리고 아빠들은 비록 집에 있다 하더라도 여가 활동에 보다 많은 시간을 소비하면 그날 저녁 코르티솔 수치는 매우 큰 폭으로 떨어진다는 사실을 확인했다. 하지만 사실 이건 그다지 놀라운 일이 아니다. 그런데 놀라운 결과는 엄마들의 코르티솔 수치 변동 추이에서 나타났다. 엄마들은 집에서 보다 많은 시간의 여가 활동을 가져도 코르티솔 수치가 거의 낮아지지 않았던 것이다.

그렇다면 여기에서 궁금증이 생긴다. 엄마들의 코르티솔 수치는 언제 두드러지게 떨어졌을까? 간단했다. 남편이 집 안을 여기저기 돌아다니면서 일하는 것을 볼 때 그런 일이 일어났다.

집안일에 대한 남자와 여자의 각기 다른 생각들 | 오늘날 남편과 아내 사이의 가사 노동 분담은 점점 더 평등해지고 있다. 그러나 많은 여자들은 여전히 불평등을 호소한다. 「타임」의 기사에서도 밝혔듯이 여섯 살 미만의 아이가 있는 엄마들은 동일한 조건의 아빠들보다 주당 다섯 시간 이상을 더 많이 일한다.[26] 주당 다섯 시간의 노동량 차이는 어느 정도일까? 한마디로, 결코 작은 차이가 아니다. 많은 경우에 그 시간은 밤에 아이를 돌보는 시간이고, 앞서 1장에서도 살펴봤듯이 이 일은 육체와 정신을 모두 황폐하게 만들 수 있기 때문이다. 2011년에 미시간 대학교의 사회학자인 새러 버가드Sarah A. Burgard가 수만 명의 부모들로부터 수집한 자료를 분석했다. 그런데 맞벌이 부부의 경우, 한 살 미만의 아이를 키울 때 수면에 방해를 받는다고 대답하는 경향이 여자가 남자보다 세 배나 높았다. 그리고 일을 하지 않고 하루 종일 집에 있는 여자의 경우는 동일한 조건의 남자의 경우에 비해서 여섯 배나 되었다.[27]

재미있는 일화 하나를 소개하겠다. 한번은 그림동화책 『재워야 한다, 젠장 재워야 한다』의 저자 애덤 맨스바크와 우연히 어떤 토론회 자리에 함께 참석했는데, 토론이 중반쯤 진행되었을 때 맨스바크는 밤에 아이들이 일어나서 울 때 아이를 달래서 재우는 일의 대부분을 아내가 맡아서 한다고 털어놓았다.[28] 이런 고백은 많은 내용을 함축한다. 비록 그는 밤 시간에 어린아이들이 벌이는 무자비한 횡포를 내용으로 하는 베스트셀러를 쓴 사람이긴 하지만, 그의 집에서도 그 힘들고 성가신 일을 거의 전적으로 도맡아서 하는 사람은 여자, 즉 엄마라는 말이다.

그러나 일단 여기에서는 논의의 편의상 남편과 아내가 공평하게 동일한 시간을 들여 집안일을 함께 한다고 치자. 하지만 그렇다 하더라도 이런 조건 그 자체만 가지고서는 그 부부의 가정에서 공정한 가사 분담이 이루어졌다고 말할 수 없다. 결혼생활이라는 전체 맥락 속에서 보자면, 공정함을 결코 절대적인 평등으로만 설명할 수는 없다. 평등 그 자체가 아니라 평등을 인식하는 것이 중요하다. 코완 부부는 『부부가 부모가 될 때』에서 이렇게 적고 있다.

"어린아이를 돌보는 일의 분담에서 남편과 아내가 각각 느끼는 만족도는, 남편의 *실질적인*(강조는 코완 부부) 노동 시간보다는 본인과 상대방의 복지에 훨씬 더 높은 상관성을 가진다."[29]

어떤 부부가 어떤 상황에 대해서 외부 사람이 보기에 상당히 공정하게 노동을 분담하기로 정했다고 하더라도, 이런 형식적인 규정이 곧 객관적인 공정함을 담보하지는 않는다. 자기들이 필요로 하는 것, 자기들이 합리적이라고 생각하는 것 그리고 자기들이 보기에 가능하다고 판단하는 것 등의 총합을 바탕으로 공정성 여부를 판단하기 때문이다.

그런데 바로 이 지점에서 판단의 기준은 매우 복잡해질 수 있다. 모든 종류의 집안일을 누군가가 해야 하는 상황에서 여자와 남자가 평균적으로 동일한 시간을 들여서 한다고 치자. 하지만 그렇다고 해도 여자는 평균적으로 남자보다 두 배나 많은 집안일을 해야 한다.[30] 아이들을 어딘가에 데려다주고 또 데리고 와야 하며, 집에서 아이를 돌봐야 하고, 그 밖의 온갖 잡일들은 또 얼마나 많은지. 그래서 예컨대 주말에 남편과 아내가 함께 집에 있을 때 아내의 생각에는 남편이 집안일을 공평하게 나누어서 하는 것 같지가 않다. 남편이 자기보다 일을 훨씬 적게 하는 것처럼 느껴진다. (아닌 게 아니라, 1,540시간 분량의 그 비디오테이프를 분석한 또 다른 연구에 의하면, 남편이 어떤 자리를 차지하고 앉은 다음에 위치를 바꾸는 횟수나 시간이 아내에 비해서 훨씬 적다는 사실을 확인했다.)[31]

그런데 남편이 돈을 받고 하는 일을 보다 많이 한다면야 주말에는 평소보다 더 많이 쉬어도 된다고 유쾌하게 인정하는 여자들도 더러 있다. 그러나 많은 엄마들에게 이 문제는 그렇게 단순하지 않다. 실질적인 의미든 비유적인 의미든 간에 돈을 받고 하는 일에는 일반적으로 세상 사람들이 보다 높은 가치를 부여하는데, 이런 일은 수치로 계량화할 수 없는 모든 종류의 심리적인 보상을 동반한다. 그런데 모든 종류의 일이 동일하지는 않다는 점은 이것과 마찬가지로 어쩌면 중요한 사실일 수도 있다. 즉, 어떤 일을 하는 데 소모되는 한 시간이 다른 어떤 일에 소모되는 한 시간과 결코 같을 수 없다는 말이다.

아이 돌보는 일을 놓고 보자. 이 일은 다른 집안일에 비해서 여자에게 훨씬 많은 스트레스를 준다. (ECFE 강좌에 참석한 어떤 여자의 표현을 빌리자면 "접시는 아이들처럼 시도 때도 없이 칭얼대지 않는다.") 『얼론 투게더』의 3분의 2쯤 되는 지점에서 연구자들은 이런 차이점을 실제로 계량화한다. 만일 아기를 키우는 아내가 남편과의 사이에서 아이 돌보는 일에 대한 분담이 불공정하게 이루어졌다고 믿는다면,

이런 불공정성은 (혹은 불공정하다는 인식은) 집안 청소 같은 부분에서 인지된 불공정성보다도 결혼생활의 행복에 훨씬 많이, 즉 허용된 표준편차의 최대폭으로 영향을 미친다는 결론을 이끌어 낸다.[32] 또한 그 자료들은, 아빠와 비교할 때 아이를 돌보는 엄마의 일 가운데 보다 많은 부분이 양치질을 시킨다거나 음식을 먹인다거나 하는 '일상적으로 반복되는' 일에 치중된다는 사실을 드러낸다. 이에 비해서 아빠는 공받기 놀이처럼 아이와 '소통하는' 일에 상대적으로 더 치중되어 있다.[33] 요컨대 똑같이 아이를 돌보는 일이라 하더라도, 즉 연구자들이 동일하게 '아이 돌보기'라는 이름으로 딱지를 붙여서 분류를 한다 하더라도 엄마가 하는 일과 아빠가 하는 일의 종류가 다르다는 것이다. (어떤 부모든 아무나 붙잡고 이 두 가지 종류의 '아이 돌보기' 가운데서 어떤 일을 더 하고 싶은지 물어보더라도 호불호는 분명히 갈린다.)

물론 주어진 어떤 상황에서 자기들이 하는 일을 실제보다 부풀리고 싶은 것은 인간의 본성이다. 그러나 아이를 돌보는 일에 관한 한, 아빠들보다 엄마들의 추정이 더 정확하다. 『얼론 투게더』는, 아빠들은 전체 아이 돌보는 일 가운데서 자신들이 평균적으로 약 42퍼센트의 일을 한다고 추정했다는 2000년의 전국 조사 결과를 인용한다. 이에 비해서 엄마들은 아빠들의 기여를 32퍼센트 정도로밖에 평가하지 않는다.[34] 그런데 그해의 실제 아빠 기여도는 35퍼센트였고,[35] 이런 수치는 지금도 거의 비슷하게 유지되고 있다.[36]

인식과 실제의 이런 차이가 여자들이 가족 안에서 이루어지는 제반 관행과 규칙에 대해서, 그토록 분통을 터트리는 이유를 설명해 주지 않을까 싶다. 비록 절대적인 측면에서는 남편들에게 속는 게 아니라고 할지라도 말이다. 앤지도 자동차를 타고 '리틀 익스플로러스'로

가는 도중에 이 문제에 대해서 억울해 했다.

"아마 클린트도 우리가 집에 함께 있을 때 자기가 집안일의 절반을 한다고 생각할 게 틀림없어요. 하지만 그게 꼭 아기 돌보는 일일 필요는 없다는 거예요. 그러니까 내가 더 미치죠."

마감 시한, 쪼개지는 시간

얼마 뒤, 아직 오전이다. 엘리는 여전히 리틀 익스플로러스에 있고 앤지는 계단 맨 위의 층계참에서 빨래를 개고 있다. 제이가 자기 아기용 침대에서 풀쩍풀쩍 뛰며 난리를 치기 시작한다. 앤지는 제이를 살피느라 제이 방을 연신 들락거린다.

"빨래도 느긋하게 걷을 여유가 없다니까요. 노력은 하죠. 하지만 그래 봐야 늘 깨끗한 바구니에서 더러운 바구니로 옮기는 꼴밖에 안 되니까요."

어느새 제이는 울고 있다.

"그래애! 그래, 그래, 엄마 듣고 있다아아!"

앤지는 훌쩍 뛰어서 제이의 방으로 들어간다.

"쉬이이이이이잇!"

제이를 달래려고 애를 쓰지만 잘되지 않는다. 그러자 앤지는 제이를 밖으로 데리고 나와서 자기 옆에 두고, 다시 빨래를 개기 시작한다. 그러면서 제이와 까꿍 놀이를 한다. 제시가 윌리엄에게 그랬던 것처럼….

"제이가 어디 있을까?"

빨래를 개서 던진다.

"제이가 어디 있을까?"

빨래를 개서 던진다.

"제이가 어디 있을까?"

빨래를 개서 던진다….

이것은 미국인의 시간 사용과 관련된 계량적 연구들이 보여 주지 못하는 또 다른 측면이다. 압도적인 다수의 엄마들에게 시간은 마치 프리즘을 통과하는 빛처럼 잘게 쪼개진다. 그러나 다수의 아빠들에게 이런 일은 일어나지 않는다. 아빠들은 개인적인 문제를 처리할 때는 그냥 그 문제에만 신경을 쓴다. 그리고 아이를 돌볼 때도 그냥 아이만 돌본다. 그러나 엄마들은 개인적인 문제를 처리하는 동안에도 아이를 돌볼 뿐만 아니라 직장 상사의 호출과 지시에 응대한다. 2000년에 아이가 있는 남자의 42퍼센트만 '거의 대부분 시간 동안' 여러 개의 일을 동시에 한다고 응답했는데, 여자의 경우에는 무려 67퍼센트가 그렇게 한다고 응답했다.[37] 2001년에 사회과학자 두 명이 한층 더 정밀한 분석 작업을 했는데, 그 결과 엄마들은 아빠들에 비해서 평균적으로 한 주에 열 시간이나 더 다중 작업을 한다는 사실, "그리고 이런 추가적인 노동 시간은 주로 집안일이나 아이 돌보는 일에 들어간다."는 사실이 드러났다. 이에 비해서 아빠들은 집에서 시간을 보낼 때 다중 작업에 들이는 시간을 30퍼센트 이상 줄였다.[38] 이 연구자들은 최종적으로 다음과 같이 결론을 내린다.

"다중 작업은 아빠들의 복지보다 엄마들의 복지에 더 무거운 짐을 지운다."

시간을 쪼개고 다시 더 쪼갤 수밖에 없는 상황은 생산성을 떨어뜨리는 데만 그치지 않고 (이런 사실은 앞서 1장에서도 살펴보았다) 흔해 빠진 온갖 잡다한 당황스러움도 유발한다. 또 마음도 조급해진다. 그래서 아무리 아무 일 없이 평온하다고 하더라도 그리고 주변 환경이 아무런 압박감을 주지 않음에도 불구하고, 금방이라도 펄펄 끓어서 넘칠 냄비가 언제나 곁에 있는 것 같다. 사실 엄마들은 마감 시한이 정해져 있는 온갖 집안일들을 다 떠맡고 있다. (아이에게 옷을 입히고 양치질을 시킨 뒤에 유치원이나 학교에 데려다 줘야 하고, 다시 데려와야 하고, 오후 3시에 피아노 학원에 데려다 줘야 하고, 4시에는 축구 연습에 데려다 줘야 하고, 또 6시까지 저녁 준비를 해야 한다.) 2006년에 사회학자인 메리베스 매팅리Marybeth Mattingly와 리아나 세이어Liana Sayer가 공동으로 논문을 발표했다. 여자들이 남자들보다 "늘 마음이 조급한" 경향을 보이며 또 아이가 없는 독신 여성에 비해서 아이가 있는 엄마들이 2.2배나 더 "가끔 혹은 언제나 다급하게 쫓기는 느낌"을 가지고 산다는 내용이었다.[39] (아무리 한가로운 상태라고 해도 엄마들은 마음이 편치 않다. 때로는 이런 상태가 보다 거대한 어떤 악몽의 전조일 수도 있기 때문이다.) 그러나 아빠들은 아이가 없는 남자들에 비해서 조급한 마음을 특히 더 많이 가지지는 않는다. 그래서 ECFE 강좌 모임에서 케냐도 이런 말을 했다.

나는 대략 오후 5시가 되면 엄청난 압박감을 느껴요. 아직 하지 못한 일들을 서둘러 끝내야 하죠, 저녁으로 뭘 먹을지 생각도 해야 하죠, 딸이 기분 좋은 상태를 유지하도록 계속 신경을 써야 하죠…. 할 일이 없다면 "오 그래, 이 한가한 시간을 기분 좋게 누려야지."라고 생각은 하지만, 무슨 일인지 5시쯤만 되면 이 모든 압박감을 느낀다니까요?

그런데 남편은 집에 와도 할 일이 아무것도 없단 말이에요.

그러나 어쩌면 시간 사용에 관한 양적인 조사가 가장 측정하기 힘들고 가장 포착하기 어려운 측면은, 엄마들이 육아에 쏟는 정신적인 에너지, 즉 엄마들의 머릿속에서 하루 종일 시끄럽게 윙윙 소리를 내는 불안(아이들과 관련된 불안이든 그렇지 않은 불안이든 간에)의 내면적인 사운드트랙이 아닐까 싶다. 바로 이것이 매팅리와 세이어가 설정한 보다 정밀한 몇몇 가설들 가운데 하나다. 즉, 아마도 엄마들은 아이들을 키우는 일과 관련된 민감하고도 복잡한 여러 가지 일들(예를 들면 아이를 돌보는 것과 관련된 여러 가지 사항을 준비하고 실행하며, 병원 예약을 하고, 담임 교사나 과외 교사를 만나고, 가족의 여가 활동 계획을 짜고, 아이들이 함께 놀 수 있도록 다른 엄마와 계획을 잡거나 여름휴가 기간을 알차게 보낼 계획을 짜는 일 등)을 아빠들에 비해서 터무니없이 많이 떠안게 됨에 따라서 그렇게 늘 쫓기듯이 조급한 마음을 가지게 되었을지도 모른다는 게 두 사람이 세운 가설이었다.[40] 적어도 앤지는 확실히 그렇다.

"병원에서 일을 할 때도 나는 100퍼센트 간호사가 아니라 50퍼센트 간호사밖에 못 돼요. 왠지 아세요? 환자의 상처를 소독하고 있을 때조차도 나는 '클린트가 아이들을 밖으로 데리고 나갈 때 자외선 차단제를 잘 발라 줬을까?' 하는 따위의 생각들을 늘 하거든요."

그렇다면 아이들을 집에 두고 클린트와 함께 외출할 때는 어떨까?

"그때도 아이들은 여전히 내 머릿속에서 떠나지 않죠. 심지어 클린트와 잠자리를 같이할 때조차도, 당연히 100퍼센트 아내가 되어야 하는데 그렇게 되지 않아요."

앤지가 그런 감정을 백분율의 비율로 계량화하려 한다는 사실이 흥미롭다. 제법 오래전에 있었던 일인데, 『부부가 부모가 될 때』의 공동 저자인 캐럴린 코완이 환자들과의 모임을 마치고 자동차를 몰고 집으로 돌아가고 있었다. 그런데 갑자기 환자들에게 자기 정체성을 표시하는 원그래프를 그려 보도록 제안하는 게 좋겠다는 생각이 들었다. 환자들은 배우자, 부모, 직장인, 신앙인, 혹은 취미를 즐기는 사람 등이 각각 자기 정체성에서 어느 정도의 비중을 차지한다고 생각할까?[41]

여자들이 자기 정체성을 어떤 아이의 엄마라고 파악하는 비율은 남자들이 자기 정체성을 아빠라고 파악하는 비율에 비해서 평균적으로 훨씬 높다. 심지어 풀타임으로 직장 생활을 하는 여성들의 집단에서조차도 자기 정체성을 엄마로 인식하는 사람이 직장인으로서 인식하는 사람에 비해서 50퍼센트 정도 더 많다. 이런 발견은 코완 부부에게는 놀라운 것이 아니었다. 또한 여러 해 뒤에, 일반인이 깜짝 놀라는 내용을 담은 연구 보고서가 나왔을 때도 전혀 놀라지 않았다. 그 연구 보고서는 레즈비언 부부들 사이에서도 아이를 키우는 엄마 쪽이 파트너보다는 아이에게 정신적인 자산을 더 많이 쏟는다는 내용을 담고 있었다.[42]

그러나 코완 부부를 진정으로 놀라게 만든 것은 원그래프를 통한 이런 시각화 및 정체성 인식의 차이 정도가 그들이 표본으로 삼고 있던 약 100쌍의 부부가 장차 맞이하게 될 미래를 점칠 수 있는 지표가 되더라는 사실이었다.[43] 아이가 생후 6개월일 때 엄마와 아빠가 느끼는 부모로서의 정체성의 차이가 크면 클수록, 일 년 뒤에 두 사람이 느끼는 결혼생활의 불만도 더 커졌던 것이다.[44]

이 발견은 가사 노동을 둘러싸고 벌어지는 모든 부부싸움에는 보다 폭넓은 맥락이 존재함을 암시한다. 부부 각각은 어린아이를 돌보는 양육자로서의 자기 역할을 심리적으로 얼마나 많이 받아들이고 있을까? 만일 각자가 이 역할에 대한 우선순위를 다르게 매기고 있다면, 이들이 벌이는 부부싸움은 완전히 새로운 차원으로 치달을 것이다. 당신은 적어도 나만큼은 아이를 돌봐야 하는데 어떻게 그럴 수 있어? 당신은 도대체 부모 자격이 있다고 생각해? 가족이나 가족과 함께하는 시간이 당신에게는 중요하지도 않아? 아이 돌보는 일이 나는 중요하다고 생각하는데 당신은 그렇지 않은가 보지?

고립감

만일 자식을 둔 부모들이 남편 혹은 아내라는 상대방에게 그다지 많이 의존하지 않고서도 사회적인 지지를 얻을 수 있다면, 아이들과 관련된 문제가 결혼생활에서 그다지 큰 문제가 되지는 않을 것이다. 그러나 불행하게도 현실적으로 아이들은 결혼생활에 문제가 된다. 이것은 부모, 특히 엄마들이 지독한 고립감에 몸부림친다는 것을 의미한다.

2009년에 어떤 컨설팅 회사가 1,300명의 엄마를 상대로 설문 조사를 했는데, 이들 가운데 80퍼센트가 마음을 터놓고 의지할 친한 친구가 없다고 믿고 있으며, 또 이들 가운데 58퍼센트는 외로움을 느낀다고 대답했다. 특히 다섯 살 미만의 아이를 가진 엄마들이 가장 많이 외로움을 호소했다.[45] 1997년에 「미국 사회학회지American Sociological

Review」에는 여성이 맺고 있는 사회적 관계망이 (그리고 또 어떤 여성이 그 관계망 속에 있는 다른 사람들과 접촉하는 빈도가) 육아의 초기 몇 해 동안 줄어들며, 이런 현상은 막내아이가 세 살 때 절정에 다다른다는 주장을 하는 논문이 게재되었다. 그런데 이 관계망 및 관계 빈도는 그 뒤로 다시 늘어나기 시작하는데, 이것은 아이들이 유치원이나 학교에 다니기 시작하면서 새로운 인간관계들을 맺게 되기 때문이라고 논문의 저자들은 설명한다.[46] 그리고 특히 시골 지역에서 미트업Meetup ("이웃이 함께 어떤 것을 배우고, 어떤 것을 하고, 어떤 것을 나눈다"라는 캐치프레이즈를 내건 미국의 포털-옮긴이)의 가장 보편적인 만남의 형태는 엄마들의 모임이다. 이과 관련해서 미트업의 공동체 개발 전문가인 캐스린 핑크Kathryn Fink는 다음과 같이 말한다.

"정말 깜짝 놀란 사실이었죠. 미트업에서 일하기 전까지만 하더라도 나는 전업주부로 아이를 돌보는 엄마들이라 하더라도 기존에 알고 있던 사람들과 얼마든지 사회적인 관계를 유지하며 그 사람들에게 의지할 수 있다고 생각했거든요. 그런데 웬걸, 전혀 아니더라고요."[47]

새롭게 엄마가 된 사람들이 사회적인 연결을 갈망한다는 사실을 처음 깨달은 사람은 단지 핑크뿐만이 아니다. 새로 엄마가 된 본인들도 마찬가지다. 어떤 부부 사이에 아이가 태어나면 이 아이로 인해 부부 금슬은 더욱 좋아질 뿐만 아니라 이런 긍정적인 효과는 대가족과 사회적 관계망 및 전체 공동체로 확산된다는 게 기존의 통념이었다. 물론 이런 견해는 일리가 있고 또 이런 사실을 뒷받침하는 증거들도 있다. 미국에 존재하는 사회적인 삶의 복잡한 회로를 연구해 온 사회학자들은 아이들을 가진 부모들은 그렇지 않은 사람들에 비해서 이웃에 대해서 더 많이 알고 있으며, 시민단체에 더 많이 참여하고, 또 아이들이 하는 활동과 아이들의 친구들을 통해서 새로운 사람들을 만나고 관계망을 확대한다는 사실을 확인했다.[48] 하지만 이런 관계와 활동이 반드시 가장 친숙하고 정서적으로도 의지가 되는 것은 아니다. 하버드 대학교의 정치학자인 로버트 퍼트넘Robert Putnam은 "사회적 커뮤니티의 붕괴와 소생"(원서의 부제는 미국 공동체의 붕괴와 소생이다-옮긴이)이라는 부제가 붙은 자신의 기념비적인 저서 『나 홀로 볼링Bowling Alone』에서 이른바 '대단한 놈macher'과 '수다쟁이schmoozer'의 차이를 밝힘으로써 이런 사실을 설명한다. '대단한 놈'은 시민 모임에 공식적으로 참여함으로써 어떤 일들이 실제로 일어나도록 만드는 거물이고, '수다쟁이'는 사회적인 나비들이자 비공식적으로 시민 모임에 얼쩡거리면서 활발한 사회적인 삶을 살아가되 '덜 조직되고 덜 목적의식적인 사회 참여와 접촉'을 하는 사람들을 가리킨다.[49] 만일 어떤 사람이 젊고 미혼이고 누군가에게 세를 내고 방을 얻어 살고 있다면, 이 사람은 '수다쟁이'의 삶을 어느 정도 살고 있을 가능성이 높다. 그런데 이 사람이 결혼을 해서 집을 산다면, 아마도 '수다쟁이'의 삶을 어느 정도 살아가긴 하겠지만, 그렇다 하더라도 '대단한 놈'의 삶에도 새롭게 열정과 노력을 더 많이 할당할 가능성이 높다.

아이들도 어떤 합의점을 찾아낸다. 여자와 남자가 엄마와 아빠가 되고 이들의 목적의식적인 사회화 정도는 (예컨대 교회나 사찰을 통해서, 학부모 모임을 통해서, 동네 자경단을 통해서) 갈수록 계속 높아지고 또 높아진다. 그러나 친구들과의 비공식적인 사회화 수준은 계속 내려간다고 퍼트넘은 지적한다. 여가 활동과 관련된 사회화도 마찬가지다.

"다른 인구 통계학적 특성들을 변하지 않는 상수로 설정할 때, 결혼과 아이는 스포츠 모임, 정치 모임 그리고 문화 모임 등과 반비례의 상관성을 가진다."(강조는 퍼트넘)[50]

아이가 아직 갓난아기일 때 엄마와 아이 사이에 자기들만의 친밀성이 형성되기 때문에 아이를 돌보는 엄마는 특히 사회적으로 고립되기 쉽다. 벤저민 스포크가 50년도 훨씬 전에 거기에 대해서 말했다는 사실을 알고 있는 사람은 현대의 사회학자들뿐만이 아니다. 스포크는 『부모의 문제들Problems of Parents』에서 다음과 같이 썼다.

> 오랜 세월 동안 직업을 가지고 일을 했으며 일뿐만 아니라 동료와 어울리는 것도 사랑한 여자들은 흔히 아이들과는 매우 제한적으로밖에 어울리지 않는다. (…) 그러나 아이를 키우는 단조로운 일에 매달려 있는 여자는 (나는 대부분의 여자들이 이러리라고 생각한다) 두 가지 측면에서 고통을 받는다. 하나는 다른 어른들과 어울리지 못하고 분리되어 살아가는 것이고, 또 하나는 아이들이 끊임없이 해 대는 온갖 요구들에 들볶이는 것이다. 그런데 나는, 아이를 키우는 여자의 이 두 가지의 모습을 자연이 일부러 그렇게 배타적이 되도록 만들었을 것이라고는 생각하지 않는다.[51]

고립감의 문제는 ECFE 강좌 모임에서도 자주 등장했다. 특히 직장에 다니다가 아이 때문에 직업을 포기하고 집에만 있는 엄마들, 갓난아기나 이제 막 걸음마를 뗀 아이의 엄마들이 이런 문제를 많이 이야기했다. 앤지가 속한 모임에서도 여자들은 이 문제를 놓고 길게 이야기했다.

새러 : 내가 이따금씩 외로움을 느낄 것이라고는 진짜 생각도 안 했거든요. 그런데 지금은 이 세상에 오로지 나하고 우리 아이들밖에 없는 것 같아요. 그렇게 외로워요.

크리스틴 : 나도 마찬가지예요. 내가 하도 시도 때도 없이 전화를 해서 우리 어머니는 아마 성가셔서 짜증이 저절로 날 거예요. 어머니하고 통화하는 게 나의 유일한 사회적 연결망이라는 생각이 들어요.

앤절라 : 예, 나도 비슷한 생각을 했어요. 그래, 나는 허구한 날 나 혼자만 있다, 나는 네모난 방에 갇혀 있다. 그런데 어떻게 하면 이런 상황을 바꿀 수 있을까? 하지만 바꿀 수 있긴 해요. 내가 직장에서 일을 할 때는 당당할 수 있고, 아기가 아니라 어른들과 대화를 나눌 수 있거든요.

그런데 내가 진짜 놀란 것은 하루 종일 집에 있으면서 아이를 돌보는 전업주부 아빠들의 증언이었다. 미네소타에서 내가 만났던 이런 아빠들은 용감하게 육아를 전담하겠다고 나서긴 했지만 같은 처지에 있는 동료들과의 관계망을 찾는 일이 너무도 어렵다고 거의 한 사람도 빼지 않고 입을 모아서 말했다. ECFE 모임에서 했던 어떤 남자의 발언은 다른 아빠들의 발언들을 대표할 수 있는 것이었다.

"첫해에는 정말이지 세상에 우리 아이들 빼고는 나 혼자밖에 없는 것 같았습니다. 다른 엄마들과 어울리려니 기분이 정말 묘하더라고요. 그 엄마들에게 다른 엄마들이 하는 것과 똑같은 방식으로는 접근하지 못하겠더라는 말입니다. 그러니까… 만일 내 아내가 집에서 나 대신 아이를 돌본다면, 아마도 아내는… 다른 엄마들에게 접근을 하겠지만 나는…."

그래서 이 남자는 무엇을 어떻게 했을까?

"그런데 공원에서 만난 다른 아빠들에게는 저어어어엉말 잘해 줬죠, 서로 말이 통하니까요."

감정적으로 머나먼 이웃, 거리상으로 머나먼 가족 | 이런 외로움에는 보다 거대한 배경이 놓여 있다. 오늘날의 부모들은, 실제 세상에 존재하는 자신들의 사회적인 관계망이 쪼그라드는 것 같고 공동체의 유대감이 희박해지는 것 같은 시대에 가족을 꾸려 나가기 시작한다. 물론 오늘날의 엄마들과 아빠들은 페이스북 친구들을 많이 갖고 있을 수도 있다. 페이스북이 모든 종류의 측면에서 소중한 자원이 되는 것도 사실이다. 아이가 갑작스럽게 배가 아프다고 울어 댈 때 어떻게 대처하면 좋을지 알 수 있는 '크라우드소싱'의 원천이 될 수 있고, 공감의 실마리를 풀어 주는 포스팅을 올릴 기회가 될 수도 있다. (후자의 경우 예를 들어 앤지는 2011년 10월에 "난 이제 그만 자야겠어요."라는 글을 올렸다.)

하지만 가상세계가 아닌 실제 현실에서는 상황이 완전히 다르다. 2006년에 「미국 사회학회지」에 실린 어떤 논문은, 미국인이 "중요한 문제를 놓고 상의를 할 수 있는" 사람의 수가 1985년에서 2004년 사이에 세 명에서 두 명으로 줄어들었다고 보고했으며, 믿고 의논할 사람이 단 한 명도 없다고 응답한 미국인의 비율은 같은 기간 동안에 10퍼센트에서 24.6퍼센트로 두 배 이상 늘어났다고 보고했다.[52] 그러나 미국인이 느끼는 외로움과 관련해서 훨씬 잘 알려진 저작은 『나 홀로 볼링』이다. 이 책에서 퍼트넘은 20세기가 끝나기 직전의 수

십 년 동안에 있었던, 수치로 측정할 수 있는 거의 모든 시민적 참여 방식에 있어서 시민들의 참여가 꾸준하게 감소해 왔음을 입증한다.[53] 이 책이 2000년에 나왔을 때 비평가들은, 퍼트넘이 카드 게임 모임이나 사슴 사냥 모임과 같은 과거의 낡은 활동들에 지나치게 초점을 맞추면서 새로운 형태의 사회적 자본인 인터넷 상의 모임에 대해서는 적절한 비중을 두지 않았다고 지적했다. (그런데 당시는 사실 페이스북이 나오기도 전이었다.) 하지만 이런 지적은 문제가 되지 않았다. 이 책은 정치인이나 일반인에게 똑같이 공감을 불러일으켰다. 그리고 부모들과 내가 나눈 대화에서도 드러나는 사실이지만, 퍼트넘이 발견한 사실들과 그가 관심을 가졌던 주제들은 오늘날의 가족들에게도 깊은 공감을 불러일으킨다. 오늘날에는 사람들이 가상세계에서 드넓은 관계망을 가지고 있음에도 불구하고 말이다.

오늘날 점점 희박해져 가는 이웃 간의 유대를 놓고 이야기해 보자. 결혼한 미국인이 이웃과 저녁 시간을 함께 보낸 횟수는 20세기의 마지막 사반세기 동안에 대략 연간 30회에서 20회로 줄어들었다고 퍼트넘은 지적했다.[54] 그 뒤에 이어진 여러 연구 저작들은 이 수치가 2008년까지 계속해서 떨어지고 있음을 확인했다.[55] ECFE의 노련한 진행자인 아네트 개글리아디도 어느 강좌에서 이런 말을 했다.

"내가 처음 지금 살고 있는 동네로 이사했을 때, 동네에 아는 사람이 단 한 사람도 없었어요. 우리 어머니도 도시 몇 개를 지나가야 할 만큼 멀리 떨어진 곳에 사셨죠. 그런데 동네의 나이 많은 여자들이 나를 감싸안아 줬어요. 열이 펄펄 나는 우리 아이 때문에 한밤중이었지만 어쩔 수 없이 이 사람들을 찾아가서 하소연을 했거든요."

다른 부모들과 가지는 이런 식의 직접적인 접촉을 대체할 수 있는 다른 건 없다고 그녀는 말했다.

"물론 그렇습니다. 누군가에게 문자를 보낼 수도 있겠고 인터넷으로 육아 관련 웹사이트를 뒤질 수도 있겠지요. 하지만 그건 누군가 우리 집으로 달려와서 우리 딸의 상처에 일회용 밴드를 붙여 주는 방법을 가르쳐 주는 것과는 전혀 다르죠."

이웃과의 상대적인 소원함은 부분적으로는 보다 많은 여자들이 직장에서 일을 하게 되었다는 긍정적인 발전의 부산물일 수도 있다. 아침마다 더 많은 여자들이 직장으로 나가게 되면서 그 시간 동안 더 많은 집에서 여자들이 집을 비우게 된 것은 필연적인 사실이다. 그러나 이웃 간의 유대감이 점점 희박해진다는 사실을 사회적인 진보만으로는 설명할 수 없다. 이것을 이른바 '스프롤 현상'으로 설명할 수 있다. 도시 개발이 도시의 인접한 미개발 지역으로 확산되는 이 현상에 따라서 사람들이 사는 집도 서로 점점 더 멀리 떨어진다. 이것은 또한 범죄, 특히 유괴 범죄에 대한 불안으로도 설명할 수 있다. 이런 범죄의 가능성 때문에, 예전에는 등교하는 아이들을 마당에서 배웅하곤 했지만 이제는 이런 관행이 완전히 사라져 버렸다. 퍼트넘은 시간 사용을 연구하는 그의 동료들과 마찬가지로, 오늘날 미국인에게 "만연해 있는 쓸데없는 분주함," 즉 무언가에 쫓기며 끝없이 바쁘고 급한 심리를 묘사한다.[56]

그 결과 크레이머나 일레인과 같은 이름을 가진 사람들이 예고도 없이 당신 집 앞에 불쑥 나타나서 이런저런 한담과 수다를 떨다 가는 이른바 (코미디언 제리 사인필드Jerry Seinfeld가 사용했던 용어인) '깜짝 방문pop-in'은 완전히 사라져 버렸다. 다들 급하고 바쁘니 누가 그렇게 할 리도 없고 또 그런 걸 받아 줄 여유도 없다. 『나 홀로 볼링』에 따르면 1970년대 중반과 후반에 미국인은 일 년에 평균 열네댓 번씩은 친구들과 어울렸다. 그러나 1990년대까지 이 수치는 거의 절반 수준인 여덟 번으로 줄어들었다.[57]

앤절리나 : 내가 어렸을 때 늘 동네의 다른 엄마들이 아이들을 데리고 우리 집에 놀러 오곤 했어요. 날마다 오후가 되면 누군가가 우리 집에 찾아오거나 아니면 우리가 누군가의 집으로 찾아갔지요. 그럴 때면 어머니가 우리를 모두 차에 태우고 갔어요. 아마도 우리 어머니는 사회성이 넘치는 분이었던 거 같아요.

새러 : 아뇨, 그건 우리 집에서도 마찬가지였어요. 일요일만 되면 우리는 왜건을 타고 누군가의 집을 방문했으니까요. 그런데 지금 이렇게 한다면 폐를 끼친다고 생각할 수밖에 없죠. 다들 바쁘니까 말이에요.

깜짝 방문도 없어지고 이웃 사람들의 수선스러움도 없어지고 사람들이 어울릴 동네 골목도 없어짐에 따라서, 친구와 이웃과 다른 가족들이 해 주던 그 모든 것들(예를 들면, 게임, 기분 전환을 위한 어떤 행사, 상상력이 넘치는 놀이 등)을 해야 하는 압박감은 핵가족에게 떨어진다. 보다 구체적으로 말하면 결혼생활이나 동반자 관계에서만 그런 것들이 허용된다. 그리고 아이를 키우는 부모들은 다른 성인들이 제공해 주던 동료 관계의 일부분을 상실하게 되었다.

물론 계속 대가족 속에서 살아간다면 아이를 키우는 일이 결혼생활에서 더 쉬울 수도 있다. 그러나 스테파니 쿤츠가 『우리가 한 번도 가 보지 않은 길』에서 썼듯이 "대가족 제도가 미국에서 표준이었던 적은 한 번도 없었다." (미국에서 대가족의 비율이 가장 높았던 게 20퍼센트 수준밖에 되지 않았고, 그것도 1850년과 1885년 사이였다.)[58] 그러나 분명한 사실은 대학 교육을 받은 미국인은 고등학교 교육만 받은 미국인에 비해서 부모와 보다 멀리 떨어져서 사는 경향을 보인다는 점이다. 남편과 아내가 모두 대학 교육을 받은 경우에 두 사람의 부모들이 사는 곳에서 약 50킬로미터 거리 이내에 사는 비율은 겨우 18퍼센트밖에 되지 않는다. (하지만 고등학교 교육만 받은 부부의 경우에 이 비율은 50퍼센트까지 올라간다.)[59] 교육은 확실히 이동성을 증가시킨다. 그리고 이런 이동성의 증가는 가족 간의 유대를 약화시킬 수밖에 없다.

약화된 가족 간의 유대에서 비롯된 모든 종류의 결과를 오롯이 부모들이 감당해야만 한다. 예를 들어, 여자들의 직장 생활도 영향을 받을 수밖에 없다. 초등학교에 다니거나 그보다 어린 아이를 키우는 여자들의 경우, 이들이 자기 부모나 시부모가 사는 곳에서 멀지 않은 곳에 살 때 계속 직장에 다니는 비율은 그렇지 않은 사람들에 비해서 4퍼센트에서 10퍼센트 정도 더 높다. 부모의 사회적인 생활도 영향을 받는다. 가장 믿을 수 있고 심리적으로 의지할 수 있으며 무엇보다도 싼 비용으로 고용할 수 있는 보모가 할아버지나 할머니인데, 이런 존재가 없음으로 인해서 부부가 함께 외출해서 오붓한 시간을 가지기가 한결 어려워졌다.

"우리 집에서 15분만 가면 되는, 멀지 않은 곳에 숙모가 한 분 사세요."

믿고 의지할 수 있는 사람들이 있는지 물었을 때 앤지가 했던 대답이다. 하지만 딱 한 분의 숙모, 앤지에게는 이게 전부다. 그 밖에 다른 사람들은 먼 곳에 살고 있거나 건강이 좋지 않다. 앤지와 클린트는 늙어 가는 부모와 어린 아이들 사이에 끼여 있는 이른바 '낀 세대'에 속한다. 그래서 위를 보든, 아래를 보든 간에 모두 부양의 부담을 져야 한다. 미국인의 평균 수명이 길어지고 여자들이 삼십 대에 아이를 낳아 키우게 됨에 따라서 이런 세대의 규모는 앞으로도 더욱 커질 전망이다.[60]

명령 불복종

점심시간이다. 엘리는 앤지가 준비한 치킨 파르마산 스파게티 그릇을 앞에 두고 있다. 하지만 엘리는 먹지 않고 있다. 그저 북극곰이 그려진 머그잔을 물끄러미 바라보기만 할 뿐이다.

"북극곰은 뭘 먹어요?"

엘리의 질문에 앤지가 대답한다.

"물고기를 먹지."

"그리고 또요?"

"모르겠는데…? 이제 그만하고 먹어야지?"

그래도 엘리는 먹지 않는다. 앤지가 그런 엘리를 바라본다.

"지금 먹지 않으면 저녁까지 아무것도 안 줄 거야. 과자도 안 줄 거야!"

그러자 엘리는 조금 집어먹는다. 그것도 손가락으로.

"포크를 사용해야지…. 그게 북극곰처럼 먹는 거니?"

"제이처럼 먹는 거예요. 제이는 손가락으로 먹잖아요."

"제이처럼 먹는다…. 멋진데? 제이처럼 먹기!"

갑자기 엘리가 어떤 생각을 떠올린다.

"이거 보세요, 엄마."

엘리가 접시를 들더니 입으로 가져가서 기울인다. 그러자 접시의 스파게티가 입 안으로 미끄러져 들어간다.

"엘리, 포크를 사용하라니까?"

"못 해요."

"왜 못 하니?"

"왜냐하면 방금 내가 이렇게 했으니까요."

앤지는 일어나서 어깨를 으쓱하곤 다른 일을 하러 간다.

"그래, 음식이 네 몸 안으로 들어가기만 한다면야 뭐…."

남편은 왜 자기만 좋은 부모가 되려 할까? | 모든 부모들은 주장이라고 할 것도 없는 아이들의 터무니없는 주장과 끊임없이 실랑이를 한다. 그래도 나은 정도라면 그저 성가시구나, 하고 받아들일 수 있지만, 최악의 경우에는 부모들을 그야말로 미치게 만든다. 서점에서 육아 코너에 꽂혀 있는 책들이 아이들을 잘 구슬려서 부모의 말에 복종하도록 만드는 요령들로 가득 채워져 있다는 사실은 전혀 놀라운 게 아니다. 정말 놀라운 것은 이 책들 가운데서 그 주제와 관련된 행동 연구를 바탕으로 한 게 너무도 적다는 사실이다. 현재 모든 미국인 부모들은, 심지어 정신적 혹은 심리적으로 잘 적응을 한 부모라고 할지라도, 하루에 엄청나게 많은 시간을 미취학 아동이나 그 아래 나이의 아이들에게 올바르게 행동하라고 잔소리를 하는 데

쓴다. 몇몇 연구 저작에 따르면 그것도 하루 스물네 시간 내내 말이다. 그런데 또 이런 잔소리를 듣는 아이들은, 심지어 정신적 혹은 심리적으로 잘 적응을 한 아이라고 할지라도, 부모들의 이런 노력에 반항을 하는 데 엄청나게 많은 시간을 쓴다.

결혼생활을 다루는 이번 장에서 어린아이의 복종에 대한 연구를 이야기하는 게 이상하게 보일 수도 있겠지만, 두드러진 어떤 사실 하나를 놓고 보면 이런 생각이 바뀔 것이다. 아이들을 복종시키고자 하는 이런 노력들 가운데 거의 대부분은 (집안일과 관련된 잔소리는 엄마의 몫이기 때문에) 아빠들이 아니라 엄마들이 도맡고 있으며, 이런 불균형이 부부 사이에 분노의 저주파 소음을 유발할 수 있다는 점이다. 하지만 엄마들이라고 해서 스스로 원해서 이런 역할을 떠맡는 게 아니다. 그야말로 숫자에 따른 결과일 뿐이다. 즉, 엄마들은 아빠들에 비해서 훨씬 많은 시간을 아이들과 함께 보내기 때문에 아이들에게 더 많이 명령하게 된다. (신발 신어라. 그런 버릇은 제발 좀 익혀라. 그건 도대체 어디에서 찾아냈니? 제발 그런 말은 좀 하지 마라.)

어쩌면 한층 더 교활한 것일 수도 있는데, 복종을 강요하는 것은 시간과 관련된 부분에서 많이 나타난다. (옷 입어라. 이제 나가야 할 시간이야. 양치질해라. 자야 할 시간이 지났잖아.) 그리고 이때 엄마들은 매우 조급해진다.

내가 처음 접한 엄마의 복종 강요 및 아이들의 불복종과 관련된 자료는 「엄마들, 인정받지 못하는 희생자들」이라는 1980년 논문이었다. 논문의 내용은 제목이 잘 말해 주는데, 이 논문의 저자가 내린 첫 번째 결론은 "평균적인 미취학 어린이를 키울 때 엄마에게는 피하고 싶은 일들이 매우 빈번하게 일어난다"는 것인데, 저자의 자료

분석 결과로는 이런 일들이 거의 3분에 한 번꼴로 일어난다.[61]

그러나 이런 이야기를 하는 것은 이 연구뿐만이 아니다. 서론에서도 언급했던 1971년의 하버드 대학교 논문도 있다. 이 논문은 엄마들이 걸음을 막 걷기 시작한 아이들에게 3분에 한 번꼴로 어떤 행동을 교정하는 말을 하거나 재차 다시 지시하는 말을 하며, 아이들은 엄마들의 이런 지시를 겨우 60퍼센트만 듣는다는 사실을 발견했다. 그리고 3년 뒤에 에머리 대학교와 조지아 대학교의 연구자들은, 고소득층 가정의 심리적으로 건강한 유치원생들이 엄마들의 말을 겨우 55퍼센트만 듣는 데 비해서, 저소득층 가정의 유치원생들은 68퍼센트를 듣는다고 밝혔다.[62] (한편 저소득층의 엄마들은 지속적으로 보다 많은 지시를 아이들에게 했다.) 그리고 이런 연구 저작들은 사회과학 분야 서고를 빼곡하게 채우면서 오늘날까지 이어지고 있다.[63] 내가 살펴본 보다 최근의 (2009년 이후를 기준으로 했다) 어떤 논문에서는, 엄마들과 어린아이들 사이에서는 평균적으로 2.5분에 한 번꼴로 갈등이 빚어진다고 확인했다.[64]

물론 이런 종류의 연구 결과들을 얼마나 진지하게 받아들여야 할지에 대해서는 어떤 제약이 있다. 헤드스타트Head Start(1965년 미국 연방정부에서 경제적·문화적으로 불우한 아동들을 위하여 국가적인 차원에서 만든 유아 교육 프로그램-옮긴이)의 설립에 기여한 발달심리학자 유리 브론펜브레너Urie Bronfenbrenner의 말을 빌리자면, 다음과 같이 정리할 수 있다.

"현재의 발달심리학의 많은 부분은 어린이들이 낯선 어른들과 함께 있는 낯선 상황에서 가장 짧은 시간 동안에 드러내는 낯선 행동(즉, 이상 행동)을 연구하는 학문이다."[65]

그러나 그럼에도 불구하고 발달심리학은 발견의 기쁨을 주는 원천이었다. 자기 아들이 보이는 특이한 행동들이 (그리고 여기에 대한 자신의 반응이) 세상 아이들이 누구나 다 하는 아주 보편적인 행동이라는 걸 깨닫게 해 주었으니까 말이다.

2012년의 베스트셀러 『프랑스 아이처럼Bringing Up Bébé』의 저자 파멜라 드러커맨Pamela Druckerman은, 미국의 엄마들은 흔히 자기 아이들에게 프랑스 아이들이 과제를 수행할 때 보이는 단호함이 없다는 이유로 아이들과 갈등을 빚는다고 주장할 것이다.(이 저자는 미국인인데 프랑스에 살면서 프랑스 부모의 육아 방식에 상당한 충격을 받고 이 책을 썼다-옮긴이) 물론 그녀의 주장에는 분명 일리가 있다. 아이들의 행동 방식은 늘 문화적인 차원에서 조명된다. 그러나 나의 관심을 끄는 대목은 엄마들이 대부분의 지시와 명령을 내린다는 부분과 이런 복종과 관련된 저서들은 복종을 강요하는 지시를 내리는 쪽이 어느 정도 스트레스를 받을 수밖에 없다는 점을 분명하게 밝힌다는 부분이다. 엄마들만 참석한 ECFE 모임에서는 이 주제가 늘 제기되었다. 앤지가 참석하기 이전의 어떤 강좌 모임에서 두 엄마가 다음과 같은 대화를 나누었다.

케이티 : 나는 야간 강좌를 들어요. 그래서 나는 집을 나서기 전에 남편이 꼭 해야 할 일의 목록을 잔뜩 적어서 남편에게 주지요. 아들 목욕시킬 것, 잠옷을 꼭 입혀서 재울 것 등등…. 그런데 네 시간 뒤에 집에 돌아와 보면, 아이나 아이 아빠나 모두 바닥에 드러누워 자고 있는 거예요. 옷은 그대로 다 입은 채, 영화는 틀어 놓고, 먹다 만 과자 봉지는 한쪽에서 뒹굴고….

코트니 : 우리 집도 그래요. 남편은 아이 키우는 걸 놀이라고 생각하나 봐요. 나는 일이라고 생각하는데 말이에요.

케이티 : 두 사람이 마트에서 쇼핑하는 걸 보면 기도 안 차요. 정말 끔찍해요. 남편은 아이가 원하는 건 뭐든지 다 카트에 담거든요.

다음날 다른 모임에서 엄마들이 나눈 대화다.

크리시 : 우리 남편은 아이들에게 땅콩버터와 젤리 그리고 요구르트를 주면서 뭐라는지 아세요? "우와아! 저녁이다!" 그럼 나는 얼른 달려가서 채소를 담으면서 이렇게 말하죠. "자 여러분, 이것도 드셔야죠!"

케냐 : 우리 집도 그래요. 왜 남편은 자기만 좋고 재미있는 부모가 되려고 하는지 모르겠어요. 내가 집에 오면 딸애가 내게 그래요. "아빠가 나더러 자기에게 폭력을 써 보라고 했어."

바로 이때 ECFE의 직원이자 모임의 진행자인 토드 콜로드가 끼어들었다. 자기가 꼭 끼어들어야 한다고 느끼는 모양이었다.

"남편들을 대표해서 한마디 해도 될까요?"

여자들이 웃으면서 그러라고 했다.

"내 생각에는 남편들이 실수할 기회를 노리는 거 같은데요? 남편들은 빨래며 청소며 이런저런 집안일을 돕겠다고 말을 합니다. 그러고 나서 뭔가를 망치고 나면, 이제 그 일은 손도 대지 말라는 말을 듣겠죠. 그러면 빨래든 청소든 이제 다시는 하지 않아도 되니까요."

"맞아요, 맞아!"

여자들은 손뼉을 치면서 콜로드가 핵심을 짚었다고 동의했다.

사실이 그랬다. 모든 인간관계는 관대함을 통해서 풍성해진다. 그러나 엄마들이 하는 말도 일리가 있다. 엄마들이 진정으로 찬성하는 견해는 1장에서 소개했던 대니얼 길버트의 발언이다.

"모든 사람이 동일한 속도로 미래를 향해 이동합니다. 그러나 아이들은 눈을 감은 채로 똑같은 속도로 이동하거든요. 그러니까 어른이 이 아이들의 방향을 잡아 줘야 합니다."

보통 이렇게 방향을 잡아 주는 쪽은 아빠가 아니라 엄마다.

가족의 나침반이 되고, 양심이 되고, 또 이 위치를 유지하기란 무척이나 힘들다. 이렇게 살려면 일상의 모든 면에 원천적으로 긴장을 느끼는 상황을 감내해야 한다. 가족 지정 모범인이 되어야만 한다. '왜 남편은 자기만 좋고 재미있는 부모가 되려고 하는지 모르겠어요.' 케냐가 이 말을 할 때 그녀의 목소리에는 분노가 느껴지지 않았다. 그저 슬픔만 느껴졌을 뿐이다.

엄마와 아빠 사이의 행복 지수 격차를 설명할 수 있는 또 하나의 주제가 있다. 엄마들이 아이들과 함께 있을 때 문제가 되는 것은 아이에게 쏟는 시간의 절대적인 양뿐만이 아니다. 그 시간이 소비되는 방식 역시 문제다.

침대 속 이방인

이런 말을 하면 지나치게 냉정한 소리일지 모르지만, 만일 결혼이라는 제도에 대해서 낭만적인 기대를 지나치게 많이 하지만 않는다면, 아이가 부부의 결혼생활에 그다지 큰 충격을 주지는 않을 것이다. 1장에서도 살펴보았듯이 결혼생활과 관련된 낭만적인 기대의 역사는 그다지 오래되지 않았다. 18세기 말 이전까지만 하더라도 결혼은 일종의 공식적인 제도였으며, 가족을 만들어서 각각의 개인을 보다 넓은 공동체에 묶어 두는 것과 떼어 놓고 생각할 수 없었다.[66] 그러나 제인 오스틴Jane Austen이 『오만과 편견Pride and Prejudice』(영국 젠트리 계급에 속하는 아가씨 엘리자베스는 귀족 계급의 청년 다아시가 일체의 신분 질서를 무시하고 청혼하자 오만하다는 이유로 거절한다. 하지만 엘리자베스는 자신의 오만과 편견을 깨고 다아시와 결혼한다-옮긴이)의 초고를 완성한 시기이기도 한 18세기 말쯤에, 과거와는 전혀 다른 결혼관이 나타나기 시작했다. 즉, 결혼은 사랑을 위한 것이라는 발상이 등장한 것이다. 2001년 갤럽 조사에 따르면, 오늘날 이십 대 미혼자들의 94퍼센트는 배우자는 소울메이트여야 한다고 믿고, 겨우 16퍼센트만이 아이들이 결혼의 기본적인 목적이라고 믿는다.[67]

사회학자 데이비드 포페노David Popenoe와 바버라 디포 화이트헤드Barbara Defoe Whitehead는 새로 규정된 이 결혼관, 즉 결혼은 공공의 복지를 위한 공식적인 제도가 아니라 당사자들의 행복을 추구하는 안전한 공간이라는 이 발상에 초점을 맞추어서 '슈퍼 인간관계Super Relationship'라는 신조어를 만들었다. 두 사람은 이 용어를 "성적인 정절, 낭만적인 사랑, 정서적 친밀성 그리고 단란함 등을 모두 아우르는 격렬하면서도 사적이고 정신적인 결합"이라고 정의했다.[68]

만일 사람들이 대부분 이런 기대를 가지고 결혼생활을 시작한다면, 아이들을 결혼생활의 방해물로 경험하는 것이 과연 놀라운 일이 될 수 있을까?

많은 부부들은 자기들이 함께 있는 생활 자체를 진정으로 즐긴다. 육아의 어려움과 관련된 수많은 저작들과 달리, 결혼생활을 다룬 많은 저작들은 결혼이라는 제도가 사람들을 보다 행복하게 만들고 훨씬 낙관적으로 만든다고 주장한다. 비록 상대적으로 더 행복한 사람들이 우선 결혼을 하는 경우도 있겠지만. 또한 이런 저작들은 결혼한 사람들이 그렇지 않은 사람들보다 더 건강하다고도 주장한다.

그렇다면 두 사람이 알콩달콩 살아가는 결혼생활에서 아이가 태어나 가족이라는 이름으로 새로 합류할 때 정확하게 무엇이 훼손될까?

우선 두말할 필요도 없이 시간이다. 부부가 정다운 밤을 보낼 시간을 조정하기가 여간 어렵지 않다. 부부의 잠자리 횟수 감소 추정치는 다양하다. 그러나 가장 많이 인용되는 연구에 따르자면, 이 횟수는 아이가 태어나면 그전보다 3분의 1 수준으로 줄어든다. 부부가 함께 잠자리를 할 때의 질도 떨어진다.[69] 사회과학자이자 세인트폴 병원의 부부 문제 치료사이기도 한 (그리고 ECFE의 자문위원이기도 한) 윌리엄 도허티는 어떤 아름다운 부부의 인생 이야기를 사람들에게 즐겨 들려준다. 처녀총각 시절에 컨트리웨스턴 춤의 대가들이었던 부부가 도허티에게 상담을 받으러 왔다. 두 사람은 청년 시절에 오클라호마의 어떤 춤판에서 처음 만났다. 두 사람이 데이트를 할 때 그들은 항상 춤을 추러 다녔다. 그때마다 다른 커플들은 이 두 사람이 추는 춤을 구경하려고 주변을 빙 둘러싸곤 했다. 두 사람은 그렇게 열정적이고 멋지게 춤을 췄다. 그런데 이야기를 듣던 도허티가 두 사람이 마지막으로 춤을 춘 게 언제였느냐고 물었다. 어떤 대답을 들었을까? 자기들 결혼식 피로연에서 춤을 춘 게 마지막이라고 했다. 도허티와 마주 앉기 12년 전이었다.[70]

거의 모든 사람은 아이가 태어난 뒤에 부부의 성생활이 바뀐다는 데 동의한다. 비록 이런 가설을 입증할 강력한 자료를 찾기가 매우 어렵긴 하지만, 적지 않은 연구들은 이 가설이 에두른 것이든 혹은 의도적이든 간에 진실일 수 있음을 확인했다. 예를 들어서 1981년의 한 논문은 첫아기를 낳은 119쌍의 부부를 관찰했는데, 이들 가운데 무려 20퍼센트가 이 아기가 첫돌을 맞이한 주에 한 번 미만으로만 성관계를 가졌다는 사실을 밝혔다. 임신을 하기 이전 석 달 동안 아주 가끔씩만 성관계를 가졌던 부부의 경우는 (아마도 그 석 달 동안 임신을 하려고 평소보다 더 많은 성관계를 가졌을 게 분명하지만) 겨우 6퍼센트밖에 되지 않았다.[71] 그리고 이 논문이 나온 지 얼마 뒤에 나온 또 하나의 작은 규모의 연구에서는, 결혼생활 초기 몇 년 동안에 아이가 "직업, 통근, 집안일 등과 함께 성적인 상호작용의 수준을 떨어뜨리는 반면, 상호작용을 높여 주는 것은 아무것도 없다."는 사실을 발견했다.[72]

1995년에 훨씬 대규모로 이루어진 어떤 연구는 어린아이, 특히 네 살 이하 어린아이의 존재는 임신 상태보다 부부의 성관계 횟수에 더 큰 영향을 준다고 (그리고 좋지 않은 건강에 비해서는 아주 조금 덜 영향을 준다고) 결론을 내렸다.[73] 그런데 오히려 다섯 살에서 열여덟 살 사이의 아이가 집에 있을 때는 오히려 성관계 횟수가 증가한다. (그런데 여기에는 의문이 하나 제기된다. 만일 연구자들이 사춘기 아이들을 둔 부모만을 따로 분류해서 조사했더라도 동일한 결과가 나왔을까 하는 의문이다. 왜냐하면 십 대들은 흡혈 박쥐나 마찬가지로 위험한 사고뭉치의 인생 단계를 지나가기 때문에 부모는 하루 스물네 시간 꼬박 긴장의 끈을 바짝 조여야 하기 때문이다. 그렇다면 부부로서는 편안한 마음으로 성관계를 가질 기회가 보다 적어질 수밖에 없다.) 그리고 이 논문에서 내가 특히 좋아하는 구절을 소개하면 다음과 같다.

"응답자는 교육 수준이 높든 낮든 상관없이 모두 결혼생활의 성관계 횟수가 줄어들었다고 대답했다. 이 곡선적 관계(상관성을 가지는 변수들 사이의 관계가 비직선적이어서, 한 변수 값의 변화에 따른 다른 변수 값의 변화가 동일한 비율이 아닌 관계-옮긴이)는 모든 분석에서 당연한 것으로 받아들여진다."[74]

본인의 의지에 따라서 얼마든지 달라질 수 있다는 말이다. 그러나 아이가 세상에 태어난 뒤의 부부 사이 성관계 횟수에 대한 구체적인 수치를 찾기란 매우 어렵다. 아니, 거의 불가능에 가깝다. 직장인 아빠들을 대상으로 하는 ECFE 강좌 저녁 모임에서 진행자인 토드 콜로드는 이 질문을 노골적으로 던져서 참석자들을 깜짝 놀라게 했다.

"어린아이가 있는 아빠로서 아내와 성관계를 몇 번이나 가지는 게 현실적인 기대치일까요?"

그 질문에 모든 참석자들이 잠시 입을 다물었다. 이 질문을 진지하게 받아들여야 할지 아니면 농담으로 받아들여야 할지 가늠하는 눈치들이었다.

아빠 1 : 아내를 설득할 수만 있다면 얼마든지… 아닐까요?

아빠 2 : 이렇게 표현하면 어떨까요? 영화를 보러 함께 가는 횟수로 현실적인 기대치가 어느 정도일지 말입니다. 아마도 한 번…일 년에요.

토드 : 현실적인 수치가 어느 정도인지 우리는 모릅니다. 그렇지 않습니까? 이게 이 문제의 한 부분입니다. 그렇지만 정말 진지하게, 어떻게들 생각하십니까?

아빠 3 : 친구들 몇 명은 아예 미치기 시작하더군요. 한 친구는, 나는 그 친구를 '아홉 번'이라고 부릅니다. 몇 년 동안 딱 아홉 번만 했다고 그랬거든요. 그리고 지금 내가 그 친구에게 성관계 횟수 얘기를 하면, 그 친구는 나를 '빵 번'이라고 부를 겁니다.

아빠 2 : 자, 이왕 말 나온 김에 분위기 좀 더 불편하게 만들어 봅시다. 우리는 보통 하루에 자위를 몇 번이나 할까요?

아빠 4 : 하하, 좋네요, 우선 말 꺼낸 사람부터!

그러나 어쩌면 횟수는 논점을 벗어난 것일지도 모른다. 만일 남자든 여자든 붙잡고 일 대 일이든 아니면 모임에서든 간에 이런 질문을 하면 모든 사람들은 분명히 예전의 선정적이던 자아, 밤에 자다가 물을 마시거나 오줌을 누러 일어났다가도 쉽게 성관계로 돌입하던 그런 모습을 잃어버렸다고 대답할 것이다. (성관계 횟수가 가장 급격하게 감소하는 시기가 신혼여행 직후라는 증거도 있다.[75] 정신이 번쩍 드는 이야기다.) 대부분의 부부가 놓치는 것처럼 보이는 사실은 성관계가 가져다주는 것은 바로 그 친밀감과 생동감이라는 점이다. 이와 관련해서 어떤 아빠가 나에게 이런 말을 했다.

"내가 친밀성에 대해서 우스꽝스러운 기대를 가졌었다고는 생각하지 않습니다. 어쩌면 남자들로서는 어떤 식으로든 뭐 그럴 수가 있겠죠. 왜냐하면 남자는 자기 아내를 보고 '오늘밤에는 저 여자가 녹초가 될 정도로 지쳐 보이지 않는군. 예전의 자기 모습으로 돌아온 것처럼 보여.'라고 말할 수 있거든요."

하지만 이에 비해서 아내들의 태도는 이렇다. 난 지금 완전히 지쳤어. 당신을 거부했다는 죄책감을 느끼게 하지 말고 나 좀 그냥 자게 내버려 두면 안 돼? 남자가 여자가 한 이 말의 뜻을 깨달으려면 제법 많은 시간이 걸린다. 계속해서 그 아빠는 다음과 같이 말했다.

"솔직히 말해서 성관계 그 자체가 예전처럼 그렇게 강렬하게 나를 사로잡지는 않습니다. 우리 사이의 연결성이 부족하다는 게 문제죠. 이런 연결성의 정도가 떨어지면 떨어질수록 나는 그야말로 모든 감정이 차갑게 식어 버렸다는 느낌에 사로잡힙니다."

앤지는 나에게 이렇게 말한다.

"내가 생각하기에는 후다닥 끝내 버리는 섹스의 기술을 터득하게 되는 거 같아요. '됐어! 아이들이 다 자고 있어! 난 지금 빨리 일하러 가야 하니까! 빨리!' 뭐 이러니까요."

앤지는 두 손으로 손뼉을 딱딱 치고는 싱긋 웃는다.

"우리는 더 많이는 못 해도 적어도 한 주에 한 번씩은 하려고 노력해요. 그리고 관계를 못하는 기간이 그보다 길어진다면, (다시 또 그 단어가 등장한다!) 우리는 서로 연결되어 있다는 느낌을 느끼지 못해요."

그러나 이 연결성은 잃어버릴 때 대가를 치러야 하는 것과 마찬가지로 누리려 할 때도 대가를 치러야만 하는 심리 상태다. 이런 맥락에서 영국의 정신분석가 애덤 필립스는 저서 『부작용Side Effects』에서 이렇게 적고 있다.

"우리는 우리의 성적인 삶 속에서 아이들을 포기한다. 그리고 우리의 낮익은 삶 속에서는 우리의 욕망을 포기한다. (…) 이런 딜레마에 직면할 때 대부분의 사람들은 배우자를 배신하는 것보다 아이를 배신하는 것에 훨씬 더 많은 죄책감을 느낀다."[76]

ECFE 강좌 모임에 참석한 또 다른 여자는 이렇게 말한다.

"정말 웃겨요. 남편은 최근에 간단하게 빨리 해치우는 섹스를 하자고 줄곧 졸라 대고 있거든요. 두 주째예요. 이건 다른 사람에게 미룰 수가 없는 일이잖아요. 그러니까, 불행하게도 희생을 감수해야 하는 사람이 남편이죠. 나에게는 남편이 유일하게 '안 돼'라고 말할 수 있는 사람이거든요. 그러나 아무래도 내가 져 줘야 할 거 같아요. 그게 우리 두 사람에게 좋으니까요."

하지만 이 여자도 남편과 아이들 가운데 하나를 억지로 선택해야 한다면 아이들을 선택한다.

그러나 이런 엄마와 직장에 남아 일하는 걸 선택해서 아주 많은 시간을 직장에서 보내는 모든 엄마들을 (그리고 또한 직장에서 일하는 모든 아빠들을) 안심시키는 뉴스가 있다. 「저널 오브 섹스 리서치」에 실린 2001년 논문은 네 살배기 아이를 키우는 261명의 엄마들을 표본으로 했는데, 다음과 같은 결론을 내렸다.

"전업주부와 시간제로든 풀타임으로든 혹은 '초'전업으로든 간에 ('초'전업은 주당 노동 시간이 50시간을 넘는 경우다) 직장에 다니는 여자 사이에는 성적인 기능과 관련된 여러 측면에서 특별한 차이가 발견되지 않는다. 직장에 다니는 남편들의 경우에도 마찬가지로 직장에 바치는 시간의 차이에 따른 성적인 기능의 특별한 차이는 발견되지 않는다."

오히려 부부 성생활의 질을 좌우하는 데 가장 결정적인 역할을 하는 것은 아주 단순한 어떤 생각이다. 즉, 결혼생활이 서로의 정체성에 얼마나 중요한가 하는 점이었다. 그러니까 어떤 사람이 결혼생활을 더 중요하게 생각하면 생각할수록 더 많이 만족했던 것이다.[77] 결혼한 사람이라면 자기가 이끌어 가는 결혼생활을 믿는 것이 가장 강력한 최음제인 셈이다.

남자의 일

오후 2시 35분이다. 떡 벌어진 가슴에 매력적인 얼굴과 진지한 성격의 소유자인 클린트가 살그머니 현관문을 열고 들어온다. 그의 허리띠에는 열쇠 꾸러미가 매달려 있다. 그에게서는 책임감과 끈기 그리고 과묵한 신뢰가 느껴진다. 앤지와 마찬가지로 클린트는 지쳐 보인다. 우리가 그가 새벽 4시에 일어났다는 사실을 기억해야 한다. 하지만 그는 밤새 잠을 푹 잔 사람처럼 신속하고도 활기차게 움직인다. 그는 재킷을 입지 않은 와이셔츠 차림에 넥타이를 매고 검은색 바지를 입고 있는데, 약 10분 뒤에는 검은색 축구 티셔츠와 카고 반바지로 갈아입을 것이다. 앤지는 막 간호사복으로 갈아입었다. 클린트는 양팔에 제이와 엘리를 각각 끼고서 아이들에 대해서 알아두어야 할 얘기들을 듣고 아내에게 만남의 인사이자 작별의 인사로 키스를 한다. 네 식구가 한꺼번에 서로를 껴안은 채 잠시 동작을 멈춘다. 그리고 앤지가 문을 열고 나가고, 클린트는 제이를 휙 낚아채서 부엌 조리대에 있는 범보(브랜드 이름) 아기의자에 앉힌다. 그리고 냉장고에서 딸기를 조금 꺼내서 자르기 시작한다. 그리고 아기와 엘리에게 준다.

엘리가 묻는다.

"깜짝 과자 주면 안 돼요?"

"딸기 먹잖아, 지금…."

"깜짝 과자 먹으면 좋은데…."

"그러면 깜짝이 아니잖아."

이 말을 하는 클린트는 온화한 표정이다. 하지만 매우 집중하고 있다. 나중에 나는 메모장을 펼쳐서 대문자로 "이 남자는 일에 매우 철저하다"라고 쓰고 밑줄까지 그어 놓은 것을 본다. 어쩐지 거부감을 주지도 않고 자유로운 것 같은데, 어쨌거나 앤지와는 스타일이 무척 다르다는 점만큼은 확실하고 분명히 밝힐 필요가 있다. 불과 두 시간 전에 앤지가 점심을 준비하면서 부엌을 엉망으로 어질러 놓았었다. 그리고 깨끗이 치우려는 찰나에 갑자기 아이들을 돌봐야 할 일이 생겼고, 그 뒤에 또 다른 일이 생기면서 결국 그냥 그대로 놔두었던 것이다. 이렇게 앤지가 어딘지 칠칠치 못하다면 클린트는 어느 한 구석도 빈틈이 없고 철저하다. 설거지도 얼마나 민첩하고 효율적으로 하는지, 그가 설거지를 마치고 나면 아예 처음부터 주방을 쓰지 않은 것처럼 보일 정도다.

클린트가 냉장고 문을 열고 안을 들여다본다.

"너희들 저녁 준비를 하려고 하는데…. 너희들 점심에는 뭘 먹었니?"

"치즈 치킨 스파게티요. 진짜 맛있었어요. 그런데 치킨은 별로였어요."

"왜?"

"좀 매웠어요. 스파게티는 좋았는데!"

클린트는 냉장고 문을 닫고 개에게 사료를 주러 간다. 아기는 딸기와 시리얼을 바라보고, 오물오물 조금씩 뜯어먹느라 조용하다. 엘리는 엘모 용변 훈련 비디오가 어떻게 끝나는지 본다면서 아래층으로 내려간다. 클린트는 식기세척기에서 접시를 빼기 시작한다. 이 일을 마친 뒤에는 제이를 범보 의자에서 빼내서 엘리가 있는 곳으로 간다. 엘리는 레고 아이스크림 트럭을 조립하느라고 낑낑거리며 애를 쓰고 있다.

"잘 안 돼? 자, 그럼 아빠가 도와줄게. 어, 이걸 저기 뒤에다 붙여야지."

마침내 엘리가 아이스크림 트럭을 조립하자 클린트는 좋아서 펄쩍 뛴다. 당뇨병 환자가 사탕을 받아 든 것처럼 좋아한다.

"내가 레고에 좀 환장을 하죠."

클린트는 내가 자기를 지켜보고 있다는 사실을 깨닫고, 내가 무슨 생각을 하는지 알았는지 그렇게 말한다.

"이 레고는 내가 어릴 때 가지고 놀던 겁니다."

그렇게 말하고는 동물 몇 가지를 제이를 위해서 레고 진열대에 나란히 올려놓는다.

이 구식 놀이가 상당히 오래 계속된다. 클린트는 자기는 저녁을 먹기 전에 늘 아이들을 데리고 집단놀이를 하는데, 그래야 아이들이 텔레비전 앞으로 달려가지 않는다고 설명한다. 그리고 자기가 특히 조립을 하는 장난감을 좋아한다고 말한다. 놀이가 그에게 즐거움을 안겨 준다는 점은 분명하다. 그런데 그때 클린트는 제이를 슬쩍 한 번 보더니 자기 휴대전화를 본다.

"시간을 확인하는 겁니다. 언제 저녁 준비를 시작할지 보려고요. 저러다가 폭발을 하는데, 그전에 저녁 준비를 마쳐야 하거든요."

이때 엘리가 달걀 포장 용기로 만든 버스를 손으로 가리킨다.

"이거 또 하나 만들어 주시면 안 돼요, 아빠?"

클린트는 껄껄 웃으면서 일어난다.

"그러기 전에 먼저 저녁 준비부터 하는 게 어때? 오케이?"

그의 눈은 이미 부엌을 바라보고 있다. 저녁 준비를 어서 해야 하고, 한바탕 난리가 날 수도 있지만 될 수 있으면 그런 상황은 피해야 한다. 그리고 늘 저녁마다 반복되는 순서가 기다리고 있다. 클린트는 지금 일정에 따라서 움직이고 있다. 그는 일에 철저한 사람이며, 그런 면모를 지금도 보이고 있다.

가사 분담 비중에 대한 의견 차이 | 클린트가 날마다 똑같이 반복되는 오후 및 저녁 일과를 수행하는 걸 지켜보면 그와 앤지는 스타일 면에서 판이하게 다르다는 걸 금방 알아차릴 수 있다. 또한 아이들이 이 두 사람에 보이는 반응도 다르다. 우선 제이는 그날 아침 앤지가 자기를 바닥에 내려놓는 걸 질색하면서 내려놓지 못하게 했다. 앤지가 두 번째로 시도할 때는 울음을 터트렸다. 그래도 앤지는 아이를 내려놓고 아이가 극복하게 할 수도 있었지만 그렇게 하지 않았다. 클린트는 앤지에게 스스로 어려움을 자처하는 데는 선수라고 자주 말한다. 제이가 울고 떼를 쓰면 그냥 다 받아주기 때문이란다. ("제이는 나한테는 칭얼거리지 않습니다. 그래 봐야 내가 자기를 안아 주지 않는다는 걸 알거든요." 클린트는 나에게 부연설명을 해 준다.) 그러나 앤지는 제이가 우는 걸 그냥 내버려 두지 못한다. 그랬다가는 자기가 아이에게 해 줄 수 있는 일을 충실하게 다하지 못한다는 고약한 생각이 점점 커지기 때문이다. 한 주에 서너 번씩 야근을 하며 집을 비운다는 사실 자체만으로도 아이들에게 미안함을 느끼기 때문이다. 그래서 아이들은 앤지가 출근할 낌새를 보일라치면 곧바로 옷자락을 붙잡고 늘어진다. 그래서 앤지는 집에서 제이를 바닥이나 범보 의자에 내려놓지 않는다. 한 손으로 안고 일을 하기 때문에 자세는 언제나 기우뚱하고, 허리가 끊어질 것 같은 요통은 좀처럼 낫지 않는다.

“클린턴은 툭 하면 그래요. 내가 어려운 길을 골라서 간다고요.”

앤지가 일을 하러 나가기 직전에 나에게 한 말이다.

“그 사람은 굳이 하지 않아도 될 걱정거리를 내가 만들어 낸다고 생각해요. 그가 두 손 두 발 다 들 때가 나로서는 최악이라고 생각해요.”

앤지가 ‘두 손 두 발 다 들 때’라고 한 것은 클린트 본인이 어떤 일을 감당하지 못할 때가 아니다. 어떻게 할 수 없는 상황에 놓인 자신을 클린트로서도 도와줄 방법이 전혀 없을 때를 말한다.

“그 사람 생각에는 아주 간단한 건데, 그걸 내가 하지 못한다고 생각할 때 말이에요.”

그러나 물론 앤지도 간단한 것들은 할 수 있다. 앤지가 손을 쓸 수 없을 정도로 압도당하는 것 같은 순간에 실제로 앤지는 자기가 설정했던 시간을 어그러뜨린다. (빨래를 개서 던진다. “제이가 어디 있을까?” 빨래를 개서 던진다. “제이가 어디 있을까?” 빨래를 개서 던진다….) 이에 비해서 클린트는 습관이기도 하고 기질이기도 하지만 자기 시간을 최적화한다. 이런 특성은 아마도 아이들이 태어나기 전부터 가지고 있었던 것 같은데, 아이를 키우면서 그는 효율성을 추구하는 스커드 미사일로의 변신을 완수한 것 같다. 본인도 이런 점을 인정한다.

“앤지는 감정적인 차원에서 바라보는 경향이 있어요. 예를 들면 앤지는 이러죠, ‘아이들이 공원에도 나가고 그래야지! 뭔가 좀 다른 걸 하면서 시간을 보내야 한단 말이야!’ 하지만 나는 시간을 효율적인 측면에서 생각하고 접근하는 경향이 있습니다.”

클린트의 이런 시간 효율에 대한 관점은 그가 벌칸 족(〈스타트렉〉에 나오는 종족으로 굉장히 논리적이다. 일등항해사 스팍이 이 종족 출신이다-옮긴이)의 일원이라는 오해를 받을 수 있다. 하지만 사실은 그게 아니다. 클린트와 앤지의 차이는 보다 고전적인 역할 몰입 기법과 메서드 연기(배우가 극중 배역에 몰입해 그 인물 자체가 되어 연기하는 방법-옮긴이)의 차이라고 할 수 있다. 앤지는 직관적인 방법으로, 즉 안에서 바깥으로 나아가는 방식으로 아이들 및 아이 돌보는 일을 바라보고 실행한다. 이에 비해서 클린트는 바깥에서 안으로 나아가는 방식을 취한다. 클린트는 이것을 다음과 같이 설명한다.

"앤지는 어떤 일을 하기 위해서 무엇이 필요한지 압니다. 반면에 나는 그것을 더듬거리며 찾아 나가죠. 그러니까, 예를 들어서 아기 기저귀가 더러워졌다고 할 때, 내가 바로 '자, 당신이 이걸 치워!'라고 말하지는 않는다는 거죠."

클린트는 얼굴을 찌푸리며 더러워진 기저귀를 내미는 흉내를 내면서 그렇게 말한다.

"아기 기저귀를 갈아 줘야 할 때 자기는 그 사실을 알았는데 내가 그걸 모르고 있으면 화를 내는 겁니다. 그런데 정말 앤지는 아기를 모니터로 줄곧 관찰하고 있는 것 같아요. 밤에도 아기가 깨려고 하면 자기가 먼저 깨거든요."

이런 이야기를 다른 부모들에게서도 많이 들었다. 부모 가운데서 한쪽이 (보통은 엄마가) 다른 쪽에 비해서 집안일의 정서적인 내면 흐름에 매우 민감하게 반응한다는 것이다. (마이클 커닝햄Michael Cunningham의 『세상 끝의 집A Home at the End of the World』에는 "그녀는 집에 무슨 일이 일어나는지 안다. 그녀의 신경 세포는 집 안 구석구석까지 뻗어 있다."라는 구절이 있다.)[78] 그래서 보다 직관적인 부모가 (이 경우에는 앤지가) 때로 자기 배우자가 자기 몫을 제대로 하지 못한다고 생각하게 되는 것이다. 반면 다른 부모는 (이 경우에 클린트는) 직관적인 자기 배우자가 너무 지나칠 정도로 감정적이라고 생각하게 된다. 그런데 실제로 이런 부부는 시간을 전혀 다른 방식으로 경험한다. 두 사람은 각자 다른 것들에 관심을 기울이기 때문이다. 앤지는 아기를 관찰하는 모니터를 보거나 아기의 기저귀를 갈아 줄 필요가 있음을 아는 순간, 곧바로 행동으로 옮긴다. 그런 일들은 시간에 민감한 일들이고, 집에서 가장 먼저 반응하는 사람이 바로 그녀이기 때문이다. 그래서 앤지는 본인의 표현을 빌리자면 "일에 치여서 압도당하는" 기분에 사로잡힌다.

클린트는 이런 차이를 인정한다.

"특별히 더 좋은 표현이 없어서 이렇게밖에 말을 못 하겠지만, 사실 나는 실시간으로 반응하지는 않습니다. 전체 그림을 보죠. 그러니까, 만일 내가 눈 치우기, 마당과 관련된 일 하기, 집 안 여기저기 고장 난 거 고치기, 설거지하기, 식사 준비하기 등을 100퍼센트 한다고 치면, 아이들을 돌보는 어떤 일을 해야 할 때 재까닥 반응할 수는 없는 겁니다."

그러면서 시간에 덜 민감한 이런 일들을 자기가 늘 하고 있음에도 불구하고 이런 사실을 앤지가 제대로 알아주지 않는다고 덧붙인다.

"어쩌면 앤지는 식기세척기 같은 게 고장 나서 문제가 발생하기 전까지는 이런 것들에 아예 신경을 끊고 살지도 모릅니다."

실제로 얼마 전에 식기세척기가 고장이 났다고 말한다.

"식기세척기를 고치는 방법을 알아내는 사람은 바로 납니다. 나여야 한다고요. 식기세척기가 쌩쌩 잘 돌아가는 걸 앤지가 바라거든요."

그러나 클린트의 신경도 역시 아이들을 돌봐야 하는 시시각각의 긴장에 매우 잘 조정되어 있다.

"앤지가 실시간 반응을 나보다 잘한다고요? 맞아요. 내가 그런 점을 좀 더 잘 알아야 하는데 그렇게 하지 못하는 구석이 있죠."

클린트도 그 점은 인정한다. 그는 내가 처음 앤지를 만나던 봄날을 떠올리면서 그때 이야기를 한다. 그때 클린트와 아이들은 모두 몸이 좋지 않았다. 클린트는 앤지가 무척 많이 지쳐 있다는 걸 알았다. 아이들이 병에 걸렸다는 것도 알았다. 그때 자기가 곧바로 나서서 앤지를 돕지 않을 걸 후회한다.

"그러니까 앤지는 그때 이렇게 말하고 있었던 거죠, 속으로요. '지금 당장 좀 도와줘. 아이들이 아프잖아. 나는 좀 쉬어야 해.'라고요."

앤지와 클린트를 상대로 각각 따로 인터뷰를 시작할 때 나는 우선 가사 분담을 어떻게 하고 있는지부터 물었다. 그리고 두 사람이 한 대답은 매우 비슷했다. 클린트는 거의 모든 요리를 한다. 클린트가 새벽 4시에 일어나야 하므로 밤 시간에 해야 하는 거의 모든 일은 앤지가 한다. 빨래는 클린트가 제법 더 많이 한다. 식료품점에서 쇼핑하는 일은 앤지가 제법 더 많이 한다. 아이들을 위한 장보기, 병원 예약, 그 밖의 잡다한 일은 거의 대부분 앤지가 한다. 클린트는 집 바깥의 일을 하고 가계부 기록을 100퍼센트 한다. 두 사람이 각자 따로 이야기했지만 두 사람이 말한 가사 분담 내용은 거의 일치했다.

유일하게 두 사람의 의견이 엇갈린 일은 앤지에게 가장 크게 문제가 되는 바로 그 일, 즉 아이를 돌보는 일이었다. 앤지는 자기가 70퍼센트쯤 한다고 추정했는데, 이것은 자기가 집에 있는 시간이 더 많기 때문이 아니라고 덧붙였다. 클린트가 집에 함께 있을 때조차도 자기가 아이를 더 많이 돌본다고 했다.

"우리 두 사람이 집에 함께 있는 날이라고 해도 아기 기저귀는 내가 더 많이 갈아 줘요. 엘리가 마당에 나가 있으면 나는 아무 일 없는지 계속 확인을 하거든요. 텔레비전도 꺼 둬요. 집중하려고요."

그런데 중요한 것은, 클린트는 늘 자기만의 자유 시간을 주장한다는 사실이다. 앤지로서는 그런 여유를 한 번도 누려 보지 못했는데….

"클린트는 주말에는 두세 시간씩 컴퓨터 앞에 앉아서 자기 취미를 즐겨요. 그러나 난 최근에 90일짜리 전신 다이어트 운동을 시도하고 싶었는데, 그거 할 시간조차 내지 못하겠더라고요."

아이 돌보기와 관련해서 클린트는 앤지와 다르게 대답했다. 자기들은 이 일을 철저하게 반씩 나누어서 한다고 했다.

"거기에서 서로 조금씩 밀고 당기는 거죠. 앤지가 컨디션이 안 좋은 날은 내가 조금 더 하고, 또 연속으로 야근을 할 때도 내가 조금 더 하죠."

50 대 50과 70 대 30은 작은 차이가 아니다. 특히 앤지와 클린트가 낮 시간 동안에 함께할 수 있는 시간이 적다는 점을 고려하면 더욱 그렇다. 두 사람이 서로에게 민감하고 서로를 아주 잘 안다는 사실을 고려한다면, 과연 어떻게 이런 일이 가능할 수 있을까?

자녀 양육에 대한 국가의 의무와 행복의 상관관계 | 이야기를 더 풀어 나가기 전에 여기에서 잠깐 멈추고, 누가 무슨 일을 맡는가 하는 것과 관련해서 클린턴과 앤지가 나누는 대화(사실은 이 문제와 관련해서 모든 부부가 나누는 대화)는 보다 중요한 어떤 대화를 제외한 채 진행된다는 사실을 확인할 필요가 있다. 그것은 "국가가 아이를

키우는 엄마와 아빠를 도와야 하는 법률적이고 도덕적인 의무를 지고 있는 게 아닐까?" 하는 문제를 논하는 대화다. 미국에서 우리는 이런 주장을 대부분 공적인 차원이 아니라 사적인 차원에서 진행한다. 정치권에서는 이런 의견을 공적으로 논할 수 있는 여지를 거의 열어 주지 않기 때문이다. 이럴 때 복지의 대명사인 스웨덴을 떠올리면 미국과 비교가 되어 정말 화가 난다. 그러나 지구상에서 가장 행복한 부모들 가운데 많은 사람들이 막강한 사회안전망을 구축한 스칸디나비아 및 북유럽의 여러 국가들에 살고 있다는 건 분명한 사실이다.

2012년에 사회학자 로빈 사이먼Robin W. Simon이 두 명의 동료와 함께 22개 선진국에 사는 사람들을 대상으로 해서 아이를 키우는 부모와 부모가 아닌 사람들 사이에 느끼는 행복도의 차이에 대해 측정했다. 그런데 두 집단의 격차가 가장 큰 나라, 그것도 압도적으로 큰 나라가 바로 미국이었다. 일반적으로 이 차이는 가정에 대한 복지 혜택이 상대적으로 적은 국가에서 크게 나타나고, 이 혜택이 큰 국가에서는 격차가 적게 나타난다.[79]

밀라노의 인구 통계학 교수인 안스타인 아사브Arnstein Aassve도 2013년에 비슷한 패턴을 발견했다. 유럽의 28개 국가들의 부모 복지 수준을 조사한 끝에 그와 그의 동료들은 "일반적으로 사람들이 자녀 양육을 통해 얻는 행복은 보육 관련 도움을 쉽게 받을 수 있는 정도와 비례한다."는 결론을 내렸다.[80] 특히 한 살에서 세 살 사이 어린아이의 육아에서 도움을 받을 수 있는 나라들에서 명확한 결과가 나타났다. 프랑스, 네덜란드, 벨기에, 스칸디나비아 국가들이 이에 해당한다. 이런 나라에 사는 엄마들은 엄마가 아닌 사람들보다 일관되게 더 행복하다.

보육 시설과 부모가 느끼는 복지 수준 사이의 상관성은 때로 오해를 불러일으킬 수도 있다. 우리는 이 둘 가운데서 반드시 어떤 하나가 다른 하나의 원인으로 작용한다고 가정할 수는 없다. 보다 풍성한 복지 혜택을 보장하는 국가들은 모든 종류의 사회지표에서 높은 점수를 기록한다. 부패지수는 낮고, 양성 평등 수준은 높고, 국가가 제공하는 건강보험의 보험료는 낮고, 국민이 부담해야 하는 교육비는 적다. 부모가 겪는 심리적인 긴장의 원인이 돈과 적지 않은 관련이 있다고 할 때, 갖가지 편의시설들을 아이를 키우는 부모에게 제공하는 국가들은, 부모와 편부모들이 받는 스트레스를 줄이는 데 크게 기여를 한다. 이런 맥락에서 아사브는 나와 나눈 대화에서 다음과 같이 말한다.

"이런 국가들은 모든 범주에서 높은 점수를 기록하기 때문에 국민들은 육아 문제에 대해서 낙관적으로 생각합니다."[81]

주디스 워너는 2005년에 펴낸 『엄마는 미친짓이다』의 앞머리에서 어린아이를 데리고 파리에서 사는 동안 프랑스 정부로부터 어마어마한 보조를 받는 게 어떤 경험인지 다음과 같이 묘사했다.

> 나의 큰딸은 생후 18개월부터 훌륭한 시간제 유아원에 다녔는데, 여기에서 내 딸은 그림을 그리고 진흙을 가지고 놀고 쿠키를 먹고 낮잠을 잤다. 그리고 이 모든 것에 들어가는 비용은 가장 많아야 한 달에 150달러였다. 딸은 세 살 때부터 공립학교에 다니기 시작했고, 원하면 이 학교에서 날마다 오후 5시까지 머물 수 있었다. 그리고 추가로 돈을 내고 프랑스 사회보장제도에 가입한 친구들은 (나는 여기에 가입하지

않았다) 우리가 받은 것보다 훨씬 더 많은 혜택을 받았다. 그들은 최소 넉 달 동안 유급 육아 휴가를 받을 수 있었고 최대 3년 동안 일을 하지 않아도 될 권리를 법률적으로 보장받았을 뿐만 아니라 일자리도 보장받았다.[82]

한편 2011년 미국의 50개 주에서 어린아이를 키우는 가정을 대상으로 한 '미국 어린이 돌보기 인식Child Care Aware of America'을 조사한 어떤 보고서는, 두 아이를 하루 종일 돌보는 데 드는 비용이 주거비보다 더 크다고 지적한다.[83]

앤지와 클린트 부부가 만일 주디스 워너가 받았던 것과 동일한 혜택을 받는다고 할 때 그리고 직장을 잃을 걱정은 전혀 하지 않고 1년에서 3년까지 휴직할 수 있다고 할 때, 두 사람의 삶이 어떻게 달라질지 상상해 보자. 그러나 지금 당장으로는 이런 일은 미국인에게는 감히 꿈도 꾸지 못할 사치다.

그러나 이런 정부 차원의 지원 혜택은 육아에 매달려야 하는 엄마들과 아빠들에게 심리적 차원의 혜택을 주는 것 같다. 2010년에 노벨상 수상자인 대니얼 카너먼과 그의 동료 네 명이 오하이오의 콜럼버스에 사는 여성들과 프랑스의 작은 도시인 렌에 사는 여성들을 놓고 두 집단의 복지 수준을 비교했다. 이 연구자들은 두 표본 사이에 비슷한 점이 많이 있지만 한 가지 측면에서 미국인과 프랑스인이 크게 차이가 난다는 사실을 발견했다. 프랑스인은 미국인에 비해서 육아에 상당히 적은 시간을 들이면서도 육아를 통해서 상대적으로 더 큰 행복감을 느낀다는 점이었다.[84] 카너먼은 저서 『생각에 관한 생각Thinking, Fast and Slow』에서 이런 차이가 나는 것은 프랑스 엄마들은 보육 시설에 훨씬 쉽게 접근할 수 있으며 “오후 시간에 아이를 차에 태우고 여러 가지 과외 활동 장소로 태워 나르는 데 시간을 적게 소비하기” 때문일 것이라고 추정한다.[85]

나의 시간

클린트는 부엌에 있다. 그가 수행해야 하는 과제는 저녁이다. 그가 제이를 범보 의자에 앉히자, 엘리는 조리대 옆에 있는 탁자로 올라가 동생 곁에 앉는다.

“자, 너희들 뭐 먹고 싶니? 치킨을 구워 줄까, 아니면 새우를…. 어디 보자.”

클린트는 냉장고 문을 열고 상자 하나를 꺼내 엘리에게 보여 준다.

“난 그냥 토스트 먹고 싶은데….”

“토스트는 아침에 먹는 거지. 저녁에는 토스트 먹지 않아.”

“나는 전부 다 싫어요.”

“봐, 그러니까 너는 낮잠을 자야 해. 낮잠을 자지 않아서 그런 거야.”

클린트는 그렇게 말하면서 엘리를 안아 올린다. 얼굴과 얼굴이 마주보는 높이까지. 엘리는 자기 아버지의 얼굴을 두 손으로 잡는다. 그리고 처음으로 그의 얼굴에 난 털을 본다.

“이게 뭐예요?”

“수염. 아침에 면도하는 걸 깜박 잊어버렸거든.”

“왜 그런 걸 붙이고 다녀요?”

“일부러 붙인 게 아니고 저절로 자라는 거야. 남자들에게는, 바로 여기에."

아빠는 아들의 턱을 가리킨다.

"저녁 뭐 먹고 싶은지 대답 안 할 거야? 그러면 내가 하는 거 무조건 먹을 거야? 만일 그렇게 하면 텔레비전 프로그램 하나 더 보게 해 주지."

엘리는 이 제안에 만족해하는 것 같다. 그리고 클린트는 엘리에게 아래층에 내려가서 가지고 놀던 장난감을 깨끗하게 치우고 정리하라고 이른다.

나는 클린트에게 날마다 이런 일을 똑같이 반복하느냐고 묻는다. 무슨 일? 맨 먼저 부엌에서 설거지를 하고 주방을 정리하고, 그다음에 아이들과 조금 놀아 주고, 그다음에는 저녁을 준비하는 일. 이 일정은 나름대로의 편안한 리듬을 가지고 있을 뿐만 아니라 매우 효율적이다.

"거의 그렇죠."

클린트는 식기세척기에서 마지막 유리컵을 꺼낸다. 그리고 빙긋 웃으면서 한마디 더 보탠다.

"이렇게 하면 나중에 내 시간을 좀 가질 수 있죠."

새벽에 울어 대는 아이에 대한 반응, 훈련과 죄의식 사이 | 내 시간이라…. 정말 단순한 표현이지만 앤지와 클린트 사이에, 아니 모든 엄마들과 모든 아빠들 사이에 존재하는 차이의 전체 우주를 드러내는 표현이기도 하다. 부모들 가운데 다수가 자기만의 시간을 충분히 가지지 못한다고 느끼는데, 특히 엄마들이 이런 결핍감에 많이 시

달린다.[86]

앤지와 클린트에게서 이런 패턴은 쉽게 발견할 수 있다. 클린트는 길었던 근무를 마치고 집으로 돌아온다. 그의 목표는 아이들을 있어야 할 곳에서 벗어나지 않도록 하고, 자기가 누릴 여유로운 시간을 최대한 확보할 수 있도록 오후와 저녁 시간을 어떻게 보낼 것인지 계획을 짜는 것이다. 그렇다면 집안일과 같은 일상적인 일들은 아이들이 잠들어 있을 때가 아니라 깨어 있을 때 하는 편이 유리하다.

"아이들이 무언가를 하고 있고 굳이 내가 끼어들지 않아도 될 때가 있습니다. 나는 이 시간을 활용해서 일상적인 잡다한 일들을 해치우죠."

'아이들이 무언가를 하고 있고 굳이 내가 끼어들지 않아도 될 때'라는 표현 역시 '나의 시간'만큼이나 중요한 것을 파악하게 해 주는 표현이다. 대부분의 중산층 엄마들, 특히 직장에 다니는 중산층 엄마들로서는 생각조차 할 수 없는 그런 종류의 말이다. 직장에 다니는 엄마들은 자기가 아이들과 함께 있어 주지 못하는 시간을 고통스럽게 인식하면서, 일단 집에만 돌아가면 한 시도 아이들과 떨어져 있지 않고 꼭 붙어 있어 줘야 옳다고 그리고 그렇게 하고 싶다고 말한다. 그런데 만일 직장에 다니지 않는다면 어떨까? 아이들과 온전하게 소통하지 않을 거면 차라리 직장에 다니지 뭐 하러 집에 있겠는가, 라는 게 그들의 대답이다.

그러나 클린트는 이따금씩 아이들을 자기들끼리 놀게 내버려 두는 데 전혀 거리낌이 없다. 이런 행동을 두고 클린트가 정이 없는 아빠라고 비난할 사람은 그의 동료들 가운데 아무도 없다. 아마도 동료들도 클린턴이 자기 시간을 보호하려 한다고만 말할 뿐이다.

하지만 앤지는 '자기' 시간에 대해서 결코 그런 태도를 가지지 않는다. 오전에 앤지가 제이를 재우려고 내려놓을 때 나는 제이 곁에서 함께 낮잠을 자고 싶지는 않은지 물었다. 그녀는 그런 생각을 털어내기라도 하려는 듯 머리를 세차게 흔들었다.

"낮잠이라니요. 겨우 한 시간 벌었는데요. 뭐, 사실은 스무 시간이 필요한데…. 해야 할 일이 산더미처럼 쌓였거든요."

코완 부부는 앤지가 느끼는 이런 감정에 '무자격성unentitlement'이라는 이름을 붙였다.[87] 나는 앤지를 보고 그녀가 하는 말을 들으면서 이 무자격성에 대해서 많은 생각을 했다. 클린트 역시 이것을 알아야 한다. 클린트가 저녁 준비를 할 때 나는 어째서 자기가 앤지보다 자유로운 시간을 더 많이 가져야 한다고 생각하는지 물었다. 잠시 생각한 뒤에 그는 이렇게 대답했다.

"아이들이 필요로 하는 물건을 앤지가 나보다 더 많이 사는 것과 동일한 이유 때문이 아닐까 싶네요. 앤지는 돈을 가지고 있을 때 그 돈을 자기를 위해 쓰면 죄의식을 느끼지만 아이들을 위해 쓰면 좋은 거라고 생각하지요. 시간에 대해서도 마찬가지입니다."

이 죄의식은 모든 종류의 상황에서 작동한다. 그러나 이 죄의식이 가장 뚜렷하게 드러나는 것은 야근 때다. 다음날 내가 다시 찾아갔을 때는 오전 8시 25분이었는데, 그날 비번이던 클린트가 전날 저녁과 밤에는 자기가 아이들을 잘 돌봐서 별다른 일 없이 평온하게 지나갔고 아이들은 한 시간 전까지 푹 자고 일어났다고 말한다. 몇 분 뒤에 앤지가 2층에서 내려왔다. 샤워를 하고 유쾌한 유후 티셔츠를 입은 사랑스러운 모습이었다. 그런데 바로 그 순간 클린트가 말했던 것과 정반대의 상황이 벌어진다. 앤지가 말하길 제이가 밤에 다섯 번이나 깼다는 것이다. 클린트는 처음 네 번까지 깼을 때 제이를 돌봤고, 마지막 다섯 번째는 앤지가 돌봤는데 이때는 젖병을 물려야 했고 그때 시각은 새벽 3시였다고 한다.

"당신은 모를 거야."

함께 안뜰로 나가면서 앤지가 클린트에게 한 말이다.

"내가 지난 3년 동안 밤에 자다가 얼마나 많이 일어났는지 말이야."

"왜 몰라, 다 알지."

앤지는 자리에 앉아서 남편을 바라본다. 금방이라도 고개를 살랑살랑 가로저을 듯한 표정이다.

"잘만 자던데, 그러면서도 다 안다고?"

"알지, 그럼."

"어떤 근거로 알아? 내가 얼마나 많이 불평하는지 보고 그걸 근거로 알았나 보지?"

"아니, 꼭 당신이 했던 불평을 근거로 말하는 게 아니라, 나는 당신이 밤에 얼마나 고생을 했는지 알아. 잘 안다고. 근데 당신이 이 말을 좋아할지 아닐지 모르겠지만, 그건 당신이 원해서 그렇게 된 거잖아."

앤지는 터무니없다는 얼굴로 클린트를 바라본다.

"아이가 목청껏 울어 대는데 어떻게 하라고? 내가 그걸 바란다고 생각해?"

"어."

앤지는 입을 다물어 버린다.

"2년이 지난 뒤에 당신은 나더러 애를 맡으라고 했잖아."

클린트가 엘리를 가리킨다.

"내가 맡고 나서 2주 만에 이 녀석의 그런 나쁜 버릇이 싹 없어졌잖아. 그런데 당신은 내가 썼던 그 방법을 요 녀석에게는 쓰지 못하도록 했잖아."

클린트는 턱으로 제이를 가리킨다.

"당신에게는 당신 방법이 있고 나는 당신이 그 방법을 쓰도록 내버려 뒀어. 그런데 그 방법은 밤에 몇 번이고 일어나야 하잖아. 당신도 밤에 아이가 깨어서 큰 소리로 울어 대는 걸 원하지 않았던 것처럼 나도 그랬다고."

클린트가 말을 마치고 기다렸지만 앤지는 계속 입을 다물고 있다. 그러다가 한참 만에 얼굴을 찌푸리며 말한다.

"나는 애가 울 때 당신이 나처럼 반응한다고 생각하지 않아. 아이가 울면 나는 마음이 불안해지거든. 육체적으로 고통스러워. 그리고 또 죄의식…."

"그래, 나도 이해해. 모성애라고. 당신이 나한테 설명해 줬잖아."

"그래서 나는 아이가 울면 그냥 듣고 있을 수 없단 말이야. 솔직히 아래층에 아기침대를 놓아야 할까 봐. 왜냐하면 나는 정서적으로 도저히 그 울음소리를…."

"그래, 알아. 하지만 당신이 하는 말은 당신이 여태까지 참아 왔던 것을 나도 같이 참아 주길 바란다는 거야. 참을 게 아니라 그냥 끝내버리면 되는데."

클린트가 이 말을 할 때 앤지는 화를 내지 않는다. 그녀는 클린트의 말을 상당히 진지하게 받아들이는 것 같다. 하지만 확신하지는 못한다.

"그렇다면 지난밤에 제이가 다섯 번째 일어나서 울 때 당신이 깨서 일어났다 하더라도 아이가 계속 울도록 내버려 뒀을 거야?"

"아니, 그렇지는 않지. 만일 당신이 나를 잘 관찰했다면 알 수 있었을 텐데 말이야. 녀석이 울 때 나는 금방 달려가지 않았어. 한참 기다리다가 갔지. 두 번째, 세 번째 다시 깨서 울 때는 점점 더 오래 울도록 내버려 둔 채로 기다렸다가 갔고…. 이게 실컷 울도록 내버려 두는 방법이 통하는 방식이야."

앤지는 다시 한 번 더 회의적인 눈으로 클린트를 바라본다.

"그게 효과가 있었어?"

"그렇다니까! 비록 초시계나 뭐 그런 걸 가지고 기다리는 시간을 정확하게 재지는 않았지만 효과가 있었어!"

"그럼 내가 당신한테 물어봤을 때 왜 당신은 그 이야기를 하지 않았어?"

"그건…. 당신이 내가 그 방법을 쓰는 걸 싫어하니까 그랬지, 뭐…."

클린트는 다소곳하게 자기 발끝만 쳐다본다.

"하지만 적어도 내가 게으르거나 일어나기 싫어서 그런 게 아니라는 건 알아주면 좋겠어. 나도 나름대로 노력하고, 또 문제를 해결할 수 있단 말이야."

그러니까 제이에게 은밀하게 잠버릇 고치는 훈련을 시키고 있었음을 솔직하게 털어놓는 것보다는 이기적인 게으름뱅이라는 인상을 앤지에게 심어 주는 편이 클린트로서는 더 쉬웠다는 뜻이다.

그런데 클린트의 그런 선택에는 아마도 수동적인 공격성이 내재되어 있었을 것이다. 그러나 클린트는 그런 과정이 앤지에게 불안과 자책을 가져다줄 것임을 알았고, 또 앤지가 자기 인생에서 절대로 필요로 하지 않는 것이 바로 더 많은 불안과 자책이라는 것도 알고 있었다. 그래서 클린트는 제이의 잠버릇을 고치려고 은밀하게 시도했고, 다음날이면 그런 사실을 아내에게 숨긴다는 사실 때문에 죄책감을 느꼈다. 하지만 결국 그는 무정한 사람이 되기보다는 게으른 사람으로 보이는 게 차라리 더 낫겠다고 판단하고 그렇게 행동한 것이다. 하지만 그는 무정한 사람이 아니다.

"내가 접근하는 방식은 가계를 운영하는 방식과 똑같은 거야. 만일 내가 2,000달러를 가지고 있는데 1,500달러를 대출금 갚는 데 쓰고 400달러를 가구를 사는 데 지출해야 한다면, 나머지 100달러는 내가 멀쩡한 인간으로 살아갈 수 있도록 써야 하잖아. 그런데 만일 나에게 1,500달러가 아니고 두 시간이 있다고 쳐. 시간도 마찬가지야. 나는 여기에서 무조건 10분을 떼어 낼 거야."

"난 그렇게 안 한단 말이지."

앤지의 그 말에 클린트가 어깨를 으쓱한다.

"하지만 만일 내가 그 10분을 나만의 시간으로 떼어 내지 않으면, 모든 게 엉망이 되고 말 거야. 그것도 매우 빠른 속도로 말이야."

제이가 칭얼대기 시작한다. 앤지가 그런 제이를 한동안 그냥 놔둔다. 클린트가 했던 방법을 생각하는 중이다.

"그러나 최근에는 나도 나 자신을 위해서 더 많은 것을 하긴 해."

"더 할 수 있는데도 그렇게 하지 않잖아."

"내가 원하는 건 딱 그만큼까지인 것 같아. 죄의식이 나를 붙들고 놓아 주지 않거든. 나도 반스 앤드 노블(서점 브랜드-옮긴이)에 가고 싶고, 영화도 보러 가고 싶고, 혼자만 있고 싶어. 간절하게 그렇게 하고 싶어. 그런데… 그렇게 하질 못해."

바로 그 시점에 나는 앤지에게 질문을 한다. 만일 클린트에게 "나한 시간만 반스 앤드 노블에 갔다 와도 돼? 안 그러면 머리가 터져 버릴 것 같아서 그래."라고 물으면 클린트가 뭐라고 대답할 것 같은지 묻는다.

"괜찮아 갔다 와, 라고 할 거예요."

그리고 만일 앤지가 "나는 정말 당신이 아이 돌보는 일을 시간으로 따져서 딱 절반만 맡아 주면 좋겠는데, 해 주겠어?"라고 물으면 클린트가 뭐라고 할 것 같은지 묻는다.

"역시 그러라고 할 거 같아요."

하지만 정작 클린트는 그 말을 듣고 있지 않다. 제이를 데리고 집 안으로 들어가 있기 때문이다.

서로 다른 양육 방식과 오해들 | 아내가 어린아이를 돌보느라 아무리 힘들어해도, 또 부부 역할을 규정하는 문화가 많이 바뀌었다고 하더라도 가사 분담의 공정성을 한사코 외면하려 하는 남자들이 확실히 있긴 하다. 그러나 나는 클린트를 만나 보기 전부터 이미 그가 게으름뱅이라고 결론을 내리고 있었다. 부분적으로는 직장에서 그리고 가정에서 그가 보냈던 긴 시간들을 이미 내가 알고 있기 때문이었다. 그러나 보다 더 중요한 이유는 앤지가 자기 안에 깃들어 있던 좌절감을 떨쳐낸 뒤에 ECFE 강좌 모임에서 본인이 직접 확신을 가지고서 하던 말을 들었기 때문이다. 그때 앤지는 이렇게 말했었다.

"여러분도 모두 그 사람을 한번 만나 봐야 해요. 그냥 나쁜 남자와는 차원이 다르다니까요?"

하지만 세상은 직장에 다니는 부모들에게 호락호락하지 않다. 그리고 바로 그 이유 때문에 "사람들은 흔히 어떤 사람이 하려는 것, 혹은 하려 하지 않는 것에 대한 모든 속성을 부부 두 사람이 아니라 어느 한쪽 편의 말만 듣는다. 만일 남편과 아내가 함께 있는 방에 들어가서 두 사람의 이야기를 다 들어 보면, 구체적인 살이 붙은 그 내용이 얼마나 복잡한지 모른다."라고 코완 부부는 말한다.[88]

앤지의 주장에 따르자면 클린트가 하지 않으려고 하는 것은 밤에 제이가 깨어서 울 때 달래서 재우는 일이다. 하지만 클린트에게 물어보면 얘기가 달라진다. 그는 이 일을 앤지가 하려 하지 않는 어떤 것, 즉 제이의 잠버릇 고치기 훈련이라는 차원에서 이야기한다. 보다 일반화시켜서 말하면, 앤지는 스스로에게 휴식을 주기 위한 아주 작고 합당한 조치조차 취하려 하지 않는다고 클린트는 말한다.

"앤지가 원하는 걸 스스로 하게 만들기는 어렵습니다."

앤지가 느끼는 죄책감과 관련된 감정은 보편적인 것이다. 내가 보기에는, 어떤 부부가 누가 무슨 일을 맡아서 할 것인가를 두고 벌이는 권력 투쟁에서는 단지 공정함만이 문제가 아니라 "부부 가운데 어느 쪽이 어떤 일을 했을 때 이 일에 대한 고마움을 주고받는 (혹은 그렇게 하지 않는) 과정"이 더 중요하다는 혹실드의 관찰에 오늘날에는 죄의식이라는 또 하나의 층이 추가된 것 같다. 즉, 다른 많은 여자들처럼 앤지는 남편이 충분히 많은 일을 하지 않아서 분노를 느낀다. 하지만 그녀는 자기 역시 충분히 많은 일을 하지 않으며 절대로 충분히 많은 일을 할 수 없다는 것을 믿는다. 아울러 앞으로도 계속 지금처럼 모든 것을 다 (그렇지만 충분하지 않게) 할 수밖에 없다고 믿는다.

그런데 어느 시점에선가 클린트가 그녀에게 솔직하게 말한다.

"그래, 솔직하게 말할게. 내가 당신 쉬도록 해 줄게. 그리고 아이들은 100퍼센트 다 내가 맡아서 돌볼게. 하지만 내 방식대로 할 거야. 그런데 당신이 소파에 앉아서 나를 조종하고 지휘하려 들까 봐 겁이 나네."

그러자 앤지가 묻는다.

"좋아, 그런데 '당신 방식'이라는 게 뭐야? 텔레비전 틀어 주고, 아이들이 원하는 건 뭐든 다 하게 해 주고, 가자는 데는 어디든 다 데려가는 거야?"

"그런 것들도 다 포함되지. 어떤 일을 해야 할 필요가 있을 때, 설거지를 하건 청소를 하건 간에 그런 일을 해야 할 때는 아이들을 텔레비전 앞에 붙어 있게 할 수도 있어. 당신이 휴식을 취하는 동안에 나는 아이들을 내 방식대로 사로잡을 거야. 물론 안전하게 무언가를 열심히 하도록 만들 거야. 하지만 그렇다고 해서 절대로 아이들이 하자는 대로 비위만 맞추지는 않을 거야."

이것은 어쩌면 클린트가 자기가 육아의 50퍼센트를 담당하고 있다고 믿는 이유일 수도 있다. 그는 아이를 돌볼 때, 안전하기만 하다면 아이들이 어떤 일을 하는 동안 자기는 다른 일을 할 수 있다고 생각한다. 이에 비해서 앤지는 아이들을 돌볼 때는 아이들의 세상에 완전히 빠져 있는 게 옳다고 생각한다.

그리고 앤지가 너무 많은 일에 치여서 허덕이게 된 것도 어느 정도는 본인이 자초한 결과다. 병원으로 출근을 하기 전에 앤지는 부엌이며 뭐며 자기가 다 정리했어야 하는데 그렇게 하지 못하고 그 일을 클린트에게 떠넘기는 게 마음에 걸린다. 그래서 잔뜩 찌푸린 얼굴로 이렇게 말한다.

"클린트가 집에 오면, 심술쟁이 아기는 이미 낮잠을 자고 있어야 하는데 자지 못한 아이가 기다리는 셈이잖아요. 그 사람이 집에 올 때쯤에 될 수 있으면 아이들 낮잠을 재우려고 노력을 해요. 그래야 그 사람이 자유롭게 컴퓨터를 하거나 자기 방에서 뭔가를 해도 할 수 있을 테니까요."

즉, 클린트의 시간을 보호하려고 애쓰는 사람은 클린트 본인만이 아니라는 말이다. 앤지 역시 그의 자유 시간을 보호한다. 어떤 시점에선가 앤지가 클린트에게 이렇게 말한다.

"때로 내가 스트레스로 지칠 대로 지쳤다는 사실을 당신도 알고 있다고 생각하는데…. 당신은 내가 헐레벌떡 뛰어다니는 걸 봐야 해. 내가 어떻게 행동하는지 보고 알아야 한단 말이야. 근데 당신은 그러지 않잖아. 그러면 난 진짜 짜증이 나."

그러자 클린트가 대꾸를 한다.

"바로 그래서 내가 짜증이 나는 거야. 그러지 말고 그냥 나한테 이렇다 저렇다 이래라저래라 말을 하면 되잖아. 얼마든지 할 수 있는데 왜 하지 않은 거야?"

클린트 말이 맞다. 그러나 말이 쉽지 실제로 그렇게 하기는 결코 쉽지 않다. 앤지로서는 가정생활이 마치 비디오게임 같다. 한 단계를 끝내고 나면 더 어려운 다음 단계가 나오고 또 나오는, 결코 끝나지 않는 게임. 앤지는 상당히 높은 스트레스 수준에서 시작하고 있다. 누구든 이런 스트레스를 느낄 때 다른 사람들 역시 그 동일한 상황을 자기와 동일한 방식으로 경험하지 않는다고 믿기란 어렵다.

클린트 역시 힘들어하는 앤지에게 자기 시간을 선뜻 내어주지 못할 수도 있다. 그렇게 자기 시간을 포기하는 것에 대해서 상반된 감정을 가지고 있기 때문이다. 예를 들어서 전날, 클린트는 퇴근해서 집으로 들어서는 순간 아이들이 낮잠을 자지 않고 있다는 사실을 알고는 살짝 화가 났다. 나중에 앤지가 출근을 한 뒤에 그는 난감한 표정으로 나에게 이렇게 말했다.

"아이들이 지금쯤 자고 있어야 하는데 말이죠…. 거참!"

클린트에게 자유로운 여유 시간을 주어야 한다고 느끼는 앤지의 압박감은 그녀 혼자서 지어낸 상상이 아니라 현실에 실재한다.

비록 본인은 의식하지 못할 수도 있지만 클린트는 앤지의 죄의식을 이용하고 있다. 혹은 적어도 아내가 느끼는 죄의식을 통해서 자기가 어떤 이득을 취한다는 사실을 본인도 알고 있다. 또 그런 사실을 본인도 인정한다.

"우리 두 사람이 모두 비번이라 집에 함께 있는 날에 '나는 이러저러한 일을 하고 싶은데.'라는 말을 먼저 하는 쪽은 주로 접니다. 앤지는 그런 말을 잘 하지 못하죠."

그러나 만일 여유 시간을 주장하는 데 자기가 아내보다 적극적이라는 사실을 안다면 그리고 아내가 재충전의 시간을 가지지도 못한 채 끊임없이 녹초 상태에 빠져 있다는 사실을 안다면, 어째서 클린트는 자기가 누릴 여유 시간을 아내에게 양보하지 않을까?

이것은 아빠라는 존재에서 찾아볼 수 있는 특이한 요소다. 남자들이 집안일에 보다 적극적으로 나서야 한다는 압력은 점점 커지고 있지만, 구체적으로 얼마나 많은 일을 해야 한다는 정확한 기준이나 표준은 나와 있지 않다. 저술가인 마이클 루이스Michael Lewis(『머니볼Moneyball』과 『라이어스 포커Liar's Poker』의 저자이기도 하다–옮긴이)가 세 아이를 키우면서 쓴 에세이집인 『홈게임Home Game』에서, 어떤 부부가 싸움을 시작하고 싶으면 가사 분담 내용이 자기들과 조금 다른 어떤 부부와 함께 식사를 하기만 하면 된다고 말한다.

"이런 매우 개인적인 문제들에 대해서 사람들은 끊임없이 공개적인 어떤 기준을 참조한다. 그런데 모든 사람이 다 공정한 대우를 받지 못한다면 자기가 받는 불공정한 대우에 신경을 쓰지 않는다. (…) 그런데 문제는 현대의 육아에는 어떤 기준도 마련되어 있지 않고 또 앞으로도 그런 기준이 나올 것 같지도 않다는 데 있다."[89]

남자들은 아빠가 되면서 정신을 바짝 차려야 한다는 것을 깨닫는다. 그러나 일단 아빠가 되어 육아의 현장에 들어서면 자기 아내가 그러는 것처럼 육아의 그 힘든 일에 망연자실한다. 그리고 만일 가사 분담의 기준이 아내가 하는 것만큼만 하라는 것이라면, 그 기준은 도저히 불가능한 목표일 수밖에 없다. 오늘날의 엄마들은 지난 50년 동안 아이를 키워 왔던 그 어떤 엄마들보다 더 아이들에게 몰두하며 더 집중적인 시간을 쏟는다.

이런 과잉 현상에 대해서 파멜라 드러커맨이 제시하는 해법은 프랑스를 본받으라는 것이다.[90] 『프랑스 아이처럼』에서 드러커맨은 프랑스의 부모들, 특히 엄마들이 윌리엄 도허티가 (결혼에 대해서) '소비자 육아'[91]라고 부르는 것, 다시 말해서 어린아이에게 하루 스물네 시간 일주일 내내 엄마나 아빠의 관심을 쏟는 미국적인 양육 방식에 저항하는 것을 보고 놀란다.(앞서도 언급되었지만 도허티는 육아 활동을 '고비용-고수익 활동'이라고 부른다-옮긴이) 그러나 프랑스인은 여유를 누릴 수 있는 권리를 주장하거나 성인으로서 자기들에게 필요한 것들(예컨대 평화롭고 조용한 상태에서 아이들에게서 방해를 받지 않고 진행되는 어른들과의 대화)을 보호하는 데 조금도 주저하지 않는다고 드러커맨은 주장한다.

이런 주장은 건설적인 메시지를 전한다. 그러나 미국의 엄마들로서는 프랑스 엄마들과 접할 기회가 별로 없고, 따라서 그들에게서 바람직한 모습을 쉽게 배울 수도 없다. 그러므로 보다 쉽게 찾을 수 있는 모범적인 전형이 필요하다. 그것은 바로 자기들이 알고 있는 좋은 아빠들이다. 이런 아빠는 어쩌면 자기 남편일 수도 있다. 자기 남편도 얼마든지 소중한 어떤 것을 가지고 있을 수 있기 때문이다.

이유를 설명하면 이렇다. 좋은 아빠들은 훌륭한 육아 방식을 둘러싼 다양하고 거대한 문화적인 기대에 그다지 구애받지 않으며, 자기들이 아이를 키우면서도 직장에 다니는 것에 대한 이런저런 문화적인 판단에도 별로 개의치 않는다. 이들은 육아와 관련해서 스스로를 가혹하게 몰아붙이지 않으며 고뇌에 찬 완벽주의에 사로잡히지도 않는다. (예컨대 "내가 식기세척기에서 접시를 꺼내서 정리하는 동안 이 범보 의자에 앉아 있어야 해, 알았지?"와 같은 식이다.) 그리고 적어도 아이들이 어릴 때는 자기들의 자유 시간을 더 적극적으로 지키고 누리려고 한다. 하지만 아빠들이 이렇게 한다고 해서 이들이 자기 아내들보다 아이를 덜 사랑한다는 뜻은 결코 아니다. 그리고 아이들이 살아갈 운명에 대해서 관심을 덜 가진다는 뜻도 아니다.

물론 엄마들은 자기 남편의 사례를 충실하게 따라가지 않을 수도 있다. 만일 여자들이 남편의 자유 시간에 대해서 보다 강제적인 어떤 주장을 한다면, 남편들도 거꾸로 반격해 올 수 있다. 이것은 주디스 워너가 『엄마는 미친짓이다』에서 그토록 격렬하게 주장하는 것처럼, 문명사회에서 공적인 문제가 될 어떤 것에 대한 사적인 해법이기도 하다. 만일 정부가 나서서 부모들이 절실하게 필요로 하는 것들을 채워 준다면 훨씬 좋을 것이다. 그러나 지난번 공화당의 대통령 예비 선거에서 산아 제한의 합법성을 놓고 ('산아 제한'이라니, 얼마나 기가 막히는가!) 격렬한 싸움이 벌어진 걸 보면 정치계에서 어떤 희망을 찾기란 요원하다. 적어도 지금은 가망이 없다.

지금으로는 허심탄회한 대화가 필요하다. 특히 초기에 대화로 풀어야 한다. 아이가 태어나기 전인 임신 시기에 이미 일찌감치 가사 분담을 한 부부들은 이런 문제를 전혀 얘기하지 않은 부부들에 비해서 육아와 관련된 갈등을 훨씬 덜 겪는다는 사실을 코완 부부는 확인했다.[92] 사실, 이런 가사 분담을 명확하게 하기 위해서 다른 사람이나 기관의 중재를 받은 아빠들은 이전에 좀 더 많은 것을 하지 않은 걸 후회했다.

그러나 육아의 무거운 짐을 다시 나누는 것은 수많은 과제 가운데 단지 하나의 과제에 지나지 않는다. 또 다른 과제는 태도를 고치는 것이다. 특히 이 점에 대해서 나는 클린트에 주목한다. 클린트는 자기 자신에게 너무 관대하다. 스스로에게 엄격하게 구는 태도는 성별과 무관하다. 많은 아빠들은 자기가 잘못해서 육아라는 중요한 일을 망쳐 버릴까 두렵다고 말한다. 그러나 이런 아빠들의 고뇌가 모두 동일하지는 않은 것 같다. 내가 처음 앤지와 이야기할 때 그녀는 직장에서 하는 일보다 집에서 하는 일이 더 힘들다고 말했다. 그녀는 간호사이고 그녀의 직장은 정신병 환자들이 입원해 있는 병원으로 폭력적인 상황이 심심찮게 일어난다. 그런 환경에서 하는 일이 집에서 하는 일보다 오히려 힘들지 않다고 말한 것이다. 그에 비해 사무실의 책상 앞에 앉아서 일을 하는 클린트는 좀 더 도전적인 일을 찾는 중이라고 말한다.

"진작 관리자 일을 배웠어야 했는데…. 나는 다른 누군가가 세워 놓은 기준에 묶여 있습니다. 반면에 집에 있을 때는 내가 바로 기준입니다. 어떤 일이든 간에 내가 올바른 방식으로 하고 있다는 느낌이 듭니다."

아빠들을 포함해서 이 개척자적인 세대가 감내해야 하는 어려운 일들이 많이 있다. 그러나 도달할 수 없는 이상에 견주어서 스스로를 바라보는 것은 그들이 해야 할 일에 속하지 않는다. 예컨대 따뜻한 모성의 전형인 배우 도나 리드Donna Reed나 스타르타식 가정교육의 완벽한 구현자로 베스트셀러의 제목을 장식한 '호랑이 엄마Tiger Mom'의 기준에 자신을 몰아붙일 필요는 없다. 바로 내가 기준이고 표준이라고 주장할 필요가 있다. 이런 맥락에서 클린트는 말한다.

"내가 일곱 살 때 어머니와 아버지가 이혼한 것이 개인적으로 나에게는 최고의 일이라고 생각합니다. 그 뒤로는 아버지를 거의 보지 못했는데, 그 누구도 나에게 '이렇게 하는 것이 너에게 얼마나 좋은지 모른다.'는 말을 한 적이 없습니다."

한편 앤지는 자기가 어떤 일을 할 때 그 일이 옳은 방식으로 처리되는지 자기는 모르겠다고 말한다. 본인이 좋은 엄마라고 생각하는지 묻자 그녀는 한마디로 대답한다.

"가끔은 그렇죠."

틀렸다. 앤지는 위대한 엄마다. 만일 "내가 좋은 엄마의 표준이고 기준이에요."라고 말할 수 있다면 앤지도 숨 막히는 압박에서 벗어나 여유롭게 숨을 쉴 수 있을 것이다.

3장

소박한 선물

◇◇◇◇◇◇

그는 아들이 집에서 보여 주는 재치 있는 모습을 정말 좋아한다. 아들의 재치에 그는 늘 놀란다. 아들의 재치는 그와 그의 아내가 알고 있는 지식과 유머의 수준을 훌쩍 뛰어넘는다. 길거리에 있는 개들을 어떻게 다루는지 보여 주고, 개들이 어슬렁거리며 돌아다니는 모습과 표정을 흉내 낸다. 그는 이 아이가 개가 순간순간의 상황에 따라서 드러내는 다양한 표정을 읽어서 개가 무엇을 바라는지 거의 대부분 알아맞힐 수 있다는 사실이 정말 신기하고도 사랑스럽다.[1] 마이클 온다체, 『잉글리쉬 페이션트』(1992년)

처음 샤론 바틀릿과 같은 강의실에 있을 때 나는, 비록 그녀가 대부분의 다른 사람들에 비해서 두 배 가까이 나이가 많았음에도 불구하고 그녀의 존재를 금방 알아차리지 못했다. 그녀는 앞에 나서는 성격이 아니었으며 있는 그대로 꾸밈이 없는 사람이었고, 자리도 ECFE 강의실 긴 탁자의 맨 끝자리를 선택해서 앉아 있었다. 그러고는 줄곧 한 마디도 하지 않고 남의 얘기를 듣기만 했다. 그러다가 예정된 모임 시각이 10분밖에 남지 않았을 때 마침내 발언을 했는데, 이 발언을 통해서 나는 그녀가 세 살배기 손자 캐머런을 혼자서 키우는 할머니임을 알았다. 그녀는 그다지 많은 말을 하지는 않았지만 그녀가 한 말이 워낙 감동적이어서, 나는 몇 주 뒤에 제시와 앤지 및 클린트에게 그랬던 것처럼 그녀에게 편지를 보내 집으로 방문해도 될지 물었다. 답장이 바로 그날 왔다.

"그럼요. 나는 손자를 키우는 데 아무런 문제도 없답니다. 내가 생각하기에는 먼저 세상을 떠난 우리 자식들이 남긴 아이들을 키우는 할아버지 할머니들이 많이 있을 것 같은데, 비록 이 일이 우리가 진작부터 생각하던 노년의 계획은 아니지만, 이 일에는 나름대로 기쁨도 있고 슬픔도 있어요."

그 직후에 전화통화를 했는데, 이 통화를 하면서 나는 샤론이 캐머런의 엄마만 잃은 게 아니라는 사실을 알았다. 수십 년 전에 열여섯 살이던 아들 마이클이 세상을 떠나는 일을 겪었다고 했다. 샤론에게는 이미 죽고 없는 딸과 아들 외에 딸이 하나 더 있는데, 이 딸과는 매우 가깝게 지내고 있다고 했다. 딸은 마흔 살이고 다른 주에서 살고 있는데 행복하고 여유 있게 잘산다고 했다.

7월의 후텁지근한 어느 날 아침, 나는 샤론의 집 현관문 앞에 서 있다. 100년 가까이 된 그녀의 아름다운 집은 주로 아프리카계 미국인이 사는 미니애폴리스 북쪽 지역에 있다. 하지만 그녀는 백인이다. 현관문을 열고 맞아 주는 그녀는 한 손에 커피가 담긴 머그잔을 들고 있었다. 회색빛 머리카락은 뒤로 질끈 묶어서 늘어뜨린 채였다. 캠(캐머런의 애칭-옮긴이)은 할머니의 두 다리 사이로 바깥을 빼꼼히 쳐다본다.

"캠, 아까 하던 거 계속 하고 놀아라."

할머니는 거실의 커다란 초록색 안락의자에 앉으면서 말한다.

"할머니는 커피를 마저 다 마셔야 하거든. 그러고 나서 책을 다섯 권 읽자. 가서 골라 오렴."

캠은 고개를 끄떡이고는 책장 쪽으로 걸어간다. 아이는 흐느적거리는 두 팔과 촉촉한 입술을 가진, 바라보고 있으면 저절로 기분이 좋아지는 그런 아이들 가운데 하나였다. 샤론이 다시 한마디 덧붙인다.

"어제 읽은 책 말고 다른 걸로 골라야 한다."

그녀는 의자에서 자세를 다시 잡으려고 몇 차례 몸을 움직인다. 그러다가 캠이 머뭇거리는 걸 알아차린다. 그녀는 한숨을 쉬며 의자에서 일어난다.

"괜찮아 캠, 우리 화장실 가자. 어떻게 하면 되는지 할머니가 가르쳐 줄게."

조금 뒤에 두 사람이 다시 돌아온다. 샤론은 자기 의자에 털썩 앉고 캠은 커피 탁자 위로 기어 올라가서 모형 기차 주변을 신중하게 살핀다.

"캠?"

대답이 없다.

"캠 베어!"

여전히 대답이 없다.

"캠버트으으으?"

아이는 그제야 돌아본다.

"캠, 거기는 계단이 아니잖니. 내려오려무나."

나이 지긋한 어른과 미취학 아동 사이에 벌어지는 협상은 다양한 방면에 걸쳐서 오전 내내 이어진다. 샤론은 그림책 작가 리처드 스캐리Richard Scarry의 책 다섯 권을 읽어 주고, 캠은 책 읽기가 끝나면 헬리콥터를 가지고 놀겠다고 했지만 샤론은 안 된다고 한다. 샤론은 자기가 다니는 성당에 전화를 걸어서 자원봉사 방문 계획을 매듭짓는다. 캠은 수건을 뒤집어쓰고 유령 흉내를 내면서 거실을 뛰어다닌다. 샤론은 전화를 끊고 물놀이장에 가자고 캠에게 제안한다. 바깥 날씨가 찜통처럼 무더웠지만 캠은 수영복으로 갈아입기를 한사코 거부하다가 샤론이 카운트다운을 하기 시작하자 그제야 고분고분하게 말을 듣는다. 샤론은 캠을 대할 때 거의 대부분 끈기를 가지고 기다린다. 그리고 전직 교사의 버릇이 나와서 캠에게 어떤 것을 가르칠 기회가 생길 때면 갑자기 그녀의 얼굴에 생기가 돈다. ("자, 여기 봐. 그림에서 이 남자는 무서운 얼굴을 하고 있지? 너도 무서운 얼굴을 할머니한테 한번 보여 줄래?") 하지만 그래도 그녀는 지쳐 보인다. 고통이 느껴질 정도로 지쳐 보인다. 이따금씩은 그녀의 긴장이 금방이라도 폭발할 것 같은 때도 있다. 예를 들면 캠이 십자가 목걸이를 착용한 뒤에 갑자기 일어나면서 머리로 샤론의 이마를 들이받았다.

"오, 캠!"

샤론의 목소리는 의도했던 것보다 더 날카롭다.

"그러면 안 되지. 할머니 안경을 들이받아서 죄송합니다, 하고 말하거라."

"할머니 안경을 들이받아서 죄송합니다."

샤론은 나중에, 이런 순간들은 아찔하다고 말한다. 하지만 나는 이미 그런 일들이 일어날 줄 예견하고 있었다. 몇 주 전에 전화통화를 할 때 그녀는 평소에 손자에게 큰소리를 낼 때마다 달력에 표시를 해 둔다고 말했다. 이렇게 하는 이유는 나중에 자기 기분이 어떤 특정한 패턴을 가지고 있는지 알아보기 위해서라고 했다. 아닌 게 아니라 이날 아침 내가 커피를 타려고 그녀의 부엌에 들어갔더니, 7월 달력에는 '고함지른 날'이라는 글자가 여덟 번 적혀 있는 게 눈에 보였다.

그날 아침 내내 나는 샤론 때문에 조마조마했다. 미취학 아동을 키우는 일은 엄청나게 많은 에너지를 필요로 한다. 젊고 튼튼한 사람이라도 감당하기 쉬운 일이 아니다. 그러나 아주 오래전에 세 아이를 키웠으며 고정된 수입에 의지해서 혼자 살아가는 예순일곱 살의 할머니라면 어린아이를 잘 키울 수 있는 이상적인 환경이라고 할 수 없다. 대부분의 사회과학 저작들은 샤론과 같은 상황에 놓인 사람은 아이가 없으면 훨씬 더 행복한 생활을 보낼 수 있다고 지적한다.

그러나 사회과학이 포착하는 게 있고 포착하지 못하는 게 있다. 그리고 사회과학이 온전하게 포착하지 못하는 것들 가운데 하나가 바로 그날 우리가 함께 갔던 물놀이장에서 일어났다.

'마노 파크 스플래시 패드'는 이름은 거창하지만 그저 콘크리트로 만든 물놀이 바닥 분수장이다. 수수한 원색들로 색칠을 했고, 수수한 스프링클러 시스템과 빙빙 돌아가는 물살을 만드는 어떤 장치를 갖추고 있다. 하지만 이것만으로도 아이들에게는 낙원이다. 그리고 이 날처럼 무더운 날씨에는 어른도 여기에서 어린아이가 된다. 그런데 캠은 도착하자마자 물 분사기 사이로 요리조리 뛰어다니며 깔깔거린다. 그리고 놀랍게도 샤론 역시 그런 캠 뒤를 졸졸 따라다닌다. 그녀의 얼굴에는 함박 미소가 퍼진다. 무척 힘이 들고 무릎이 아프고 예순일곱이라는 나이에도 불구하고 이 미소는 바닥 분수장에 있는 동안 그녀의 얼굴에서 사라지지 않는다. 그 모습을 보는 순간 문득 밀란 쿤데라의 작품 『불멸Immortality』의 첫 장면이 떠오른다. 화자는 늙은 여자가 나이를 완전히 초월하기 위해서 가슴이 터질 듯한 단 한 순간을 위해서 구조원에게 쾌활하게 손을 흔드는 것을 바라본다. 샤론이 물을 가득 담은 물동이들 아래에 서 있다가 머리 위로 물이 쏟아질 때 깔깔거리며 웃는 모습을 보면서, 『불멸』의 화자가 했던 말을 그대로 적용할 수 있겠구나, 하는 생각을 한다. 샤론은 스무 살 아가씨처럼 가볍고 천진하다. 그래서 쿤데라도 "사람은 누구나 시간을 초월하는 어떤 것을 지니고 있다."[2]라고 쓴 모양이다.

어른 자아로부터의 해방 | 어린아이들은 사람을 녹초로 만들 수 있고, 짜증이 날 정도로 성가실 수 있으며, 자기 부모의 직업과 결혼생활의 형태와 경로를 부숴 버리거나 완전히 새로 쓰게 할 수도 있다. 하지만 또한 동시에 기쁨도 가져다준다. 이걸 모르는 사람은 없다. (그래서 사람들은 어린아이를 가리켜 '기쁨 덩어리'라고 한다.) 그러나 이유를 살펴보는 것도 가치가 있다. 아이들이 말랑말랑하고 달콤하거나 완벽함의 냄새가 나기 때문만은 아니다. 아이들은 시간에 벌레구멍을 만들어서 엄마와 아빠를 과거로 시간여행을 보내 어린 시절 이후로 한 번도 경험하지 못했던 느낌과 감각을 경험할 수 있도록 해 주기 때문이다.('벌레구멍'은 천체물리학의 개념으로, 시간의 이차원 평면을 접어서 포개어 삼차원으로 만든 다음에 이 두 면 사이에 '벌레구멍'을 뚫어 통로를 만들면, 이 통로를 이용해서 시간여행을 할 수 있다-옮긴이) 어른 세계의 지저분한 비밀 그리고 일상과 관습과 규범을 향한 지칠 줄 모르는 집착도 어린아이 앞에서는 새롭게 바뀐다. 어린아이들은 이런 반복성과 경직성을 자기들이 만들어 내는 새로운 일상성의 미덕으로 강화한다. 그러나 또한 동시에 부모를 판에 박힌 일상에서 해방시키기도 한다.

사람들은 모두 판에 박힌 일상에서 해방되기를 갈망한다. 보다 더 정확하게 말하면, 사람은 누구나 자기의 어른 자아에서 해방되기를 갈망한다. 적어도 이따금씩은 그런 경험을 간절하게 바란다. 공적인 역할들과 일상적으로 처리해야 하는 온갖 의무들과 관련이 있는 자아만을 말하는 게 아니다. (우리는 단순히 휴가를 가거나 독한 술을 마심으로써 그런 위안을 찾을 수는 있다.) 내가 이야기하는 자아는 육체보다는 머리에만 의지해서 너무 많이 살아가는 자아, 세상에서 찾을 수 있는 즐거움보다 세상의 원리에 대한 지식으로 짓눌려 있는 자아, 누군가로부터 비판과 평가를 받고 사랑받지 못할 것을 두려워하는 자아다. 대부분의 어른들은 관용과 무조건적인 사랑이 넘치는 세상에서 살지 않는다. 그러나 아이를 키우면 이야기가 달라진다.

어른의 삶에서 가장 부끄러운 부분은 편협한 시야와 관용을 모르는 성마른 판단이다. 어른이 고개를 들어 멀리 바깥을 보도록 만드는 일, 소설가이자 철학자인 루이스C. S. Lewis가 쓴 『네 가지 사랑The Four Loves』에서 말하는 것처럼, 어른들을 "지칠 줄 모르고 끝없이 퍼 주게" 만드는 일은 무척 어렵다.[3] 어린아이들은 어른을 우스꽝스러운 선입견과 답답하기 짝이 없는 이기심의 미로에서 꺼내어 다른 곳으로 멀리 던질 수 있다. 어린아이는 부모의 자아에 위안을 줄 뿐만 아니라 부모가 보다 나은 어떤 것을 갈망하게 만든다.

미친 짓, 진짜 미친 짓

바닥 분수장에서 실컷 논 뒤에 샤론과 캠은 운동장으로 간다. 캠의 눈에 구름사다리가 보인다. 꼭 해 보고 싶다.

"할머니가 받쳐 줄까?"

샤론이 묻는다.

"나는 다리가 두 개밖에 없어요."

"네 다리가 두 개인 건 나도 알아. 발을 줘 보렴."

샤론이 두 손으로 깍지를 끼고 두 손바닥을 캠에게 내민다. 캠이 그걸 밟고 서서 구름사다리의 봉을 잡는다. 샤론의 얼굴은 빨개진다.

"다음 칸으로 넘어가고 싶어?"

"못 해요."

"정말 못 해?"

샤론이 캠을 들어 올리자 캠이 사다리에 매달린다. 캠은 무척 흥분한 동시에 겁을 먹은 표정이다.

"내려가야 할 거 같아!"

"부탁할 때는 어떻게 하라고 했지?"

"내려 주세요, 할머니."

할머니는 손자를 내려 준다. 손자는 휘휘 둘러보더니 자기 키에 맞는 구름사다리를 찾는다. 그리고 그곳으로 달려가 매달려서 몸을 흔든다.

"내가 대롱대롱 매달렸어요!"

샤론은 멀리 떨어진 채로 지켜본다. 그때 좀 더 도전적으로 보이는 사다리가 캠의 눈에 들어온다. 그걸 본 샤론이 묻는다.

"저기에도 매달려 보고 싶니?"

캠이 고개를 끄덕인다. 샤론은 다가가 캠을 번쩍 들어서 올려 준다. 캠은 거기에 한동안 매달려 있다. 그리고 두 사람은 다음 칸으로 이동한다. 나중에 샤론은 옆으로 물러나 놀이터에서 노는 손자를 지켜보기만 한다. 그녀는 서두르지 않는다. 그녀는 시계를 보지도 않고 다른 엄마들을 보지도 않는다. 오로지 캠만 바라본다.

지금 이 순간을 즐기는 삶 | 어린아이는 내부에 역설을 장착한 특이한 존재다. 아이들은 지금 현재 이곳에서만 살기를 주장하는 미성숙 상태의 전전두엽 피질 때문에 부모에게 숱한 좌절감을 안겨 주지만, 역설적이게도 바로 이런 특성 때문에 아이들은 주변 사람들을 일상의 구속에서 해방시켜 자유롭게 만들 수 있다. 우리는 대부분 정해진 계획과 일정에 따라서 살아간다. 우리가 사는 집도 그렇고 우리가 처리하는 사소하면서도 꼭 필요한 집안일들도 그렇다. 하지만 직장에 출근해서 일을 하지 않아도 되고 남편 수발을 들지 않아도 되고 또 캠 이외에는 신경 써야 할 아이도 없는 샤론을 보고 있으니, 만일 모든 사람이 날마다 어떤 일정을 강요하는 시간의 굴레에서 해방된다면 어떤 일이 일어날지 상상하게 된다. 샤론은 이메일과 문자를 무척 애용하긴 하지만 캠과 공원으로 바깥나들이를 할 때는 휴대전화를 집에 두고 다닌다. 집에는 텔레비전도 없다.

"나는 세상이 내 영역 안으로 무단으로 침범하게 놔두지 않아요. 세상은 내가 필요할 때만 내 영역 안으로 들어올 수 있죠."

캠과 함께 있을 때면 샤론은 어린아이의 시간에 온전하게 녹아들어 시간 가는 줄도 모른다.

이런 자유로움을 하루 종일 누릴 여유를 가지고 있는 사람은 거의 없다. 앞서 사진가이자 세 아이의 어머니인 제시를 다룬 1장에서 나는 사실 우리가 얼마나 경직된 일상 속에서 살아가는가 하는 점에 초점을 맞추어서, 어린아이를 키우며 살 때는 현재라는 일상적인 시간관념이 허물어지는 현장을 자세하게 묘사했다. 그러나 샤론처럼 은퇴 후 살아가는 사람에게는 시간의 풍미를 즐기는 일이 한층 쉽다. 모든 이메일이 답장을 요구하지는 않는다. 때로 우리에게 마감 시한은 실제 현실보다도 마음속에 더 많이 존재한다. 샤론과 함께 시간을 보내다 보니, 시간이 저절로 흘러가게 내버려 두는 것이 생각보다 어렵지 않음을 알 수 있다. 또한 올바른 환경과 마음 상태에서라면 미래가 없는 현재(영원한 현재)에 시간을 소비하는 게 가치 있다는 사실을 알 수 있다. 이 시간 속에서 우리는 미래가 없는 현재 세상을 즐기는 아이들과 함께 어울릴 수 있다. 설령 겨우 10분이라는 짧은 시간밖에 쪼갤 수 없다 하더라도, 그런 시간을 쪼개서 미래가 없이 오로지 현재의 지금 이 순간을 즐길 수 있다면 그게 어디인가?

제시를 다룬 장에서 나는 미성숙 상태의 전전두엽 피질을 가지고 있는 존재들과 함께 시간을 보낼 때 감당해야 하는 또 하나의 불리한 점을 언급했다. 아이들은 자기 감정을 잘 조절하지 못한다는 점이다. 그래서 부모는 추가로 더 많은 의지력을 동원해야 한다. 그러나 어린아이의 이런 특성도 긍정적인 측면을 가지고 있다. 어린아이는 자의식이 부족하다는 점이다. 아이는 우스꽝스러운 것들을 포용한다. 아무렇지도 않게 친숙한 사물과 대화를 나누고 또 홀딱 벗고 거실을 뛰어다닌다. 이와 같은 맥락에서 앨리슨 고프닉은 『우리 아이의 머릿속』에서 다음과 같이 쓴다.

"보통 심리학자들은 이 유치한 '금지가 해제된 분방함'이 마치 결함이라도 되는 것처럼 말한다. 물론 일상의 세상에서 잘 적응해서 살아가는 방법, 다시 말해서 처리해야 할 일들을 효율적으로 처리하면서 살아가는 방법을 찾아내는 것이 기본적인 목적이라면 물론 그것은 결함이 될 수 있다."

물론 바로 이유로 해서 누군가는 아이들이 나아가는 방향을 잡아 주어야 한다. 그러나….

"그러나 만일 기본적인 목적이 단지 실제 세상 및 가능한 모든 세상들을 동시에 탐구하는 것이라면, 이 명백한 결함이 오히려 커다란 자산이 될 수 있다. 아이들은 언제든지 가상놀이(어떤 사물, 상황, 사건 등에 실제와 다른 가상의 새로운 의미를 부여하고 노는 것. 예를 들면 아이는 나무토막에 총이나 칼의 의미를 부여할 수 있다 – 옮긴이)를 통해 상상의 세상을 현실 속에 구현할 수 있다."[4]

ECFE 강좌 모임에 참석한 많은 부모들도 하루에 불과 몇 분 동안만이라 하더라도 어른이라면 반드시 지켜야 하는 금지의 족쇄를 벗어던질 때 얼마나 유쾌하고 기분이 좋은지 이야기한다. 이런 사실은 정말 놀랍다. 여자들의 경우에 족쇄로부터의 해방은 대개 춤을 추고 노래를 하는 형태로 나타난다. 케냐는 자기 아이가 자동차 뒷좌석에서 케이티 페리Katy Perry의 "파이어워크Firework"에 맞추어서 펄쩍펄쩍 뛰고 고함을 지르는 걸 바라볼 때의 느낌을 이야기했고, 다른 엄마는 야외 콘서트장에 갔던 때의 느낌을 이야기했다.

"거기에서는 우리가 아이들과 아무리 미친 듯이 춤을 춘다고 해도 아무도 우리를 이상하게 바라보지 않아요."

그리고 댄스파티라면 끔뻑 죽는 제시가 있었다. 내가 제시의 집을 두 번째로 찾아갔을 때는 저녁 시간이었는데, 제시와 그녀의 남편 루크와 세 아이가 모두 모여 있었다. 제시는 우리에게 에이브가 그날 낮에 속옷을 입고 추었던 새로운 춤사위를 보여 주었다. 제시가 태연하게 흉내 낸 그 동작은 우스꽝스럽기 짝이 없으면서도 정확했다. 이런 정서는 방 안에 있는 모든 사람들에게 전달되었다. 결국 에이브를 제외한 두 아이도 자발적으로 합류했고, 에스텔의 "아메리칸 보이American Boy"에서처럼 사람들이 나란히 줄을 지어서 춤을 추기 시작했다. 이때 부엌에서 갑자기 쉬익쉬익 하는 소리가 나자, 에이브가 겁을 먹었다. 그러자 루크는 에이브에게 감자가 끓기 시작하는 소리일 뿐이라고 안심시켰다.

"감자들이 비명을 지른다. 아아아아아아아아!"

루크가 허공에 두 손을 흔들면서 고함을 지른다.

"너희들이 우리를 잡아먹으려고 하지이이이!"

겨우 네 살밖에 안 된 아이 때문에 어른이 감자 흉내를 내며 절규하는 것이다.

그런데 루크가 보였던 이 우스꽝스러운 행동은 ECFE 모임에 참가하는 아빠들이 묘사하는 전형적인 기쁨인 것 같았다. 어른이 어린 아이들과 같은 공간에 함께 있음으로써 어른은 이 아이들로부터, 회색빛 플란넬 양복 세상의 절박한 규범을 벗어던지고 그저 아이들이 하는 것과 똑같이 할 수 있는 허가증을 발급받는다는 말이었다. 어떤 아빠는 아이들 덕분에 15년 동안 한 번도 가 보지 않았던 동물원에 갔다고 했고, 또 어떤 아빠는 "바깥에서 치아를 환하게 다 드러낸 채 눈빛을 반짝이며 뛰어다니는 아이를 바라보는 것"이 무척 즐겁더라고 했다. (이것이 그림동화책 『괴물들이 사는 나라』에서 반복되는 표현임을 나는 나중에야 알았다.)[5] 그리고 이런 것들보다 훨씬 더 명료한 표현으로 그 경험을 말한 아빠도 있었다.

"내가 사람들이 많은 곳에서 바보처럼, 그러니까 어린아이처럼 행동할 수 있다는 사실이 정말 기분 좋더라고요."

흔히 유아들의 세상에서 만나는 그런 초월적인 기쁨은 전혀 초월적이지 않은 것을 대상으로 한다. 오히려 우리가 한없이 추락하는 것을 대상으로 한다. 이런 기쁨들은 우리에게 예의범절에서 벗어날 수 있게 해 주고, 금지된 것들을 마음껏 할 수 있도록 해 주며, 규칙과 규범에 순종하는 자의식을 구석에 내팽개칠 수 있도록 해 주는 허가증을 준다. 적지 않은 축복받은 순간들에 우리는 갇혀 있던 이드id를 해방시키며 마음껏 논다.

그런데 이드를 병 안에 집어넣고 마개를 꼭 닫음으로써 우리가 지불해야 하는 정신적 대가가 어떤 종류인지 알기는 어렵다. 애덤 필립스는 언제나 이런 질문에 예리한 관심을 가졌다. 그는 한 에세이에서 "워즈워스나 프로이트나 블레이크나 디킨스와 같은 다양한 작가들은 모두" 사람들이 어릴 때 느끼는 격동과 격렬함이 궁극적으로는 우리가 어른으로서 살아갈 수 있는 힘을 가져다준다고 생각했다고 썼다.

"이런 최초의 광기가 없다면, 즉 정서적인 차원의 이 생명줄이 우리가 보냈던 어린 시절, 우리의 가장 열정적인 자아인 어린 시절로까지 이어질 수 없다면, 우리의 삶은 얼마나 허망하겠는가?"[6]

어떤 사람이든 이런 주장을 할 수 있고, 사실 필립스 본인도 그렇다고 위의 글에 뒤이어서 밝힌다. 하지만 그는 궁극적으로 바로 그 지점에 어떤 진리가 놓여 있다고 결론을 내린다. 애널리스트 도널드 위니콧Donald Winnicott의 말을 인용해서 "나는 그때 미쳤다. 외부적인 상황 분석 및 자기 분석을 통해서 어느 정도의 광기를 얻었다."라고 쓴다.[7] 그런데 위니콧이 그 광기에 도달한 경로는 어린 시절에 느꼈던 감정의 늪을 통과하는 것이었다. 그래서 필립스는 "위니콧에게 어린아이는 문자 그대로 미친 존재다."[8]라고 썼다. 그리고 다음과 같이 쓰기도 했다.

"위니캇이 안고 있던 질문은 '어떻게 하면 아이들이 제정신으로 돌아오게 만들 수 있을까?'가 아니라 '만일 어른이 어린 시절에 가졌던 것과 동일한 수준의 광기를 유지할 수 있도록 하려면 어떻게 해야 할까?'였다."[9]

위니캇이나 필립스의 눈으로 보자면, 어른이 어린 시절의 이 광기를 유지하지 못하는 것은 비극이다. 어린아이는 적어도 그렇게 할 수 있는 방법을 일깨워 준다. 나는 캠과 샤론과 함께 운동장을 떠나면서 이런 생각을 한다. 샤론은 무척 기분이 좋고 캠도 그렇다. 샤론은 자동차에 오르기 전에 자기 발을 보면서 이렇게 말한다.

"내 발 좀 봐, 캠! 대박이다!"

대박? 많이 더럽다는 뜻이다.

그리고 이 난장판 상황은 오후 내내 이어진다. 우리는 샤론이 다니는 성당에 들른다. 성당에서 캠은 유명인사다. 성당에 도착하자마자 누군가 남은 생일 케이크를 캠에게 준다. (초콜릿 아이스크림 케이크다! 얼마나 많은 냅킨이 소모되는지 모른다.) 그런데 그때 비가 내리기 시작한다. 무척 많이 온다. 그리고 캠이 케이크를 먹는 동안에 어른들은 창밖을 본다. 빗줄기가 점점 더 거세지는가 싶더니 우박으로 바뀐다. 바람도 심하게 분다. 이럴 때는 우산을 써도 소용없다. 금방 뒤집혀 버릴 테니까. 캠은 아무 말 없이 스크린도어로 가서 바깥을 바라본다. 비가 쉽사리 그칠 것 같지 않자 샤론이 제안한다. 뛰어!

그래서 우리는 뛴다. 자동차가 있는 곳까지. 꺄아악, 꺅, 비명을 지르면서 달려간다. 캠은 뒷좌석으로 뛰어들고 샤론은 캠에게 안전벨트를 매어 준다. 차에 타서 매어 주는 게 아니라 바깥에서 문을 열고 몸만 안으로 들이민 채로 그 작업을 한다. 그 바람에 샤론은 상체만 빼고 홀딱 젖는다. 그리고 그 몸으로 운전대에 앉는다. 고개를 돌려 손자를 바라보고 말한다.

"우리 진짜 미쳤다. 그렇지 캠?"

손자는 고개를 끄덕인다. 할머니도 고개를 끄덕이며 말한다.

"와우!"

놀이하는 인간

어린아이처럼 행동하는 것은 단지 금지된 것들을 한다거나 아무 말이나 마구 한다는 뜻이 아니다. 아이들은 어떤 일을 하고 접촉해 보고 경험함으로써 세상을 배운다. 이에 비해서 어른들은 책을 읽는다거나 텔레비전을 본다거나 스마트폰을 검색하면서 머리로 세상을 받아들이는 경향이 있다. 그렇기 때문에 어른들은 일상적인 사물들의 세상에서 벗어나 있다. 그러나 바로 그 일상의 세상과 소통하고 교감하는 것이야말로 우리 인간의 본질과 통하는 길이다.

이것은 매튜 크로포드Matthew B. Crawford가 2009년의 베스트셀러 『모터사이클 필로소피Shop Class as Soulcraft』에서 매우 장황하고도 진지하게 펼치는 주장이다. 부와 명예가 보장되는 삶을 박차고 나와 오토바이 수리공이 되는 과정을 담은 에세이 형식의 이 책에서 그는 이렇게 주장한다.

"오늘날의 사무직 종사자들은 자주 그들이 일상적으로 부닥쳐야 하는 온갖 제도가 매우 정교하고 많이 발전했지만, 정작 그들이 하는 일에는 예컨대 목수가 제시하는 것과 같은 어떤 객관적인 표준이 부족하다고 느낀다."[10]

정보 경제가 '지식 작업'을 맹목적으로 숭배하게 만든 바람에, 자기 손으로 어떤 것을 직접 만드는 방법을 깨우침으로써 얻을 수 있는 기쁨을 사람들은 이제 더 이상 누릴 수 없게 되었다.

이 주제는 ECFE 강좌 모임에서도 전면적으로는 아니지만 조금씩 다루어졌다. 아빠들만으로 구성된 반에서, 풀타임으로 집에서 어린아이를 돌보는 일을 하는 아빠인 케빈은 다음과 같이 말했다.

"내가 하던 일은 특별히 충족감을 주는 일이 아니었습니다. 내가 하는 일을 좋아하긴 했지만, 집에 돌아와서 '이야호, 이 커다란 회사가 자료 처리를 더 효율적으로 할 수 있도록 내가 기여할 수 있어서 정말 기뻐!'라는 말을 한 적은 없었습니다."

이에 비해서 어린아이는 어른들에게 인생의 보다 구체적인 즐거움, 만질 수 있고 느낄 수 있는 즐거움을 추구할 기회를 잡으라고 한다. 아이들은 어떤 것을 할 수 있고, 그것의 효과를 직접 볼 수 있는 기회를 제공한다. 어떤 아빠는 어린아이가 있을 때는 눈으로 미끄럼틀을 만들어서 눈썰매도 타고 정말 신났다고 회상한다. 클린트가 정말 푹 빠져서 즐기는 것처럼 레고 탑을 쌓을 수도 있다. 많은 부모들이 과자 굽는 것을 말한다. 어떤 엄마는 맨 처음 빵 굽는 방법을 배우던 때를 이야기했다. 반짝거리는 밀가루 반죽을 가지고서 아이와 장난을 치고 싶은 마음을 도저히 참을 수 없었다고 했다. 대체적으로 아이들은 사람들로 하여금 요리를 보다 더 많이 하고 싶도록 만든다. 2010년의 '해리스 인터렉티브 여론조사'에 따르면, 요리를 하는 미국인 가운데서 압도적인 다수가 자기 자신이 아니라 가족을 위해서 요리를 한다.[11] 사람이 하는 활동 가운데서 요리보다 더 구체적인 결과를 낳을 수 있는 게 또 얼마나 있을까?

크로포드는 이 잃어버린 육체 노동의 즐거움들에 깊은 관심을 가지고 있다. 그는 자기 책에서 "물건을 만들고 고치는 경험"은 우리 인간의 복지에, 본인의 표현을 빌리자면 우리 인간의 번성에 본질적으로 중요하며, 그리고 "이런 경험이 우리의 일상생활에서 멀어질 때" 심각한 일이 일어난다고 주장한다.[12] 그는 철학자 앨버트 보그만Albert Borgmann을 인용하는데, 보그만은 '사물'과 '장치'를 구분해서 설명한 사람이다. 사물은 우리가 극복하는 어떤 것이고, 장치는 우리를 위해서 그 일을 하는 어떤 도구다. 이런 맥락에서 보그만은 다음과 같이 말했다.

"장치로서의 스테레오는 사물로서의 스테레오와 대조된다. 사물은 실천을 요구하지만 장치는 소비를 유혹한다."[13]

오늘날 어린아이들의 책상 서랍에는 온갖 장치들이 가득 들어 있다. 땡땡 소리를 내는 장치, 슉슉 소리를 내는 장치, 삑삑 소리를 내는 장치, 반짝거리는 장치, 음악이 나오는 장치, 동영상이 나오는 장치, 그냥 손을 대기만 해도 반응하는 장치…. 그러나 아동기는 우리가 문화적인 차원에서 여전히 사물의 우월성을 (그리고 아울러 '사물'에 대한 정복을) 강조하는 시기 가운데 하나다. 우리는 아이들에게 무언가를 부수라고 망치를 사다 주고, 목걸이를 꿰라면서 염주를 사다 준다. 또 핑거페인트를 사다 줘서 손가락으로 아무 데나 마구 그림을 그리게 만들고, 조립용 플라스틱 장난감을 사다 준다. 또한 거실 바닥에 철퍼덕 앉아서 아이들과 함께 철길을 깔고, '팅커 토이' 탑을 쌓고, 담배 파이프 청소 용구로 꽃을 만든다. 아이가 태어나면 아기용 변기를 선물로 사다 주는 친지가 꼭 있게 마련이다. 아기가 대소변을 가리는 법을 배워야 한다고 생각하기 때문이다. 미취학 시기에 모든 아이는 음악을 배우고, 미술과 공작을 배우며, 블록을 사용하고, 공받기 놀이를 하며, 춤을 춘다. 부모들은 흔히 자기 아이가 드라이버를 가지고서 온갖 장치들을 분해하는 걸 보고는 장치들 그 자체뿐만 아니라 이 장치들을 분해하는 데도 관심을 가지고 있다는 사실에 깜짝 놀란다. 그러나 아이들은 그 장치들을 그저 사물로 바라볼 뿐이다. 아이들은 그 장치들을 분해하고 다시 조립하면서 세상을 손으로 주무른다.

어쩌면, 어린아이의 기본적인 발달 단계에 입각해서 이런 모습을 설명하면 간단하게 설명할 수도 있을 것이다. 즉, 아이는 아동기에 비로소 처음으로 자기 육체에 대한 통제 능력을 획득하며, 운동 기능을 발달시킨다. 몇 가지 측면에서 이런 요약은 핵심을 찌른다. 유아기의 아이들은 자기의 신체적인 경험과 결코 떼어 놓을 수 없는 방법들을 통해서 지식을 습득한다. 이 시기는 크로포드가 주장하듯이 우리 인간이 진정으로 "천성적으로 도구를 사용하는 존재, 혹은 실용주의 지향성"을 가지고 있음을 알아보기 가장 쉬운 발달 단계다.[14] 어린아이와 함께 시간을 보냄으로써 (즉, 함께 레고블록으로 자동차를 만들고, 빵을 만들고, 야구를 하고, 모래성을 쌓음으로써) 우리는 가장 인간적인 모습으로 되돌아갈 기회를 허락받는다. 이것이 바로 우리 본연의 모습이다. 도구를 사용하는 존재, 무언가를 창조하는 존재, 무언가를 쌓는 존재….

어린 철학자들

제시의 생후 여덟 달 아기가 잠들고 다른 두 아이도 옆방에서 텔레비전을 볼 때 나는 제시에게 육아의 여러 가지 일들 가운데서 가장 마음에 드는 게 뭐냐고 물었다. 그녀가 댄스파티라고 대답할 거라고 생각했다. 아닌 게 아니라 그걸 언급하기는 했다. 그러나….

"하지만 훨씬 더 좋은 게 있어요. 아이들이 자기들만의 방식으로 사물들을 알아 나가는 방법을 깨우치는 걸 지켜보는 게 정말 좋아요. 아이들은 아마도 탐험가들이 느끼는 기분을 느끼지 않을까 싶어요."

어린아이들은 늘 변한다, 라는 표현은 어쩐지 상투적인 것 같다. 앨리슨 고프닉의 『우리 아이의 머릿속』이 재미있는 것은 저자가 이런 변화들을 신경과학적으로 묘사하고, 때로는 그런 변화들을 계량화해서 접근한다는 점이다. 그래서 영유아들의 정신과 관련된 정말 놀라운 사실들 가운데 어떤 것들을 양과 빈도 사이의 어떤 단순한 함수로 나타내는데, 뇌는 너무도 유연성이 높아서 아이들의 지식 수용 능력이 몇 달 사이에도 엄청나게 확장해서 학습 곡선(학습의 결과로 일어나는 행동의 변화 현상을 도식화한 곡선—옮긴이)이 가파르게 상승할 수 있다는 것이다. 그래서 그녀는 이렇게 말한다.

"어떤 사람이 가지고 있는 가장 기본적인 믿음들이 2009년과 2010년 사이에 완전히 바뀔 수 있고, 또 2012년에 가면 그게 다시 완전히 바뀔 수 있다."[15]

아이들은 우리에게, 우리가 절대적이라고 믿는 지식이 (이 지식은 하루 온종일 우리 주변에서 윙윙 소리를 낸다) 한때 우리가 배워야 했던 바로 그 지식임을 일깨워 준다. 아이들은 옷을 입은 채로 욕조에 들어가고 먹다 남은 바나나를 냉장고에 집어넣으며 장난감을 장난감 제조회사들이 전혀 상상도 하지 않았던 방식으로 사용한다. (각각의 물감을 따로 사용하지 않고 아예 여러 개를 합치고 섞어서 사용한다. 스티커를 나란히 붙이지 않고 포개서 계속 붙인다. 도미노를 블록으로 사용하고, 자동차를 하늘을 나는 비행체로 사용하고, 발레 치마를 신부의 면사포로 사용한다. 그래 아이들아, 실컷 해라!) 지금까지 그 누구도 아이들에게 다른 방식을 가르쳐 주지 않았다. 아이들에게 전체 우주는 온갖 종류의 실험을 기다리고 있는 대상이다.

아이들이 가지고 있는 바로 이런 특성이 현실에서는 문제가 된다. ECFE 강좌에 참석한 어떤 엄마는 자기 딸이 이렇게 묻더라고 했다.

"엄마, 나는 예전부터 계속 여자였어?"

남자가 되고 싶어서 그런 게 아니라 남자와 여자라는 성이 고정된 것인지 아니면 바뀔 수 있는 것인지 몰라서 묻는 질문이었다고 했다. 어떤 아빠는 모임에 참석한 모든 사람들에게, 자기 아들이 그날 오후에 창밖을 내다보고 있다가 갑자기 자기를 돌아보더니 이러더라고 했다.

"우리가 다람쥐일 때는 저 나무 위에 올라가 있겠죠, 아빠?"

(이 아이는 전체 동물계 속에서 우리의 역할이 고정되어 있는지 아니면 바뀌는 것인지 알지 못했다.)

『몰입의 즐거움』의 저자 미하이 칙센트미하이는 자기 아이가 어릴 때 비슷한 경험을 했다고 했다. 아들 가운데 한 명을 바닷가로 데려갔을 때라고 했다.

"아이가 바다에서 수영하던 사람들이 물에서 걸어 나오는 걸 보고는 겁에 질려서 이러더군요. '아빠! 인어들이 나와요!'라고요. 그건 정말이지….”[16]

칙센트미하이는 그 문장을 완결된 문장으로 끝내지 못했다. 내가 생각하기에 그가 찾던 어휘는 '논리적이다'라고 생각하는데, 왜냐하면 그는 계속해서 다음과 같이 말했기 때문이다.

“그때 나는 이렇게 생각했습니다. 그래, 왜 그런지 알겠다. 네가 그 사람들을 한 번도 본 적이 없으니까 그 사람들이 외계인으로 보이겠지, 라고요.”

물론이다! 수영하는 사람들은 새로운 종족이다. 바다를 집으로 삼아서 살아가는 또 다른 종족….

어린 철학가들이 던지는 존재론적 질문들 | 사람들은 대부분 철학을 사치라고 여긴다. 그러나 철학은 어린아이들이 평소에 자연스럽게 하는 것이고, 이 아이들이 철학을 할 때는 우리를 먼 과거로 데리고 간다. 거의 상상도 할 수 없을 정도로 여유롭던 먼 과거, 우리가 여전히 황당무계한 질문들을 쏟아내던 그 시절로 데리고 간다. 『아동기의 철학The Philosophy of Childhood』의 저자 개러스 매슈스Gareth B. Matthews에 따르면, 말이 안 되는 황당한 질문을 하는 것은 어린아이, 특히 세 살에서 일곱 살 사이 아이들에게서 발견할 수 있는 매우 독특한 특성이다. 왜냐하면 이 아이들에게서는 본능이 아직 완전히 지워지지 않았기 때문이다.

“아이들이 학교에 적응하면, 아이들은 오로지 '유용할 것 같은' 질문만 하는 방법을 배운다.”[17]

애머스트에 있는 매사추세츠 대학교에서 30년 이상 철학을 가르치는 노교수 매슈스의 이 발언은 에드먼드 버크Edmund Burke가 "범위를 좁힘으로써 정신은 더욱 예리해진다."[18]라는 말로 표현했던 학습 법칙을 상기시킨다.

르네 데카르트Rene Descartes는 철학을 제대로 잘하려면 다시 시작해야 한다고 말한 적이 있는데, 여기에 대해서 매슈스는 "바로 이게 어른들로서는 하기 어려운 일이다. 그러나 어린아이로서는 다시 시작할 필요가 없으므로 쉬운 일이다."라고 말한다.[19] 어린아이는 배운 게 없으므로 따로 지울 것도 없기 때문이다. 매슈스는 완벽한 사례 한 가지를 제시한다. 그것은 바로 시간에 대한 인식이다. 그러고는 성 아우구스티누스St. Augustinus의 말을 인용한다.

"그런데 시간이란 무엇인가? 아무도 나에게 묻지 않지만 나는 안다. 그러나 만일 누가 나에게 그것이 무엇이냐고 설명해 달라고 한다면, 나는 당황스럽다."[20]

아우구스티누스와 같은 부모들은 흔히 아이가 시간과 같은 아주 기본적인 것에 대해서 질문을 하면 뭐라고 대답을 해야 할지 몰라서 당황한다. 그러나 이 부모들은 아이들 덕분에 많은 기쁨을 얻는다. 그런 본질적인 질문들을 놓고 오가는 대화 속에는 못마땅함이나 불편함도 있을 수 있지만 지적인 즐거움도 깃들어 있다. 예컨대 ECFE에서 한 아빠는 이런 말을 했다.

"이틀 전에 있었던 일인데 그레이엄과 나는 바짝 붙어서 껴안고 있었습니다. 그런데 얘가 이렇게 묻는 겁니다. '아빠, 물이 뭐예요?'"

두 살 반인 그레이엄은 분명 물이 무엇인지 알고는 있었다. 그러나 이 아이는 물이 무엇이냐고 물었다. 이 아이에게서 어떤 열정이 느껴졌다. 물이 뭐냐고? 그래! 내가 확실하게 가르쳐 주마! 아빠는 두 손으로 손뼉을 짝 하고 쳤다.

"그 질문에 나는 이렇게 대답합니다. 산소가 있고 수소가 있는데 어쩌고저쩌고…. 정말 대단했습니다."

모임이 끝난 뒤에 이 아빠는 나에게 그레이엄이 했던 다음 질문을 이야기했다. 이번에는 훨씬 더 황당한 질문이었다. 아빠에게 물을 깨뜨릴 수 있느냐고 물었던 것이다.

"왜냐하면 내가 산소와 수소를 합치면 물이 된다고 했거든요. 그래서 녀석은 물을 다시 쪼갤 수 있는지 알고 싶었던 겁니다."

나는 그 주에 이것과 비슷한 질문들을 수도 없이 많이 들었다. ("왜 사람들은 심술궂어요?"가 가장 많이 들은 질문이었고, "하늘이 있는 곳은 여기밖에 없나요?"도 많이 들었다.) 매슈스의 책에는 이런 사례들을 풍성하게 소개한다. 그는 어른들을 대상으로 해서 아이들이 흔히 하는 어떤 고전적인 질문 하나를 놓고 했던 강의를 소개한다. 이 고전적인 질문은 "아빠, 모든 게 다 꿈이 아니라는 걸 우리가 어떻게 확신해요?"이다.[21] 그러자 어떤 엄마가 이 질문의 현대적인 버전이 될 수 있는 "엄마, 우리가 살아 있는 거예요? 아니면 비디오 속에 들어가 있는 거예요?"라는 질문을 세 살배기 딸이 하더라고 응답한다. 매슈스의 책에는 이런 존재론적인 질문보다 더 두드러진 질문들을 담고 있는데, 아이들은 윤리학의 영역으로까지 파고들어 질문을 한다. 매슈스가 소개하는 어떤 아이는 죽어 가는 할아버지를 본 뒤에 엄마와 함께 자동차를 타고 집으로 돌아가던 길에, 나이가 많아서 죽을 때가 되면 총으로 쏘아서 죽이면 안 되느냐고 물었다. 엄마는 깜짝 놀라서 안 된다고 대답했다. 경찰이 출동하고 일이 복잡하게 얽힐 수도 있기 때문이라고 했다. (사실 이 엄마의 대답은 좀 이상하다. 그러나 이런 난감한 질문을 받은 부모라면 누구든 구체적인 상황을 들어서 대답하고 싶고, 이런 대화 자체를 짧게 끝내고 싶은 충동에 사로잡힐 수밖에 없다.) 그러자 당시 네 살이던 그 아이는 그럼 독약을 사용하면 되지 않겠느냐고 물었다.[22] 이런 황당한 질문들에 대해서 매슈스는 다음과 같이 쓴다.

"매우 중요한 측면인데, 철학은 어린 시절에 품었던 진짜 난감한 질문들을 어른이 되어 다루는 시도인 셈이다."[23]

많은 어른들은 철학적인 여러 문제들을 놓고 깊이 생각하는 걸 기회가 닿는 대로 즐긴다. 그러나 일상적인 삶 속에서는 거의 그렇게 하지 않으며, 또 이럴 수밖에 없는 이유로 수십 가지 핑계를 댈 수도 있다. 그러나 아이가 태어나서 유아기에 접어들면 이야기가 달라진다. 부모들은 적어도 몇 년 동안에는 왜 자기 주변의 세상이 지금의 이런 모습으로 되어 있는지 생각하기 시작한다. (부모도 어릴 때는 그런 생각을 했을 터이므로 두 번째로 그런 철학적인 생각을 하는 셈이다.) 매슈스는 이어서 철학을 이야기했던 버트런드 러셀의 말을 인용한다.

"설령 철학이 우리가 바라는 대로 그 수많은 질문들에 모두 명쾌하게 대답할 수 없다 하더라도, 적어도 세상에 대한 관심을 더 많이 불러일으키는 질문을 할 수 있고 또 가장 평범하게 보이는 일상적인 삶의 표면 아래에 숨어 있는 온갖 낯선 것들과 경이로운 것들을 보여 줄 수 있는 힘은 가지고 있다."[24]

아이들은 그런 질문들을 하는 탁월한 솜씨를 가지고 있다. 그리고 매슈스의 의견에 따르자면, 진정하게 어떤 것을 드러내는 것은 질문 그 자체이지 질문에 대한 대답이 아니다.

사랑의 힘

장차 성장해서 캠의 엄마가 될 미셸을 샤론이 처음 보았을 때, 태어난 지 겨우 다섯 달밖에 되지 않았던 그 아이는 몸무게도 3.6킬로그램밖에 나가지 않았다. 입양 기관에서 샤론에게 보여 줄 당시 이 아기는 '발달 장애'를 앓고 있다고 했다. 지능이 평균 이하이던 이 아기의 생물학적인 엄마가 아기를 제대로 돌보지 않았던 게 분명했다. 샤론은 아홉 명의 다른 아이를 위탁받아서 돌볼 때와 마찬가지로 이 아기를 행복하고 사랑스러운 마음으로 받아들였다. 그런데 미셸은 다른 어떤 아이보다도 샤론에게 깊은 인상을 심어 주었다. 어쩌면 너무 어려서 그랬을지도 모른다. 어쩌면 너무 작고 연약해 보이고 너무 예뻐서 그랬을지도 모른다. 이유야 어쨌든 간에 샤론은 아기를 안고 판사 앞에서 최종 입양 절차를 마쳤다.

샤론은 미셸이 아홉 살이 될 때까지 이 아이의 행동에 문제가 있음을 알아차리지 못했다. 그런데 미셸의 지능지수IQ는 75밖에 되지 않았다. 이런 아이가 수많은 인지적인 문제들을 극복하지 못하고 좌절할 경우 사회성을 갖추지 못할 수 있다. 이런 사실은 심각한 학습 장애를 가진 아이의 부모들도 증언하는 내용이다. 미셸이 그런 모습을 보인 건 태어난 뒤 다섯 달까지의 그 결정적인 시기에 부모에게 버림받고 방치되었기 때문인지도 몰랐다. 그 기간 동안에 아기가 어떤 모진 학대를 받았을 수도 있었다. 아니면 아기 엄마의 결함 있는 유전자가 딸에게도 그대로 이어졌을 수도 있었다. 미셸은 또한 오빠인 마이크가 사망하던 바로 그 무렵에 이상 행동을 보이기 시작했는데, 샤론은 이 두 사건 사이에 상관관계가 있다고 생각한다. 마이크가 스스로 목숨을 끊는 방식으로 죽음을 선택했기 때문이다. 당시에 모든 가족이 끔찍한 고통에 시달렸다. 마이크의 자살은 모든 가족에게 충격이었다.

그러나 미셸이 사회성과 거리가 먼 행동을 보이게 된 원인이 무엇이었든 간에, 샤론으로서는 어느 날 갑자기 반항성 장애를 가진 딸을 두게 된 셈이었다. 이 딸은 고등학교를 끝내 졸업도 하지 않았고 숱하게 많은 남자친구들과 어울려서 가출하기를 밥 먹듯 했다. 심리치료사들은 미셸의 이런 행동을 '애착 실패'라는 용어를 들어서 설명하지만, 현실적인 차원에서 보자면 샤론이 미셸에게 많은 것을, 기본적인 것보다 훨씬 많은 것을 쏟아야 한다는 뜻이었다.

"내가 자기를 사랑한다는 사실을 미셸이 믿어 주기까지는 아주 아주 아주 많은 시간이 걸렸답니다."

그날 오후 캠이 위층에서 낮잠을 자는 동안 우리 두 사람은 거실에 앉아 대화를 나눈다.

"누구도 자기를 사랑하지 않을 것이라는 철저한 불신 때문에 수많은 저항과 시련이 있었어요."

미셸은 십 대 후반부터 이십 대까지 툭 하면 가출했다. 한 번씩 나가면 몇 달이 지난 뒤에야 돌아오곤 했다. 미셸이 돌아오기 전까지 샤론은 이 아이가 죽었는지 살았는지조차 알지 못했다. 샤론과 가까운 사람들은 샤론의 인내에 놀랐다.

"사람들이 나한테 그럽디다. 미셸은 번번이 내 마음을 갈기갈기 찢어 놓는데 왜 미셸을 자꾸만 받아 주느냐고요. 그러면 내가 그랬습니다. 내가 걔 엄마니까 그렇죠, 라고요."

나는 샤론이 그런 엄청난 힘을 가지고 있었다는 사실이 놀랍다고 말한다. 사랑을 거부하는 사람에게 그렇게나 많은 사랑을 쏟는 일이 어렵지 않더냐고 물었다. 샤론은 어깨를 한 번 으쓱한 뒤에 대답했다.

"그게 다 사람끼리 서로 묶이고 연결되고자 하는 건데요, 뭘."

맞다. 그러나 샤론이 이야기하는 아이는 유대감이라는 끈으로 연결되어 있지 않던 아이였다.

"하지만 나는 나와 그 아이를 묶고 연결했어요. 내가 미셸을 묶지 않았더라면 그 아이는 결코 돌아오지 않았을 거예요."

더 이상 무슨 말이 필요한가.

"내가 그 아이를 왜 사랑했는지 이유는 말할 수 없어도, 난 그 아이를 사랑했어요, 언제나요."

선물의 사랑 | 『네 가지 사랑』의 1쪽에서 루이스는 자기 나름의 표현인 이른바 '선물의 사랑gift-love'과 '필요의 사랑need-love'을 구분한다.(저자가 분류한 그 네 가지의 사랑은 각각 애정, 우정, 에로스, 자비다—옮긴이)

"'선물의 사랑'의 전형적인 사례는 누군가에게 가족의 미래 행복을 위해서 기꺼이 일하고 계획을 세우며 저축을 하도록 동기를 부여하는 사랑이다. 그런 나눔을 주지 못하고 가족을 보지 못하면 그는 삶의 희망을 잃어버리고 말 것이다. 그것은 외롭고 겁먹은 아이를 엄마 품으로 보내는 것과 같은 사랑이다."[25]

어린아이를 키우는 부모들과 대화를 하다 보면, 흔히 대부분의 사람들이 감동을 받는 것은 '필요의 사랑'이다. 거기에는 이유가 있다. 아무런 조건 없이 숭모를 받는다거나 어떤 비난도 받지 않는다거나 하는 것은 대부분의 어른들에게서는 찾아보기 어렵다. 배우자에게서 아무리 많은 사랑을 받고 친구들에게서 아무리 많은 찬사를 받는 사람이라 하더라도 마찬가지다.

앤지의 ECFE 강좌 모임에 속해 있던 어떤 엄마가 말했다.

"이렇게 말하면 이기적이라고 할지도 모르겠지만…. 이 나이 또래의 아이들은 우리 엄마들에게 세상 전부잖아요. 나는 그게 정말 좋아요, 그리고…."

잠시 뜸을 들이자 다른 엄마가 말을 받아서 완성했다.

"그리고 어쩌면 그게 아이들이 더는 성장하지 않으면 좋겠다고 바라는 이유일지도 모르죠."

많은 어른들은 사랑할 사람을 필요로 한다. 그러나 어린아이에게 사랑은 필요성과 따로 떼어 놓을 수 없다. 그렇기 때문에 어린아이가 가진 숭모하는 마음은 특별히 강력하다. 아이들은 현재 속에서 살고 있고 무엇을 하든 쉽게 용서를 받기 때문에 마음속에 분노나 원한을 담아 줄 정신적인 기제는 아직 형성되어 있지 않다. (그 반의 또 다른 엄마는 "내가 사과를 하면 딸은 곧바로 괜찮다고 해요. '예 엄마, 괜찮아요'라고 말하죠."라고 말했다.) 미취학 연령대의 유아들은 분노하지 않고, 무거운 가방을 매고 등교하지 않아도 되고, 조건을 따져서 사랑하지도 않는다. 그냥 사랑한다. 그게 이 아이들이다.

그러나 부모들이 더 열심히 얘기를 나누는 주제는 '선물의 사랑'이지 '필요의 사랑'이 아니다. '필요의 사랑'은 아이들에게서 나오지만 '선물의 사랑'은 부모들이 베푸는 것이다. '선물의 사랑'은 훨씬 더 까다롭다. 이것은 새로 부모가 된 사람들에 대한 수많은 유쾌한 책들이 주장하는 것과 달리, 베풀기가 어렵다. 병원 신생아실에서 간호사로부터 아이를 건네받는 순간 모든 부모에게서 저절로 이런 사랑이 생기지는 않는다. 오히려 이 사랑은 시간이 흐름에 따라서 꽃을 피운다. 앨리슨 고프닉은 『우리 아이의 머릿속』에서 완벽한 아포리즘으로 이 차이를 정리한다.

"우리는 우리 아이를 사랑하기 때문에 아이를 돌보는 게 아니다. 오히려 아이를 돌봄으로 해서 그 아이를 사랑하게 된다."[26]

바로 이런 종류의 사랑이 샤론이 미셸에게 품고 있던 사랑이었다. 갓난아기 때부터 먹이고 입히며 밤낮으로 보살폈다. 미셸이 십 대 때 그리고 어른이 되어서도 아무리 거부하고 뿌리쳐도 샤론은 그 딸을 보호하겠다는 손길을 거두지 않았다.

그러나 그렇다고 해서 부모만이 '선물의 사랑'을 베푼다는 뜻이 아니다. 또 부모는 부모가 아닌 사람보다 이 사랑을 더 잘 베푼다는 뜻도 아니다. 부모라 하더라도 자신의 사랑이 조건적이라는 사실을 느낄 때가 많이 있다. 자기가 자식을 제대로 사랑하지 않고 있다는 무서운 사실을 발견할 때가 그런 순간들이다. 샤론은 캠이 세상에 태어나기 수십 년도 전인 과거에 자신이 단점이 많은 엄마였다는 사실을 뼈저리게 인식한다. 샤론은 남편과 일찍이 이혼했다. 이 일로 정서적으로 충격을 받아서 때로는 점심 때 아이들에게 볼로냐 샌드위치(소고기, 돼지고기, 양고기 등 이것저것 섞어서 만든 소시지를 '볼로냐'라고 하고 이런 소시지를 넣은 샌드위치를 '볼로냐 샌드위치'라고 한다-옮긴이)조차 만들어 주지 못했다. 샤론은 결정적인 이정표들을 놓쳐 버렸음을 지금도 기억한다. 교사 일자리를 찾음으로써 엉뚱한 길로 들어서 버린 것이다. 그리고 마이크가 죽은 뒤에는 끔찍한 우울증에 시달렸다. 결과는 심각했다. 그녀가 집에 있어도 없는 것이나 다름없었다. 그러니 딸들은 마이크를 잃은 상실감뿐만 아니라 엄마를 잃은 상실감도 함께 겪어야 했다.

"당시에 내가 나쁜 부모였다고는 말하고 싶지 않아요. 그러나 당시에 나는 궁핍한 사람이었지요. 아이들을 잘 키우고는 싶었지만 마음만 앞섰지 그 아이들이 필요로 하는 것을 주지는 못했어요."

샤론은 젊은 시절의 자신에게 연민의 감정을 느낀다. 그녀는 또한 만일 (본인의 표현을 빌리자면) "사회적인 차원의 도움을 더 많이 받았다면" 자기 인생이 훨씬 편했을 것임도 알고 있다. 그러나 그 시절의 그 힘든 투쟁 덕분에 지금의 내면적인 삶이 형성되었고 그 이후의 여러 선택을 할 수 있었다.

"나로서는 내 아이들에게 그 애들이 사는 세상이 안전하다는 느낌, 또 도움이 필요하면 언제든 그 도움을 받을 수 있다는 느낌을 줄 수 없었어요. 이런 생각 때문에 나는 지금 다른 사람들에게 내가 베풀 수 있는 게 뭔지 끊임없이 돌아보게 됩니다. 그리고 이런 마음이 내가 캠과 함께 하는 모든 것을 든든하게 지탱하고 밀어 준답니다."

캠이 그녀에게 베풀어 준 것은, 많은 세월이 지난 뒤에 그녀가 최상의 자아가 될 수 있게 해 주는 또 하나의 기회다. 바로 이것이 아이들이 궁극적으로 우리에게 해 주는 일이다. 즉, 우리에게 화살을 쏠 기회를 주는 것이다. 설령 우리가 쏘는 화살이 자주 또 터무니없이 과녁을 빗나간다 하더라도 말이다. 루이스는 『네 개의 사랑』 끝부분에서 다음과 같이 썼다.

"모든 사람의 마음속에는 아이의 모든 것을 사랑이라는 이름으로 자연스럽게 받아들일 수 없는 어떤 부분이 있다. 모든 아이는 때로 정말 사람을 화나게 만들기 때문이다. 모든 아이는 가끔씩 밉살스럽기 짝이 없다."[27]

그러나 정성을 다하고 최선을 다할 때 우리는 이런 흠결에 눈을 감을 수 있고, 우리 아이들이 가지고 있는 최상의 선의만 가슴에 담고서 이 아이들을 사랑할 수 있다. 이와 관련해서 고프닉은 다음과 같이 썼다.

"이런 이상적인 모습에 다가가고 또 어린아이가 아닌 다른 사람을 돌보는 데는 여러 가지 길이 있다. 그러나 어린아이를 돌보는 것은 적어도 상당한 숭고함을 경험할 수 있는, 엄청나게 빠르고 효율적인 길임에는 분명하다."[28]

모든 것이 기적이다! | 대략 한 시간 반이 지났다. 위층에서 잠을 자던 캠이 갑자기 나타난다.

"캐머런! 너, 깼구나! 이리 오렴, 아이구 우리 손자!"

캠이 계단을 쏜살같이 내려오더니 할머니에게 달려와서 두 팔을 쫙 벌리고 할머니를 안는다. 할머니는 손자의 엉덩이를 톡톡톡 쳐준다.

"잘 잤어?"

캠은 고개를 끄덕인다. 샤론은 아침에 비해서 훨씬 더 행복해 보인다. 나는 바닥 분수장에 함께 갔을 때 자기가 한 시도 가만 있지 못하고 줄곧 웃고 있는 얼굴이었던 사실을 아는지 샤론에게 묻는다. 샤론은 빙그레 웃는다.

"그랬나요? 하지만 난 물을 굉장히 좋아해요. 아마 그것도 이유가 되겠죠."

그러고는 잠깐 생각을 한 뒤에 다시 말을 이었다.

"나는 아이들을 사랑해요. 물도 사랑하고…. 그런데 이 두 가지가 함께 있었잖아요. 그리고 캐머런이 재미있게 노는 걸 보고 있었고요. 아마도 그래서 내가 행복했던가 보죠. 너도 물놀이 하면서 좋아서 웃었지, 그렇지 캠?"

샤론은 말을 하는 도중에 시선을 손자에게로 옮겼다.

"너는 깔깔깔깔깔 깔깔깔깔깔 웃었어. 물도 막 마시고!"

샤론은 아이 얼굴을 정면으로 응시한다.

"그래서 나는 행복하더라아야?"

이렇게 샤론은 자기만의 방식으로 상당한 숭고함을 얻으려고 노력한다. 사실 그녀는 독실한 천주교인이다. 그녀는 하느님의 존재를 진정으로 확신하지는 않는다. 자기는 하느님의 열렬한 신자라기보다는 예수의 열렬한 추종자라는 게 더 정확하다는 말을 즐겨 하지만, 복음과 사회정의를 믿으며 "자기에게 꼭 필요한 것을 가지고 있지 않은 사람들을 돌봐야 한다."는 말로 자기의 철학을 단순하게 정리해서 실천하고 있다.

이것은 또한 미셸과 함께했던 그녀 인생의 핵심 가치이기도 했다. 그녀는 미셸이 필요로 하는 것을 미셸에게 주려고 노력하면서 살았다.

"그리고 사실 나는 내가 받은 어떤 것을 돌려주고 있었던 겁니다."

샤론은 그것이 일종의 선물이라고 여겼다. 미셸은 누구를 잘 신뢰하지 못하고 다른 사람이 베푸는 애정을 받아들일 줄 모르는 아이였다. 샤론에게 이런 사실은, 미셸이 자기 사랑을 받아들이는 방법을 배워야 한다는 뜻이었다.

"그 아이를 사랑하는 느낌은 좋았죠. 게다가 내가 그 아이를 사랑하기로 한 건 내가 했던 약속이었어요. 나는 약속은 아주 철저하게 지키는 사람이거든요. 어떤 의무를 지기로 해 놓고 그걸 지키지 않는 사람이 되고 싶지는 않아요."

샤론은 아기 미셸을 안고 판사 앞에 서서 입양의 최종 절차를 밟던 그날을 떠올린다.

"판사님이 나를 바라보고는 이럽디다. '아이를 다시 돌려보낼 수 없다는 거 잘 아시죠?'라고요."

그렇게 판사의 흉내를 낸 샤론은 잠시 깔깔거리며 웃고는, 이번에는 그때 했던 대답을 재현한다.

"예, 압니다. 죽을 때까지요."

그리고 바로 그때….

"바로 그때 나는 선택을 한 겁니다. 나에게는 다른 선택권들이 주어져 있었지만, 일단 어떤 선택을 한 이상 다른 선택권들은 모두 버렸답니다. 그래서 지금까지 온 거예요."

그리고 샤론은 동일한 약속을 캠에게 했다. 미셸은 서른두 살에 또 한 차례의 오랜 가출 뒤에 샤론에게 돌아와서 임신했다고 말했다. 그런데 미셸이 알지 못한 게 있었다. 자궁경부암에 걸려 있었던 것이다. 그것도 이미 상당히 진행된 상태였다. 임신했을 때 단 한 번도 병원에 가서 검사를 받지 않았다가 발견되었다. 그리고 캠은 임신 28주 만에 태어났다. 어린 캠이 살아날 확률은 자기 엄마가 살아날 확률보다 높다고 할 수 없었다. 미셸은 아홉 달을 더 살다가 죽었는데, 죽음이 가까울수록 고통은 점점 더 심해져서 아기를 안을 수도 없었고 아기가 엄마를 만질 수도 없었다. 죽어 가는 엄마의 소원은 단 하나, 샤론이 아기를 잘 돌봐주는 것이었다. 그랬다. 샤론은 미셸의 소원대로 아기를 잘 돌봤다. 완벽하다고는 할 수 없어도 날마다 모든 정성을 다 쏟았다. 그리고 지금 캠은 죽어 가던 자기 엄마가 생애의 마지막 몇 달을 보내던 바로 그 방을 차지하고 튼튼하게 자라고 있다.

"죽을 때까지 내가 할 일이랍니다. 그리고 때로 나는 속으로 이런 생각을 한답니다. 만일 이 아이가 온전한 엄마 아빠 아래에서, 젊은 엄마 아빠 아래서 자란다면 지금보다 더 낫지 않을까? 하는 생각을 말이에요. 뭐라고 확실하게 말할 수는 없지만, 지금으로서는 그런 사람들을 찾을 수가 없네요. 녀석이 나한테 딱 붙어 버렸거든요."

앨버트 아인슈타인은 인생을 이끌어 가는 두 개의 길이 있다고 말했다. 하나는 인생에서 기적은 일어나지 않는다고 믿고 살아가는 것이고, 또 하나는 모든 것이 다 기적이라고 믿고 살아가는 것이다. 샤론의 시선이 거실을 가로지른다. 캠이 어느 사이엔가 안락의자에 자리를 잡았다. 아이의 무릎에는 그림책 작가 리처드 스캐리Richad Scarry의 『씽씽씽 공항에 가 볼래?A Day at the Airport』가 펼쳐져 있다.

"캠이 태어났을 때 몸무게가 1.4킬로그램이 채 안 되었죠. 키도 36센티미터밖에 안 되었고요. 그런데 지금 겨우 3년밖에 지나지 않았지만 두 다리를 꼬고 앉아서 책을 읽고 있잖아요. 그러니 어떻게 이런 기적에 놀라지 않겠어요?"

샤론은 잠시 동안 손자를 가만히 바라본다. 나도 캠을 말없이 바라본다.

"어떻게 이런 일이 일어날까요? 우리는 하찮은 존재에서 시작합니다만, 오늘, 저 아이를 보세요. 저 아이는 지금 자기 세상이나 그 뭔가를 듬직하게 책임지고 있잖아요."

4장

어떻게 가르칠 것인가?

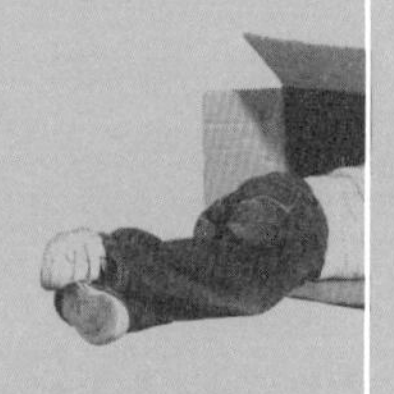

◇◇◇◇◇◇

다른 사람들이 돈을 쓸 수 있도록 절약을 이끌어 주는 행위는 분명 심원한 깊이의 애정에서 비롯된다.[1]

에드워드 샌포드 마틴, 『어린이라는 사치 그리고 또 다른 사치들』(1904년)

내가 로라 앤 데이와 함께 커브스카우트(보이스카우트 조직에서 8~10세의 어린이를 대상으로 한 조직. 그 위로 보이스카우트, 시니어스카우트, 로버스카우트가 있다 – 옮긴이) 가입 신청서를 작성하는 곳까지 따라간 것은 순전히 로라의 아이디어였다. 처음 전화를 걸었을 때만 하더라도 이럴 계획은 없었다. 나는 그녀가 살아온 인생에 대해서 구체적으로 아는 것도 거의 없었다. 서른다섯 살이고 이혼했으며 두 아이의 엄마라는 것, 어떤 변호사 밑에서 일정 담당자로 일하며 웨스트유니버시티플레이스에 살고 있다는 것이 내가 아는 전부였다. 웨스트유니버시티플레이스는 휴스턴 내에 있으며 의욕이 넘치는 전형적인 부모들이 바쁘고 야심차게 살아가는 부유한 자치도시다.

그때 로라 앤은 자기를 '스카우트 맘'이라고 소개했다. 커브스카우트는 휴스턴에서 대단한 단체다. 커브스카우트가 왜 그렇게 대단한 단체냐고 묻는다면 그녀는 무려 열여섯 가지의 이유를 댈 수도 있다. 그러나 그 가운데 어떤 것도 내가 이 저녁 시간에 자기와 동행해야 하는 이유를 설명해 주지는 않는다. 하지만 로라 앤은 커브스카우트 가입 신청을 하는 장소야말로 자기 아이의 가을 일정을 잡아주려는 부모들의 열성을 가장 생생하게 실시간으로 목격할 수 있는 최고의 장소라고 믿고 있다. 우리는 그녀가 모는 도요타 하이랜더를 타고 이동한다. 그녀는 금발의 고수머리 위에 선글라스를 왕관처럼 거만하게 얹었고, 카키색 스카우트 셔츠 밑단을 청바지 속으로 단정하게 넣어 입고 있었다. 자동차에서 그녀는, 우리가 그 현장의 문을 통과하는 바로 그 지점부터 갈등과 과열된 바람의 온갖 아리아들이 공기를 가득 채울 것이라고 경고한다.

"이제 한번 두고 보세요."

로라 앤은 자동차의 문을 잠그면서 그렇게 말한다.

그녀의 말이 맞다. 부모들은 웨스트유니버시티 유나이티드 메소디스트 처치에 도착하자마자 스카우트 지도자들에게 질문을 퍼붓기 시작한다. 한 주에 몇 번이나 이 모임에 참석해야 하나요? 우리 아이도 가입하려고 하는데 시간이 맞을지 몰라서 그래요. 왜냐하면….

"왜냐하면 우리 아들은 밤에 적어도 한 시간은 숙제를 해야 하거든요. (자기 아이를 흘끗 한 번 바라본 다음에) 또 피아노와 미식축구도 해야 하고… 그리고 얘 동생은 티볼을…."

다른 엄마도 묻는다.

"우리 아들은 한 주에 한 번씩 스카이프로 인도 고전음악을 배우거든요. 그리고 한 주에 두 번씩은 노래 교습을 받아요. 또 주말에는 피아노와 미식축구와 외국어 교습을 받거든요. 토요일에는 산스크리트어 교습을 받고 일요일에는 힌두어 교습을…."

그리고 곧바로 어떤 아빠가 묻는다. 이 사람은 간단하게 정리해서 말한다.

"왜냐하면 여기 있는 다른 사람들과 마찬가지로, 우리 아이들 일정이 너무 빡빡하거든요."

이 질문들은 모두 랜디에게로 향한다. 그는 낮에는 발 관리 전문가로 일을 하지만 그 외의 시간에는 커브마스터(커브스카우트의 반을 감독하는 리더로 성년 남자가 맡는다-옮긴이)로 활동하기 때문이다. 랜디는 알아들었다는 듯이 질문마다 고개를 끄덕인다.

"예, 대답을 드리죠. 한 달에 두 번 모임이 있습니다. 한 번은 덴 모임이고 한 번은 팩 모임입니다. 그리고…"(덴 모임은 다양한 학습을 하는 행사이고, 팩 모임은 매달 한 가지씩 정해진 주제에 대한 경과 보고 성격의 행사다-옮긴이)

랜디가 장황하게 설명을 하려 하자 방금 질문을 했던 아빠가 얼굴을 찌푸린다.

"예, 그래서 내가 물어보고 싶은 게 있는데 말입니다…."

이 아빠는 자기 아들을 한 번 쓰윽 본 다음에 말을 계속 잇는다.

"왜냐하면, 우리 아이는 화요일에는 당연하겠지만 미식축구를 해야 하니까요."

여기에서 당연하다는 말이 들어간 것은, 이곳이 텍사스이고 따라서 누구나 미식축구를 하기 때문이다. 그런데 이 아빠가 그 당연하겠지만이라고 말한 데는 또 다른 이유도 있다. 커브스카우트의 한 달에 한 번 있는 팩 모임 역시 화요일 밤에 열리기 때문이다.

"나는 이 아이 동생의 축구 감독까지 맡아야 합니다. 화요일 밤에 말입니다."

그러니까 자기는 자기 아들을 스카우트에 참가시킬 수 없지 않겠느냐는 것이었다.

"예, 그렇군요."

그러나 이 아빠는 어떻게든 미식축구와 스카우트를 병행할 수 있는 방법을 찾아내려고 한다.

"어쩌면 한 달에 한 번쯤은 미식축구 연습을 빠질 수도 있겠죠… 또… 음…."

한참을 끈 뒤에 이렇게 말한다.

"이 녀석을 복제해서 똑같은 놈을 하나 더 만들 수도 있겠죠."

교육 전쟁

미네소타 대학교 가족사회학 교수이자 ECFE의 자문위원인 윌리엄 도허티는 1999년에 '과도한 일정에 시달리는 아이들overscheduled kids'이라는 신조어를 처음 만들었다. 이 신조어로 그는 어린아이들이 갑자기, 마치 작전사령부의 참모요원 직책이라도 맡게 된 것처럼 바쁘고 빡빡한 학습 및 과외 활동에 시달리게 된 현상을 매우 적절하게 묘사했다.[2] 이런 과도한 일정을 두고 많은 사람들이 비판해 왔다. 비판은 주로 그런 과도한 일정이 아이들을 불안하게 만들고, 느긋하게 게으름을 피울 수 있는 자유와 그런 게으름에서만 얻을 수 있는 상상력을 아이들에게서 박탈한다는 것이다. 그러나 이런 지나친 계획과 열정이 아이들의 부모에게 끼칠 수도 있는 해로움에 대해서 비판하는 사람은 별로 없다. 그렇다. 부모야말로 자기를 포함해서 아이의 일정을 책임지고 있으며 따라서 과도한 일정에 시달리는 아이들이라는 문제에 관한 한 공동 피해자이기도 하다. 그러나 도대체 어떤 힘이 엄마와 아빠를 이렇게 과도한 지경으로까지 몰아붙이고 있는지 살펴보는 것도 충분한 가치가 있다.

왜냐하면, 부모들 자체가 과도하기 때문이다. 아이들의 모든 과도한 일정 뒤에는 엄마나 아빠가 있다. 이들이 아이들의 등을 떠밀어서 티볼에서 아이스스케이팅 그리고 체스 교습까지 받게 하며, 많은 경우에는 자기 아이와 함께 바이올린을 배우기도 하고 심지어 릴라이언트 스타디움 모형을 만들기도 한다. 사정이 이렇다 보니까 어떤 엄마는 나에게 이런 말도 했다.

"나는 집에서 아이들을 돌보고 싶어서 풀타임 직장을 그만뒀어요. 시간제로 일하는 일자리를 가지려고 말이에요. 그런데 지금 나는 도무지 집에 붙어 있을 시간이 없어요."

사회학자인 아네트 라루Annette Lareau는 이런 문제를 최초로 깊이 있게 들여다본 사람들 가운데 한 명이다. 그녀는 2002년에 출간한 『불평등한 어린 시절Unequal Childhoods』에서 이 문제를 깊이 있고도 세밀하게 포착했다. 출간되자마자 고전의 반열에 오른 이 책에서 그녀는 열두 가족을 살피면서 (네 가족은 중산층이고, 네 가족은 노동자 계층이고, 나머지 네 가족은 빈곤층이다) 각 계층마다 양육 방식에 결정적인 차이가 있음을 찾아낸다. 빈곤층과 노동자 계층의 부모들은 자기 아이들의 생활 구석구석까지 지시하지 않았다. 라루는 이들 부모의 접근방식을 '자연적 성장을 통한 성취'라고 부른다. 이에 비해서 중산층의 교육 방식은 전혀 달랐다. 워낙 달랐기에 그녀는 이 방식에 '집

중 양육concerted cultivation'이라는 이름을 붙였다.[3]

"집중 양육은 바쁜 부모에게 극심한 노동을 요구하고, 아이들을 지치게 만들며, 가족 집단이라는 발상이 성장할 기회마저 희생시키면서 개인주의가 자라날 수 있는 삶의 방식을 강조한다."[4]

이 책 전반을 통해서 라루는 중산층 부모를 향해 한편으로는 연민의 감정으로, 또 한편으로는 당혹스러운 감정으로 바라본다. 그러나 무엇보다도 그녀를 놀라게 한 것은 중산층 부모가 아이들의 삶에 개입하는 모습에서 드러나는 심리적인 교활함이다. 그녀는 이런 점을 가장 생생하게 드러내기 위해서 마셜 가족의 사례를 든다.

"마셜 가족에서는, 아이들에게 스스로 알아서 문제를 해결할 수 있도록 자율성을 보장하는 노동자 계층과 빈민층 가족과 달리, 아이들의 생활 가운데 거의 대부분을 엄마가 **지속적으로** 철저하게 관찰하고 검토한다."(강조는 라루)

예를 들어서 딸이 참가해야 하는 체조 프로그램이 그렇다.

"체조 프로그램과 관련된 결정은 다른 가족 그 누구보다도 엄마가 막강한 권한을 휘두르며 내린다."[5]

이 엄마는 백플립과 카트휠을 어디에서 배우는가에 따라서 이 딸의 미래가 결정되는 것처럼 생각한다.

바로 이것이 내가 휴스턴 및 휴스턴 인근의 주택지를 찾은 이유 가운데 하나다. 이 지역은 미국 집중 양육의 비공식적인 여러 수도들 가운데 하나로 꼽힌다. 비록 뉴욕이나 케임브리지 혹은 비벌리힐스와 같은 도시를 말할 때 연상되는 것과 전혀 상관이 없긴 하지만….
이 지역에는 모든 요소가 다 갖추어져 있다. 우선 중산층이 많이 산다. 또 사람들이 스포츠에 열광한다. 그리고 이 도시에는 연구직에 종사하는 사람들이 많다. 텍사스 메디컬 센터, 베일러 대학교와 라이스 대학교와 휴스턴 대학교 그리고 수많은 에너지 관련 기업들이 있기 때문이다. 또한 2010년 인구 조사에 따르면, 열여덟 살 미만의 아이가 있는 가족의 수가 폭발적으로 늘어나고 있다.

여기에는 방과 후 야구 활동으로 리틀리그만 있는 게 아니다. 개인 타격 코치들도 활동하고 있으며, 실력이 좋은 아이들은 클럽 수준의 토너먼트 경기를 펼치는데, 여기에는 아무나 들어갈 수 없고 지명을 받아야만 선수로 뛸 수 있다고 로라 앤은 말한다. 그리고 예전에 나디아 코마네치Nadia Comaneci(1980년 올림픽 체조 금메달리스트-옮긴이)와 메리 루 레톤Mary Lou Retton(1984년 올림픽 체조 금메달리스트-옮긴이) 그리고 케리 스트럭Kerri Strug(1996년 올림픽 체조 금메달리스트-옮긴이) 등을 가르쳤던 벨라 카롤리Bela Karolyi가 휴스턴에서 100킬로미터쯤 떨어진 곳에서 체조 캠프를 운영한다. 몇몇 아이들은 글을 읽기도 전에 먼저 미식축구부터 시작한다. 내가 만난 또 다른 엄마인 모니크 브라운은 이렇게 말한다.

"스티븐은 여름에 미식축구 캠프에 갔답니다. 부모들은 다들 그래요. '우리는 아이들에게 단백질 강화 주스와 근육 강화 우유를 먹여요.'라고요. 마치 자기 아이들이 금방이라도 프로 선수로 뛸 것처럼 말이에요. 이제 겨우 일곱 살인데."

여름방학이 되면 사정은 한층 심각해진다. 아이들이 학교에 가지 않으니 시간이 하루 종일 비어 그만큼 채워야 할 활동이 많아지기 때문이다. 내가 처음 텍사스에 있는 부모들에게 전화를 했을 때가 6월이었는데, 나와 통화를 한 사람은 각각 수학과 과학에 재능이 있는 열한 살과 열세 살인 두 아이의 어머니였다. 대부분의 부모는 오늘날의 여름 캠프는 테더볼(기둥에 매단 공을 라켓으로 치고받는 게임 - 옮긴이)과 이어달리기와 젤로(향을 낸 디저트용 젤리의 브랜드명 - 옮긴이)로 기억되는 옛날 옛적의 여름 캠프와 전혀 다르다는 걸 알고 있다. 캠프는 주 단위로 난이도를 달리한 일련의 집중 훈련 과정으로 채워지며, 이 과정들은 참가자들이 육체와 정신을 강하게 단련하도록 설계되어 있다. 그러나 이 맞춤형 재능 개발이라는 새로운 관점에서 바라본다 하더라도, 모니크 브라운이라는 이 엄마가 자기 아들이 참가할 여름 캠프의 조건으로 꼽는 내용은 진정 호머의 『오디세이』를 연상시킬 정도로 장대하다. 우선 자기 아이에게는 낙원이 될지 모르지만 자신과 그녀의 남편은 카풀의 지옥을 견뎌야만 한다. 컴퓨터 캠프만 하더라도 자바 언어를 배우는 캠프가 있고 C++를 배우는 캠프가 있고 또 비주얼베이직을 배우는 캠프가 있다. 또 어떤 캠프는 비디오게임을 보다 잘할 수 있도록 해킹 방법, 즉 이른바 '게임 모딩'을 가르친다. 과학 자연 박물관Natural Museum of Science이 제공하는 캠프만 하더라도 화학 캠프, 우주 캠프, 공룡 캠프, 물리학 캠프 등이 있다. 미국 로봇 공학 아카데미American Robotics Academy도 '미치광이 기계 장치들'과 '레오나르도 다빈치의 기계 장치들' 등을 주제로 여러 캠프를 운영한다. 두뇌가 가장 우수한 7학년(중학교 1학년) 학생이라면 건축에서 뇌과학에 이르는 대학교 수준의 여러 강의를 들을 수 있는 3주짜리 프로그램에 참가할 수도 있다. 특이한 데 관심이 많은 괴짜 아이들이라면 '강력 접착제 만들기'와 같은 캠프에 참석해서 다른 사람들이 생각도 하지 못했던 물건을 만들어 볼 수도 있다.

하지만 우후죽순처럼 퍼지는 어린이 방과 후 활동 및 이와 관련해서 점점 더 거세지는 부모들의 열기를 확인할 수 있는 가장 간단한 방법은 통계 수치를 살피는 것이다. 미국 노동 통계국의 "미국인 시간 사용 조사"에 따르면, 여자들이 직장에 다니는 게 통상적인 모습으로 자리를 잡기 전인 1965년만 하더라도 엄마들이 아이들에게 들이는 시간은 2008년의 엄마들에 비해서 한 주에 3.7시간 적었다. 그런데 여기에서 고려해야 할 점은, 2008년의 엄마들은 1965년의 엄마들보다 세 배나 많은 시간 동안 유급 노동을 한다는 사실이다. 한편 2008년의 아빠들이 아이들에게 들이는 시간은 1965년에 비해서 무려 세 배로 늘었다.[6]

그렇다면 양육의 방식이 이렇게 부모를 점점 더 힘들게 하는 방향으로 나아가는 추세를 어떻게 설명할 수 있을까?

우선 할 수 있는 한 가지 설명은 단순하다. 자녀의 수가 예전에 비해서 적어졌다는 점이다. 그러므로 아이 한 명당 들일 수 있는 부모의 시간이 그만큼 늘어난다. 그러나 다른 설명들은 보다 미묘하다. 우리는 도시가 확장되는 이른바 스프롤 현상이 일어나는 국가에 살고 있다. 그러므로 우리 아이들은 친구들과 공간적으로 점점 더 멀리 떨어지게 된다. 그래서 부모는 자기 아이가 다른 아이들과 함께 어울려서 활동할 수 있는 기회를 만들어 주려고 한다. (이런 현상은 특히, 아이스크림 트럭만큼이나 큰 SUV 차량들이 질주하는 12차선 고속도로들이 거미줄처럼 얽혀 있는 휴스턴 지역에서 강하게 나타난다.) 우리는 또한 전자매체가 폭발적으로 늘어나는 시대의 한가운데 놓여 있는데, 부모는 이런 전자매체의 유혹으로부터 아이들을 떼어내서 보다 건설적인 것으로 아이들의 눈을 돌려놓으려고 한다. 오늘날의 부모들은 예전보다 아이들의 안전을 더 많이 걱정하는데 (물론 때로 이런 걱정 가운데는 전혀 합리적이지 않은 것도 포함되긴 한다) 그 바람에 부모들은 아이들의 시간을 보다 더 많이 통제하려고 드는 경향을 보인다. 그리고 부모들, 특히 직장에 다니는 엄마들은 아이들과 함께 있지 못하는 시간을 보상해 주고 싶은 마음에, 일을 하지 않는 시간 동안이나마 보다 많은 시간을 아이들과 함께 보내고자 하지만, 그럴수록 채워지지 않는 기대는 불편함과 모호함으로 나타난다. 그럴수록 부모는 다시 더 초조해져서 아이들을 향한 통제의 고삐를 더욱 바싹 잡아당긴다.

하지만 어쩌면 가장 본질적인 문제일 수도 있는데, 과잉 양육이라는 현상이 미래에 대한 혼란과 불안이라는 새로운 심리 상태를 반영한다는 점이다. 다가올 미래에 제대로 준비할 수 있도록 아이들을 완벽하게 만들어야 한다는 것은 오늘날 중산층의 확고한 믿음이다. 그러나 이렇게 하려는 우리의 뒤죽박죽 엉망진창 노력들은 흔히 난잡하고 심지어 서로 모순되기까지 하다. 이런 사실은, 그런 노력에 뒤따르는 결과는 무엇이며, 또 이 주요한 문제에 대해서 우리가 해야 할 정확한 역할은 무엇인가, 하는 점에 대해서 우리가 갈피를 잡지 못하고 있음을 암시한다. 우리는 우리 아이들에게 정확히 무엇을 준비시키는 것일까? 아이들이 그런 준비를 하도록 하려면 엄마로서 혹은 아빠로서 우리는 어떻게 해야 할까? 과거의 부모들도 지금 우리처럼 언제나 이렇게 맹목적으로 행동했을까? 부모의 역할과 아이의 역할이 과거에는 보다 명확하고 단순했을까?

이런 질문들에 대한 대답은 명백해 보인다. 그러나 이 대답은 생각보다 훨씬 더 복잡하며, 아동기의 자녀를 돌보는 일 가운데서 가장 어려운 과제들 가운데 핵심적인 문제와 연결되어 있다. 아이들의 기호나 취향과 마찬가지로 아이들의 강인함과 허약함이 온전하게 모습을 드러내기 시작하는 때가 바로 이 아동기다. 한때의 변덕과 사소한 자극적인 버릇 혹은 유쾌한 어떤 경향 등이 온전한 기질적 특성으로 굳어지기 시작한다. 온전한 하나의 인간으로서의 면모가 나타나기 시작한다. 중산층 부모들은 이런 시기를 아이 인생의 결정적인 시기로 인식한다. 즉, 아이를 최상의 인간으로 만들기 위해서 어떤 것을 할 수도 있고 혹은 아무것도 하지 않을 수도 있는 시기라고 바라보는 것이다. 그러나 이 부모들은 어떻게 해야 할지 방법을 확신하지 못한다. 심지어 아이들을 위해서 세운 여러 가지 목표들이 과연 가능한 것인지조차 확신하지 못한다. 이런 맥락에서, 휴스턴 외곽에서 흔히 만날 수 있는 유형의 엄마인 레슬리 슐츠는 이렇게 말한다.

"아이들이 지금보다 어릴 때는 '지금부터 시리얼을 먹어도 되나?'를 놓고 고민했지만, 지금은 '지금 내가 우리 아이를 위해서 올바른 결정을 내리고 있나?'를 놓고 고민한답니다."

아닌 게 아니라, 이 엄마가 자기가 올바른 결정을 내리고 있는지 아닌지 도대체 어떻게 알 수 있단 말인가?

끝없이 이어지는 과외 활동 | 우리는 집중 양육을 연안 지역의 신경과민적 부산물이나 텍사스라는 거대한 주의 크기에 걸맞은 야망쯤으로 생각하는 데 익숙하다. 그러나 아네트 라루의 책을 읽으면서, 이 책에 나오는 처음 두 사람은 세인트폴의 ECFE 강좌 모임을 통해서 만났던 두 엄마와 같다는 생각을 했다. 이 두 사람은 자기를 '위원회(학부모 모임)'에 속한 사람들이라고 지칭했는데, 위원회에 속한 사람들은 이 모임의 활동을 통해서 서로 잘 알고 지냈다. 이 두 엄마 가운데 한 사람은 나에게 보낸 이메일에서 다음과 같이 썼다.

"위원회에 속한 엄마들은 지적 수준이 높고, 아이들을 돌보는 데 적극적이며, 재미있고, 역동적입니다. 이 사람들은 자기 자신을 모두 태워 버릴 정도로 다들 열성적입니다."

다음날 나는 이 이메일을 보낸 마타 쇼어를 한 카페에서 만났다. 마타는 통계학 교수이자 두 자녀의 엄마다. 그녀는 자기가 너무 질린 상태라서 올해에는 학부모로서 할 수 있는 학습 관여 활동과 관련해서 한 아이당 한 가지만 하기로 마음먹었다고 했다. 왜 그런지 물었다. 그러자 그녀가 고개를 갸웃하더니 다음과 같이 말했다.

"학습 관여 활동의 수를 제한하지 않으면 아이당 열여덟 개의 활동을 할 수도 있으니까요."

하지만 그건 내가 물었던 질문에 대한 대답이 아니었다. 나는 왜 굳이 그런 활동이 필요하냐고 물었던 것이다. 그녀는 이미 아홉 살짜리 딸을 수영 교실과 히브리어 교실 그리고 피아노 학원에 태워다 주고 있었으며 (혹은 적어도, 딸이 그런 곳들을 다닐 수 있도록 카풀을 조정했으며) 이미 딸의 걸스카우트 대장직을 맡고 있었다. 그녀 본인도 미술과 유도를 탐구하고 있었다. 이것은 그녀가 이런 활동을 할 경제적인 여유나 시간적인 여유가 있어서가 아니라, 딸이 이런 것들에 흥미가 있다고 했기에 미리 배워 두기 위해서였다. 또한 ECFE를 옹호하는 활동도 하고 있었다. 본인과 세 살배기 딸이 여전히 ECFE 강좌에 참석하고 있기 때문이었다.

그러나 마타는 자기가 이 모든 것을 하지 않는 세상을 상상조차 하지 못했다. 돈이 넘쳐날 정도로 많은 것도 아니고 풀타임으로 직장 생활을 하면서 굳이 왜 그렇게 높은 기준을 세워 두고 거기에 자기를 맞추려고 하는지 물었지만, 그녀는 내 질문의 요지가 무엇인지 알아듣지 못했다. 그녀에게 내가 한 질문은 왜 숨을 쉬느냐고 묻는 것과 동일한 수준의 질문이었다.

다음날 나는 마타의 친구인 크리시 스나이더를 만났다. 크리스 역시 '위원회'에 소속된 학부모였다. 그녀는 직장에 다니지 않고 집에서 네 아이를 키우는데, 그녀 역시 자기는 올해를 '안식년'으로 삼고 있다고 했다. 하지만 그래도 그녀는 교회와 '어린이 내각 팀'에서 이런저런 직책을 맡고 있었다. 나는 아이들이 받고 있는 과외 활동에 대해서 물었다. 크리스가 했던 대답을 글자 하나 바꾸지 않고 옮기면 다음과 같다.

에디는 이번 여름에 스포츠 종목 두 가지를 할 거예요. 그리고 낮에는 따로 수영을 할 겁니다. 한 주에 다섯 번씩 5주 동안에요. 그리고 미술 교실에도 다닐 거고요. 하지만 두 형들과 함께 다닐 거라서 한꺼번에 한 번만 태워 주면 돼요. 그런 다음에 티볼과 미식축구를 할 건데, 이 두 종목의 일정은 헨리나 이언과는 다르게 돌아갈 거예요. 헨리는 미식축구 원정 경기를 계속 뛰고 야구 리그 경기를 할 거예요. 이언도 최근에 야구 리그 경기를 하게 되었어요. 그리고 이 두 아이는 읽기 개인 교습을 받습니다. 예능 분야를 이야기하자면, 헨리는 피아노와 첼로를 배우고 있어요. 첼로는 학교에서 하고 피아노 레슨은 개별적으로 받죠. 그런데 어느 쪽에 비중을 둘지 고민 중이에요. 돈이 많이 들거든요. 복권에 당첨되지 않는 한 어쩔 수 없어요. 그런데 헨리는 둘 다 하고 싶어 해요. 이쪽이 적성에도 맞고 소질도 있거든요. 이언은 바이올린을 해요. 학교에서요. 하지만 레슨을 받을 때는 내가 옆에 있어야 하죠. 아시잖아요, 스즈키 교육법.(어린아이에게 악기 특히 바이올린 연주법을 가르치는 방법론으로, 부모가 아이와 함께 수업에 참여하고 가정에서 연습을 지도하며 아이들이 음악을 즐길 수 있는 분위기를 만들어 주는 걸 중요하게 여긴다—옮긴이)

크리스의 막내딸 메건은 아직 과외 활동을 할 나이가 아니었다. 이제 겨우 두 살이었으니까.

마타나 크리스 모두 경제적으로 넉넉한 편이 아니다. 아이들도 모두 공립학교에 다닌다. 크리스와 그녀의 남편 및 네 아이는 약 120제곱미터(36평)라는 넓지 않은 주거 공간에서 생활한다. 그리고 어떤 아이가 추가로 어떤 과외 활동을 한다는 것은 가족이 그 만큼 다른 즐거움이나 여유로움을 포기해야 한다는 뜻이다. (마타는 나와 대화를 하는 도중에 남편과 단둘이 시내에서 데이트를 할 때 아이들을 돌봐주는 데 들어가는 비용을 포함해서 데이트 비용이 너무 비싸다는 얘기를 여러 차례 했다.) 그러나 이것은 자기들이 감당해야 하는 것이라고 말한다. 자기 주변의 다른 부모들도 그렇게 한다고 한다. 신문이나 잡지에서도 그렇게 하는 게 당연하다더라고 말한다. 이런 일은 정보화 시대의 흙먼지 속에서 아이를 키울 때면 으레 일어나는 일 아니겠느냐는 것이다.

"신문이었는지 잡지였는지 기억나지는 않지만, '스포츠를 할 줄 아는 여자아이는 마약을 하거나 임신을 할 확률이 낮다.'고 했거든요. 그걸 읽었을 때 내가 뭐라고 했는지 아세요? 어머나 어떡해, 네 살 때 미식축구를 하지 않으면 팀 스포츠는 절대로 못 해 보겠네? 그렇게 말했죠."

그런데, 자기 딸에게는 아무런 문제가 없었다는 생각이 마타의 머리에 떠오르기까지는 제법 많은 시간이 걸렸다.

어린이의 짧은 역사

오늘날 중산층 부모는 대부분 마타와 크리시의 접근법을 당연한 것으로 받아들인다. 아이들에게 투자하는 데는 과잉 투자라는 게 있을 수 없다는 생각이다. 아이들이 살아갈 미래의 삶을 조금이라도 개선할 수만 있다면 본인이 거지가 되어도 좋다는 게 이들의 생각이다. 더하면 더할수록 좋지만 아이들은 적어도 이 정도의 희생과 대접을 당연히 받아야 한다, 라는 게 이 부모들이 가진 생각이다.

그러나 과거에는 어른들이 이런 식으로 자기 아이를 바라보지 않았다. 역사학자 스티븐 민츠Steven Mintz에 따르면, 19세기 이전에는 어른들이 아이들에게 인정을 베풀지 않았다. 그리고 어린이 시기를 '결핍과 무능의 시기'라고 바라보았다.[7] 부모가 자기 아이를 애정과 향수의 눈으로 바라보는 경우는 거의 없었다. 뉴잉글랜드 여러 식민지들에서 새로 태어난 자기 아이를 '그거'나 '어린 낯선 놈'으로 부르는 일은 흔했고,[8] 이 어린 새 식구를 위해로부터 지켜주려는 추가적인 노력이나 시도는 전혀 없었다.

"아이들은 촛불이나 난로에 화상을 입고 죽었으며, 강이나 우물에 떨어져 죽었으며, 독약을 먹고 죽었으며, 뼈가 부러져 죽었으며, 핀을 삼키고 죽었으며, 콧구멍에 견과가 끼여서 죽었다."

어른들은 아이들이 끔찍한 정서적인 학대를 받지 않도록 지켜줄 생각조차 하지 않았다.

"성직자들은 아이들이 어릴 때부터 죽음에 대한 생각을 하도록 가르쳤는데, 성직자들이 하는 설교에는 지옥에 대한 생생한 묘사와 영원한 저주의 공포가 포함되어 있었다."[9]

이런 인용들은 모두 "미국 어린이의 역사"라는 부제가 붙은 민츠의 『헉의 뗏목Huck's Raft』에서 나온 것으로, 이 책은 미국의 초창기부터 현재까지를 무대로 삼고 있다.(책 제목에서 헉은 마크 트웨인의 소설에 등장하는 '허클베리 핀'을 가리킨다—옮긴이) 역사 전문가가 아닌 부모가 보기에는 이 책이 놀라운 사실을 폭로하고 있다. 훌륭한 역사책은 모두 현재의 제도와 믿음에 대한 유용한 맥락을 제공하지만, 어린이의 역사를 다룬 책은 특히 놀라울 따름이다. 왜냐하면 사람들은 어린이가 본능적이며 따라서 절대 변하지 않고 더 이상 단순화할 수 없는 존재라는 믿음을 갖고 있다고 생각하는 경향이 있기 때문이다. 그러나 민츠에 따르면 그렇지 않다. 비록 18세기에 철학자 장-자크 루소Jean-Jacques Rousseau가 어린이는 그 어떤 거리낌이나 속임수도 없이 순수하고 자발적인 존재라고 주장했고 또한 17세기에 존 로크John Locke가 어린이는 백지 상태로 태어나서 부모의 가르침과 지도에 따라서 선인이 될 수도 있고 악인이 될 수도 있다고 주장했지만, 그러나 미국이라는 나라가 처음 시작될 때 미국인들은 아이들이 연약한 존재라거나 사랑스러운 존재라는 생각을 거의 가지고 있지 않았다. 그러다가 19세기 초가 되어서 비로소 어른들은 아이를 소중한 존재로 여기기 시작했다. 바로 이 시기에 어린아이용 높은 의자도 처음 나왔다. 어린아이가 식탁에 어른과 함께 앉는다는 것은 그 자체로 어린이의 위상이 그만큼 높아졌다는 뜻이다. 최초의 육아 서적도 바로 이 시기에 나왔다. 그리고 미국에서도 처음으로 공립학교가 나타났다. 어린이 병원이나 고아원과 같은 아동복지를 실천하는 시설들이 나타나기 시작했다. 발상의 혁명이 시작된 것이다.[10]

하지만 대부분의 어린이들에게 이 혁명은 새로운 특권으로 전환

되지 않았다. 아이들은 경제적으로 매우 가치가 높았다. 19세기 초, 산업혁명으로 아동 노동(미성년 노동)(미국에서는 15세 미만의 아동노동, 국제노동기구에서는 18세 미만의 아동 노동, 한국에서는 16세 미만의 어린이-옮긴이)이 대량으로 필요했다. 작은 마을에서는 점점 많이 생겨나기 시작하던 광산과 방앗간으로 어린이들이 일을 하러 나갔고, 도시에서는 거리로 쏟아져 나와 장사를 하거나 공장에서 일을 했다. 농업이 상업화되기 시작하면서 농장에서 아동 노동은 특히 더 큰 가치가 있었다. 사실 어린이들은 이미 농업경제에 통합되어 있었다. 민츠에 따르면, 아이들은 다섯 살이 되면 씨를 뿌렸고 여덟 살이 되면 수확 작업에 참가했다.[11] 19세기 말에는 어린이가 자기 어머니보다 더 많은 돈을 벌었으며,[12] 십 대 소년은 때로 자기 아버지보다 더 많은 임금을 받기도 했다.[13]

혁신주의 시대(대부분의 학자는 이 시기를 1890년부터 1920년까지로 규정한다)가 되면서 어른들은 마침내 아동 노동을 금지하는 구체적이고 조직적인 노력을 기울이기 시작했다. 그러나 변화는 여전히 느리게 진행되었다. 개혁자들은 농업 노동에 대해서는 예외 규정을 두었다. 농업 노동은 인격을 함양하는 과정이라고 보았기 때문이다. 제2차 세계대전 기간 동안에 아동 노동에 대한 금지는 완화되었다. 너무도 많은 청년이 전쟁터로 나갔기 때문이었다. 그러나 전쟁이 끝나자 상황은 바뀌기 시작했다. 오늘날 우리가 가지고 있는, (어린이를 보호해야 하며 어린이의 교육과 정서적인 성장에 힘써야 한다는) 아동 및 아동기에 대한 모든 생각과 기준이 바로 이 무렵에 미국의 표준으로 자리를 잡았다.[14] 이렇게 해서 이제 어른만 풀타임으로 일을 하게 되었다. 어린이에게는 일이 면제되었다. 어린이에게 일을 면제할 뿐만 아니라 돈까지 주기 시작했다. 우리가 현재 '아동 수당'이라고 알고 있는 낯선 제도가 공식적으로 시작된 것이다.[15] 어린이가 해야 하는 가장 기본적인 일은 학교에 나가서 공부하는 것이었다. 이와 관련해서 비비아나 젤라이저는 저서 『프라이싱 차일드Pricing the Priceless Child』(원제목을 직역하면 '값을 따질 수 없을 정도로 귀중한 어린이에게 가격을 매기기'라는 뜻이다–옮긴이)에서 다음과 같이 쓴다.

"19세기 어린이의 유용한 노동은 이제 아무런 쓸모가 없는 아이를 위한 교육으로 대체되었다."

숙제가 아이에게는 실질적인 일이 된 것이다. 물론 그것은 분명 어떤 가치를 지니고 있다. 그러나 함께 사는 가족에게는 전혀 가치가 없다. 그래서 젤라이저는 다음과 같이 쓴다.

"아동 노동은 가족경제에 기여했지만, 이제 어린이가 하는 일은 기본적으로 **그 어린이 본인에게만 혜택이 돌아간다**."(강조는 필자)[16]

어린이는 재미있는 방식으로 정보 경제의 최초의 진정한 구성원이 되었다. 가정을 운영하는 데 필요한 삶의 기술과 거의 관련이 없는 학교에서 하는 일들, 즉 학문과 스포츠는 그들이 가지는 가장 위대한 전문성의 영역이 되었다. 마침내 현대적인 의미의 아동기가 시작되었다.

서문에서도 밝혔지만 젤라이저는 짧은 단어로 된 기념비적인 표현으로 이 역사적인 변화를 묘사했다. 어린이는 이제 "경제적으로 가치가 없지만 정서적으로는 무한한 가치를 가진economically worthless but emotionally priceless" 존재가 된 것이다.[17]

누가 손윗사람이고 누가 손아랫사람인가? | 이 새로운 감상벽 덕분에 어린이들은 엄청난 혜택을 누렸다. 귀중한 존재, 다른 것으로 대체할 수 없는 존재가 됨에 따라서 이들은 가족 내에서도 과거에는 유례가 없었던 권력을 누리게 되었다. 몇몇 사회학자들은 새로이 확보된 이들의 성스러운 지위가 전통적인 가족 구조를 뒤흔들어 놓았다고도 주장한다. 도시계획 전문가인 윌리엄 화이트William H. Whyte는 1953년에 「포춘Fortune」에 한 기사를 게재했다. 그는 전후 미국에 대해, 자식이라는 뜻의 'filia'와 무정부 상태라는 뜻의 'anarchy'를 합성한 신조어 '필리아키filiarchy'로 묘사했다. 혹은 어린이들이 주도적으로 꾸려 나가는 문화라고 표현했다. 그는 심지어 어린이들이 행사하는 영향력을 '독재적'이라고까지 말했다.[18] (3년 뒤인 1956년에 그는 『조직인Organization Man』을 출간했는데 이 책은 베스트셀러가 되었다.(이 책에서 저자는 조직인을 조직을 위해서만 일하고 조직 안에 속해 있는 상승한 중산층으로 묘사한다 – 옮긴이) 현대의 어린이는 이제 어른을 위해서 일을 하지 않게 되었다. 그리고 모든 사람은, 이제 어른과 아이 가운데 누가 손윗사람인지를 두고 혼란스러워 했다.

이런 역전 현상은 오늘날 중산층에 한층 뚜렷한 행동 결과를 낳았는데, 라루는 『불평등한 어린 시절』에서 다음과 같이 썼다.

"중산층의 어린이는 자기 부모에게 자기 의견을 주장하면서 대들고, 자기 아버지의 무능함을 불평하며, 부모가 내린 판단을 헐뜯고 방해한다."[19]

그런데 그녀가 관찰했던 빈곤층 및 노동자 계층의 가정에서는 달랐다. 그들 계층의 어린이들은 어른의 지시에 군말 없이 따랐던 것이다. 소득이 낮은 부모는 지시와 명령을 내렸지만 소득이 높은 부모는 선택과 협상을 제시했다.

아이들은 부모의 배려를 감지한다. 과거 부모들이 아이들에게 했던 거친 말과 욕은 이제 중산층 부모들이 아이들에게서 돌려받고 있다. 과거에는 모든 아이들이 분수를 알고 잘 처신하라는 말을 들었지만, 이제는 가난한 집의 아이들, 즉 권력을 부여받지 못한 아이들만이 이런 대접을 받는다. 이에 비해서 중산층의 아이들은 충분한 권력을 부여받는다. 장기적으로 보면 이런 태도는 본인들에게 유리할 수도 있고 불리할 수도 있다. 왜냐하면 이 아이들은 그들이 반항하거나 넘어서지 못할 만큼 강력한 권력 구조는 없다는 생각을 가지고서 세상 속으로 들어가기 때문이다. 그러나 한 가지는 확실하다. 이 태도가 부모들에게는 매우 불리하다는 사실이다. 이런 맥락에서 라루는 다음과 같이 쓴다.

"부모가 아이들에게 장려하는 바로 그 기술들이 아이들로 하여금 부모의 권위에 도전하고 심지어 거부하게끔 이끌 수 있다."[20]

새롭게 용기를 얻어 가정에서 손윗사람이 되고자 하는 아이의 이런 모습은, 수많은 엄마들 및 아빠들이 보이스카우트의 매력에 빠지는 이유를 설명하는 데 도움이 된다. 스카우트는 질서를 가르친다. 또 존경심을 가르친다. 물론 이런 걸 가르치는 곳은 스카우트 말고도 있다. 예를 들면 종교 기관이 그렇다. 그러나 스카우트는 예복을 입은 낯선 성직자가 아니라 부모를 손윗사람으로 올려놓는다. 발 관리 전문가이자 커브마스터인 랜디는 나에게 이렇게 말했다.

"아이들은 부모를 따라야 할 귀감으로 바라봅니다. 그리고 우리가 하는 행동들을 자동적으로 따라서 하게 되지요."

그리고 잠깐 생각한 뒤 다시 말을 이었다.

"아이들을 정중하게 행동하도록 만드는 게 얼마나 멋진 일인지 모릅니다. 이런 아이들을 데리고 음식점에 가면 다른 손님들에게 민폐를 끼칠까 봐 마음을 졸일 일도 없죠."

부모 역할에 대한 다양한 논의들 | 가족 내에서 어린이의 역할이 바뀌어 왔고, 이것만으로도 역사적으로는 엄청난 발전이라고 할 수 있다. 그러나 산업화와 현대화는 부모의 역할도 필연적으로 바꾸어 놓았다. 시간이 흐름에 따라서 부모들 역시 가족경제 안에서 수행하던 전통적인 기능을 상실하는 변화를 겪었다. 산업혁명 이전에 부모는 자식에게 직업이나 종교 등과 관련된 모든 지식을 가르치고 지시를 내렸다. 그리고 자식이 아플 때 보살피고 옷을 만들어 입히고 먹을 걸 구해다 먹였다. 그러나 산업화가 되면서 이런 일들은 점차 하나씩 가족이 아닌 다른 사람들이 수행하는 노동을 통해서 조달되었고, 마침내 '가족경제'라는 개념이 실질적으로 사라져 버렸다. 부모가 하는 일은 이제 아이에게 재정적이고 물리적인 보호를 제공하는 것으로만 쪼그라들었다.

그때 이후로, 우리가 지금까지 부모의 역할을 놓고 해 왔던 모든 논의는 (예컨대 아이를 자유 방임 방식으로 키워야 하느냐, 아니면 '호랑이 엄마'가 되어 모든 걸 간섭하고 이끌어야 하느냐, 무한한 애정을 쏟아야 하느냐, 아니면 엄격하게 대해야 하는가 등의 모든 논의는) 부모가 해 왔던 전통적인 역할의 점진적인 감소라는 말로 간단하게 요약할 수 있다. 오늘날 우리는 '부모로서 자식을 돌보는 것'에 포함되는 일이 무엇인지 명확하게 알지 못한다. 대신 여기에 포함되지 않는 일로는 어떤 것들이 있는지 잘 안다. 예를 들어서, 아이에게 수학과 지리와 글쓰기를 가르치는 일은 학교에서 맡아서 하고, 아이가 아플 때 치료하는 일은 병원에서 맡아서 하고, 아이에게 옷을 만들어 입히는 일은 해외 공장 및 올드네이비와 같은 기업이 맡아서 하고, 아이들을 먹이는 일은 공장식 농장과 슈퍼마켓이 맡아서 하고, 아이에게 직업 훈련을 시키는 일은 전문대학이나 인터넷 강좌가 맡아서 한다. 사정이 이렇다 보니까 부모가 자식을 돌보는 일에 포함되는 것이 과연 무엇인지 규정하기가 한층 더 어려워졌다. 거의 모든 중산층 부모가 동의하는 유일한 사실은, (부모가 자기 아이들이 하루에 세 시간씩 바이올린 연습을 하도록 만들든 혹은 그런 압박을 전혀 가하지 않든 간에) 부모가 하는 모든 일은 아이들을 위한 것이라는 점이다. 부모는 이제 더 이상 가족을 위해서 혹은 가족의 범위를 넘어서는 보다 넓은 세상을 위해서 자기 아이를 키우지 않는다. 오로지 아이들만을 위한 목적으로 아이들을 키운다.

부모로서 우리는 때로 우리가 놓여 있는 이런 환경이 과거의 환경과 동일할 것이라고 생각하는데, 그것은 잘못된 생각이다. 전혀 그렇지 않다. 우리가 놓여 있는 이런 환경과 상황은 완전히 새로운 것이다. 부모로서 우리가 살아가는 지금의 모습이 얼마나 새로운지 그리고 얼마나 특이하고 비역사적인지 명심하지 않으면, 부모로서 우리가 살아가는 세상이 여전히 건설 중이라는 사실을 알아차릴 수 없다. 오늘날 우리의 생각과 행동 속에 자리를 잡고 있는 어린이 및 어린 시절의 개념은 불과 70년 전에 처음 나타났다. 70년이라는 세월을 길고 긴 역사 속에서 보면 그야말로 잠깐 눈을 감았다가 뜨는 시간밖에 되지 않는다.

아이의 미래

"찾아오느라 헤매시지는 않았나요?"

마흔 살의 사랑스러운 여자 레슬리 슐츠가 문을 열고 나를 맞아 준 손님을 맞이하는 복장으로는 흠잡을 데 없이 완벽하게 차려입은 레슬리의 붉은 벽돌집은 휴스턴에서 남서쪽에 있는 평균 이상의 교외 주택지인 슈가랜드에 위치해 있다. 비록 이 집은 침실이 다섯 개이고 480제곱미터(약 146평)나 되는 넓은 공간을 가지고 있지만 10년 전에 35만 달러를 주고 샀었다. 이 집은 이웃의 다른 집들에 비해서 결코 크다고 할 수 없다. 이 집이 속한 구역에는 레슬리의 집과 대지 면적이 동일한 집들이 많이 있다. 부엌은 대성당처럼 넓고 방마다 욕실이 딸려 있는 등 으리으리하다. 그리고 그녀의 집까지 가는 길에는 (특히 팜로얄거리Palm Royale Boulevard를 따라서는) 그녀의 집보다 세 배나 큰 집들도 수두룩하다. (나는 처음 이렇게 큰 집을 보고는 골프장의 게스트하우스인 줄 알았다. 그런데 이런 집이 한두 개가 아니고 계속 나오는 것을 보고서야 내 생각이 틀렸다는 걸 깨달았다. 그야말로 궁궐 버전의 주택지라고 할 수 있다.) 레슬리의 집을 방문한 직후에 슈가랜드의 다른 주민들로부터 인도 출신의 부자 의사들이 이런 거대한 저택을 많이 가지고 있다는 말을 여러 차례 들었는데, 이런 귀띔이 전적으로 신뢰할 수 있는 정보가 아님은 분명하지만 듣기에 따라서는 근거 없는 인종차별적인 발언으로 들릴 수도 있었다. 그러나 얼마 지나지 않아서 이런 인구 통계학적 변화에 상당히 많은 진실이 내포되어 있음을 깨달았다. 1990년에 슈가랜드 주민의 79퍼센트가 백인이었다. 그런데 지금 백인은 44.4퍼센트밖에 되지 않고 아시아인이 35.3퍼센트를 차지한다.[21] 하지만 이 지역의 정치적인 정서는 여전히 보수적이다. (하원 다수당의 지도자였던 톰 딜레이Tom Delay가 바로, 2006년에 사임할 때까지 이 지역을 대표하는 의원이었다.) 그러나 최근에 인도와 중국 출신의 고소득 이민자들이 꾸준하게 유입되면서 이 지역의 얼굴이 바뀌고 있다. 슈가랜드의 많은 백인 주민들의 견해로는, 성적을 기준으로 한 지역 학교들의 평균 수준이 높아졌으며 이런 변화가 그들의 삶에 직접적으로 커다란 영향을 미쳤다. 이와 관련해서 레슬리는 나에게 다음과 같이 말한다.

"만일 어떤 백인 가정이 이 동네로 이사해서 자기 아이를 보다 잘 키워 보려고 마음을 먹으면, 이 사람들은 아이들에게 운동을 시킨답니다. 일 년짜리 수영 강좌에 들게 하는 거지요. 어깨 근육이 불뚝 튀어나오도록 말이에요. 그런데 아시아계 가정이 이 지역에 들어오면, 이 사람들은 아이들에게 공부를 더 많이 시켜요."

자기가 내리는 분석과 다르지 않게 레슬리는 자기 아이들에게 한 주에 적어도 한 종목의 운동은 시킨다고 말한다. 열세 살인 딸은 배구 팀에 속해 있는데, 이 배구 팀은 날마다 모여서 운동을 한다. 그리고 열 살인 아들은 한 주에 두 번씩 야구를 하고, 한 주에 두 번씩 가라데 학원에 다니고, 미식축구는 오프시즌에 한 주에 한 번씩 한다. 레슬리도 물론 공부를 매우 중요하게 여기고 여기에도 많은 시간을 투자한다. 레슬리는 자기 딸이 우등생이라는 사실을 자랑스럽게 여긴다. 지난여름에 텍사스 주 전체 3학년 학생들을 대상으로 한 학력평가고사가 코앞으로 다가왔을 때는 아들에게 과외 선생을 붙였다고 한다. 하지만 레슬리의 이런 말에서 긴가민가하는 의심을 읽어 내기란 그다지 어렵지 않다.

"그런데 사실 계속 이런 생각을 하긴 해요. 이제 겨우 초등학교 2학년밖에 되지 않은 아이에게 과외 선생을 붙이는 게 옳은 일인가 하고요. 내가 왜 이런 짓을 하고 있지? 하는 생각 말이에요."

그런데 레슬리의 이런 접근방식이 예전부터 효과가 있었다고 한다. 슈가랜드처럼 중상류층이 모여 사는 동네로 이사를 가서 팀 스포츠를 배우게 하고 좋은 학업 성적을 거두게 하면, 아이들이 나중에 좋은 대학교에 들어가고 더 좋은 조건으로 취직할 가능성이 높다는 것이다. 이렇게 되면 아이들의 안정적인 미래는 보장된다. 레슬리의 남편은 텍사스에서 성장했고 휴스턴 대학교에 진학했으며, 거기에서 레슬리를 만났다. 두 사람은 자기들 모교를 열정적으로 사랑하며, 자기들이 방금 지켜본 미식축구 경기에 대해서 페이스북에 열렬한 포스트를 게재한다. 예를 들면 이런 것이다. 꺼져라, 달갈들아!

그런데 오랜 세월 동안 슈가랜드에서 유지되던 질서가 최근에 어떤 공격을 받고 있다. 1997년에 주 의회는 이른바 '상위 10퍼센트법Top 10 Percent Rule'을 의결했다.[22] 고등학교에서 상위 10퍼센트의 성적을 거둔 학생은 텍사스 내에 있는 주립대학교 입학 허가를 자동으로 받을 수 있도록 하는 내용이었다. 이 조치는 일단 가난한 흑인이나 히스패닉계 주민들로부터 지지를 받았다. 자기 아이들이 수준이 비슷한 아이들 사이에서 상대적인 평가를 받는 것이, 보다 좋은 학군, 좋은 환경 아래에서 공부하는 부유한 가정의 아이들과 경쟁해서 평가를 받는 것보다 유리하기 때문이었다. 그런데 이 조치는 가난한 흑인이나 히스패닉계 주민들뿐만 아니라 시골 지역에 사는 가난한 백인들로부터도 환영을 받았다. 그러나 레슬리가 사는 부유한 동네의 주민들은 그것을 자기 아이들에게 상대적으로 불리해지는 변화로 받아들였다. 슈가랜드와 작은 지역들에 있는 텍사스 주 최고의 공립 학교 출신 학생들이 텍사스 A&M, 오스틴에 있는 텍사스 대학교 그리고 휴스턴 대학교에 상대적으로 많이 입학했었는데, 이제 이런 추세에 제동이 걸린 것이다. 그리고 이제 상위 10퍼센트의 성적으로 고등학교를 졸업하는 아이들은 '호랑이 엄마들'의 자식들이라는 게 레슬리의 견해다. (그리고 마침 에이미 추아Amy Chua의 『타이거 마더Battle Hymn of the Tiger Mother(호랑이 엄마의 군가)』도 내가 레슬리의 집을 방문하기 몇 달 전에 출간되었다.)

레슬리는 이렇게 말한다.

"우리 딸이 다니는 중학교에서 백인 학생은 전체 학생 가운데서 50퍼센트가 되지 않아요. 인도를 포함한 아시아 출신 학생들이 가장 많아요."

학교 자체 자료에 따르면 백인 학생의 비율은 31퍼센트고 아시아계 학생의 비율은 53퍼센트다.[23]

"그래서 학생들이 학과 성적을 놓고 경쟁하는 분위기는 매우 뜨겁죠. 대학교 입학 때문에 성적은 커다란 관심거리가 될 수밖에 없으니까요. 우리 딸이 8학년(한국 학제로는 중학교 2학년 혹은 3학년 – 옮긴이)을 마칠 때면 고등학교 2학점을 딸 수 있어요. 물론 5학점이나 6학점을 따는 아이들도 있을 테지요. 아무튼 그래도 우리 딸은 고등학교 졸업 때까지 자기 반에서 상위 25퍼센트 안에 들 수 있을 거예요."

레슬리는 지나치게 단순화시켜서 말하는 것처럼 보인다. 또 주변의 다른 엄마들에 비해서 할 얘기 안 할 얘기 가리지 않고 속마음까지 다 털어놓는 것처럼 보인다. 하지만 그녀는 이 지역 학부모들이 가지고 있는 어떤 공통적인 정서를 묘사한다. 아이들을 외부 위탁 방식의 네트워크로 편입시켜 다문화 세기에 준비하도록 하는 이 규칙들은 과거에는 없던 완전히 새로운 것이다. 그녀는 전년도 첫 학기 첫 주에 학교에서 열린 교사-학부모 간담회 이야기를 꺼낸다.

"아시아계 부모들은 다 손을 들고 질문을 하더라고요. 듀크 대학교 프로그램에 대해서 말이죠. 나는 그런 게 있다는 말조차 들어보질 못했는데 말이에요. 그리고 담당자가 뭐라고 설명을 하는데 다들 잘 알아듣고 고개를 끄덕이는데 나는 무슨 말인지 한 마디도 못 알아들었습니다. 진짜로요."

그리고 나중에야 레슬리는 그게 무엇인지 알았다. 듀크 대학교 재능 계발 프로그램이었다.[24] 이 프로그램은 전국적으로 시행되는 것으로, 보통 11학년에나 보는 SAT나 ACT를 7학년 아이들이 볼 수 있도록 해서, 만일 이때 학생이 특정 수준 이상의 점수를 받으면 여름방학 기간 동안이나 학기 중에 남동부와 중서부 전역에서 진행되는 다양한 강좌를 들을 수 있도록 하는 제도다. 레슬리는 자기 딸이 이런 강좌를 들을 자격 요건을 갖추고 있다는 사실을 알고 학교 담당자를 찾아가서 그런 강좌들을 들으면 나중에 대학교에서 입학 허가를 결정할 때 가산점을 주는지 물었다. 충분히 물어볼 수 있는 질문이라고 생각했지만, 돌아온 대답은 분통이 터질 정도로 모호했다. 결정은 어디까지나 본인이 알아서 할 뿐이라는 말이었다. 그 프로그램에 참가했다는 내용은 딸의 성적증명서에 기재되지 않을 테고, 따라서 비록 그 프로그램이 듀크 대학교라는 이름을 달고 있긴 해도 그 프로그램은 듀크 대학교 입학 때 실질적인 점수로 반영이 되지 않을 테니까, 본인이 알아서 결정하라는 것이었다.

"그래서 나는 딸에게 그 프로그램을 권하면서, 어디까지나 본인이 결정할 문제라고 말했어요."

레슬리의 딸은 하지 않기로 결정했다.

"이제 와서 생각하면 그때 내가 조금 더 밀어붙였어야 했던 것 같아요. 그때 난 좀 망설였거든요. 딸은 충분히 많은 과외 활동을 하고 있었고 모두 프리에이피pre-AP 강좌만 듣고 있었거든요.(AP 강좌는 대학교 수준의 강좌로 이 강좌를 들으면 대학교에 진학했을 때 학점 인정을 받지만, pre-AP 강좌는 그렇지 않다 – 옮긴이) 아무튼 그때 나는 딸에게 스트레스를 주고 싶지 않았던 겁니다."

푸아그라 방식의 양육 | 비록 대부분의 사람들이 모르고 있지만 인류학자인 마거릿 미드Margaret Mead는 미국인의 자녀 양육 방식에 대해서 할 말이 많았다. 그녀의 이 분야 관찰 내용은 상대적으로 덜 알려진, 1942년에 저술한 저서 『그리고 화약은 적시지 마라And Keep Your Powder Dry』("신에게 모든 걸 맡겨라, 그리고 화약은 적시지 마라"라는 말을 올리버 크롬웰이 했다고 전해지는데, 이 말에서 따온 제목이다 – 옮긴이)에서 찾아볼 수 있다. 이 책의 내용 가운데 상당 부분은 오늘날과 전혀 맞지 않다. 그러나 아이를 양육하는 방법이나 아이들과 관련해서 사람들이 염려하는 바를 다루는 내용은 마치 한 주 전에 쓴 것처럼 생생하게 와 닿는다. 아이들이 기존의 전통적인 역할을 벗어던지고 보호받아야 하는 어린아이라는 현대적인 관념이 막 자리를 잡기 시작하던 시기에 미드가 이 책을 썼다는 사실은 결코 우연이 아니다. 미드는 그 어떤 사회비평가보다도 예리하게, 또한 그런 글쓰기에 대한 의도를 드러내지 않은 채, 자식에 대한 부모의 기본적인 의무가

아이들을 교육(교양)시키는 것이 될 때 어떤 일이 일어나는지를 생생하게 증언한다.

인류학자였던 미드는 다양한 가족 구조 및 양육 철학을 많이 알고 있었다. 그런데 미국의 부모에 대해서 그녀가 특히 강하게 느꼈던 것은 미국의 부모들이 비록 자기 아이들을 이끌긴 하지만 그렇게 이끌어서 도달하고자 하는 특정한 목표를 알지 못하더라는 것이었다. 만일 영국의 귀족이라면 자기 아이가 또 한 명의 귀족으로 성장하도록 키우는 게 목표가 될 것이다. 만일 인도의 농부라면 자기 아이가 당신이 부치는 바로 그 땅에서 농사를 지을 수 있도록 가르치는 게 목표가 될 것이다. 만일 발리의 대장장이라면 자기 아들을 역시 대장장이로 키우는 게 목표가 될 것이다. 유럽에 살든 개발도상국에 살든 혹은 어떤 문자 이전의 원시사회에서 살든 간에, 부모는 기본적으로 오랜 전통을 지키려는 사람이지 새로운 전통을 만들려는 사람은 아니다. 이런 맥락 속에서 미드는 다음과 같이 썼다.

"자기 방식의 삶을 살도록 부모가 아이들을 키우는 다른 여러 사회에서 부모의 역할은 분명했다. 자기가 앉으면서 아이들에게 앉으라고 가르치면 되었던 것이다."

비록 서툰 교사여도 문제가 되지 않았다.

"어떤 개인이 아무리 무지하고 서투르다고 하더라도, 이런 개인들 뒤에는 다중의 확신이 확고하게 자리를 잡고 있었기 때문이다. 부모는 그저 그것을 따르기만 하면 되었다."[25]

그러나 미국 사회는 특별한 경우였다. 미국인에게는 의지할 관행이 없었다. 자식들에게 본보기로 보여 주면서 따르게 할 '삶의 방식'이라는 게 없었던 것이다. 미국이 가지고 있던 유망한 장래성(즉, 미국의 힘)은 시민들이 전통이나 고정불변의 엄격한 사회 구조에 얽매이지 않는다는 데 있었다. 역사적으로 미국인은 (지금도 그렇지만) 모든 세대에서 늘 자유롭게 스스로를 새롭게 재창조할 수 있었다. 자식은 부모가 하던 일과 전혀 다른 일을 전혀 다른 방식으로 전혀 다른 곳에서 한다.

"미국인 부모는 자기 아이가 자기 곁을 떠나리라는 것을 알고 있다. 물리적으로 멀리 다른 도시 혹은 다른 주로 떠나리라는 것을 안다. 자기 곁을 떠나 다른 직업을 가질 것임을 안다. 자기와는 다른 소명을 받아서 다른 기술을 배울 것임을 안다. 또한 자기 곁을 사회적으로도 떠나서, 가능하다면 부모와는 전혀 다른 사람들과 어울릴 것임을 안다."[26]

여러 가지 점에서 이런 통찰은 비교할 수 없을 정도로 훌륭하다. 하지만 이런 지적만으로는 부모가 자신들의 자녀가 나아갈 길을 지시해 줄 지침을 알 수는 없다. 미국인은 논리적인 결론에 다다른 미드를 좇아서, 자기들이 이끌었던 삶과는 전혀 다르게 보일 삶을 자기 아들딸들이 살 수 있도록 준비를 시킨다. 미국인 부자父子 관계를 특징적으로 나타내기 위해서 미드는 '가을의autumnal'라는 단어를 사용했다.[27] (이 단어는 정말 아름다우면서도, 오늘날과 같은 톡톡 튀는 기술적 변화의 세상에서 한층 더 울림이 있는 단어다.) 미국의 아버지는 자식이 자기를 추월하도록 준비시키기 때문이다.

"머지않아서 자식들은 아버지가 이해하지 못하는 기계 장치들을 조작할 것이고 아버지가 전혀 알아듣지 못하는 말들을 유창하게 해댈 것이다."

그리고 미드는 불확실성은 아무리 똑똑하고 유능한 부모들이라도 무기력하게 만들어 버린다고 지적한다. 미국에서 불확실성은 아이가 태어나는 바로 그 순간부터 시작된다. 미국에서 새로 부모가 된 사람들은 아이를 위해서 유행이라는 유행은 다 좇고 무엇이든 다 하려고 한다고 미드는 지적한다.

"수많은 새로운 교육, 수많은 새로운 식습관, 수많은 새로운 인간관계들이 우후죽순처럼 생겨나고 있으며, 시도해 보지 않은 온갖 새로운 것들이 이른 봄의 앉은부채(식물의 이름-옮긴이)처럼 많이 생겨난다. 그리고 진지하고 고등교육을 받은 사람들이 그런 것들을 따르고 있다."

그렇기 때문에 사람들은 이른바 '애착 육아attachment parenting' 방식을 당장 그때는 필요하다고 여기다가도 3년이 지난 뒤에는 잘못된 것이라고 비판한다. 또 아기가 울도록 그냥 내버려 두는 방식이 한때 반짝 유행을 하다가도 두어 번 계절이 바뀌고 나면 지나치게 잔인한 짓이라고 비판한다. 비록 한 세대 전체가 거버 사의 이유식을 먹고 성장해서 훌륭한 책들을 쓰고 좋은 기업들을 운영하며 심지어 노벨상까지 받는 과학적인 업적을 쌓았음에도 불구하고, 집에서 만든 유기농 퓌레(야채와 고기를 삶아서 거른 진한 수프-옮긴이)가 거버 사의 이유식을 밀어내는 현상도 마찬가지다. 사람들은 불확실성 때문에, '베이비 아인슈타인' 제품이 아이의 인지 발달 궤적을 바꾸는 데 어떤 기여를 한다는 과학적인 증거가 전혀 없음에도 불구하고 부모는 이 '베이비 아인슈타인' 제품을 산다. 극단적으로 명석하고 이성적인 어떤 친구가 나에게 정말 진지한 얼굴로 우리 아이가 아직 어린 데도 왜 수화를 가르치지 않느냐고 묻는 이유도 바로 불확실성에 있다. (나는 이 친구에게 "왜냐하면 우리 어머니도 나에게 수화를 가르쳐 주시지 않았거든. 그렇지만 봐, 나는 똑똑하고 세금도 잘 내고 할 건 다 하면서 잘살잖아."라고 대답했다.) 어떤 서점에 가든 간에 육아 관련 서적이 수백, 아니 수천 종이나 되며, 이런 책들의 내용이 서로 상충하는 이유도 바로 불확실성에 있다. 다중의 지혜라는 것이 존재하지 않는다. 그래서 미드는 이렇게 썼다.

"과거의 정적인 여러 문화권에서는 누구든 표준적인 어떤 행동을 발견할 수 있었다. 예를 들어서 걸어 다니기 전까지의 아이를 아기 취급한다든가, 혹은 치아를 다 갈거나 카바(폴리네시아산 후추속屬의 대형 초본 식물이며, 뿌리를 짜서 마취성 음료를 만든다–옮긴이) 시험을 통과하거나 소를 몰고 방목할 줄 알기 전까지의 아이를 아직 어린아이로 취급한다든가 하는 게 그런 것들이다. (…) 그러나 미국에서는 이런 고정된 기준이란 게 없다. 그저 아기들만 있을 뿐이다."[28]

불확실성은 또한 취학 연령의 아이를 둔 부모들이 장차 아이의 인생을 풍성하게 해 주고 그것을 준비하는 데 도움이 되리라는 믿음을 가지고서 아이의 일정을 일일이 챙기는 이유이기도 한다. 이런 맥락에서 미드는 다음과 같이 썼다.

"아이와 관련해서 부모가 할 수 있는 것은 오로지 아이를 강하게 그리고 자신의 미래를 열어 나갈 준비를 잘 갖추도록 만드는 것이다."[29]

아이들이 자신의 미래를 열어 나갈 준비를 잘하게 하려면 어떻게 해야 하는지 명확한 답은 없다. 그러나 전략적인 사고를 키워 주기 위해서 체스를 가르치고, AP 강좌를 수강시키고, 운동을 열심히 해서 팀워크와 인내력과 쾌활한 회복력의 미덕을 깨우치도록 하는 것 등이 모두 도움이 될 것이라고 믿는다. 우리는 이제 아이들에게 장사를 가르치거나 농장에서 일하는 방법을 훈련시키지 않는다. 민츠가 지적하듯이 제2차 세계대전 이후로 미국 사회는 특이할 정도로 "모든 젊은이는 성인기로 향하는 단일한 경로를 좇아야 한다"고 믿는다.[30] 12학년의 계단을 오른 다음에, 다행히 중산층에 속하는 행운을 가졌다면 대학교로 진학하는 경로에 있는 것이다. 이런 단일한 경로는 모든 동료들을 잠재적인 경쟁자로 만든다. SAT, GPA, AP 등의 점수 그리고 과외 활동 등을 놓고 경쟁할 수밖에 없다. 이런 환경에서 부모가 할 수 있는 유일한 것은 자기 아이가 남들보다 앞서갈 수 있도록 밀어 주고 날개를 달아 주는 것이다. 예전에 아이들이 가족을 위해서 다했던 헌신을 이제는 부모가 아이들을 위해서 다하게 된 것이다. 이런 현상을 영화감독이자 작가인 노라 에프론Nora Ephron은 2006년에 다음과 같이 표현했다.

"양육은 단순히 아이를 키우는 것만이 아니니다. 그것은 푸아그라 거위를 키우듯이 강제로 무언가를 떠먹이는 것이 되었다."[31]

불확실성으로 인한 불안한 시도들 | 미드가 『그리고 화약은 적시지 마라』를 썼을 때 미국은 꽤 균질한 국가였다. 그로부터 다시 23년이 지난 뒤인 1965년에 린든 존슨Lyndon Johnson 대통령이 '이민·국적에 관한 법률'에 서명을 함으로써 아시아와 라틴아메리카 그리고 아프리카 출신자들에 가해지던 이민 제한 요건들이 한결 누그러졌다.[32] 그러나 이 법률이 의결되고 나자 미국은 세계에서 인종의 다양성이 가장 높은 국가가 되었고, 미드가 관찰했던 내용은 특별한 반향을 불러일으켰다. 경제가 세계화되고 국가 간에 경계가 점차 허물어지자 미드의 통찰은 더 많은 의미를 품게 되었다. 부모들은 자기들이

살았던 세상과 근본적으로 달라지는 어떤 인생을 자기 아이들이 준비하도록 훈련시킬 뿐만 아니라, 영어가 아닌 다른 언어를 구사하면서 살아가게 될 인생에 대해서도 아이들을 준비시켰다. 1980년대에 부모들이 아이들에게 일본어 공부를 시킨 것도 바로 이런 맥락의 두려움에서 비롯되었다. 그리고 이런 두려움 때문에 오늘날의 일부 부모들은 유아기도 채 벗어나지 않은 자기 아이들에게 중국어를 가르치고 있다. [이런 사회적인 분위기 속에서 어린이 채널 니켈로디언의 애니메이션 〈니하오 카이란Ni hao Kai-Lan〉(중국 소녀 카이란과 그의 친구들이 모험담을 펼치는 내용이다-옮긴이)이 인기를 끌었다.] 이런 현상을 놓고 보면, 부모들이 아이들에게 어떤 미래를 준비시켜야 할지 아무런 확신도 가지지 못한 채로 그저 있을 수 있는 모든 미래를 다 준비시키려는 것 같다는 판단도 결코 지나치지 않은 것 같다.

레슬리는 이런 불안함을 특유의 솔직한 태도로 털어놓았다. 그러나 나는 틀과 방식은 조금씩 다르긴 해도 본질적으로 동일한 이런 이야기를 다른 부모들에게서도 들었다. 예를 들어 크리시가 그랬다. 크리시도 미네소타의 '위원회'에 속해 있었는데, 그녀는 자기의 네 아이가 소화하고 있던 엄청난 양의 과외 활동 이야기를 들려주었다. 어느 날 ECFE 모임이 끝난 뒤에 나는 그녀에게, 양육과 관련된 그 엄청난 내면적 압박감이 도대체 어디에서 나오는지 물었다. 그러자 그녀는 이렇게 대답했다.

"아주 다양한 곳에서 나오지 않을까 싶은데요.… 하지만 이 모든 것을 하도록 내게 자극을 준 사람은 토머스 프리드먼Tom Friedman이 아닐까 싶네요."

프리드먼은 세계화 이야기를 자주 하던 「뉴욕타임스」의 칼럼니스트였다. 그런데 분명히 밝혀 두지만 당시에 우리 대화의 주제나 초점은 세계화가 전혀 아니었다.

"그 사람이 쓴 책 『세계는 평평하다The World is Flat』와 중국 및 인도의 가정에서 아이들을 그렇게 열심히 키운다는 사실 말입니다. 그 나라 아이들이 나중에 세상의 모든 좋은 일자리를 다 차지해 버릴지 모르니까요."

거기까지 말을 하고는 잠시 머리를 절레절레 흔든 다음에 계속 말을 이어갔다.

"그 책을 읽고 나자 정신이 번쩍 들더군요."

자기 아이의 일자리를 멀리 인도의 델리에서 공부하는 아이가 빼앗아 갈 것이라는 생각이 들었으니 정신이 번쩍 들 만도 했을 것이다.

그러나 본인의 네 아이는 백인에다 중산층이고 세인트폴에 있는 좋은 마그넷 스쿨(뛰어난 설비와 교육 과정을 갖추고서 특별반을 운영하는 특수학교–옮긴이)에 다니고 있으니, 현재 상태로 그들에 비해서 훨씬 유리한 위치에 있다고 느낄 만도 한데, 그렇지 않은지 물었다.

"네, 그래요. 우리 아이들이 많이 유리하다고는 생각하죠. 하지만 세상은 바뀌고 있잖아요. 내가 지금까지 살면서 봐 온 변화만 해도 얼마나 많은데요. 그렇지 않아요? 그러니 10년이나 15년 뒤에 무슨 일이 어떻게 일어날지 누가 알겠어요?"

미드가 마치 미래를 예언하듯이 말했던 것처럼, 크리시는 '다중의 확신sureness of folkways'을 가지고 있지 않았다.

경쟁력

레슬리는 자기 주변의 다른 부모들과 달리 스포츠가 기하학만큼 대학교 진학에 도움이 될 것이라고는 생각하지 않는다. 그러나 모든 부모들이 다 레슬리 같지는 않는다. 자기 아이를 좀 더 유리한 위치에 서게 해 줄 어떤 것들에 대한 여러 믿음들은 추측과 개인적인 경험의 모호한 조합을 바탕으로 구축된다. 따라서 사람마다 특이할 수밖에 없다. 호랑이 엄마 방식의 양육은 여러 가지 다양한 형태로 나타날 수 있다.

나는 이런 사실을 어느 늦여름 날의 오후 미주리시티에서 스티브 브라운이라는 아빠와 공원에서 이야기를 나누는 과정에서 분명하게 확인했다. 미주리시티는 슈가랜드와는 조금 다르다. 미주리시티에서는 아프리카계 미국인의 인구 구성 비율이 좀 더 높고 (전체 인구의 42퍼센트를 차지한다)[33] 주민은 대부분 잘사는 편이지만 슈가랜드에는 미치지 못한다. 하지만 미주리시티는 슈가랜드와 비슷하게 스포츠에 열광한다. 특히 스티브는 스포츠의 열혈 팬이다. 나와 스티브는 지금 스티브의 일곱 살 아들이 미식축구 하는 걸 보려고 이 자리에 함께 있다.

"너희들 오늘 스크럼 짜기 연습하지?"

스티브는 그물 의자 두 개를 그늘진 곳에 펼치면서 묻는다. 스티브와 그의 아내는 둘 다 흑인이고 남부 출신이며, 레슬리가 사는 동네보다는 수수하지만 그래도 충분히 예쁜 동네, 대부분의 주택 가격이 15만 달러는 족히 되는 집들이 이어진 동네에서 산다. 하지만 이 동네의 운동장은 슈가랜드의 운동장에 비해서 큰 차이를 느낄 수 없을 만큼 훌륭하다. 내가 생각했던 것보다 훨씬 아름답게 관리되고 있다.

"아니요, 그건 토요일에 해요."

아이는 운동장으로 달려가고, 우리는 의자에 앉는다. 나는 아이가 미식축구를 시작한 게 본인 생각인지 아이 생각인지 묻는다.

"그건… 가족들의 생각이었죠."

스티브는 잘생겼고 매력적이며 열정적이다. 어깨는 딱 벌어졌고, 아이가 경기를 하는 모습을 지켜볼 때는 그 어깨가 더욱 팽팽해진다.

"난 어릴 때 모든 운동 경기를 다 했습니다. 좋아하던 운동인 테니스 한 가지에만 진득하게 매달리지 않았죠. 그러다가 고등학교에 진학한 뒤부터 테니스에 집중했죠."

스티브는 지금도 여전히 테니스 속에 살고 있는 듯 머리부터 발끝까지 테니스의 흰색으로 차려입고 있다.

"그래서 저 아이도 여러 가지 운동을 다 경험해 보게 해 주고 싶어요. 지금 나이는 미식축구를 할 수 있는 나이죠. 이번 여름에는 캠프에도 보냈습니다. 감을 잡게 해 주려고요. 하지만 미식축구도 다른 운동과 마찬가지로 어떤 기술을 익히면 다른 데서도 곧바로 응용할 수 있죠."

스티브는 자기가 어릴 때는 "스포츠는 왕이다"라는 말을 늘 듣고 자랐다는 말을 자랑스럽게 한다. 그는 테니스 장학생으로 대학교를 다녔다. 그의 아버지는 농구 장학생으로 대학교를 다녔다고 한다. 그의 아들이 헐레벌떡 달려와서 물을 꿀꺽꿀꺽 마신다.

"다들 어디 있니?"

아빠가 반 이상 비어 있는 운동장을 보며 아들에게 묻는다.

"몰라요."

아들은 곧바로 다시 운동장으로 뛰어간다.

그런데 나는 스티브의 아들에 대해서 또 다른 어떤 것을 알고 있다. 그의 아들은 경쟁을 즐기는 스타일이 아니다. 나는 그 사실을 알 수 있다. 그리고 스티브의 아내 모니크도 그런 이야기를 나에게 했었다. 그래서 나는 스티브에게 묻는다. 만일 아들이 운동보다 그림을 더 좋아하면 어쩔 거냐고…. 그러자 그는 껄껄 웃는다.

"뭐, 그럴 수도 있겠죠. 하지만 적어도 열 살이나 뭐 그쯤 될 때까지는 이걸 계속할 겁니다. 사실… 내 동생은 정말 운동이 안 맞았습니다. 우리는 열두 살 터울인데 아버지는 동생한테는 그렇게 강하게 밀어붙이시지 않았죠. 나를 가르치듯이 그렇게 동생을 가르치시지는 않았던 거죠."

그리고 잠깐 뜸을 들이는데, 그 뒤부터는 어딘가 조심스러운 말투다.

"그렇게 억지로 운동을 시키지 않은 게 동생에게 어떻게 영향을 미쳤는지 모르겠습니다만, 동생과 나는 완전히 다른 사람이 되어 있습니다."

하지만 스티브의 동생은 나름대로 잘살아 가고 있다. 그러나 동생에 비해서 스티브는 거물이다. 만일 스티브가 대학교에서 운동을 경쟁적으로 열심히 했던 경험이 사회생활을 하는 데 중요한 경쟁력으로 작용했다고 주장한다면 나로서는 특별히 반박할 근거가 없다. 그는 휴스턴에서 공공사업을 진행하는 회사를 운영한다. (그는 '상위 10퍼센트법'을 지지하며 로비를 벌였다.) 그리고 포트벤드 카운티의 민주당 대표다. 나는 처음 스티브를 만났을 때 그가 자기 공동체 내에서 그처럼 영향력이 있는 사람인지 알지 못했다. 나는 팔머 초등학교에서 열린 교사-학부모 간담회를 통해서 그를 처음 만났다. (이 간담회는 구성원의 다양성이 매우 높은 모임이다.) 그리고 그의 아내 모니크와 이 장에서 등장하는 많은 학부모들이 그 학교의 운영위원회에 소속되어 있다. 그렇게 만난 스티브가 우연하게도 지역에서는 나름대로 알아주는 유지였던 것이다.

요컨대, 스티브로서는 운동과 사회적인 성공이 서로 잘 맞아떨어진 셈이다.

"흠… 대부분의 사람들이 감지하지 못하는 성공의 어떤 의지라는 게 있습니다. 실제 사회 현실에서 이런 걸 가지고 있어야 합니다. 강인한 의지와 욕망 말입니다. 그리고 야망."

그는 운동장 쪽으로 시선을 돌리고, 다시 한 번 더 "다들 어디 있지?"라고 혼잣말을 한다. 그리고 아들의 움직임에 시선을 고정한 채 아까 하던 얘기를 계속한다.

"그래서 앞으로 한동안은 계속 미식추구를 시킬 겁니다. 절도와 규율과 팀워크를 배울 테니까요. 이런 덕목들은 실제 현실에서 그대로 써먹을 수 있습니다. 일종의 기초 같은 걸 갖추게 해 주자는 겁니다. 언젠가는 운동을 더 이상 계속하고 싶지 않을 때가 오겠죠. 그때까지는 괜찮습니다. 나는 앞으로도 운동은 우리 인생의 한 부분을 차지할 것이라고 생각하거든요."

그렇다면 스티브와 그의 아들은 공통점을 가지게 될까? 혹은, 아들이 대학교에서 장학금을 받을 가능성이 더 높아질까?

"글쎄요, 운동 장학금이라, 나쁘지 않죠!"

스티브는 그렇게 말하면서 껄껄 웃는다.

"그것도 한 부분입니다."

그렇게만 말하고 그는 잠시 생각에 잠긴다. 그러다가 다시 입을 연다. 갑자기 훨씬 더 진지하게.

"그것도 한 부분입니다. 우리는 가족 속에서도 경쟁을 합니다. 우리는 그렇게 자랐습니다."

그러고는 내가 전혀 예상하지 못했던, 하지만 예상했어야 할 어떤 점을 말한다.

"나는 미식축구가 다음 세대의 농구가 될 것이라고 절대적으로 믿습니다. 그러면 미식축구를 하는 게 훨씬 유리한 경쟁력을 가질 겁니다. 내가 자랄 때보다는 더 말입니다."

지금은 세계화의 시대다. 즉, 미식축구는 세계에서 가장 인기가 높은 운동 종목이다. 그래서 만일 당신이 운동의 호랑이 엄마라면 (스티브는 자기가 그런 사람이라고 기꺼이 인정한다) 그리고 자기 아이가 빠르게 변해 가는 이 시대에 경쟁력을 갖추길 바란다면, (스티브는 확실히 그렇게 바란다) 미식축구는 아이에게 시켜봄 직한 종목이다.

팍팍한 미래를 준비하기 위한 과도한 과외 활동 | 집중 양육은 자아도취에 빠진 부모들에게서 찾아볼 수 있는 특성이라는 말을 많은 사람들이 한다. 몇몇 경우를 보다면 그렇기도 하다. (그래서 '트로피 아내'에 빗댄 '트로피 아이'라는 황당한 신조어도 생겨났다.)('트로피 아내'는 능력과 재력을 갖춘 남자가 성공에 대한 보상으로 얻는 젊고 아름다운 아내를 뜻한다-옮긴이) 자기 아이가 이룩한 비범한 성취를 자랑하고 싶어 안달이 난 부모를 누구나 적어도 한 번은 만난 적이 있을 것이다. 그러나 중산층에서 일어나는 이런 미친 듯한 집중 양육의 행태

를 보다 관대한 시선으로 바라볼 수도 있다. 즉, 당면한 현실에 대한 어떤 당연한 공포 반응, 다시 말해서 점차 줄어들고 있는 파이에 대한 내면 깊은 곳의 당연한 반응이라고 단순하게 말할 수도 있다는 뜻이다.

우리 부모는 1974년에 처음 76,000달러를 주고 집을 샀다. 두 분은 양가 아버지들의 도움을 받아서 계약금을 마련했었다. 그러나 지금은 그 정도의 돈으로는 턱도 없다. 지금 그 집의 가격은, 인플레이션을 고려해서 보정한다 하더라도 그때 가격의 세 배로 뛰어 있다. 그래서 두 분 할아버지의 직업을 고려할 때 (한 분은 브루클린에 있던 어떤 병원의 행정관이었고, 또 한 분은 퀸즈에 있는 어느 극장의 영사기사였는데 관객들은 음량이나 화질이 마음에 들지 않으면 "소리 잘 안 들려!"나 "초점 좀 맞춰!" 등의 고함을 질러 댔다) 두 분이 지금도 과연 당시에 도와준 것만큼 도와줄 수 있을지 의심스럽다. (한마디 덧붙이자면, 당시에 두 분이 우리 부모에게 각각 도움을 줬던 액수는 거의 비슷했다.) 오늘날에는 중산층이 이렇게 많은 돈을 가지고 있기가 쉽지 않다. 최근의 불경기 직전에 평균 가계 부채는 가처분 소득을 34퍼센트나 초과했다.[34]

주디스 워너는 『엄마는 미친짓이다』에서 중산층 경제의 위축 상황을 신랄할 정도로 상세하게 묘사하는데, 인플레이션을 고려해서 보정한 임금은 1970년 이후로 아주 조금밖에 인상되지 않았다.[35] 평균적인 가구가 가계소득에서 지출하는 대출금 원리금 상환액도 점점 더 늘어나고 있다. 보건비 지출은 터무니없을 정도로 높다. 백악관의 중산층 특별 전담반에 따르면 민간보험에 가입한 사람조차도 평균적으로 소득의 9퍼센트를 보건비로 지출한다.[36] 남자들은 특히 지난 수십 년 동안 잠재적 수익이 급격하게 줄어드는 현상에 고통을 받고 있다. 1980년부터 2009년까지의 기간을 기준으로 할 때, 대학교를 졸업한 35세에서 43세 사이의 남자들의 임금 인상률은 생산성 증가율의 절반밖에 미치지 못했다.[37] 그리고 여자들은 엄마가 되는 데 따르는 대가로 가파르게 상승하는 비용을 부담해야 한다. 스탠퍼드 대학교의 사회학자인 셸리 코렐Shelley Correll에 따르면, 동일한 자격 조건을 가진 아이가 딸린 여자와 그렇지 않은 여자 사이의 임금 격차는 여자와 남자 사이의 임금 격차보다 더 크다.[38]

그러나 오늘날의 부모가 가장 끔찍하게 여길 수치는 미국 농무부에서 나오는 수치가 아닐까 싶다. 농무부는 2010년에 태어난 아이에게 중산층 한 가구가 장차 지출하게 될 돈은 295,560달러라고 추정한다. 그런데 고소득 가구인 경우, 이 돈은 490,830달러로 늘어나고, 저소득 가구인 경우에는 212,370달러로 줄어든다.[39] 그런데 이것은 대학교 등록금이 포함되지 않은 비용이다. 현재 등록금 인상률은 인플레이션율을 훨씬 앞지르는 속도로 늘어나고 있는 추세다. 자식을 4년제 사립대학교에 보낼 때 드는 연평균 비용은 2010년에 32,600달러였고, 공립대학교라고 해도 16,000달러에 육박했다.[40]

환경이 이렇게 팍팍하다 보니까, 오늘날의 부모들로서는 자기 아이들이 나중에 성인이 되었을 때 먹고사는 데 얼마나 힘들어할지 두려워하는 게 당연하다. 사정이 이러니만큼, 자기 아이가 나중에 경쟁에서 될 수 있으면 유리한 자리를 차지하고, 그래서 조금이라도 더 여유 있게 살 수 있도록 하는 데 힘을 쏟지 않을 부모가 어디에 있겠는가.

그런데 역설적이게도, 자식에 대한 이런 집중 양육의 열풍은 중산층 가운데서도 상층에 속하는 사람들 사이에서, 즉 경제적인 변화에 가장 많이 놀라고 자신의 기득권을 잃게 될까 봐 가장 많이 위협을 느끼는 것처럼 보이는 중상류층 사이에서 확산되고 왔다. 피터 쿤Peter Kuhn과 페르난도 로자노Fernando Lozano라는 두 경제학자는 2005년에 우리는 현재 비정상적인 경제 단계에 도달해 있음을 주장하는 논문을 썼다. 미국에서 가장 많은 봉급을 받는 사람들이 가장 적은 봉급을 받는 사람들에 비해서 더 많은 시간 동안 일을 하는 경향이 있다는 것인데, 특히 상위 20퍼센트와 하위 20퍼센트를 비교할 경우 이런 대비는 더욱 뚜렷해진다고 지적한다. 그런데 사실 20세기에는 언제나 이것과 반대 현상만 일어났었다. 그런데 소득이 높은 이런 사람들이 훨씬 더 장시간 동안 일을 하는 것은 경제적인 보상을 바라서 그러는 게 아니라고 두 사람은 분석한다. 이 사람들은 불확실한 직업 전망 속에서 자신을 남들보다 돋보이게 하고자 하며, 그렇게 함으로써 불확실한 시기에 일자리의 안전성을 최대한 높이겠다는 것이다. 요컨대 일을 많이 하지 않는 상태의 기회비용이 반대의 경우보다 훨씬 더 높다는 것이다.[41]

아네트 라루와 그녀의 동료들은 이런 현상과 양육 사이에 비슷한 점이 있음을 입증했다. 대학교에 진학했던 엄마들은 자식들을 훨씬 더 많이 조직적인 과외 활동에 등록시킨다. 큰 맥락에서 보자면, 봉급을 많이 받는 아빠들이 일을 더 많이 하는 것과 같은 이유다. 또 이런 엄마들은 자기 아이들에게 과중할 정도로 많은 과외 활동을 시키지 않을 때의 기회비용이 훨씬 더 높다고 믿는다. 그야말로 과거 미국과 소련의 군비경쟁 때와 맞먹는 심리 싸움이 전개된다. 모든 부모가 다 아이들에게 과중한 과외 활동을 시키고 싶지 않지만, 그렇게 하지 않았다가는 자기 아이만 뒤처지기 때문에 어쩔 수 없다는 것이다.

호랑이 엄마들

"엄마가 내 선글라스 가지고 계세요?"

열세 살인 벤저민 슈가 자동차 뒷문을 열면서 묻는다. 지금 시각이 오후 2시 45분이고, 학교 수업은 이제 막 끝났다. 슈는 가방을 비어 있는 옆자리에 털썩 집어던진다.

엄마인 랜 장은 중국어로 대답한다. 이 모자는 늘 중국어로 대화를 한다. 하지만 내가 함께 있기 때문에 슈의 엄마는 다시 영어로 바꾼다.

"뭐 좀 먹을래? 과일? 물? 게토레이?"

"아뇨. 스케이트는 얼마나 타야 돼요?"

"두 시간."

"예에?"

아들이 얼굴을 찌푸린다. 그런데 이 아이는 평소에 얼굴을 잘 찌푸리는 아이가 아니다. 언제나 자신만만하며 미소를 잃지 않는 아이다. 아이의 엄마가 영어를 매우 유창하게 구사함에도 불구하고, 나와의 만남을 주선한 사람도 바로 이 아이였다.

"숙제가 너무 많아요. 내일 수학 시험도 봐요."

평소에 늘 웃는 얼굴을 하고 형식을 그다지 크게 따지지 않는 성격의 랜은 (그녀는 청바지를 입고 있으며 보석도 장신구도 거의 걸치지 않는다. 그녀는 지금 손목에 헤어밴드를 하고 있을 뿐이다) 룸미러로 아들을 바라보면서 의아하다는 표정을 짓는다.

"그래? 수학 시험은 토요일 아니니?"

"아니에요, 내일이에요. 단어 시험도 보고…."

"그럼 오늘 숙제는 몇 시간이나 해야 하는데?"

"세 시간."

그러자 이번에는 엄마가 얼굴을 찌푸린다.

"그럼 잠깐 눈을 좀 붙이지 그래? 한 20분 정도 걸리는데."

'슈가랜드 아이스 앤드 스포츠센터'까지 가는 데 걸리는 시간이다. 아들은 고개를 젓는다.

"그럼… 학교에서 다른 일은 없었니?"

"있어요, 숙제가 너무 많아요!"

아들이 인상을 쓴다.

"그 얘기 벌써 세 번째 한다. 그럼 코치 선생님한테 얘기해 보렴."

다시 룸미러를 바라보면서 얼굴을 찌푸리는 엄마.

"불쌍해라, 우리 벤. 모든 사람이 널 몰아 대는구나."

아들을 위해 꿈을 미뤄 두는 엄마 | 겉으로만 보자면 벤은 호랑이 엄마가 만들어 낸 비길 데 없이 멋진 작품이다. 벤은 6학년까지 휴스턴에 있는 특수학교인 마그넷 스쿨에 다녔는데 지금은 도시에서 가장 유서가 깊은 사립학교인 세인트존스에 다닌다. 벤은 여섯 살 때 피겨스케이팅을 시작했고 지금은 한 주에 여섯 번씩 꼬박꼬박 훈련을 하는데, 이 가운데 두 번은 슈가랜드에서 한다. 2011년에는 미국 전국 주니어 피겨스케이팅 선수권 소년 부문에서 14등을 했다. 그때가 열두 살 때였다. 벤은 또 화요일 밤마다 보이스카우트 모임에 나간다. 일요일마다 피아노 레슨을 받는데, 이 레슨을 예습하고 복습하기 위해서 날마다 30분씩 피아노 연습을 한다. 학교 성적도 좋다.

지칠 줄 모르는 호랑이 엄마가 뒤에서 받쳐주지 않으면 불가능한 일일지도 모른다.

벤의 엄마 랜은 정말이지 지칠 줄을 모른다. 그러나 그녀 역시 양육을 주제로 한 모든 격렬한 논의가 놓치고 있는 어떤 차이를 드러낸다. 랜이 아들에게 미치는 영향은 극단적으로 부드럽다. 그녀에게는 걱정이 하나 있다. 하지만 궁극에 가서는 공격성을 드러내는 그런 종류의 걱정이 아니다. 오히려 상처를 받는 쪽에 훨씬 더 가깝다. 벤이 거둔 많은 성과는 엄마인 그녀의 머리에서 나온 게 아니다. 벤이 아이스스케이팅에 매달린 건 엄마가 아니라 본인의 고집 때문이었다. 어느 해 크리스마스 때 인근의 쇼핑몰에서 스케이트를 타는 사람들을 보고는 그때부터 매달리기 시작했다. 그리고 벤은 동네의 어떤 아이가 피아노를 연주하는 것을 보고는 자기가 먼저 피아노를 배우겠다고 나섰다.

분명히 해 두기 위해서 덧붙이자면, 랜은 벤을 구몬에도 보내지 않는다. (구몬은 1950년대에 일본에서 처음 생긴 학습지 전문업체인데, 구몬 학원은 휴스턴에만 수십 군데가 넘는다.) 벤이 4학년 때 처음 한 번 시켜 봤다가 벤이 지겨워하자 그만뒀다. 밀어붙일 수도 있었지만 그렇게 하지 않았다는 말이다.

"솔직히 말하면…"

얼음판 위쪽에 있는 갤러리에 앉아서 벤이 스케이트 타는 걸 바라보면서 랜이 말한다.

"나는 구몬이 마음에 들지 않아요. 나는 중국에서 왔잖아요. 그런데 구몬 시스템은 너무 빡빡하거든요. 그런 게 싫어요. 나는 벤이 보통 아이처럼 자라길 바라거든요."

사실 벤은 현재 레슬리의 딸처럼 수학에서는 한 학년만 남겨 두고 있다. 다른 많은 친구들이 두 학년을 남겨 놓고 있는 것을 보자면 수학을 썩 잘하는 편이다. 그거면 충분하다고 랜은 생각한다. '탁월함'만으로는 부족하고 '매우 탁월함'이라는 성적을 얻어야만 한다는 새로운 구분 기준이 그녀에게는 오히려 부담이다. 그녀는 학력고사 결과를 비교하는 다른 학부모나 학생들의 말을 들을 때마다 자기도 모르게 움찔 놀란다고 한다.

"나는 벤이 그런 말을 듣지 않으면 좋겠어요. 저 아이가 그저, 자기가 원하는 게 있으면 열심히 공부를 해야 한다는 사실을 알기만 바랄 뿐이에요."

에이미 추아의 『타이거 마더』를 읽어 봤는지 물었다.

"몇 군데만 읽었어요. 매우 극적이던데요? 근데 내 경험으로 보자면, 자기가 아무리 호랑이 엄마처럼 굴어도 본인 스스로 호랑이 엄마라고 말하는 사람은 아무도 없을 걸요?"

그러나 랜이 호랑이 엄마들과 공통적으로 가지고 있는 한 가지 특징은 아이를 위해서 자기가 가지고 있던 많은 것을 포기했다는 점이다. 그녀가 이렇게 바뀔 것이라고는 그 누구도 예측하지 못했을 것이다. 그녀는 중국에서 유명한 화가와 지식인을 많이 배출한 명문가 출신이며, 본인의 의사를 분명하게 표현해야 한다는 가르침을 받고 성장했다. 아버지에게서 바이올린을 배웠으며, 여덟 살 때 이미 시를 써서 발표하기 시작했다. 베이징 사범대학교를 졸업한 뒤에는 중국에서 기자 겸 편집자로 활동했다. 그런데 앤더슨 암센터가 그녀의 남편 지앙에게 박사후 과정을 제의했고, 남편이 이 제의를 수락하면서 가족은 미국에서 살게 되었다.

여기에서 랜은 중국어 신문사에서 한동안 일을 했다. 그러다가 벤을 낳았고, 그때부터 모든 것이 바뀌었다. 그리고 처음 4년 동안 그녀는 아들을 돌보며 전업주부로 살았다. 그리고 아들이 유치원에 다니기 시작하자 그녀는 기자 생활을 포기하기로 마음먹었다. 기자로 살려면 저녁 시간에 아들과 함께 있지 못하는 상황을 감수해야 하는데, 그렇게 하기는 싫었던 것이다. 그래서 생물학 관련 강의를 들었고, 지금은 텍사스 어린이 병원에서 유전자 치료 연구를 하고 있다.

랜은 도전정신을 자극하는 그 일이 무척 흥미롭다. 하지만 이것은 그녀의 첫사랑이 아니다. 첫사랑은 글쓰기다. 그래도 연구 일은 정해진 시간에 마칠 수 있어서 좋다. 그녀는 하루가 끝나 가는 시간 동안 벤과 함께 있을 수 있어서 좋다. 그녀는 아침마다 아들을 학교까지 태워다 준다. 주말이면 부부가 함께 아들을 태워서 피아노 레슨을 받는 곳으로 데리고 간다. 그리고 스케이트장으로 아들을 태우고 가는 것도 그녀의 몫이다. 주중에는 학교 수업이 시작하기 훨씬 전에 새벽같이 일어나서 다른 스케이트장으로 아들을 태워다 준다. 주말과 화요일 밤에는 보이스카우트 모임에도 데려다 줘야 한다.

하루 가운데서 많은 시간을 자동차 안에서 보내야 하는데, 그건 어떠냐고 묻자 곧바로 대답이 돌아온다.

"끔찍하죠. 만일 우리가 슈가랜드에 산다면 한결 덜 힘들겠지만, 직장으로 출퇴근하기엔 너무 멀어요."

잠시 랜은 생각에 잠긴 듯 얼음판을 바라본다. 그러다가 입을 열어 이렇게 말한다.

"그런데 어느 날 갑자기 저 아이가 '스케이트 타기 싫어요, 농구 할래요.'라고 말하면 어떻게 하죠? 다른 아이들은 종종 그런다나 봐요.

아이들이니까요. 무슨 일이든 못 생길 일이 없잖아요."

내가 보기에는 그런 일이 일어날 것 같지는 않다. 이번 여름에 벤은 콜로라도스프링스에서 7주 동안 날마다 아침 6시부터 저녁 6시까지 훈련을 했다. 그때도 벤은 그렇게 힘든 훈련을 하고 집에 돌아와서는 아빠가 내준 수학 숙제를 했다. 그런 생활을 5주 동안 했다. 랜도 2년 치 휴가를 한꺼번에 내서 썼고, 벤의 아빠 역시 그렇게 해서 3주 동안 함께 있었다. 그때 이 세 식구는 스케이트장에서 3킬로미터 떨어진 아파트를 빌려서 생활했다.

이런 생각을 하면서 나는 벤은 절대 그만둘 수 없을 것이라고 말한다.

"나라도 그러진 않을 것 같지만 말이에요…. 늘 저 아이에게 이렇게 말하곤 해요. '만일 네가 그걸 정말 좋아한다면, 나는 시간과 돈과 에너지를 다 쏟아서 너를 밀어 줄 테니까, 너는 그저 최선을 다하기만 하면 돼.'라고요."

그러나 몇몇 측면에서 보면 시간과 돈과 에너지의 이런 지출은 랜으로서는 최소한의 것이었다. 정말 소중한 것은 자기가 아들의 인생에 쏟은 정서적 차원의 자본이라고 말한다.

"부모는 자식이 완벽하길 바라지만 언제나 완벽할 수는 없잖아요. 스케이팅도 그래요. 저기 보세요."

랜이 손가락으로 가리키는 곳에서 벤이 우아한 어떤 동작을 진행하는 중이다.

"방금 뛴 점프 보셨어요?"

물론 봤다.

"저게 더블악셀이에요. 하지만 아직 완벽하지는 않아요. 성공하면

뛸 듯이 좋아하지만 실패하면 시무룩해져요. 아이가 그러면 나도 기분이 울적해지죠. 자기 감정을 조절하고 통제하기가 정말 어려워요."

꽁지머리를 한 여자가 벤을 따라서 얼음판을 돌고 있다. 두 손은 등 쪽으로 돌려서 깍지를 끼고 있다. 벤을 가르치는 선생님이라고 랜이 설명한다. 우리는 한동안 벤이 연습하는 모습을 말없이 지켜본다. 벤은 진정으로 대단하다.

"저 아이는 스케이트에 천부적인 재질을 타고났어요."

그렇게 말하는 랜의 표정을 보면 그 말이 진심에서 우러나온 것임을 알 수 있다. 그러다가 마침내 긴장을 풀고 나를 바라본다. 그 얼굴에는 자부심과 기쁨이 묻어난다. 저 아이가 내 아들이라는 사실이 믿기지 않아요!

"저 아이를 보고 스케이팅은 그저 스케이팅이고 저 아이가 스케이팅을 무척 좋아하나 보다 하고 생각할 수도 있겠지만, 경쟁을 앞두면 그저 즐기는 차원이 아닙니다. 남의 일 바라보듯이 옆으로 물러나 있을 수가 없어요. 자기도 그 경쟁 속에서 휘말리니까요."

랜은 다시 얼음판을 바라본다.

"내 인생은 세 부분으로 구성되어 있어요. 하나는 일이고, 하나는 벤저민이고, 또 하나는 10년 뒤에 내가 하게 될 글쓰기와 편집입니다. 하지만 때로 지금 생활이 너무 힘들어요."

지금보다 더 많은 시간을 자기에게만 쓸 수 있게 되면 글을 쓸 것인지?

"그럼요. 쓰고 싶은 책들이 많이 있어요."

랜은 이미 중국에서 그동안 썼던 글들을 묶어서 책을 두 권 냈다.

"이번에는 세 권짜리 시리즈로 낼 생각인데 도무지 마무리를 할 시간이 없어서 말이에요."

나는 벤이 엄마가 낸 책을 읽었는지 묻는다. 랜은 고개를 젓는다. 랜은 자기는 아들의 세상을 알고 있지만 아들은 자기 세상을 알지 못하게 했다. 벤은 엄마가 쓴 책을 읽고 싶어도 읽지 못한다. 자기 주변에 있는 많은 다른 부모들과 달리 랜은 아들에게 중국어 읽기를 가르치지 않았기 때문이다.

좋은 엄마 되기에 대한 저항 | 2장에서 나는 육아와 관련된 일 가운데 대부분을 엄마가 맡아서 한다는 이야기를 했다. 그런데 부부 사이의 이 가사 분담 불균형은 아동기까지도 계속 이어진다. 2008년에 아네트 라루와 그녀의 동료 엘리엇 바이닝거Elliot Weininger는 초등학생 연령대의 아이를 키우는 가정들을 표본으로 한 서로 다른 두 개의 자료 모음을 분석한 뒤에 "여자는 남자에 비해서 아이들의 과외 활동에 더 많이 얽매여 있다."고 결론을 내렸다.

그런데 많은 방과 후 활동 가운데 압도적으로 많은 부분이 운동과 관련되어 있다는 사실은 놀라웠다. (이런 현상이 나타나는 한 가지 이유는 "아빠들은 어떤 활동의 코치 역할을 하지만 그 역할을 제외한 나머지 일들을 모두 엄마들이 하기 때문"이라는 가설을 연구자들이 내렸다.)[42] 표본 집단 속의 엄마들은 아이들이 어렸을 때와 마찬가지로 자기의 역할을 일정 조정자, 교통 담당자, 잔소리꾼 등으로 설정하고 있었다. 또한 엄마들은 심리적인 압박을 가하고 반대로 심리적인 압박을 받는 존재이기도 했다.

아이들이 하는 과외 활동에 등록하는 일, 아이들을 현장까지 데려가고 데려오는 것과 관련된 사항을 조정하는 일, 아이들에게 복습을 시키는 일, 활동과 관련된 복장을 준비하고 입히는 일 그리고 돌아오는 일요일에는 맞붙을 팀이 어디인지 알아내는 일 등을 처리하는 사람은 모두 엄마였다.[43]

라루와 바이닝거의 논문은 어쩌면 가장 중요할지도 모르는 사실도 주장한다.

"적어도 엄마들은 자기가 급료를 받고 일을 할 수 있는 시간과 아이들의 활동을 지원하는 데 들어가는 시간 사이에서 무엇을 얼마만큼 버리고 무엇을 얼마만큼 취할 것인지 선택한다."[44]

이런 사실은 랜과 같은 부류의 엄마가 기자와 같은 일자리를 포기하고 연구직처럼 업무 시간의 유연성이 높은 일자리를 찾는 이유를 설명해 주기도 한다. 그러나 불행하게도 아이들이 하는 과외 활동은 시간적인 유연성이 거의 없으며, (예컨대 스카우트 모임은 화요일 저녁에만 진행된다) 갑자기 일정이 바뀌기도 한다. ("네가 지구 대회에서 우승을 했다고? 그럼 이번 주말에는 어디로 가야 하는데?") 여러 가지 과외 활동으로 빡빡하게 채워진 한 주 일정은 저자들이 부르는 이른바 '압박점pressure points'의 한 주, 즉 협상이 불가능하며 시간에 민감한 요구들, 엄마들에게만 불균형적으로 많이 떨어지는 요구들로 채워진 한 주가 된다.

"엄마들의 시간 사용 패턴은 아빠들의 패턴에 비해서 한결 정신없이 바쁘게 돌아간다."[45]

이런 시간 사용 패턴은 우리 문화 속의 어떤 특이한 변곡점에서 발생한다. 한편, 가족을 위해서 돈을 버는 일이 자기들이 해야 할 가장 기본적인 일이라고 생각하는 아빠의 수는 1980년부터 2000년 사이에 54퍼센트에서 30퍼센트로 떨어졌다.[46] 한편 부모가 함께 집에 머물면서 아이를 돌봐야 한다고 믿는 미국인은 1989년에서 2002년 사이에 33퍼센트에서 41퍼센트로 늘어났다.[47]

즉, 부모 역할에 대한 우리의 기대치는 직장에 대한 여자들의 태도가 자유로워지면서 점점 증가해 왔다는 말이다.

표면적으로는 이런 이질적인 경향들이 서로 모순되는 것처럼 보인다. 그러나 반대로 서로 상관성이 있다는 주장도 가능하다. 즉, 하나의 문화로서 우리는 어떤 직장에서건 여자를 찾아볼 수 있다는 사실에 대해서 (아울러, 그 결과 아이를 돌보는 가족 이외의 사람이나 시설이 많아졌다는 사실에 대해서) 우리가 받아들일 수 있는 것보다 더 많은 양면성을 가지고 있다는 주장도 있을 수 있다.

역사를 보면 분명히 그렇다. 과거 여성이 어느 정도의 교육과 독립을 획득했던 순간에도 무게 중심추는 과거 쪽으로 크게 기울곤 했다. 여자는 가정에서 부엌살림이나 해야 한다는 메시지를 소리 높여서 분명하게, 그것도 갑작스럽게 외치는 문화 풍토가 조성되었다. 많은 책들이 이런 주장을 해 왔다. 그러나 1996년에 출간된 샤론 헤이즈Sharon Hays의 『모성의 문화적 모순The Cultural Contradictions of Motherhood』은 여전히 나에게 가장 설득력이 있는 자료다. 그녀의 견해에 따르면, 자유시장이 가정의 신성함을 위협할 때마다 여자들은 '집중적인 모성 발휘'에 대해서 훨씬 큰 부담을 느낀다.[48] 심지어 아무리 좋은 의도를 가진 보육 전문가가 쓴 책이라고 하더라도 여성 독자들이 이렇게 느끼는 것을 막을 순 없었다. 이런 점에서 헤이즈는 당시 베스트셀러 저자이던 베리 브래즐턴T. Berry Brazelton을 지목한다. 브래즐턴은 자기 저서 『일과 육아Working and Caring』(1985년)에서 다음과 같이 주장했었다.

"일터에서 여성은 (…) 효율적이어야 한다. 그러나 효율적인 여자가 자기 아이에게는 최악의 어머니가 될 수 있다. 가정에서 여성은 유연하고 온화하고 마음씀씀이가 깊어야 한다."[49]

이런 사례는 새로 발견된 이른바 '애착 육아'에 대한 열풍이라는 점에서 비추어 보면 상당히 진기하다. 애착 육아는 많은 점에서 매력적이긴 하지만 엄마 쪽에서 보자면 엄청난 시간 투자를 요구한다. 엄마는 아이가 만 세 살이 될 때까지는 아이 곁을 떠날 수 없다. 맞벌이를 해야 하는 가정에서 이런 육아는 애초에 불가능하다. 뿐만 아니라 자기 시간을 사용하는 방식에 대해서 우선순위를 다르게 설정하는 엄마에게도 이런 양육 방식은 전혀 현실적이지 않다.

이것들은 여성의 독립과 보다 세심한 엄마의 보살핌에 대한 요구 사이의 영속적인 관계에 관한 최근의 두 가지 사례에 지나지 않는다. 앤 헐버트Ann Hulbert는 2003년 저서 『미국의 자녀 양육Raising America』에서 20세기 미국의 양육 관행을 분석해서 오늘날의 모습보다 앞선 여러 사례들을 찾아낸다. 점점 더 많은 여성이 대학 교육을 받던 시기인 20세기로의 전환 시기에 육아 전문가들은, 아이들은 끝도 없이 흥미로운 연구 주제이며 따라서 무한한 교양의 주제이기 때문에, 보다 높은 교육을 받는 것이 모성을 발휘할 완벽한 준비를 갖추는 것이라고 주장했다. (당시의 어떤 저명한 사상가는 어머니가 대학 교육을 받은 덕분에, "어머니의 자식들 가운데서는 그 누구도, 자기가 자기 어머니보다 훨씬 더 많은 것을 안다고 느끼는 슬픈 나이에는 도달하지 않을 것이다."

라고 썼다.)[50] 1920년대에 여자들이 머리를 짧게 자르고 새로 획득한 투표권을 행사할 때 연구자들은, 여자들에게 가정으로 돌아가서 새롭게 부각되는 어린이 발달 분야에 더 많은 관심을 기울이라고 촉구했다. 예를 들어서 1925년에 게재되었던 「뉴욕타임스」의 기사 가운데 일부를 소개하면 다음과 같다.

> 어떤 이상하고도 우주적인 연금술이 작용하고 있는 것 같다. 오랜 관습이 지배하던 가정을 파괴하고 여자를 남자와 조금도 차이가 나지 않을 정도로 사업과 쾌락의 세상으로 보내면서 인간이 살아가는 방식과 도덕을 무너뜨렸던 바로 그 사회경제적인 여러 힘들이 지금은 양육이라는 분야에 새로운 관심을 쏟고 있다.[51]

심지어 '부모parent'라는 명사가 '양육하다'라는 뜻의 동사로 인기리에 사용되기 시작한 연도도 흥미로운데, 바로 1970년이었다. 여자들이 앞치마를 벗어던지고 경구피임약을 복용하고 남녀평등 헌법수정안을 위해 싸우던, 그야말로 여성운동의 분수령이었던 1970년에 '부모'라는 단어는 어떤 사람이 하루 종일 할 수 있는 어떤 것을 가리키는 일반적인 단어가 되었다.[52]

그러나 이런 과거로의 회귀 현상 가운데서 가장 두드러진 사례는 아이젠하워 시기일 것이다. 바로 이 시기가 제2차 페미니즘 물결의 기념비적인 선언인 1963년에 출간된 베티 프리단Betty Friedan의 『여성의 신비The Feminine Mystique』가 나타난 배경이었다.(제1차 페미니즘 물결이 일던 시기는 19세기 중반부터다–옮긴이) 제2차 세계대전 시기는 여성을 꽃피운 위대한 시기였다. 여자들은 결혼을 일찍 하지 않았고

(그 이유는 굳이 말하지 않아도 명백하다) 오랜 세월 동안 남자들이 독점해 왔던 일자리를 넘겨받았다. 특히 방위산업 분야에서 여자들의 진출은 두드러졌다. 그리고 간호사로, 군인으로 최전방에서 복무했다. 그러나 1950년대에 이 흐름이 주춤하는 시기가 있었다. 여자들이 비록 직장에서 계속 일을 하긴 했지만 10년 전에 가졌던 야망과 동일한 야망을 가지고서 일자리 시장에 뛰어들지는 않았다. 1950년에 여자의 초혼 평균 연령이 스무 살로 떨어졌던 것이다. 여기에 대해서 프리단은 "스무 살은 미국 역사상 가장 낮은 연령이며, 서구 어떤 국가와 비교하더라도 가장 낮은 연령이며, 이른바 후진국이라는 국가들에서나 찾아볼 수 있었을 정도로 낮은 연령이다."라고 썼다.[53]

행복하게도 프리단이 『여성의 신비』에서 다루었던 문제들 가운데 많은 것들이 오늘날에는 낡고 고리타분하게 느껴진다. 그러나 그렇다고 해서 우리가 지금 여성에 대한 새로운 역풍의 한가운데 있다는 뜻은 아니다. 그저 종류가 다른 것일 뿐이다.

1950년대에 여자들은 집을 흠결 하나 없이 완벽한 공간으로 유지해야 한다는 압박감에 시달렸다. 인구조사 때 여자가 집 바깥에서 일을 하지 않을 경우에 조사 문항에 표시를 하는 '직업: 가정주부'라는 말은 프리단의 책에서 반복적으로 나타나는 관용구로 사용되었다.[54] 여자들은 또한 좋은 엄마가 되어야 한다는 압박감도 함께 느껴야 했다. 하지만 여자들이 기울이는 노력의 중심적인 공간이자 모든 것의 상징은 집이었다. 저녁은 훌륭해야 하고 저녁 시간은 반드시 지켜져야 했다. 침대는 깨끗해야 했다. 바닥은 먼지 하나 없이 반짝거려야 했다. 이런 일에 전념할 때 생기는 충족되지 않는 허무함, 프리단이 표현했던 그 '이름 없는 문제'[55]에 대해서는 생각조차 말아야 했다.

집을 깨끗하게 유지하는 것은 여자가 할 일이었고, 만일 이런 일에서 보람을 느끼지 못할 경우에는 그저 프리즘을 30도 정도 틀어서 자기가 잘못 생각하고 있음을, 즉 그 일은 매우 중요하고 결코 소홀하게 대할 게 아님을 깨달아야만 했다. 미국의 광고업계도 이런 이야기들을 끊임없이 하고 있었다. 프리단의 책에서 여자들이 처한 실상을 가장 적나라하게 폭로하는 내용들 가운데 하나로 그녀가 광고업계의 어떤 상담자에게서 은밀하게 얻어 냈던 내부 조사 문건을 인용하는 부분을 꼽을 수 있다.

> 가정주부가 집을 깨끗하게 하는 사람으로서 자기만의 신망을 쌓아 올리는 여러 가지 방법들 가운데 하나는 특수한 용도의 특수한 제품을 사용하는 것이다. (…) 가정주부가 한 가지의 만능 세제를 모든 청소용 세제로 사용하지 않고, 어떤 제품은 빨래할 때 사용하고, 또 다른 제품은 설거지할 때 사용하고, 또 다른 제품은 벽지를 닦을 때 사용하고, 또 다른 제품은 바닥을 닦을 때 사용하고, 또 다른 제품은 블라인드를 닦을 때 사용하면, 이 주부는 미숙련 노동자로 일을 하는 듯한 느낌을 벗어던지고 어딘지 엔지니어나 전문가가 된 듯한 느낌을 가질 수 있다.[56]

바로 이것이 '이름 없는 문제'에 대해서 광고업계가 내놓은 해결책이었다. 만일 여자들이 집안일이 심드렁하게 느껴지고 자기가 받은 교육 수준에 비해서 집에서 자기가 하는 일이 변변찮다고 느낄 때, 이 문제에 대한 해결책은 자기들이 하는 일이야말로 교육을 많이 받은 사람들이 해낼 수 있는 일이라는 논리, 다시 말해서 여자는 가정과학자라는 논리였다.

이런 형태의 가정과학을 오늘날의 여자들은 포기했다. 프리단이 살던 시기에 비해서 집안일을 절반밖에 하지 않기 때문이다. 구체적으로 말하면 1965년에 주당 32시간 가까이 일을 했지만 지금은 주당 17.5시간밖에 일을 하지 않는다.[57] 그러나 오늘날의 여자들은 다른 측면에서 가정과학자가 되었다. 육아 전문가이기 때문이다. 오늘날의 엄마들은 예전의 엄마들에 비해서 훨씬 많은 시간을 아이들과 함께 보낸다. 이런 변화를 나에게 분명하게 인식시켜 준 사람은 미네소타에 살던 어떤 엄마였다. 그녀는 자기 엄마가 본인을 '집아내housewife'라고 부르지만 자기는 '가정을 지키는 엄마stay-at-home mom'라고 부른다고 말했다. 이런 호칭의 변화는 문화적인 강조점의 변화, 즉 여자들에게 가해지는 압박감이 집을 깨끗하게 가꾸고 유지하는 것에서 완벽한 엄마가 되는 것으로 바뀐 점을 반영한다.

그리고 오늘날의 시장은 여전히 여자들의 전문가적인 본능에 호소하고자 노력하는데, 60년 전에 가정주부에게 차별성이 있는 세제 제품을 제시했던 것과 마찬가지로 지금은 차별성이 있는 육아용 제품을 제시하고 있다. 1950년대의 여자들은 오븐을 닦는 세제와 바닥용 세제 그리고 목재용 특수 스프레이의 차이를 꿰뚫고 있어야 한다는 말을 들었지만, 지금은 상상력이 넘치는 놀이를 자극하는 장난감과 문제 해결 기술을 자랑하는 장난감의 차이를 훤하게 꿰고 있어야 한다는 말을 듣는다. 언어에서의 이런 미묘한 변화는 아이와 놀아 주는 것이 진짜로 놀이가 아니라, 예전에 집안일이 그랬던 것처럼 하나의 일이라는 사실을 뜻한다. 오늘날의 바이바이베이비(어린이 용품 매장 브랜드-옮긴이)는 1950년대의 슈퍼마켓이고, 과거의 「굿 하우스키핑Good Housekeeping」(1885년에 창간된 미국 주부 잡지. 1966년에 한 달 발행부수가 550만 부로 역대 최고를 기록했다-옮긴이)에 해당되는 오늘날 서점의 육아 관련 서가들은 여자들에게 육아 전공 박사 학위를 따게 해 줄 가능성을 제시한다.

이런 달라진 기준들에 대한 저항적인 반응들은 체계적으로 나타난다. 1960년대 말과 1970년대에 여자들은 완벽한 가정주부에 저항하며 일어섰다. 1967년에 수 카우프먼Sue Kaufman이 『미친 가정주부의 일기Diary of a Mad Housewife』를 썼고, 또 1973년에는 에리카 종Erica Jong이 『비행공포Fear of Flying』를 썼는데 『비행공포』는 이상적인 여자라는 발상에 다음과 같이 신랄한 폭언을 퍼부었다.

"그 여자는 요리하고, 집안을 정리하고, 가계를 운영하고, 책을 정리하고, 다른 모든 사람이 털어놓는 골칫거리를 들어준다. (…) 나는 좋은 엄마가 아니었다. 해야 할 일이 너무도 많았기 때문이다."[58]

그러나 오늘날에는 나쁜 아내 이야기가 전형적인 저항 이야기가 아니다. 나쁜 엄마에 관한 이야기가 그렇다. 사실 '나쁜 엄마'라는 표현은 에일렛 월드먼Ayelet Waldman이 2009년에 출간한 에세이집의 제목이기도 하다.[59]

엄마가 엄마 노릇을 제대로 하지 않는 이야기는 우리의 상상력을 사로잡는다. '집중적인 육아'라는 긴요한 필요성이 여전히 강고하게 엄마들을 몰아붙이며 어떤 방법을 동원해서라도 도덕적인 안도를 구하도록 하기 때문이다.[60] 예를 들어서 헤이즈는 집을 지키는 엄마들이 자기들이 한 선택에 대해서 확신을 가지지 못하겠다고 고백할 때마다 이들은 자기가 집에 있는 것이 아이들을 위해서는 가장 좋은 선택이라고 말함으로써 자신의 결정을 합리화한다고 지적한다. 그러나 직장에 다니는 엄마들이 자기가 한 선택에 대해서 확신을 가지지 못하겠다고 고백할 때도 직장에 나가서 일을 하는 게 아이들을 위한 가장 좋은 선택이라고 똑같이 말한다.

"이런 여자들의 압도적인 다수는 아이들이 귀찮고 골칫거리며, 따라서 돈을 받고 일하는 게 더 즐겁다는 식으로 말하지 않는다. (…) 대신 돈을 벌어서 아이들이 과외 활동을 할 수 있도록 경제적으로 보탠다고 말한다."[61]

또 노동 윤리의 어떤 전범을 만들어 나간다고도 하고, 일을 함으로써 보다 집중해서 아이를 돌볼 수 있으며, 아이들과 함께 보내는 시간의 질을 높일 수 있다고도 한다. 이들은 언제나, 어떤 대답이든 정당화하기 위해서 아이들에게 미치는 영향을 이용한다.

싱글맘의 시간

"아이가 이걸 입을 수도 있고 입지 않을 수도 있는데…."

신디 아이반호가 제이시 페니(의류 소매점 브랜드-옮긴이)의 매장 진열대에서 옷 하나를 꺼내면서 말한다.

"새르? 새러? 새리타?"

신디의 딸은 마치 예술가 같고 사랑스럽다. 엄마가 여러 개의 애칭을 동원해서 자기를 부르자 딸은 보고 있던 액정 화면에서 눈을 떼고 엄마를 올려다보면서 코를 찡긋한다.

"네 얼굴에 보톡스 주사 놔 줄 수도 있는데…."

이렇게 말을 하는 신디는 의사다. 전문 분야는 성형이 아니라 뇌장애이지만 그래도 의사이기 때문에 이런 농담을 쉽게 한다. 신디는 오랜 기간 동안 휴스턴에 있는 병원TIRR Memorial Hermann에서 일을 하면서, 2011년에 있었던 총기 난사 사건으로 심각한 상처를 입은 연방 하원의원 가브리엘 기퍼즈Gabrielle Giffords를 치료하는 프로젝트에도 참가했는데, 몇 해 전에 개인 병원을 개업했다. 그러나 집필 활동과 베일러 의과대학에서 하는 강의는 계속하고 있다.

새러가 검은색과 흰색이 섞여 있으며 성적으로 도발적인 느낌을 주는 드레스를 고른다.

"오오 새러, 넌 열두 살이잖아."

새러는 지금 친구가 성인식 바트미츠바(유대교에서 소녀에게 하는 성인식-옮긴이)를 받는 자리에 입고 갈 옷을 고르고 있다.

신디가 나를 돌아보면서 말한다.

"가장 힘든 건… 피곤하다는 게 아닐까 싶네요. 피곤하면 그 일을 정말 잘하고 싶어도 그렇게 할 수 없으니까요. 일을 그만둔다면 좋겠지만, 다른 한편으로는 일을 못 하게 되면 아마 미쳐 버릴 것 같기도 해요. 내 일이 중단되니까요. 그건 진짜 싫거든요."

그때 새러가 스커트처럼 보이지만 스커트라고 말하긴 어려워 보이는 옷 하나를 보여 준다. 한참 그 옷을 바라본 신디가 말한다.

"안 돼. 그건 블루머처럼 보이잖아."

"여기에 맞춰서 입을 셔츠가 있는데…."

"그래, 그 셔츠 있지. 그렇지만… 안 돼."

신디는 한숨을 쉰다. 그런 신디를 바라보면서 나는, 만일 피곤하지 않으면 어떻게 할 것 같은지 묻는다.

"저녁 때, 그러니까 아이가 한 숙제를 검사할 때 짜증을 덜 내겠죠. 아니면, 바트미츠바에서 부를 노래를 들어줄 수도 있고, 아니면 우리 집에 있는 십 대 소년이 진짜 솔직한 자기 감정을 얘기하도록 더 달래 볼 수도 있겠죠, 이 아이가 요즘 스트레스를 무척 많이 받는 눈치더라고요. 뭐 이런 거 할 수 있는 시간을 지금보다 훨씬 많이 가질 수 있겠죠. 어쨌거나 내가 다 책임지고 해야 하니까요."

신디는 2006년에 남편과 이혼했고, 전 남편은 지금 휴스턴에 살고 있지도 않다.

신디는 길고 하늘거리는 1960년대 풍의 여름용 드레스를 꺼낸다.

"이런 거 마음에 드니? 그럼 내가 줄여 준다고 약속할게."

새러는 튤(실크나 나일론 등으로 망사처럼 짠 천—옮긴이)이라면 질색이지만 그런 내색을 하지 않는다.

"난 솔직히 그거보다는 이게 맘에 들어요."

새러는 무례하지 않다. 그저 미소를 짓는다. 신디도 고개를 끄덕인다.

"그래, 나도 좋네."

우리는 탈의실로 함께 가서 자리를 잡는다. 새러는 커튼 뒤로 옷을 갈아입으러 들어간다.

"집에 와서 일 생각을 하지 않게 된 건 오래되었어요. 부분적으로는 아이를 가지면서 그랬죠. 그러나 스트레스를 주는 다른 여러 가지 문제들 때문에, 돈 문제도 그렇고 다른 것들도 그렇고, 나는 여전히…."

신디는 말을 채 맺지 못했지만, 그녀가 다하지 못한 말이 '지친 상태'라는 건 분명하다.

새러가 탈의 칸막이를 들락거리며 번갈아 가면서 옷을 갈아입고 거울 앞에 선다. 그리고 그때마다 신디는 "아냐." "아냐." "어쩌면…" "귀엽네." "너무 짧아." "한 달만 지나도 작아서 못 입겠다."는 비평을 내린다. 그러면서 나에게 하던 말을 계속한다.

"그런데 걱정이 되는 건 아이들이 나중에 나를 어떤 모습으로 기억하게 될지 하는 거예요. 어떨 거 같아요? '엄마는 늘 자기 일을 체계적으로 관리했어, 엄마는 늘 청구서는 제때 처리하려고 했어.'라고 회상할 수도 있겠죠. 아니면, '엄마는 늘 뭐든 더 낫게 만들려고 노력하셨어.'라고 할 수도 있을 거고요."

그때 새러가 다시 튀어나온다. 이번에는 엄마의 얼굴에서 어떤 역설의 비평도 가늠하기 어렵다. 이유는 분명하다. 너무도 멋지기 때문이다. 그런데 정말 재미있는 것은 이 옷은 신디가 재미로 한번 골라 봤던 옷이다. 원단은 새러가 만지면 샥샥 소리가 난다고 말하길 좋아하던 전통적인 견직물이다. 새러가 재미 삼아서 한번 입어 봤는데, 그 옷을 입은 새러가 지금 우리 앞에서 눈부시게 서 있다. 신디의 얼굴이 환하게 빛난다.

"끈을 한번 묶어 보자. (끈을 묶은 뒤에) 조이지 않니?"

새러는 고개를 끄덕인다. 새러는 그 옷이 자기에게 그렇게 잘 어울린다는 사실에 아직도 충격이 가시지 않은 표정이다.

"한번 돌아 봐."

신디는 감탄하는 눈으로 새러를 바라본다.

"이 옷 토요일 밤 파티 때 입고 나가고 싶니?"

"예."

새러는 돌아서서 탈의 칸막이 안으로 돌아간다. 신디의 시선이 딸을 뒷모습을 좇는다.

"그렇잖아요. 자기가 낳은 자식들인데, 어떻게 사랑하지 않겠어요? 아이들을 위해서라면 죽을 수도 있잖아요. 그렇죠?"

그렇게까지 말을 하고서도 신디는 고개를 천천히 저었다.

"그런데 난 지금 쉬고 싶은 마음뿐이에요. 피곤하고 힘들어요."

누가 나 같은 여자를 좋아하겠어요? | 행복과 양육을 주제로 한 연구 저작들은 엄청나게 복잡하며 흔히 문제가 많다. 그러나 그 저작들이 어떻게 나왔든 간에, 즉 연구자들이 구사한 방법론이 무엇이었든 간에, 혹은 연구자들이 수치로 계량하고자 했던 것이 무엇이었든 간에, 이런 연구 저작들은 싱글맘은 부모의 역할을 제대로 해내지 못한다고 지적한다.

그 이유는 대개 경제적인 문제에 있다. 싱글맘에는 이혼모뿐만 아니라 미혼모도 포함한다. 일반적으로 미혼모들은 대학교에 진학하지 않았으며 따라서 경제적인 능력이 상대적으로 부족하다. 이들의 소득 수준은 양부모 가정 소득의 4분의 1에도 채 미치지 못하며,[62] 건강과 관련된 문제를 더 많이 안고 있으며,[63] 사회적인 연결망의 폭은 더 협소하다.[64] 이런 사실을 전제로 하면, 양육의 행복 정도를 측정하려는 설문에서 미혼모가 낮은 점수를 얻을 수밖에 없음은 당연하다.

그런데 신디의 경우는 다르다. 결혼을 했다가 이혼을 했다. 미혼모가 아니고 이혼모다. 그리고 돈을 잘 벌며, 좋은 집에서 살고, 주변에 멋진 친구들도 많이 있다. 그러나 중산층의 안락함이 가득 차 있는 그녀의 삶을 들여다보면, 어째서 이혼모들이 이혼하지 않은 엄마들에 비해서 더 많은 고통을 당하고 살아가는지 알 수 있다. 이혼모가 정부로부터 아동 수당을 보다 많이 받을 수 있다는 점은 사실이다.[65] 그런데 평균적으로 볼 때 이혼모의 소득은 양부모 가구의 소득에 비해서 절반밖에 되지 않는다. (신디는 지금 매우 까다로운 재정 문제와 씨름을 하고 있다. 부동산 가격이 폭락하기 직전에 현재 개업하고 있는 병원 공간을 임대하는 계약서에 서명했기 때문이다.) 그리고 아이들이 아빠의 집에서 보내는 시간보다 엄마와 함께 보내는 시간이 훨씬 더 많기 때문에, 싱글맘들은 부모의 이혼에 따른 아이들의 심리적 · 정서적 충격을 달래는 일까지 떠맡는다.[66] 알리 혹실드가 '제3의 변화'라고 부르는 것, 즉 엄마가 가족의 감정을 책임지는 존재가 되어야 하는 상황의 어떤 특별한 변주인 셈이다. 그리고 중산층의 싱글맘들은 결혼 상태를 유지하는 엄마들과 동일한 수준의 육아 부담을 져야 하지만, 시간이나 여유로움은 상대적으로 훨씬 적게 주어진다. "미국인 시간 사용 조사"를 끈질기게 파고들어 분석하는 수잰 비앙키Suzanne Bianchia는 최근의 한 논문에서 편부모는 흔히 "양부모와 동일한 수의 요구사항들을 해결해야 하는데, 이런 요구사항들 가운데 절반밖에 해결하지 못한다."고 지적한다.[67]

비앙키가 공동 저자로 참여한 가족 시간 사용에 대한 2006년 자료 백서인 『미국 가정생활의 변화하는 리듬Changing Rhythms of American Family Life』은 이런 내용을 수치로 자세하게 제시한다. 싱글맘들은 결혼생활을 유지하는 부모들에 비해서 (특히 아빠들에 비해서) 자기 개인 용도로 사용할 시간이 매우 부족하다. '거의 대부분의 시간 동안' 여러 가지 일을 동시에 수행하는 경향이 더 높다.[68] 이들은 결혼생활을 유지하는 부모들에 비해서 사회적인 관계를 유지하고 누리는 데 주당 4.5시간을 적게 쓰며 식사를 하는 데는 1.5시간을 적게 쓴다.[69] 신디도 이렇게 말한다.

"때로 나는 친구를 만나서 술도 한 잔씩 합니다. 아주 아주 아주 드문 일이긴 하지만 영화를 보러 가기도 합니다. 하지만 같은 영화를 보더라도 늘 다른 사람들에게 뒤처져요."

시간과 관련된 문제들은 곧바로 스트레스 문제로 전환되는데, 이런 문제들은 생활의 다른 영역으로도 확산된다. 예를 들면 데이트만 하더라도 그렇다. 우리는 여전히 탈의실에 앉아 있고, 신디가 계속해서 이야기를 한다.

"지난여름에 만난 사람과 데이트를 했어요. 내가 그 남자에게 그랬죠. '당신도 알겠지만 학교가 개학하면 불난 집에서 도망치는 사람처럼 바빠져요. 9월이나 8월 말이 되면 지금 내가 누리고 있는 자유는 완전히 사라져 버려요.'라고 말이에요."

몇 분 뒤에 신디는 아들이 보낸 문자를 받는다.

"집으로 오시는 길에 얼음 1톤쯤 사 가지고 오실래요?"

아들은 학교에서 크로스컨트리 경주반에서 활동하는데, 최근에 무릎이 좋지 않아졌다. 신디는 멍하게 휴대전화를 바라보다가 말을 잇는다.

"어떤 친구에게도 여러 번 이야기했지만, 나라도 나 같은 여자하고는 데이트하고 싶지 않을 거 같아요. '미안해요, 지금 아들 무릎에 얼음찜질 해 주러 가야 하거든요.'라면서 벌떡 일어나서 가는 여자를 누가 좋아하겠어요?"

제이시 페니를 나오자마자 그녀는 곧바로 얼음을 사 가지고 집으로 향한다. 그리고 아들의 무릎을 얼음 주머니로 정성스럽게 싸 준다.

새로운 아빠의 신비

완벽한 부모가 되려고 하다가 과도한 압박감을 느끼는 것(주디스 워너는 『엄마는 미친짓이다』에서 이것을 '엄마의 신비'라고 불렀다)[70]은 여자들만의 문제가 아니다. 남자들 역시 이런 압박감을 느낀다. 가족 및 근로 문제 연구소The Families and Work Institute는 2011년에 펴낸 한 보고서에서 이런 현상을 '새로운 남성의 신비'라고 부른다. 지역적인 대표성을 띤 대규모 표본을 분석한 결과, 오늘날 아빠들은 아이가 없는 남자들이 주당 44시간 일하는 데 비해서 세 시간 더 많은 47시간을 일한다. 50시간 이상 일하는 비율도 아이가 없는 남자들은 33퍼센트밖에 되지 않지만 아빠들은 42퍼센트나 된다.[71] 게다가 더욱 놀라운 사실은, 일과 가족 사이에 빚어지는 갈등과 관련해서, 오늘날의 남자는 여자보다 이런 갈등을 더 많이 느끼며, 특히 맞벌이일 때는 더 첨예하게 느낀다.[72]

남자들이 이렇게 느끼는 이유 가운데 일부는 현대 경제의 특징이라고 할 수 있는 불확실성, 치열함 그리고 과도함으로 설명할 수 있다. 물론 이런 사실은 그다지 놀라운 게 아니다. 가족 및 근로 문제 연구소의 이 보고서 속의 남자들은 과거에 동일한 주제로 진행되었던 조사에 등장했던 남자들에 비해서 실직의 가능성에 더 많이 불안해했다. 예컨대 1977년에는 응답 남성의 84퍼센트가 현재 자기 일자리가 안정적이라고 믿었지만, 경기 침체기 직전인 2008년이었음에도 불구하고 이 수치는 70퍼센트 이하로 떨어졌다.[73] 오늘날의 노동자들은 또한 기술 발전으로 인한 노동 환경의 변화로 일을 집으로까지 가져와서 해야만 한다. 즉, 전체 표본 가운데서 41퍼센트가 한 주에 적어도 한 번은 근무 시간이 아님에도 불구하고 회사에서 보낸 일과 관련된 메시지를 받았다고 응답했다.[74] 그리고 2008년에는 1977년에 비해서 훨씬 더 많은 남자들이, 즉 65퍼센트 대 88퍼센트 비율로 "나는 매우 열심히 직무를 수행해야 한다"에 "그렇다"로 대답했다. 그리고 같은 기간에, "나는 매우 빠르게 직무를 수행해야 한다"에 "그렇다"고 대답한 사람의 비율도 52퍼센트에서 73퍼센트로 늘어났다.[75]

그러나 이 연구의 공동 저자이자 그 연구소의 대표인 엘렌 갈린스키Ellen Galinsky는 오늘날 아버지들 역시 문화적인 차원의 우선순위 변화 및 그에 따른 내면적인 차원의 우선순위 변화를 경험할지도 모른다고 의심했다. 그녀는 나와 나눈 대화에서 다음과 같이 말한다.

"아빠들은 지금 자기들이 아이들의 삶 속에서 말라 비틀어진 존재로만 남기를 원하지 않아요."[76]

그런데 이런 사실을, 축구장의 한쪽에 앉아서 자기 아들이 운동장을 뛰는 모습을 바라보던 스티브 브라운만큼 생생하게 보여 주는 사람은 없다. 그의 휴대전화기는 끊임없이 띵똥거리고 윙윙거리는 핀볼머신이다. 그리고 아들이 미식축구를 하는 동안 내내 휴대전화로 이메일을 검색했다. 그 시간이 보통 자기에게는 '블랙베리 시간'이라면서 나에게 양해를 구했다. 어떤 시점에 나는 아빠 노릇을 하면서 가장 힘든 게 무엇이냐고 그에게 물었다. 그러자 그는 마치 미리 준비라도 한 것처럼 망설이지 않고 대답했다.

"자기가 하고 싶은 모든 것을 할 수 있는 시간이 없다는 겁니다. 또 일과 생활의 균형도 그렇고, 내가 간여하는 커뮤니티와의 균형도 그렇죠. 때로는 이 세 가지가 동시에 문제가 되기도 합니다."

커뮤니티가 문제되는 것은 한 주에 다섯 번은 저녁 시간에 기금 모금이다 뭐다 해서 이런저런 정치 모임에 참석하기 때문이다.

"그 문제를 해결하는 것은 정말 우리로서 만만찮은 일입니다. 예를 들면 이런 거죠, 어떤 주에 내가 의장님의 역할을 할 수 있을까? 어떤 날에는 반드시 집을 지키고 있어야 할까? 그리고 어떤 날에 아내가 바깥일을 보러 나갈까? 이런 온갖 가능성과 변수 속에서 나는 잘 선택해야 합니다."

그런데 스티브는 대부분의 다른 남자들에 비해서 직무의 유연성이 높은 편이다. 가게가 자기 소유이고 자기가 사장이므로 시간을 자기 임의대로 설정할 수 있는 폭이 크다. 주중에 해야 할 일이 많으면 주말에 나누어서 할 수도 있다. 그러나 문제는 스티브가 주말에는 일을 하고 싶어 하지 않는다는 점이다. 그는 축구장에 나가 있고 싶다. 지금은 시합이 이어지는 시즌이고 큰아들은 훌륭한 축구선수이기 때문이다. 그러나 이렇게만 하고 산다는 것은, 가족의 안정성을 위해서 그가 품고 있는 보다 큰 정치적인 야망은 접어야 한다는 뜻이 되기도 한다.

"지금은 출마를 결정할 수 있는 좋은 시점이 아닙니다. 하지만 어느 시점에 가서는 그 결정을 내릴 겁니다. 그때가 언제일지 모르겠지만, 아무튼 저 녀석들이 조금 더 커야겠죠."

예전에는 남자들이 이런 식으로는 결코 생각하지 않았다. 물론 어떤 남자들은 지금도 여전히 그렇다. 스티브는 기본적으로 혁신적인 본능을 가지고 있음에도 불구하고 집안일의 대부분을 아내 모니크에게 맡겨 두고 있다. 이런 사실을 스티브는 선뜻 인정한다. 모니크는 그뿐 아니라 아이 돌보는 일까지 대부분 맡아서 한다. 그러나 스티브가 즐겨하는 농담이 시치미 뚝 떼고 "내가 아이들 돌보기 대장이다"라고 말하는 것이다. 모니크가 어떻게 반응하는지 보기 위함이다. 스티브가 설거지를 하지만 모니크는 요리를 한다. 그녀는 또, 비록 가끔씩은 아닐 때도 있지만, 아이들을 목욕시키고 다음날 입고 나갈 옷을 준비한다. 그날 저녁 때 내가 모니크에게 (모니크는 휴스턴 시내에서 사회복지사로 일한다) 스티브가 한 이야기를 하자, 그녀는 ECFE 모임에 참가하던 엄마인 케냐가 했던 말과 똑같은 말을 한다.

"내가 보내는 하루 일과 가운데서 가장 스트레스가 많은 일은 직장에서 퇴근하고 집에 돌아온 뒤에 하는 일, 그러니까 오후 5시부터 10시까지 하는 일이란 사실을 스티브는 아마도 모를 겁니다."

올해 들어서 지금까지 두 아들이 배튼루지에 있는 외할아버지 댁에서 보낸 기간이 두 주였다. 아이들은 거기에 머물면서 테니스 캠프에 참가했다.

"그때 우리는 날마다 외출을 하는 대신 늦은 시각까지 일을 했습니다. 그동안 못 했던 일들을 그 기간을 이용해서 해야 했거든요."

나는 모니크에게 아이들이 생기고 난 뒤로 직장 생활이 어떻게 달라졌는지 묻는다.

"나는 보호시설에 있는 아이들을 돌보는 일을 했습니다. 당연히 야근을 많이 해야 했죠. 지금은 그 일을 할 수 없죠. 그 아이들을 돌보는 일을 정말 좋아했지만 말이에요."

모니크는 고개를 들어서 자기 아이들을 바라본다. 아이들이 나방처럼 온 집 안을 들쑤시고 다닐 시간이 다가온다.

"아이들의 엉덩이에 강력 접착제를 발라 주고 싶을 때가 있어요."

그렇게 말하곤 깔깔깔 웃는다.

"아이 둘을 한꺼번에 보는 일은 아이 하나를 돌보는 일보다 네 배 더 힘들어요."

그러자 부엌 한구석에서 유에스 오픈 경기를 보고 있던 스티브가 끼어든다.

"나는 그렇지 않은데? 나는 두 배밖에 안 돼."

그러자 모니크는 눈을 일부러 커다랗게 뜬다. 이 남자는 아무것도 모르면서, 흥!

스티브는 일부러 아무런 표정도 없이 아내를 바라본다.

"내가 아이 돌보기 대장이잖아."

모니크는 다시 원래 표정으로 돌아와서 스티브에게 묻는다.

"만일 당신이 아이 돌보기 대장이라면, 당신은 마티스가 오늘 새벽 2시 30분에 우리 방에 들어온 거 알아? 오줌을 싸고서?"

마티스는 세 살배기 아기다. 스티브의 눈이 잠시 커졌다가 원래대로 돌아간다.

"모르는데?"

"밤에 사고 쳤거든. 내가 일어나서 옷을 갈아입혔지. 침대 시트도 새로 깔아 주고."

스티브는 그런 소동이 일어나는지도 모른 채 잠만 잤다. 그렇다고 해서 모니크가 그 일로 남편을 몰아세우지는 않았다. 이들 부부는 그런 식으로 문제를 처리했다.

"잘 좀 하시지, 아기 돌보기 대장님."

모니크는 남편을 바라보며 그렇게 말하면서 미소를 짓는다.

고립된 아이들

이 동네에는 자전거를 타고 돌아다니는 아이들이 많지 않다. 내가 휴스턴 외곽의 주택지에서 나타나는 이 특이한 현상, 짖지 않는 개의 최신판 버전이랄 수도 있는 이 현상의 본질을 파악하기까지는 며칠이나 걸렸다. 오늘은 유난히 무덥고 햇살도 뜨겁다. 어린 시절 나의 어머니는 이런 날이면 나를 골목으로 내쫓아서 오후 내내 놀다가 들어오게 했다. 그러나 초목이 무성한 풍경의 이곳 거리는 텍사스 미주리시티의 팔머 초등학교에서 돌아오는 발걸음들만 있을 뿐 조용하기만 하다.

나는 캐럴 리드의 집을 찾아가면서 이 조용한 거리에 대해서 생각한다. 캐럴의 집은 아름다운 벽돌집이고 뒷마당에는 작은 수영장도 있다. 가는 내내 거리는 한산하고 조용하다.

캐럴이 문 앞에서 나를 맞아 준다. 그녀는 모니크와 마찬가지로 '위원회(교사-학부모 간담회)'의 위원이지만, 모니크에 비해서 조금 더 고상한 동네에 있는 조금 더 비싼 집에 산다. 그러나 내가 이 지역에서 만난 대부분의 엄마들과 다르게 매사추세츠에서 성장했으며, (그녀의 액센트가 이런 사실을 증명한다) 머리를 짧게 자르고 테가 두꺼운 안경을 선호한다. 그리고 내가 이 지역에서 (혹은 다른 지역까지 합쳐서) 만난 여자들과 다르게 평생에 걸쳐서 아이를 키우고 있다. 그것도 여러 아이를 서로 다른 시간대에 걸쳐서…. 사연을 들어보면 이렇다.

캐럴은 스물한 살 때 첫아이를 낳았다. 그리고 지금으로부터 6년 전 그녀가 마흔일곱 살 때 그녀와 그녀의 두 번째 남편은 아이 하나를 키우기로 결심했고, 중국계 여자아이 에밀리를 입양했다. 처음 왔을 때 에밀리는 영양부족 상태였고 막 심장수술을 받은 뒤였다. 하지만 지금 이 아이는 씩씩한 1학년 학생이고, 캐럴이 이 아이를 기르고 있다.

캐럴은 예전과 지금 아이를 키우는 일의 차이에 대해서 상반된 내용을 이야기한다. 그녀는 지금은 예전보다 훨씬 넓은 사회적인 관계망을 형성하고 있는데 이것이 많은 도움이 된다고 말한다. 또한 자신감과 경험도 예전보다 커졌다. 그러니 다른 사람들은 아이를 어떻게 돌봐야 하는지 굳이 캐럴에게 알려 주려고 하지 않는다.

"하지만 에밀리는 우리 집의 외동딸이라서 이 아이는 내가 자기 놀이 친구가 되어 주길 바라요."

그런데 지금 서른한 살인 그녀의 아들도 외동아들이었지 않느냐면서 그때와 뭐가 다르냐고 내가 묻는다.

"모르겠어요. 글쎄요, 근데 그때는 지금보다는 아이와 덜 놀아 줬어요. 그때는 이웃에 다른 아이들이 많이 있었거든요. 아이들끼리 함께 어울려서 놀고 함께 자는 일이 지금보다 많았죠."

그리고 다시 잠깐 생각에 잠긴 뒤에 말을 이었다.

"에밀리는 사람들이 우리 집에 오는 걸 좋아하지 다른 사람들 집에는 안 가요."

물론 그럴 수 있다. 에밀리는 예컨대 '엄마 나하고 놀아요!'라고 말하는 부류의 아이니까. 그러나 캐럴이 나에게 집 구경을 시켜 줄 때 또 다른 설명이 가능하다는 사실을 깨달았다. 에밀리는 예쁜 자기만의 침실만 가지고 있는 게 아니다. 자기만의 예쁜 놀이방도 가지고 있다. 노란색의 인형집이 있고 거대한 이젤이 있고 아기자기한 주방도 있는 그런 놀이방이다. 온갖 미술 용품들과 천으로 만든 동물 인형들 그리고 온갖 장난감들이 다 있었다. 놀이방 구석마다 있었고, 반투명의 서랍과 밝은 색깔 상자들 속에 그런 것들이 차곡차곡 쌓여 있었다. 창문 아래 만들어 놓은 긴 의자에도 그런 것들이 수납되어 있었다. 축소형 책상과 의자에도 장난감들은 쌓여 있었다. 에밀리의 그 놀이방은 동화의 나라였다. 유치원에 만들어 놓은 놀이방이나 소아과 병원의 어린이 대기실과 다르지 않았다. 그런데 이상한 점은 이 방이 다른 중산층 아이들의 놀이방과 별로 다를 게 없다는 사실이다. 모든 것을 다 갖추어 놓았음에도 불구하고 어쩐지 딴 세상이나 동화의 나라에 와 있다는 느낌이 들지 않는다는 말이다. 이런 장난감들은 해외에서 제작되어 아마존이나 월마트 등을 통해서 저렴한 가격에 팔리고 있다.

"마치 이 아이의 아파트 같지 않나요?"

캐럴은 나에게 그 방을 안내해 주면서 말한다.

"바로 이곳에서 에밀리가 우리를 즐겁게 해 주죠. 에밀리는 가끔씩 배치를 바꾸곤 해요. 때로는 레스토랑이 되기도 하죠. 손님들에게 커피나 스무디나 케이크 같은 걸 팔아요."

그러면서 장난감 커피메이커와 블렌더와 믹서를 손가락으로 가리킨다.

"때로는 마트가 되기도 하고요."

이번에는 장난감 쇼핑 카트와 현금출납기를 가리킨다.

나는 캐럴을 바라본다. 캐럴은 깔깔 웃으며 그 놀이방에 있는 모든 것들을 둘러보면서 말한다.

"그래요. 호호호, 근데 우리 아들에게는 이런 거 하나도 없었어요."

엄마, 나와 놀아 줘! | 어린 시절을 감상적으로 바라보는 태도는 많은 역설을 낳아 왔다. 그러나 그 가운데서도 가장 이상한 현상은 어린이들이 자기가 가지고 노는 장난감이 소용없어질수록 점점 더 많은 장난감을 가지게 되었다는 점이 아닐까 싶다. 아이들이 가족 경제에 중요한 몫을 담당하던 19세기 말까지만 하더라도 아이들에게는 장난감이라는 게 따로 없었다. 아이들은 지팡이나 주전자나 빗자루 등 집에 있는 물건을 가지고 놀았다. 하워드 추다코프Howard Chudacoff는 『놀이하는 아이들Children at Play』에서 이렇게 썼다.

"어떤 역사학자들은 심지어 근대 이전에 아이들의 놀이에서 가장 흔하게 등장하는 것은 장난감이 아니라 다른 아이들, 즉 형제자매, 사촌 그리고 동네의 다른 아이들이었다고 주장한다."[77]

그러나 1931년에 허버트 후버 대통령이 아이들도 자기만의 방을 가질 자격이 있다고 선언할 정도로 상황이 바뀌었다. 어린이 보건을 주제로 한 내각의 논의 자리에서 어느 참석자는 이렇게 말했다.

"어린아이는 가족 구성원들, 특히 어른으로부터 방해를 받지 않고 놀고 공부할 수 있으며, 어른이 하는 활동과 갈등을 빚지 않을 수 있도록 보호받을 수 있는 자기만의 장소를 필요로 합니다."[78]

현대 어린이 놀이방의 발상이 행정적인 판단을 통해서 탄생한 것이다.

제2차 세계대전 직후 몇 년 동안은 현대적인 어린이 개념이 본격적으로 시작되던 시기였는데, 이때에 장난감 붐도 본격적으로 시작되었다. 장난감 매출액은 1940년에 8,400만 달러였는데 1960년이 되면서 12억 5천만 달러로 늘어났다.[79] 고전적인 어린이 장난감들이 바로 이 시기에 발명되었다. 실리 퍼티(1950년)가 그랬고 미스터 포테이토 헤드(1952년)가 그랬다. 그러나 당시의 이런 장난감들은, 에밀리의 놀이방에서도 보는 것처럼 온갖 장난감들로 가득 차 있는 놀이방이 점점 더 일상적인 공간으로 자리를 잡아 가는 오늘날에 비하면 양적으로 보잘것없었다.

파멜라 폴Pamela Paul은 2008년 저서 『양육 주식회사Parenting, Inc.』에서 갓난아기부터 두 살 아기까지를 대상으로 하는 장난감 산업의 규모는 연간 7억 달러 이상이 되었다고 썼다.[80] 장난감 산업 협회에 따르면, 어린이 장난감의 미국 내 매출액은 2011년에 212억 달러였는데, 여기에 비디오게임은 포함되지도 않았다.[81]

그런데 이런 어마어마한 물량의 공세는 의도하지 않았던 결과를 낳았다. 스티븐 민츠는 『헉의 뗏목』에서 20세기 이전의 장난감은 기본적으로 사회성을 갖추고 있었다고 지적한다. 줄넘기, 구슬치기, 연날리기, 공놀이 등이 그랬다. 그러나 공장에서 생산되는 현대적인 장난감은 그렇지 않다.

"이런 장난감들은 20세기 이전에는 어린아이들에게서 찾아볼 수 없었던 외로움과 고독을 암시한다."[82]

1903년에 도입된 크레용이 그렇다. 혹은 팅커 토이즈(1914년)와 링컨 로그(1916년) 그리고 레고(1932년)가 그렇다.[83] 민츠는 이런 사실을 보다 일반화해서 다음과 같이 지적한다.

"오늘날 아이들의 삶에서 찾아볼 수 있는 한 가지 특징은 예전에 비해서 혼자 보내는 시간이 더 많다는 점이다."[84]

함께 생활하는 가족의 구성원 수도 한층 줄어들었다. (오늘날 미국의 어린이들 가운데 22퍼센트가 독자다.) 또한 과거 세대에 비해서 자기만의 방을 가지는 경향이 훨씬 높고 과거보다 더 큰 집에서 사는 경향이 있다. 이것은 아이들의 삶 자체가 건축적인 측면에서부터 이미 다른 가족 구성원과 보다 많은 교류를 하기 어렵게 되어 있다는 뜻이다. 이 아이들은 인구 밀집 지대인 도심을 벗어나서 이웃과 친구들이 서로 멀리 떨어져 있는 마을에서 살고 있을 가능성이 높다.[85]

고립은 부모들에게 일거리를 추가로 많이 안기는 결과를 낳는다. 에밀리가 캐럴에게 그러는 것처럼, 아이들은 친구를 찾기 어렵기 때문에 부모에게 놀이 상대가 되어 달라고 한다. 그러면 부모는 자기 아이가 외로움에 시달릴까 봐 억지로라도 아이와 놀아 줄 수밖에 없다. 이것은 부모가 아이들의 방과 후 과외 활동을 그렇게나 열심히 많이 잡는 또 다른 이유이기도 하다. 라루는 자기가 관찰하던 가정들에서 이런 사실을 곧바로 알아차렸다.

"중산층 부모는 자기 아이가 과외 활동에 참가하지 않으면 학교가 끝난 뒤에나 방학 때 함께 놀 친구들이 없을 것이라는 사실에 마음을 졸인다."[86]

그 결과 불행하게도 전혀 의도하지 않았음에도 불구하고, 악순환이 이어진다. 만일 아이들이 어릴 때부터, 즉 정규 학교에 다니기 이전부터 빡빡하게 짜인 일정에 따라서 살아간다면 지루함을 경험할 기회를 거의 가지지 못하게 된다. 이것을 달리 말하면 이 아이들은 지루함을 받아들이는 방법을 알지 못한다는 뜻이고, 따라서 이럴 경우 부모를 쳐다보며 그 지루함을 없애 달라며 도움을 청하게 된다는 뜻이다. 오벌린 대학교의 심리학자이자 훌륭한 육아 블로그인 "아이들에 대해서 생각하기"를 운영하는 낸시 달링Nancy Darling은 2011년에 게시한 어떤 포스트에서 이 점을 분명하게 했다.

어릴 때 우리는 늘 심심했다. 중학생이 되어야 그나마 한 주에 한 번 스카우트 모임에 나가거나 4H나 주일학교에 나갈 수 있었지, 그전에는 어린이를 위한 방과 후 활동이니 과외 활동 같은 건 있지도 않았다. 직장에 일하러 다니는 엄마는 거의 없었다. 우리는 학교를 마치고 집에 3시쯤 와서는 그냥 바깥으로 싸돌아 다녔다. 〈세서미 스트리트Sesame Street〉는 아직 세상에 나오지도 않았고, 〈벅스 버니Bugs Bunny〉와 〈로키와 불윙클Rocky and Bullwinkle〉이 있긴 했지만 이런 것들도 일요일 아침에나 볼 수 있는 텔레비전 애니메이션 프로그램이었다. (…) 그러니 요리하고 청소하고 연속극 보고 이웃집 아주머니들과 어울려서 수다 떨고 (스카우트, 교회, 적십자, 또 뭐, 또 뭐… 등의) 돈 버는 활동과 아무런 관련이 없는, 많고도 많은 인간관계들을 꾸려 가느라 늘 바빴던 엄마들은 우리가 심심하다고 불평을 할라치면 방을 어지럽히지 말라는 말만 했을 뿐이다. 우리는 질문하지 않는 법을 배웠고 우리 스스로 어떤 것을 발견하고 또 발명했다.[87]

그래서 우리 아이들이 달라 보일 때는, 설령 우리가 아이들의 그런 모습을 조장한 측면이 있음에도 불구하고, 화가 나기도 한다. 물론 그렇다고 해서 아이들이 지금 하고 있는 과외 활동들이 나름대로의 의미가 없는 것은 아니다. 달링은 그럼에도 불구하고 이런 것들 때문에 "아이들이 자기 스스로 어떤 것을 찾아내는 방법을 배울 기회가 거의 없다. 그리고 수동적이 되어 버렸다."(강조는 달링)고 생각한다. 이런 수동성은 특히 아이들이 초등학교를 졸업한 뒤에 더욱 다루기가 까다로워지며, 자기에게 주어진 자유 시간을 활용하는 방법을 지시하는 일의 부담 역시 부모의 몫이 되고 만다.[88] 달링은 나중에 나와 나눈 대화에서 다음과 같이 덧붙여 설명했다.

"어떤 아이도 '야호, 이제 자유 시간이 생겼네. 나는 지금부터 우표를 수집할 거야!'라고 말하지 않아요. 아이의 취미를 개발하는 데도 따로 시간을 들여야 할 지경이 되었으니까요."[89]

그러나 오늘날 중산층의 아이들이 가족 내에서 특권적인 지위를 차지하고 있고, 부모가 아이들을 지나칠 정도로 보살피기 때문에, 아이들은 자기들이 느끼는 지루함을 부모에게 책임 지울 권력을 자기들이 가지고 있다고 생각한다. 라루는 이런 사실을 역시 즉각적으로 파악했다.

"중산층의 아이들은 흔히 자기들이 하는 놀이에 어른의 관심과 개입을 주장할 권리가 자기들에게 있다고 느낀다."[90]

아이들을 대상으로 한 범죄에 대한 공포 | 부모들이 아무런 걱정 없이 그리고 편안한 마음으로 아이들을 집 밖으로 내보낼 수 있다면, 아이들이 바쁘고 즐겁게 시간을 보내도록 하기 위해서 부모가 가지는 부담이 적어질 것임은 의심할 나위가 없다. 또한 아이들이 스스로 알아서 재미있게 놀 수 있을 것이라는 믿음이 분명히 더 커질 것이다. 하지만 실제 현실은 점점 더 반대 방향으로 진행된다. 바로 여기에 어른이 가지고 있는 감상주의가 낳은 또 하나의 역설이 존재한다. 즉, 아이들이 경제적인 차원에서 점점 더 쓸모가 없어짐에 따라서 우리는 이 아이들을 보호하기 위해서 점점 더 적극적으로 나서게 되었다는 말이다.

아이들이 뛰어 노는 운동장의 역사를 살펴보는 것만으로도 이런 경향의 개요를 쉽게 파악할 수 있다. 1905년에는 미국을 통틀어서 아이들이 노는 운동장이 채 100개도 되지 않았다. 하지만 1917년까지 4,000개 가까이로 늘어났다.[91] 개혁가들이 운동장 확충에 적극적으로 나섰기 때문이다. 그 이전에 아이들은 그저 길거리에서 놀았다. 하지만 갑자기 완전히 새로운 발명품인 자동차가 등장함에 따라서 자동차로부터 아이들을 보호할 필요성이 대두되었다. 그리고 1906년에 개혁가들은 미국 놀이 운동장 협회Playground Association of America를 만들었다.[92]

오늘날 아이들은 한층 더 격리되고 보호받는 삶을 살아간다. 탁자 모서리에 충격 흡수용 패드가 덧대어져 있고 콘센트에도 안전장치가 부착되어 있다. 운동장이나 공원도 길거리의 위해 요소들로부터 아이를 보호할 뿐만 아니라, 운동장의 놀이기구에도 온갖 안전장치와 보호 장비들이 마련되어 있다.

그러므로 아이들이 혼자 마트나 친구 집 등으로 바깥나들이를 할 수 있을 만큼 충분히 컸을 때 위험한 세상 속으로 아이를 혼자 내보낸다는 생각에 부모들이 안절부절못하는 것도 이상한 일이 아니다. 도보나 자전거로 등교하는 아이들의 비율은 1969년에 42퍼센트에서 2001년에 19퍼센트로 낮아졌다.[93] 1992년부터 2011년까지의 기간 동안에 어린이를 대상으로 한 성범죄가 63퍼센트나 줄어들었고,[94] 지난 20년 동안 어린이를 대상으로 하는 범죄가 지속적으로 줄어들었다. 아이들의 안전은 과거 그 어느 때보다 잘 지켜지고 있다는 것을 보여 주는 통계,[95] 아이를 과보호하는 추세와는 정반대로 진행되고 있다.

그러나 어린이 안전에 대한 이런 불안은 직장에 다니는 여성을 바라보는 우리 문화의 양면성을 드러내는 또 하나의 모습이다. 그렇게 나 많은 엄마들이 집 밖에서 일을 하며 돈을 벎에 따라서 길거리에서 아이를 살피는 눈은 그만큼 적어질 수밖에 없다. 그럼으로 인해 이런 길거리에서 일어날 수 있는 위험한 상황에 대한 불안은 점점 커진다. 1980년대 내내 [그 기간은 여자들이 줄지어 리복과 파워수트(절제된 디자인과 고급스러운 소재로 만든 전문직 여성을 위한 정장. 1980년대 여성 복장의 아이콘－옮긴이)를 입고 직장으로 일을 하러 나가던 시기였다] 아동 보육 시설에서 아동 성범죄에 대한 공포가 만연했다고 민츠는 적고 있다.

"지금 와서 돌이켜보면, 자기 아이를 보육 시설의 낯선 사람들 손에 맡겨 두고 직장으로 일하러 나가야 했던 부모들은 무척이나 불안했을 테고 죄책감을 느꼈을 것이다."[96]

당시는 어린이 유괴와 할로윈 사탕에 면도날을 집어넣는 충격적인 사건 등이 연이어 일어나던 때이기도 했다.[97] 실종된 아이의 사진이 우유곽에 등장하기 시작한 것도 이 무렵이었다. 어린이 유괴 범죄가 연간 500건에서 600건, 즉 115,000명 가운데 한 명 꼴로 일어났다.[98] 그러나 사실, 이보다 네 배나 많은 아이들이 길을 걸어가다가 교통사고로 사망했다.[99]

오늘날 어린이 유괴 사건에 대한 공포는 우유곽에 박힌 실종 어린이 사진보다는 케이블 TV의 뉴스 및 범죄 기록과 관련해 새롭게 파헤치는 보도에 의해서 조장된다. 이 두 가지 요소 모두, 특히 텍사스에서 두드러졌다. 슈가랜드와 미주리시티에서 나와 대화를 나누었던 거의 모든 부모가, 비록 자기들은 치안 수준이 매우 높은 중산층 및 중상류층이 밀집해 있는 주택지에 살고 있음에도 불구하고, 자기 아이들이 유괴될지 모른다는 공포에 사로잡혀 있었다. 그리고 얼마 뒤에 나는 텍사스에서는 성범죄자 관련 정보를 인터넷으로 확인할 수 있는 제도를 운영하고 있다는 사실을 알았다. 누구나 인터넷에 접속해서 자기 주소를 입력하면 가장 최근에 석방된 성범죄자가 어디에서 사는지 알 수 있게 되어 있다. 캐럴 리드는 자기 큰아이가 점점 나이를 먹으면서 신경을 덜 써도 되는 이유 가운데는 이 아이가 범죄의 표적이 될 가능성에서 점점 멀어진다는 사실도 포함된다고 말한다.

"예전에는 지금처럼 이렇게 공포에 떨지 않았잖아요. 아니, 우리는 그게 얼마나 무서운 건지도 몰랐죠."

솔직히 처음에 나는, 아이들이 다니는 학교가 집에서 가깝고 주민들의 이웃 관계가 매우 건강하다는 점을 염두에 둘 때 이 공포가 거의 근거가 없는 것이라고 생각했다. 하지만 인터넷으로 확인해 본 결과 그게 아니었다. 캐럴의 집 주소를 입력하자 반경 800미터 안에 성범죄자가 한 명 살고 있고, 반경 1,600미터 안에는 또 다른 세 명의 성범죄자가 살고 있었다. 이 사람들의 범죄 경력은 그다지 특이하지는 않았다. 성범죄 유죄 판결을 받은 사람의 약 90퍼센트는 자기가 알던 사람을 공격했지, 모르는 아이를 공격하지 않았다.[100] 그러나 그렇다고 해서 대부분의 부모들의 마음이 편안할 수는 없다. 사실 나도 그런 통계치 덕분에 마음이 한결 가벼워진다고는 말할 수 없다.

비디오게임의 유혹 | 아이들을 집 안에 잡아 두는 또 다른 요소가 있다. 아이들을 그야말로 슈퍼 자석의 힘으로 끌어당기는 힘이 있다. 그것은 바로 전자 오락거리들이다. 슈가랜드에 사는 한 엄마가

열 살인 자기 아들 얘기를 했다.

"우리 아들이 밖으로 나가죠. 그럼 몇 분 지나지 않아서 이웃집에 사는 친구를 데리고 집으로 다시 돌아와요. 비디오게임을 함께 하려고 말이에요. 흔히 있는 일이에요."

지난 15년 동안 이루어진 기술 발전은 어마어마하다. 이 내용에 대해서는 다음 장에서 보다 자세하게 다룰 생각이다. 우선 나는 정보화 시대의 새로운 도덕성과 관련해서 절대로 최악의 경우를 얘기하며 걱정하는 부류에 속하는 사람이 아님을 밝혀 둔다. 그러나 만일 누구라도 비디오게임과 관련된 원자료를 조금만 살펴본다면(미국의 카이저 가족 재단Kaiser Family Foundation이 2010년에 발표한 연구 결과에 따르면, 8~10세 어린이는 비디오게임을 하루에 대략 한 시간씩 한다) 그리고 또 이 동일 집단이 텔레비전을 시청하는 자료도 함께 살펴보고(3시간 41분 시청하는데, 2004년 이후로 38분이 증가한 수치다) 아울러 미취학 아동의 컴퓨터 사용 시간을 살펴본다면(하루에 46분씩 사용한다)[101] 부모들이 이런 오락적인 요소들이 총체적으로 아이들에게, 특히 지루함을 받아들이기 어려워하는 세대의 아이들에게 미칠 영향을 심각하게 걱정하는 이유가 무엇인지 어렵지 않게 알 수 있을 것이다. 위의 연구 결과를 보면, 그런 매체를 '많이' 사용하는 어린이들 가운데 60퍼센트는 '자주 지루함을 느낀다'고 응답했는데, 이것은 '조금' 사용하는 어린이들 가운데서는 48퍼센트만 '자주 지루함을 느낀다'고 응답한 사실과 대조된다.[102] 화면을 바라보면서 보내는 것은 시간 소비가 무척 크다. 이런 활동 가운데 어떤 것들은 사회성을 내포하지만, 이런 활동을 혼자서 하는 경우가 압도적으로 많다. 최근에 이루어진 어떤 연구에 따르면, 6학년과 7학년 소년의 63퍼센트가

'자주' 혹은 '늘' 혼자서 비디오게임을 한다[103]

이런 새롭고 강렬한 형태의 시간 사용에 대한 두려움은, 부모들이 아이들에게 보다 많은 과외 활동을 시키는 또 하나의 이유가 된다. 또한 이것은 내가 방문했던 지역들 가운데 많은 지역의 부모들이 아이들의 스카우트 활동을 열렬하게 환영하는 현상도 설명해 준다.

미국 보이스카우트 조직은 1910년에 설립되었다. 당시는 도시화가 빠르게 전개되던 시점으로, 청소년들이 농장의 거친 노동보다는 도시 생활의 안락함을 상기시키는 즐거움을 좇아서 겉멋만 잔뜩 들지 않을까 하는 두려움이 팽배하던 시기이기도 했다.[104] 그리고 아동노동이 금지되면서, 비비아나 젤라이저가 냉정하게 표현한 것처럼 아이들이 쓸모없어진 시점이기도 했다.

그 결과로 나타난 것이 남자들이 너무 말랑하다는 거의 신경질적인 공포였다. 이 공포는 오늘날까지 지속되었는데, 흔히 부모들은 자기 아이들이 엑스박스 오락이나 훌루(영화와 TV프로그램 등의 콘텐츠를 제공하는 웹사이트—옮긴이)에 지나치게 몰두한다고 걱정이 태산이다. 그런데 보이스카우트는 모니터 앞에 앉아서 허비하는 그런 시간들에 대한 완벽한 해결책으로 보인다. 이 장의 앞부분에서 소개했던 스카우트 엄마인 라루 앤은 이렇게 말했다.

"나는 스카우트가 정말 좋아요. 우리는 지난주에도 스카우트 캠프에 다녀왔어요. 앤드류와 로버트가 거기 가서 요즘 아이들이 더는 하지 않는 일들을 했답니다. 가죽 세공, 활쏘기, BB탄 서바이블 게임…. 예전에 아이들이 재밌게 하던 그런 거 말이에요."

게임이나 온라인 상의 모험이 HTML 코드로 대표되는 미래를 준비시킴으로써 다음 세대에 유용하다고 할지라도 그건 중요하지 않다. 옳든 그르든 간에 우리는 어떤 원시적인 차원에서, 여전히 실용적인 기술들을 현실적·물리적으로 수행할 수 있는 일들과 결부시킨다. 2006년에 출간된 『남자아이를 위한 위험한 책Dangerous Book for Boys』이 부모들 사이에서 높은 인기를 얻은 것도, 부모들에게는 보다 실체감이 있는 '손으로 하는' 일들에 대한 향수가 남아 있기 때문이다. 이 책은 여러 가지 일을 어떻게 해야 하는지 가르쳐 준다. 다섯 가지 기본적인 매듭을 만드는 법, 토끼를 사냥해서 요리하는 법, 보행기와 배터리를 만드는 법, 나무 위에 집을 짓는 법 등이 이 책의 내용이다.[105] 어른들로서는 이런 것들보다 비디오게임의 가치를 알아보는 것이 훨씬 어렵다.

그러나 아이들은 쉽게 알아낸다. 어린아이의 관점에서 보자면 비디오게임은 유행과 관련해서 훨씬 크고 많은 기회를 제공한다. 구조와 규칙을 제공한다. 또한 피드백을 통해서 아이들에게 점수를 얼마나 올렸는지 혹은 얼마나 게임의 과제를 잘 수행했는지 알려 준다. 비디오게임은 어떤 것에 통달했다는 느낌과 함께 성취감을 제공한다. 캘리포니아 대학교 어빈 캠퍼스의 문화인류학자로 기술 사용 현상에 대해서 연구하는 미미 이토Mimi Ito는 나와 나눈 대화에서 다음과 같이 말했다.

"현재에는 어떤 기묘한 구조적인 긴장이 조성되어 있습니다. 우리는 지금 치열한 군비 경쟁(교육 현장에서의 경쟁)이 좋은 대학교와 좋은 일자리로 이어지는 것을 목격하고 있습니다. 그리고 이 경쟁에서 이기려면 모든 과외 활동에 열심히 참가해야 합니다. 이런 사회적인 분위기 속에서 아이들은 온라인 공간에서나마 자기들이 잃어버린 자율성을 찾는 셈이죠. 그런데 부모들은 효율성 측면에 보다 많이 초점을 맞추고서 사이버 공간을 그저 시간 낭비로 바라봅니다."[106]

그리고 그녀는, 만일 아이들에게 집 바깥에서 누릴 수 있는 자유가 훨씬 많이 주어진다면 과연 아이들이 집에만 틀어박혀 있을지는 모를 일이라고 덧붙였다.

아이의 행복

안젤리크 바톨로뮤는 아름다운 아프리카계 미국인이고 거대한 귀걸이를 하고 있다. 마흔한 살이고 캐럴 리드의 집에서 그다지 멀지 않은 곳에서 산다. 집도 비슷하게 벽돌로 지은 집이며 팔머 초등학교에서는 두 구역밖에 떨어져 있지 않다. 그리고 그녀 역시 교사-학부모 간담회 자리에는 빠지지 않는 학부모다. 그런데 그녀의 집이 안고 있는 문제는 조금 다르다. 캐럴은 단 한 명의 아이를 잘 키우려고 애를 쓰고 있지만, 안젤리크에게는 네 명이나 되는 아이가 있는데, 게다가 이 아이들 가운데 양딸이 한 명 있다. 이 양딸은 비교적 자주 집에 와서 머물기 때문에 이 아이까지 뒤치다꺼리를 하려면, 번잡한 네거리에서 수신호로 교통 흐름을 막히지 않게 이어 줘야 하는 교통경찰관처럼 그야말로 정신이 하나도 없다. 이날 오후는 그래도 꽤 조용한 편이다. 열세 살인 딸 마일즈는 미식축구 연습을 하고 있다. 아홉 살인 브라질은 피아노 레슨을 받고 있고, 막내인 니구엘은 낮잠을 자는 중이다. 안젤리크는 쉽게 오지 않는 이 귀중한 시간을 이용해서 저녁 준비를 한다. 식구들이 많이 먹는 날에는 치킨 두 마리에 얌 일곱 개 그리고 딸기 한 바구니가 필요하지만 오늘 저녁은 타코만으로 간단하게 때울 참이다. 안젤리크가 프라이팬으로 칠면조를 요리하고 있을 때 네 살배기 딸 라이언이 거실을 어슬렁거리더니 소파에서 폴짝폴짝 뛰기 시작한다. 안젤리크가 그 아이를 바라본다.

"책이나 크레용 줄까? 그림 그려 볼래?"

"내 책은 저기 있어요."

아이가 손가락으로 가리킨다. 달라는 뜻이다.

"플리즈라는 말을 붙여야지, 플리즈. 그게 예의야. 그리고 어른들끼리 이야기할 때는 끼어들지 말아야지?"

나는 안젤리크에게 이렇게 많은 식구들을 데리고 살 때 가장 힘든 게 무엇이냐고 묻는다. 나는 그녀가 모든 아이들의 일정을 확인한다거나 집안일을 한다거나 대출금을 밀리지 않고 꼬박꼬박 갚아 나가는 것이라든지 직업적인 경력을 유지하는 것이라는 대답을 할 거라고 기대한다. (그녀는 법의학 연구소에서 시간제로 일을 하는데, 그녀가 사실 진짜 좋아하는 것은 영적인 감동을 주는 연설을 하는 것이다.) 그런데 내 예상은 완전히 빗나간다. 그녀는 조금도 망설이지 않고 이렇게 대답한다.

"아이들 사이에 균형이 유지되도록 하는 거예요. 네 아이가 모두 똑같이 자기가 중요한 사람이라고 느끼도록 해 줘야 하니까요. 왜냐하면 이 아이들 가운데서 누가 자기는 중요한 사람이 아니라고 생각하는지 내가 알거든요."

안젤리크는 많은 부모들이 말하기 꺼려하는 내용을 조심스러우면서 솔직하게 말을 한다. 그러나 그 아이가 누구인지는 구체적으로 밝히지 않는다.

"우리 아이들은 모두 자기 일은 스스로 알아서 잘합니다. 그런데 이 아이는 내가 자기에게 조금 더 시간을 내주고 자기를 인정해 주길 바란답니다. 그런데 나는 또 해야 할 일이 많아서….”

그렇다. 심지어 이 조용한 시간에도 내일 있을 중요한 회의가 시작되기 전까지 안젤리크가 마쳐야 할 서류 작업은 산더미처럼 쌓여 있다. 맏이의 체육 수업 관련 서류만큼이나 채워 넣어야 할 빈칸이 많은 서류 작업이다. 의료 장비를 판매하는 남편은 지금 샌안토니오에 가 있는데, 이 말은 안젤리크가 지금으로서는 남편의 도움을 받을 수 없다는 뜻이다. 하지만 안젤리크가 많이 의지하는 언니가 있는데 (안젤리카의 형제자매는 모두 열 명이다) 이 언니는 지금 위층에서 잠을 자고 있다. 밤에 일을 하기 때문이다.

그러나 안젤리크와 그녀의 남편은 지금까지 잘해 오고 있다. 두 사람의 집은 크다. 뒷마당에는 미끄럼틀이 달려 있는 아름다운 수영장도 있다. 이 부부는 또 아이들을 유치원에 보낼 여유가 있다. 그녀는 낮 시간 동안에 짬을 내서 일을 한다. 교사-학부모 간담회 일도 그렇고, 학교에 옷을 공급하는 지역 봉사 단체에서도 봉사 활동을 한다. 그리고 아침마다 6시면 일어나서 명상을 하고 기도를 함으로써 늘 정신을 바짝 차리려고 노력하며 실제로 그런 상태를 유지한다.

그런데 말만 들어도 피곤하다. 육체적으로 피곤하다. 그런데 가장 힘 빠지게 만드는 것은 아이를 키우는 데 많은 신경을 써야 한다는 점이라고 안젤리크는 말한다.

“부모가 같은 데도 아이들 성격이 제각각이라는 게 정말 신기해요. 아이에게 아무리 많이 해 줘도 어떤 아이들은 여전히 다른 아이들보다 더 많은 걸 해 줘야 해요. 이 아이가 그래요.”

앞서 그녀가 애매하게 언급했던 바로 그 아이를 말한다.

"이 아이는 언제나 더 많은 걸 요구하죠."

안젤리크는 딸기를 디저트로 먹을 수 있도록 손질을 하기 시작한다. 그리고 화제를 보다 일반적인 주제로 바꾼다.

"나는 그 아이들이 모두 자기들이 나에게 정말 소중한 존재임을 알면 좋겠어요. 나는 이 아이들에게 똑같은 사랑을 느끼고 똑같은 정성으로 돌보죠. 그런데 아이들 사이의 관계는 제각각으로 달라요."

아이들이 모두 자기가 소중한 존재라고 느끼도록 하려고 구체적으로 어떻게 하는지 물었다.

"장을 보러 갈 때 한 아이에게 함께 가자고 하죠. 혹은 나 혼자서는 어떤 일을 할 수 없는 것처럼 하면서 일부러 한 아이에게 도와달라고 해요. 혹은 한 아이와 같은 침대에 함께 누워 있기도 해요. 다 보통 힘든 일이 아니에요. 그리고 밤에 자기 전에는 꼭 기도를 하고요."

그녀는 냉장고 문을 열고 안을 살피더니 얼굴을 찌푸린다. 치즈가 모자란다.

"그리고 잠자리에 누워서는 내가 어떤 아이에게 무슨 말을 했는지, 아이가 무슨 말을 했을 때 내가 어떤 반응을 보였는지, 다른 아이에게는 또 어떤 반응을 보였는지 다시 한 번 생각해요. 그리고 만일 어떤 아이에게 마음에 걸리는 말이나 행동을 했다 싶으면 다음날 아침에 일어나서 맨 먼저 그 아이에게 간답니다."

내가 왜 이 질문을 하는지 나도 모르지만, 어쨌거나 꼭 물어야만 할 것 같아서 묻고 만다. 어떤 엄마가 훌륭한 엄마라고 생각하는지? 안젤리크는 그 질문에 잠시 일손을 멈추고 생각한다. 그리고 입을 연다.

"나는 우리 아이들을 바라봅니다. 그리고 '배고프니? 슬프니?' 하고 묻습니다. 아이들이 지금 어떤 기분인지 알려고 말입니다."

거기까지 말하고는 다시 손을 놀려 타코 열일곱 장이 들어 있는 상자 하나를 조리대에 내려놓으면서, 마지막으로 했던 말을 한 번 더 반복하며 말을 계속 잇는다.

"아이들이 지금 어떤 기분인지 알려고 말입니다. 그런데 엄마는 아이가 무슨 말을 하기 전에 어떤 기분이고 어떤 마음인지 알아차려요. 아이들이 말하기 전에 알아차리는 것, 나로서는 그게 좋은 엄마의 기준인 것 같네요."

행복하라는 압박 | 현대적이고 성실한 엄마는 여러 가지 점에서 안젤리크와 같은 여자일 것이라고 사람들은 생각한다. 좋은 엄마는 편파적이지 않아야 한다. 아이들의 마음을 세심하게 헤아려야 한다. 그리고 무엇보다도 아이들이 자기 자신을 소중한 존재로 느끼고 그런 바탕 위에 벽돌을 쌓듯이 자존감을 한 장씩 차곡차곡 쌓아올릴 수 있게 해야 한다.

그러나 '현대적'이라는 말이 여기에서는 핵심어다. 즉, 어린아이에 대한 '신성화'(이 표현은 비비아나 젤라이저가 했던 또 다른 표현이다)[107] 현상이 나타나기 이전 시대에 부모들은 아이들의 정서적인 측면에 대해서 신경을 쓰지 않았다. 부모는 아이들의 옷을 기워 주고 먹여 주고 옳은 일을 하라고 가르치고 세상의 거센 파도에 준비시키면 되었다. 그걸로 충분했다.

아이의 감정적이고 정서적인 부분에 예리하게 초점이 맞춰진 것은 부모가 육아 과정에서 맡아야 했던 기본적인 의무들이 학교와 유치원과 슈퍼마켓과 갭(의류 브랜드 이름-옮긴이)으로 넘어간 뒤부터다. 앤 헐버트는 『미국의 자녀 양육』에서 1930년대의 사회학자 어니스트 그로브스Ernest Groves의 말을 다음과 같이 인용한다.

"오늘날의 가족은 육아의 모든 세세한 사항들을 수행하는 것에서 해방됨으로써 다른 어떤 곳에서도 대신할 수 없는 보다 중요한 의무에 집중할 수 있다. 그것은 바로 지시하고 자극하고 사랑이 넘치는 인간관계를 맺는 일이다."[108]

그러나 "지시하고 자극하고 사랑이 넘치는 인간관계를 맺는 일"이란 무엇을 뜻할까? 매우 추상적인 표현이다. 그리고 제2차 세계대전 이후로는 육아 전문가라면 누구나 할 것 없이 모두 이 주장을 한다. "자극을 주고 사랑이 넘치는 인간관계를 맺는 일"은 지금으로부터 거의 50년 전의 영화 〈메리 포핀스Mary Poppins〉(마술사 보모 메리 포핀스가 개구쟁이 아이들을 돌보면서 벌어지는 일들을 그린 뮤지컬 영화로, 1934년의 원작 소설을 바탕으로 1964년에 영화로 개봉되었다-옮긴이)가 설정했던 중심적인 교훈이다. 이 영화에서 조지 뱅크스가 맡은 아버지 캐릭터는 에드워드 7세 시대의 가장家長에서부터 정서적으로 아이와 교감을 하며 연을 만드는 아빠로 바뀐다. 그리고 이 교훈은 오늘날 그의 모든 육아 관련 블로그의 중심적인 교의이기도 하다. (「뉴욕타임스」의 육아 블로그 "마더로드Motherlode"의 핵심적인 캐치프레이즈는 여러 해 동안 "육아의 목표는 간단하다. 그것은 행복하고 건강하고 환경에 잘 적응한 아이를 키우는 것이다."였다.) 사회학자 샤론 헤이즈는 『모성의 문화적 모순』에서 역사상 가장 유명한 세 명의 육아 전문가인 벤저민 스포크, 베리 브래즐턴 그리고 퍼넬러피 리치Penelope Leach의 저작들을 면밀하게 읽은 뒤에 그 내용을 다음과 같이 요약했다.

"개인적인 행복은 우리 모두가 동의할 수 있는 규정하기 어려운 어떤 선한 것이 된다."[109]

그런데 나는 여기에서, 개인적인 행복은 정확하게 내가 내 아들을 향해서 세우고 있는 목표임을 밝혀야 할 것 같다. 그러나 영국의 심리치료사인 애덤 필립스는 한 에세이에서 내가 결코 부정할 수 없는 어떤 진실을 드러낸다.

> 어떤 아이의 인생에서 모든 일이 순탄하게 진행된다면 이 아이는 행복할까? 그렇다고 생각한다면, 그건 매우 비현실적이지 않을까? 내가 쓴 '비현실적'이라는 표현은 결코 충족될 수 없는 어떤 조건이 달려 있다는 뜻이다. 인생 자체가 행복한 게 아니기 때문이 아니라, 행복은 아이에게 요구할 수 있는 어떤 것이 아니기 때문이다. 아이는 어른이 전혀 알지 못하는 어떤 방식으로, 자기 부모가 자기에게 행복하라고 가하는 압박감, 부모를 불행하게 혹은 지금보다 더 불행하게 만들지 말라는 압박감에 시달리는 게 아닐까 싶다.[110]

자기 아이가 가족 내에서 보다 구체적인 역할을 가지고 있다면 부모는 아이들을 행복하게 만들려고 미친 듯이 날뛰지는 않을 것이다. 제롬 케이건은 1977년에 쓴 글에서 현대의 '쓸모없는' 아이는 "밭을 혼자서 다 갈고 장작을 패서 산더미처럼 쌓아서 자기가 그만큼 효용이 있음을 보여 줄 수" 없다고 했다. 그러므로 아이들은 자신감을 불어넣기 위한 부모의 칭찬과 반복되는 애정 표현에 지나치게 많이 의존하게 되는 위험에 노출될 것이라고 예측했다.[111] 그런데 그의 예측은 놀랍도록 정확하다.

만일 부모가 (마거릿 미드의 표현을 빌리자면) '다중의 확신'을 따르고 자기들이 아이에게 준비시키고자 하는 게 무엇인지 정확하게 알기만 한다면, 아이에게서 자존감을 이끌어 내는 일에 대해서 그다지 걱정하지 않아도 될 것이다. 보호받는 어린이 시대에 들어서서 최초로 육아 관련 글을 썼던 이 분야 최초의 전문가인 벤저민 스포크 박사도 『부모의 문제들』(1962년)에서 이 곤란한 상황을 다룬다. 아마도 미드의 딸이 그의 환자였다는 사실은 우연이 아닐 것이다.

> 우리는 우리 아이가 어떻게 행동하길 바라는지 확신하지 못한다. 아이에게 바라는 우리의 궁극적인 목표가 무엇인지 우리 자신도 확신하지 못하기 때문이다. (…) 그러므로 비정상적으로 목적의식적인 양육 방식을 고집하지 않는 미국의 중산층 부모들이라면 행복이나 선한 행동이나 성공 같은 일반적인 목표에 기댄다. 얼른 듣기에는 아무런 문제가 없는 것 같다. 그러나 이 목표도 매우 추상적이다. 이 목표에는 이 목표를 어떻게 달성할 수 있을지 암시하는 내용은 거의 들어 있지 않다. 행복만 해도 그렇다. 행복이라는 것은 직접적으로 추구할 수 있는 대상이 아니다. 행복은 다른 가치 있는 활동들의 자연스러운 부산물일 뿐이다.[112]

에이미 추아의 『타이거 마더』가 그처럼 놀라운 성공을 거둔 이유도 바로 여기에 있을 것이다. 이 책은 정확하게 바로 그 내용을 설파한다. 행복에 대한 그 모든 허황한 말들은 잊어라. 대신 탁월함을 목표로 세워라. 어떤 일을 성공적으로 수행했을 때 누릴 수 있는 행복이야말로 최고의 행복이다. 이 행복은 지속되는 존경심으로 이어진다.

그런데 모순적인 것은 추아 본인도 이런 접근방법에 의심을 품고 있다는 사실이다. 그녀는 자신의 웹사이트에 다음과 같이 썼다.

"만일 내가 이 마법의 단추를 눌러서 내 아이의 행복이나 성공을 선택할 수 있다면, 나는 망설이지 않고 행복을 누를 것이다."[113]

도둑맞은 저녁 식사

"정말 멋진 삽이구나. 그거 어디서 났니?"

로라 앤이 아홉 살배기 아들 앤드류에게 묻는다. 커브스카우트 등록은 무사히 끝났고, 지금은 집에서 아이들과 막 저녁을 먹은 뒤라 다들 식탁에 둘러앉아 있다. 로라의 일곱 살배기 아들 로버트는 조용하게 숙제에 열중하고 있다. 그다지 어려운 숙제는 아니다. 하지만 앤드류는 커다란 카드보드 인형을 과학자로 변신시켜야 하는 어려운 숙제를 하고 있다. 앤드류는 고고학자를 만들기로 결정한다. 그는 자기 손가락 사이에 있는 삽을 빠르고 정확하게 뽑아서 인형에 고정시키면서 엄마의 질문에 대답한다.

"레고에서요."

"내가 뭐 좀 도와줄까? 인형이 뭐 필요한 거 없다니?"

앤드류는 인형에 수염을 그리고 반바지도 그린다. 또 허리띠도.

"이거 보세요!"

그리고 회색 모자도 보탠다.

"정말 근사하구나. 진짜 고고학자 같아! 근데 오일 파스텔은 어디 있지? 때가 좀 묻어야 어울리겠는데…."

로라는 얼른 가서 캐비닛에서 오일 파스텔을 가지고 온다. 이때 내가 로라에게 묻는다. 왜 그런 것까지 돕느냐고, 앤드류가 얼마든지 할 수 있는 일인데 굳이 나서서 도와줄 필요가 있느냐고, 그래 봐야 기껏 인형 하나 만드는 숙제인데….

자기도 잘 안다고 로라는 대답한다. 하지만 버릇이 되어 버렸다고 한다. 교사들이 내주는 어떤 숙제들은 엄청나게 복잡하다. 실제로 부모가 돕지 않으면 엄두도 내지 못할 정도로 어렵고 복잡하다. 그래서 아들이 숙제를 하고 있을 때 곁에 있지 않으면 어딘지 모르게 게으름을 피우는 것 같은 느낌이 든다고 로라는 말한다.

"우리가 했던 '스코틀랜드 과제물' 보여 드릴게요."

작년에 했던 조상 탐구 숙제라면서 창고에 있는데 보여 주겠다면서 가지러 나간다. 그리고 잠시 뒤에 검은색의 장대한 세 폭짜리 작품을 들고 온다. '스코틀랜드, 앤드류 데이 작'이라고 위에 쓰여 있다. 마치 야외극처럼 킬트(스코틀랜드 남자들의 전통 의상인 격자무늬 짧은 치마－옮긴이) 하나가 가운데 폭의 판넬 위에 걸쳐져 있다.

"이건 도저히 버리지 못하겠더라고요."

확실히 인상적인 작품이다. "토지와 사람들" 그리고 "백파이프 연주자와의 인터뷰" 등의 제목 아래로 온갖 사진과 글이 장식되어 있는 게 만만찮은 노력이 들어갔음을 한눈에 알아볼 수 있다. 나는 그게 그날 제출된 과제물 가운데서 가장 대단했겠다고 말한다. 그러나 로라는 고개를 젓는다.

"무슨 말씀을요. 기린도 있었는데, 이 기린이 얼마나 큰지 이만큼이나 되더라고요!"

그녀는 팔 하나를 최대한 위로 높이 뻗는다.

"그리고 한번은 도시의 빌딩을 만드는 숙제가 있었는데, 한 아이가 접었다 폈다 할 수 있는 지붕을 만들어 왔답니다. 릴라이언트 스타디움의 지붕을요."

로라는 킬트를 자기 손에 감으면서 말한다.

"혹시 몰라서 이것도 하나 더 만들었죠. 그때, 구석에 처박아 뒀던 재봉틀도 꺼내서 썼죠. 오랜만에."

로버트가 숙제를 다 했다면서 우리 대화에 끼어든다. 로라 앤이 로버트가 한 숙제를 들여다본다.

"우와, 글을 아주 잘 썼구나. 오늘 화요일밖에 안 되었는데 숙제를 벌써 다 했네!"

로라는 다시 앤드류의 고고학자 인형에 신경을 쓰며 이것저것 거들기 시작한다. 식탁에는 미술용품이며 공책들이며 연습장들이며 연필들 그리고 색색의 매직펜들로 어지럽다. 마치 미술 수업이 진행되는 교실의 작업대 같다.

"숙제가 우리 가족의 저녁 식사 자리를 대체해 버린 것 같아요."

로라 앤이 그렇게 말한다. 로라는 자기가 한 말을 잠시 곱씹더니 고고학자의 셔츠를 딱 맞게 조정해 준다.

"슬픈 일일 수도 있지만 사실인 걸 어떡해요. 이 시간에 아이들이 부모에게 부탁을 하는데 어쩔 수 없잖아요. 지금 시간은 아이들과 이렇게 식탁에 앉아서 함께 무언가를 만드는 시간이에요."

그녀는 자기 집에서 숙제가 저녁 식사를 몰아내 버린 이유 가운데 하나로 자기 요리 실력이 형편없다는 점도 작용했다고 솔직히 인정한다. 사실 도시에 살면서 이렇게 되지 않기도 쉽지 않다. 아이들은 오늘 저녁을 바깥에서 사온 음식으로 해결했다. 음식을 담아 왔던 스티로폼 용기들이 지금도 식탁 주변에 흩어져 있다.

"우리 엄마는 늘 나한테 맛있는 걸 먹이려고 신경을 쓰셨는데…."

로라는 고고학자에 고정되어 있던 시선을 나에게 돌린 뒤에 말을 계속 이었다.

"어머니는 우리가 먹는 음식에 사랑과 시간을 담으셨지요. 그런데 난 그렇게 못 하고 있어요."

그런 역할은 어머니 세대가 했었고, 그녀 세대는 부엌을 아이들과 함께 숙제를 하는 전투적인 공간으로 바꾸어 버렸다. 로라는 천 조각을 싹둑 잘라서 아들에게 건네준다.

"이게 저예요. 재능 봉사를 하는 거죠. 사랑과 시간을 담아서요."

부모의 도둑맞은 시간 | 스즈키 교육법은 제2차 세계대전 뒤에 개발된 음악 교육법으로 어린이에게 바이올린을 가르치기 위해서 처음 고안되었다. 이 교육법의 핵심은, 올바른 도구와 기법과 환경만 주어진다면 모든 아이가 다 음악적 성취를 이룰 수 있다는 관대한 이론에 있다. 이 교육법은 피교육자인 아이가 높은 수준의 열정과 의지를 가지고 있어야만 성공할 수 있다. 그런데 이 교육법이 다른 교육법과 다른 점은, 교육을 받는 아이의 부모 역시 그런 높은 수준의 열정과 의지를 가질 것을 요구한다는 데 있다. 부모는 아이가 받는 레슨에 함께 참가해서 교육 내용을 온전하게 이해하도록 주의를 집중해야 한다. 또 아이가 날마다 연습하는 걸 지켜봐야 한다. 아이가 음악적인 환경에 푹 젖어들도록 해 줘야 한다. 집에서는 늘 교향곡이 흐르도록 해야 하고 시간적인 여유가 있을 때는 아이를 수시로 연주

회장에 데리고 가야 한다.[114]

오늘날 사람들은 이 스즈키 교육법을 바이올린뿐만이 아니라 모든 종류의 악기를 가르칠 때 활용한다. 이 교육법은 또한 중산층 부모들이 아이들에게 과외 활동을 시킬 때도 기본적인 접근법으로 활용된다. 이들은 무엇을 하든 완전히 푹 빠져야 한다고 생각한다. 바이올린뿐만이 아니라 커브스카우트에서 송판으로 모형 자동차를 만들 때도 이 교육법은 통용된다. 아이들의 미식축구 시즌에서 원정 경기를 다닐 때도 부모는 이 교육법에 녹아들어서 스포츠 에이전트의 역할을 해야 한다. 여름방학 기간 동안에 아이가 여섯 개의 다른 캠프를 무사히 마칠 수 있도록 높은 수준의 열정과 의지를 발휘해야 한다. 아이들이 지루해 할 때는 식당 놀이를 할 수 있어야 한다. 또 아이들이 구몬 문제에 몰입할 수 있도록 해야 하고, 학교 숙제를 함께해 주는 협력자가 되어 주어야 한다. 점점 더 많은 학교들이 부모의 이런 역할과 태도를 점점 더 당연한 것으로 여기고 또 필요로 한다. 숙제는 이제 가족의 새로운 저녁 식사다.

그런데 이렇게 함으로써 잃어버리는 게 분명 있을 텐데, 그것은 무엇일까?

이런 의문이 들 수도 있다. 가족의 저녁 식사 횟수는 1970년대 후반부터 지속적으로 줄어들기 시작했는데,[115] 만일 저녁 식탁이 아이들의 숙제로 방해를 받지 않는다면, 그리고 만일 그 시간을 보다 활기차게 보낼 수 있다면, 과연 이 저녁 식사 횟수가 늘어날까? 온갖 재미있는 이야기와 추억들로 그 자리가 채워질 수 있을까?

이런 환경 변화 속에서 고통을 받고 줄어드는 것은 가족이 함께 보내는 시간만이 아니다. 부부가 함께 보내는 시간도 압박을 받고 줄어든다. 아이의 숙제가 가족의 새로운 저녁이라면, 아이가 축구를 연습하는 운동장은 부부가 데이트를 하는 새로운 장소가 된다. (이 얼마나 현대적인 창조적 발상인가!) 스티브 브라운도 그런 말을 했다. 함께 운동장의 사이드라인 가까이 앉아서 아들이 뛰는 모습을 바라보면서 그랬다.

"지난주에 나와 아내는 이렇게 함께 있었습니다. 이렇게 우리 부부는 그 누구에게도 방해를 받지 않으면서 오순도순 이야기를 나누었지요."

미풍이 불어왔고, 나뭇가지가 살랑거리고 잔디에 물결이 일었다. 그는 눈을 감았다.

그가 무슨 뜻으로 그런 말을 하는지 나는 알았다. 해는 지고 있었고 그늘은 점점 서늘해지고 있었으며 그의 잘생긴 아들은 운동장을 누비며 멋진 솜씨를 뽐냈다. 그러나 아들의 축구 경기를 지켜보는 곳 말고도 부부가 함께 시간을 보낼 수 있는 더 좋은 장소는 많이 있다. 아니, 있어야 했다. 하지만 그런 걸 누릴 수 없게 되었다. 양육의 압박감이 우선순위 설정을 완전히 바꾸어 버렸다. 그래서 우리는 부부가 함께 보내기에 보다 더 좋은 장소가 많다는 사실조차 잊어버렸다. 1975년에 부부는 한 주에 평균 12.4시간을 둘이서만 함께 보냈다. 그러나 이 수치는 2000년에 9시간으로 줄어들었다.[116] 그리고 이 시간이 줄어듦에 따라서 우리가 부부 사이에서 기대하는 것 역시 줄어든다. 부부가 함께 보내는 시간을 도둑맞았다. 혹은, 다른 것을 좇느라 어딘가에 흘려버리고 그런 사실조차 알지 못한 채 살아간다.

숙제가 우리 가족의 새로운 저녁 식사다…. 나는 로라 앤이 했던 그 말이 담고 있는 이 새로운 현실에 충격을 받았다. 로라는 아이들이 숙제를 다 마칠 수 있도록 저녁마다 의식처럼 수행하는 그 일이 자기로서는 일종의 '재능 봉사'라고 했다. 물론 의심할 여지도 없이 옳은 말이다. 그러나 이 특정한 형태의 봉사는 공동체나 공공의 선을 향해 바깥으로 나아가지 않고 가정이라는 작은 울타리 안으로 향한다. 그리고 온갖 종류의 자원봉사 노력들이 지난 수십 년 동안 지속적으로 줄어들고 있다. 적어도 사람들이 땀 흘리는 시간 측면에서는 분명 그렇다.[117] 우리가 하는 재능 봉사는 지금 자기 아이들을 위한 것으로만 향하는 경향이 있다. 그래서 사람들이 각자 살아가는 세상은 점점 더 좁아지고 있으며, 아이를 잘 키워야 한다는 내면적인 압박감은 (아이를 잘 키운다는 것이 구체적으로 어떤 것이든 간에) 점점 더 커진다. 그래서, 제롬 케이건도 지적하듯이, 아이를 키우는 방법은 우리가 공적인 삶 속에서 우리의 도덕성을 증명할 수 있는 몇 개 남지 않은 길 가운데 하나다.[118] 다른 나라 그리고 다른 시대라면 노인을 봉양하고 사회운동에 참여하며 시민 리더십을 발휘하고 봉사 활동을 열심히 수행함으로써 이런 과제를 달성할 수 있을 것이다. 그러나 지금 미국에서는 아이를 키우는 일이 그 대부분의 자리를 차지해 버렸다. 지금 미국에서는 양육과 관련된 책들이 이미 성서가 되어 버렸다.

부모들이 자기 아이들이 조금이라도 잘되도록 지극정성으로 온갖 노력을 다하는 이유도 충분히 이해할 수 있다. 그러나 여기에는 생각해 봐야 할 게 있다. 아네트 라루의 『불평등한 어린 시절』이 중산층 아이들이 다른 계층에 속하는 아이들에 비해서 세상 속에서 훨씬 커다란 성공을 거둔다는 사실을 분명하게 드러내고는 있지만, 이 책이 분명하게 대답하지 못하는 질문이 있다. 집중 양육이 과연 이 성공을 유발한 것일까, 아니면 중산층 아이들은 제멋대로 하도록 내버려 두더라도 똑같은 성공을 거둘까? 우리 모두가 다 잘 알고 있듯이, 후자가 맞는 것 같다.

1990년대 말에 '가족 및 근로 문제 연구소'의 공동 설립자이자 대표인 엘렌 갈린스키는 탁월한 발상을 제시했다. 일과 가정 사이에서 균형을 잡으려는 부모의 노력을 아이들이 어떻게 경험하는지 추정하고 추측만 하려고 할 게 아니라 아이들에게 직접 물어보자는 것이었다. 그래서 이 기관은 8세에서 18세까지의 아이들 1,023명을 대상으로 상세하고도 포괄적인 조사를 했다. 그 결과 및 그 결과를 분석한 내용을 1999년에 "미국의 아이들은 직장에 다니는 부모들을 어떻게 생각할까?"라는 부제를 단 『아이들에게 물어보라Ask the Children』라는 책으로 펴냈다. 자료의 내용은 명확했다. 미국인 가운데 85퍼센트는 부모가 아이들에게 충분히 많은 시간을 들이지 못한다고 믿지만, 갈린스키의 조사에 참여한 아이들의 경우, 10퍼센트만이 엄마에게 보다 많은 시간을 원했으며, 16퍼센트만이 아빠에게 보다 많은 시간을 원했다. 그리고 무려 34퍼센트가 자기 엄마들이 제발 좀 스트레스를 덜 받고 살면 좋겠다고 답했다.[119]

아무래도 저녁 식탁이 다시 가족의 새로운 저녁으로 돌아와야만 할 것 같다.

5장

사춘기 아이들

◇◇◇◇◇◇

당신이 부모가 되었을 때, 그 길을 계속 가다 보면 정말 어려운 시기가 나타난다는 사실을 사람들은 이야기해 주지 않는다.[1]

대니 샤피로, 『가족의 역사』(2003년)

부동산 붐이 일기 전까지만 하더라도 중산층이 여전히 여유를 가지고 거주했던 브루클린의 아름다운 동네들 가운데 하나인 레퍼츠 가든에서의 따뜻한 저녁이다. 일과 아이들 그리고 공동체 내의 모임 등을 통해서 서로 잘 아는 여섯 명의 엄마가 식탁에 둘러앉아서 사춘기 아이들을 화제로 삼아서 이야기꽃을 피운다. 대화는 활기가 넘치고 때론 짓궂기까지 하다. 그러나 처음부터 이야기가 놀랍지는 않았다. 그런데 공립학교 교사이자 엄마들 가운데서 어린 축에 드는 베스가 열다섯 살인 아들 칼이 최근에 "똑똑한 머리를 사악한 곳에 사용한다"는 말을 하면서부터 이야기는 새로운 국면으로 접어들기 시작한다.

여자들이 일시에 베스를 바라본다.

"성적을 올릴 생각은 하지도 않고 선생님들 눈을 속이지 뭐예요?"

베스는 아들의 컴퓨터 사용 현황을 감시하려고 깔아 놓은 소프트웨어 프로그램이 일러 주는 사실을 전한다.

"이 아이는 페이스북만 하고 숙제는 하지도 않아요. 그리고 또 '러시아 창녀를 위한 세 가지 인풋'이라는 파일도 받아 놓았더라니까요."

나는 베스의 말을 그렇게 알아듣고 녹음테이프에서 옮겨 적었는데, 나중에 베스는 내가 잘못 알아들었다면서 '러시아 창녀를 위한 세 가지 인풋'이 아니라 '동시에 세 명을 상대하는 러시아 창녀'라고 수정해 주었다.

어쨌든 간에, 역시 공립학교 교사인 서맨사가 곧바로 강력한 돌직구를 날렸다.

"그 빌어먹을 컴퓨터를 뺏어 버려야지. 당장 뺏어 버려, 베스!"

"컴퓨터가 없으면 안 되잖아. 과제든 뭐든 인터넷으로 다 하는데."

"그럼 컴퓨터를 부엌에다 놓으면 되잖아."

오늘 모임 장소의 집 주인인 디어드리가 제안한다. 디어드리와 베스는 같은 건물에서 일을 하는 사이이다.

"우리도 그렇게 했지. 우리는 컴퓨터를 거실에 두고 있어."

그러면서 베스는 계속해서, 비록 러시아 창녀 어쩌고저쩌고하는 음란물이 성에 대한 아들의 생각을 잘못된 방향으로 왜곡할까 봐 걱정이긴 해도, 자기 아들이 음란 동영상을 보는 것 자체는 문제가 아니라고 했다. 오히려 이런 것들을 포함해서 인터넷에 너무 많은 시간을 빼앗기는 게 가장 큰 문제 같다는 생각을 말한다. 게다가 아들은 일부러 엄마 말에 반항하는 것 같고, 성적은 점점 떨어지고 있다고 한다.

아직까지도 흥분이 가라앉지 않은 서맨사가 걱정스럽게 묻는다.

"그 녀석 그러다가 성적 불량으로 퇴학당하면 어떡해? 그때는 어떡하려고 그래?"

"퇴학당할 것 같지는 않아요. 그래도 D는 받았거든요."

베스는 그렇게 말하고 잠시 생각한 뒤에 계속 말을 잇는다.

"내가 그 녀석을 맡긴 심리치료사를 만나서 우리 아이 컴퓨터에 음란 동영상이 엄청나게 많이 저장되어 있다고 했더니, 그 사람은 아무것도 모르더라고요. 그 문제에 대해서는 아들과 아무런 이야기도 하지 않았다는 뜻이죠."

그러자 보조 교사인 게일이 갑자기 끼어든다.

"맞아요, 나도 그런 적이 있어요."

여태까지 거의 아무 말도 하지 않고 있던 게일이 입을 열자 모든 사람의 시선이 게일에게 향한다. 게일은 자기 딸 메이 이야기를 한다. 메이는 서맨사의 큰딸 컬라이어피와 친구이기도 하다.

"메이가 심리치료사와 상담을 하는 비용으로 일 년 동안 내가 그 사람에게 돈을 갖다 바쳤는데, 메이는 그동안 심리치료사에게 자기가 진짜 고민하던 문제, 그래서 자해까지 하게 되었던 그 문제는 입 밖에도 꺼내지 않은 걸요. 두 사람이 나눈 대화라고는 메이가 바이올린이라면 치가 떨릴 정도로 싫어한다는 것뿐이었어요."

그렇게 해서 이야기는 점점 더 가지를 치고 뻗어 나간다. 아이들이 이제 막 걷기 시작할 때 공원에서 디어드리를 처음 만나서 그 뒤로 친하게 지내게 된 케이트는 맏딸 니나가 지난여름에 자기 부부를 엄청나게 놀라게 했던 어떤 일을 저질렀는데, 그 이야기는 그동안 차마 누구에게도 할 수 없었다고 말한다. (나는 나중에 케이트와 따로 만나서 대화를 나누는 과정에서 그 일이 심각하지 않은 들치기 범죄였음을 알게 된다.) 대학생이던 니나는 학기 초에 과제물로 리포트를 제출하면서 자기 아빠가 수정해 준 흔적을 지우지도 않은 채 그냥 내기도 했다고 한다.

그리고 바로 이 시점에, 탁자에 두 팔로 얼굴을 받친 채 사람들이 하는 이야기를 듣고 있던 서맨사도 마침내 자기 고민을 털어놓고 만다.

"모두가 다 똑같은 고민을 안고 있네요. 사실 나는 경찰이 출동하는 일까지 겪었잖아요."

경찰이 출동해? 사실 나는 다른 여자들이 하는 이야기를 듣는 동안 서맨사의 아이들은 이런 비행에 휩쓸리지 않은 줄 알았다. 하지만 전혀 아니었다. 서맨사는 처음부터 모든 사람들이 털어놓는 고민거리의 실체를 경험을 통해서 잘 알고 있었다.

엇갈리는 가족

장차 부모가 될 엄마와 아빠가 부모로서의 기쁨을 상상할 때에는 아이들이 나중에 사춘기를 지나게 될 일은 거의 생각하지 않는다. 사춘기는 부모 입장에서는 재미없기로 유명한 양육의 한 단계다. 셰익스피어조차도 사춘기 아이들이 하는 짓이라고는 "음탕한 짓거리 하기, 부모와 조상 욕하기, 물건 훔치기, 서로 싸우기 같은 것밖에 없다."고 했으며,[2] 영화감독이자 작가인 노라 에프론도 사춘기에는 애완견을 한 마리 집에 들여놓아야 살아남을 수 있다고 했다.

"그래야 당신이 바라보고 행복해질 수 있는 존재가 집에 하나라도 있을 테니까…."[3]

아름답던 과거의 미소는 사라지고 없다. 아이의 얼굴에 뺨을 부빌 때의 그 따뜻함도 없고 공받기를 할 때의 그 유쾌함도 없다. 모두 사라지고 없다. 이런 것들 대신에 새벽 5시의 하키 연습과 삼각법의 미로 속 모험(시컨트, 코시컨트, 또 뭐더라?), 한밤중에 불쑥 들려오는 벨소리와 함께 집으로 데려가 달라는 지겨운 호출만이 있을 뿐이다. 바로 이런 것들이 선한 사춘기 아이들이 만들어 내는 고난이다.

그런데 알아 두어야 할 진실이 있다. 디어드리의 집 식탁에 둘러앉은 여자들의 아이들은 선한 사춘기 아이들일까, 그렇지 않을까? 그렇다, 모두 선한 사춘기 아이들이다. 거의 모든 아이들이 좋은 대학교에 다니고 있거나, 아니면 좋은 대학교에 진학할 가능성이 높은 뉴욕시티의 공립고등학교에 다니고 있다. 딱 한 아이는 사립고등학교에 다니고 있다. 물론 좋은 학교다. 그리고 이 아이들은 모두 과외활동을 통해서 각자 나름대로 자기 재능과 관심을 개발했다. 개인적으로 보면 이 아이들은 모두 자신감이 넘치고 생각이 깊고 다른 사람을 배려할 줄 안다.

그러나 이 아이들의 부모는 여전히 머리가 터져 버릴 것 같다. 바로 이 지점에서 중요한 의문이 제기된다. 이 어른들은 그렇다면 자기들의 사춘기를, 아이들이 지금 겪는 것과 다르게 겪었을까? 과연 그럴 수 있을까? 그렇다면, 사춘기라는 개념을 가지고서 아이들을 설명하는 것보다 부모를 설명하는 게 더 유용하지 않을까?

템플 대학교의 심리학자이며 오늘날 사춘기에 관한 미국 최고의 권위자로 꼽히는 로렌스 스타인버그Laurence Steinberg는 이런 발상의 전환이 충분히 의미가 있다며 지지하고 나선다. 그는 나와 나눈 대화에서 이렇게 말했다.

"사춘기는 아이들에게 그다지 어려운 시기 같지는 않아요. 이 시기를 거치는 아이들은 대부분 매우 유쾌하게 이 시기의 안개 속을 헤치고 나가거든요. 그런데 이 아이들의 부모와 대화를 나누어 보면, 뭔가 있는 게 느껴집니다. 이 사람들이 하는 이야기의 한결같은 내용은 이렇습니다. '우리 집의 십 대 녀석 때문에 내가 돌아 버리겠습니다!' 이겁니다."[4]

스타인버그는 널리 알려진 저서 『사춘기Adolescence』의 2014년 판에서 불평하는 십 대와 관련된 잘못된 신화를 훨씬 강렬하게 폭로한다.

"사춘기의 호르몬 변화가 이 시기 아이들의 행동에 미치는 직접적인 영향은 지극히 제한적이다. 사춘기의 반항은 일반적인 것이 아니라 특이한 것이다. 그리고 격렬한 정체성의 위기를 겪는 아이들도 지극히 일부분이다."[5]

그러나 부모로서는 그런 상황이 매우 복잡하게 비칠 수밖에 없다. 1994년에 스타인버그는 『엇갈리는 길들Crossing Paths』을 펴냈는데, 이 책은 부모가 아이를 낳고 이 아이들이 사춘기를 거치는 동안 이 과정을 어떻게 헤쳐 나가는지를 200개가 넘는 가정을 대상으로 해서 장기간에 걸쳐서 관찰한 내용을 정리했다.[6] 그런데 이 표본 가운데서 40퍼센트는 첫아이가 사춘기에 접어드는 순간 정신 건강이 나빠지기 시작했다. 엄마의 경우 절반 가깝게 그리고 아빠의 경우 3분의 1이 그랬다. 응답자들은 또한 거부당한다는 느낌과 낮은 자존감을 느낀다고 대답했다. 성생활의 즐거움도 감소했다. 뿐만 아니라 두통, 불면증, 위장병 등의 증상도 심해졌다고 답했다.[7] 이런 증상들이 골칫덩이 십 대를 키우고 있기 때문이 아니라 중년이라는 연령대 때문에 발생했다고 바라볼 수도 있겠지만, 실제로는 전혀 그렇지 않다고 스타인버그의 분석 결과는 말한다.

"우리는 부모의 나이를 파악하는 것보다 이 부모가 집에서 키우는 십 대 아이의 발달 정도를 살핌으로써 그 부모에게 심리적으로 어떤 일이 일어나고 있는지 훨씬 더 정확하게 예측할 수 있었다."[8]

이것은, 마흔세 살의 엄마와 쉰세 살의 엄마가 만일 똑같이 열네 살의 아이를 각각 키우고 있다면 이 두 사람은 같은 나이지만 일곱 살의 아이와 열네 살의 아이를 각각 키우는 동갑내기 어머니보다 심리적으로 동질성을 더 많이 가지고 있다는 뜻이다. 스타인버그가 수행한 조사에 따르면 사춘기 아이가 있는 엄마들은 걱정거리를 안고 있을 가능성이 상대적으로 훨씬 더 높다.

스타인버그는 이런 현상을 이론적으로 명쾌하게 설명한다. 그의 관점으로 볼 때, 사람에게 사춘기는 소금과 같아서 가깝게 닿는 것은 무엇이든 격렬하게 만든다. 이미 어떤 갈등이 진행되고 있다면, 아이가 지나가고 있는 사춘기는 이 갈등을 한층 악화시킨다. 특히 직장생활에서나 결혼생활에서는 이런 현상이 더욱 심하게 나타난다. 그래서 여러 해 동안 본인도 알지 못했던 갈등이 드디어 가면을 벗고 전면에 나타나기도 한다. 스타인버그는 심지어 이른바 중년의 위기라는 것도 사춘기 아이들만 없으면 쉽게 극복할 수 있다는 말까지 한다. 하지만 사춘기의 십 대 아이들은 어떤 문제든 간에 기묘한 방식으로 문제를 일으키기 때문에 중년의 위기는 한층 더 심각해질 수 있다.

물론 사춘기의 아이들뿐만 아니라 모든 연령대의 아이들이 어느 정도는 다 그렇게 말썽을 일으킨다. 그런데 문제는 왜 사춘기 아이들이 예컨대 일곱 살 먹은 코흘리개보다 더 많은 고통과 번민을 부모에게 안겨 주느냐 하는 것이다. 이 질문에 대해서는 어떤 역사학자의 설명이 도움이 될 것 같은데, 그 설명을 거칠게 요약하면 이렇다. 사춘기는 현대적인 개념의 어린이 존재라는 역설(즉, 쓸모가 없지만 소중한 존재라는 역설)이 육아의 다른 어떤 단계보다도 강력하게 존재감을 주장하는 시기다. 아이가 (비비아나 젤라이저의 표현을 빌리자면) 쓸모가 없는 존재가 되기에 특히 어렵고 까다로운 시기다.

사춘기는 현대에 들어서서 나타난 개념이다. 사춘기는 심리학자이자 교육자이던 스탠리 홀Stanley Hall에 의해서 1904년에 처음 '발견' 되었다. 1904년이면 알렉산더 그레이엄 벨Alexander Graham Bell이 최초의 전화기 특허를 딴 지 28년이나 지난 후다. 하지만 그렇다고 해서 사춘기가 1904년 이전에는 없었다는 뜻이 아니고, 생물학적인 변화를 동반하는, 심리적으로 특징적인 현상이 아니라는 뜻도 아니다. 분명히 특징적인 현상이다. 나는 이런 현상에 대해서 이 장에서 이야기할 것이다. 그러나 사춘기는 동시에 역사적으로 특정 시기에 처음 발생한 문화적이고 경제적인 현상이기도 하다. 국가에서 어린이에 대해서 점점 더 온정적인 생각을 가지게 되면서 아이들을 공장이나 길거리로 내몰아서 일을 시키는 대신 집에서 보호하도록 하는 정책을 펼치기 시작하던 바로 그 시기에 홀이 사춘기를 '발견'한 것은 결코 우연이 아니다. 부모는 아기라고 할 수 없는 다 큰 아기를 자기들이 보호하고 돌본다는 사실을 역사상 처음으로 깨달았다. 그리고 이 아이들의 십 대 시기를 면밀하게 살핀 끝에, 아이들이 (홀의 표현을 빌리자면) '폭풍과 스트레스'의 끔찍한 어떤 시기를 통과해야 한다는 결론을 내렸다.[9] 이런 표현 말고 다른 말로 자기들이 목격하는 이 끔찍한 혼돈의 세상을 도저히 설명할 수 없었을 것이다.

그러나 현대적인 개념의 어린이, 즉 보호받는 어린아이의 등장은 부모를 힘들게 만든다. 특히 나이가 든 어린아이가 그렇다. 물론 오늘날의 부모로서는 달리 선택할 대안도 없이 이 나이 많은 아이를 보호해야만 한다. 그것도 오랜 기간에 걸쳐서. 이제 아이들은 일을 하러 가야 한다는 이유로 학교를 중퇴하지 않아도 된다. 세상은 아이들이 점점 더 많은 교육을 받을 것을 요구한다. 게다가 부모는 아이를 보호해야 하는 아주 커다란 필요성을 느낀다. 특히 중산층 부모들이 이런 필요성을 더욱 절실하게 느낀다. 이 부모들은 아이들의 신체적 안전과 경제적인 안정을 위해서 늘 마음을 졸인다. 이 사람들은 전문가들과 다른 부모들 그리고 온갖 매체로부터 아이들에게 '영양'을 제공하는 시간과 노력을 아까워하지 말라는 말을 듣고 있다. 아이에게 영양을 제공하는 것은 어느 사이엔가 부모의 삶의 방식으로 자리를 잡았다.

그러나 아이는 나이를 먹으면서 점점 독립을 원하고 자기만의 어떤 목적의식을 가지려고 한다. 아이는 생물학적으로 어른으로 성장하고 있으며 자기 나름대로 설정한 목표를 추구하고자 하는데, 부모가 이 아이를 너무 오래 품에 안고 보호하면 매우 낯설고도 피곤한 결과가 빚어질 수 있다. 오늘날의 가정은 긴장이 끊임없이 이어지는 장소다. 어른이건 아이건 할 것 없이 모두 저마다 해결책을 찾아내려고 안간힘을 쓴다. 그런데 남편은 이것이 정답이라고 생각하는데 아내는 저것이 정답이라고 생각할 수 있고, 또 부부가 의견의 일치를 보더라도 아이가 다르게 생각할 수도 있다. 그러나 해결책이 무엇이든 간에 (보통 이 해결책은 명확하지 않다) 그런 문제들은 충분히 많은 스트레스를 일으킨다.

결코 블로그에 실을 수 없는 사춘기 우리 아이들의 문제 | 나는 서문에서 이 책은 아이들이 부모에게 어떤 영향을 어떻게 미치는지 알아보려는 시도라고 했다. 그런데 사춘기 때 이 영향은 매우 강렬해지며, 이 시기에 우리는 쉽게 상처를 받으며 존재의 위기까지 느낀다. 육아 블로그를 운영하는 대부분의 엄마나 아빠의 아이들이 아직 사춘기에 접어들지 않은 사실은 우연이 아니다. 이 부모들은 자기들이 아이를 키우면서 경험하는 여러 상황의 기묘함을 이야기한다. 이들이 포스트를 통해 사람들에게 알리고자 하는 내용은 대개 일반적인 내용이라서 이런 것들을 널리 알린다고 해서 거리낄 게 전혀 없다. 아이들이 끔찍하게 싫어하는 자기 사생활 캐기나 폭로가 아니라는 말이다. 그리고 부모로서도 자랑스러우면 자랑스럽지, 결코 부끄러운 이야기가 아니다. 이에 비해서 사춘기 아이들에 관해 글을 쓴다는 것은 완전히 다른 얘기다. 이 아이들은 아직 덜 익긴 했지만 어른이다. 어른이긴 어른이고, 매우 독특한 어떤 버릇들을 가지고 있으며, 심리적으로도 미묘하고 복잡하다. 따라서 이 아이들은 자기 엄마나 아빠가 자기 생활을 소재로 해서 날마다 블로그에 글을 쓴다고 하면 결코 반가워하지 않는다. 사춘기 아이를 둔 부모는 이제 아이 이야기를 적어도 공개적으로는 할 수 없게 된다. 사춘기 부모가 염려하는 걱정은 이제 아이에게 무엇을 먹일까 혹은 아이에게 어떤 과외 활동을 시킬까 하는 차원이 아니다. 아이가 도덕적으로 아무 문제가 없을까, 생산적인 활동을 하고 있을까, 혹은 긍정적이고 편안한 마음을 유지하며 부정적인 것들로부터 스스로를 지킬 힘을 가지고 있을까 하는 것이 이들 부모가 하는 걱정이다.

그럼에도 불구하고 이 단계에 대해서 이야기를 나누고 싶은 목마른 바람은 분명히 존재한다. 스타인버그가 처음 『엇갈리는 길들』 작업을 시작할 때, (그는 결국 나중에 아내 웬디의 도움을 받아서 이 작업을 했다) 미리 설정한 표본 조건에 맞는 가구는 270가구였다. 그런데 이들 가운데서 무려 75퍼센트나 그의 연구 조사 작업에 기꺼이 표본이 되겠다고 나섰다. 대부분의 사회과학 프로젝트에서 전체 대상자들 가운데서 기꺼이 나서는 표본의 비율은 30퍼센트 정도밖에 되지 않는다고 한다. 그래서 이 책의 서문에서 그는 다음과 같이 썼다.

"부모들의 열정적인 반응에 우리는 깜짝 놀랐다. 그리고 곧 그 이유를 알았다. 이 연령대의 부모들은 자기 집에서 벌어지고 있는 변화들에 매우 당황하고 있었으며 이 시기의 삶이 왜 그렇게 힘든지 이유를 알고 싶어 했다."[10]

그리고 한 가지 덧붙이자면, 사춘기와 관련된 이야기는 너무도 복잡하고 미묘한 문제일 수 있으므로 이 장에 등장하는 사람들은 성은 빼고 이름만, 그것도 모두 가명으로 소개하고자 한다. 이렇게 하는 것은 이 책에서 오로지 이 5장뿐인데, 굳이 이렇게까지 하는 이유는 사춘기 아이들의 삶은 어렵고 또 언제 어떻게 엉망으로 어질러질지 모르기 때문이다. 아이들이나 이 아이들 부모의 실명을 밝히지 않는 것은, 실명을 밝힐 경우 잃을 것은 많고 얻을 것은 적다는 판단에 따랐다.

배은망덕한 아이들

서맨사가 지금은 비록 체육복을 입고 있긴 하지만, 그래도 그녀가 한때 히피였음은 어렵지 않게 알아볼 수 있다. 디어드리의 집에서는 알아채지 못했지만, 꽁지머리로 묶었던 머리를 풀고 있는 지금 그녀는 사자의 갈기처럼 엄청나게 풍성한 머리를 하고 있다. 우리는 브루클린의 놀라운 동네들 가운데 하나인 디트머스 파크에 있는 그녀의 집 부엌에 함께 앉아 있다. 이 동네는 따로 한 집씩 독립해서 서 있는 집들, 잘 손질된 잔디 그리고 뉴욕에서 흔하지 않은 가족용 자동차가 다니는 쾌적한 도로 등으로 꾸며져 있어서, 다른 곳에서 사는 사람들에게는 찬탄과 질시를 받곤 한다. 서맨사와 그녀의 남편 브루스는 둘 다 뉴욕의 공립학교 체계에 속한 교사인데 (브루스는 음악가이기도 하다) 19년 전에 이곳에 집을 사는 재테크 솜씨를 발휘했다. 당시만 하더라도 이곳의 집값이 도시의 표준적인 가격(234,500달러)에 비하면 쌌을 뿐만 아니라, 이웃에 사는 주민들도 지금보다는 훨씬 더 다양했다. 서맨사는 아프리카계 미국인이고, 브루스는 큰딸 컬라이어피의 표현을 빌리자면 "누구보다 하얀 남자"다. 엄청난 미인인데다 지금 스무 살이며 여름방학을 맞아 집에서 지내고 있는 컬라이어피는 조금 있으면 미국에서 손꼽히는 명문대학교에서 세 번째 학기를 맞는다. 딸은 부엌 식탁에 앉으며 우리의 대화에 끼어든다. 그러자 서맨사가 묻는다.

"어떤 베이글 줘?"

순간 컬라이어피는 짜증과 애정이 교차하는 묘한 표정으로 엄마를 바라본다.

"음… 엄마가 나를 아시나?"

사실 속으로, 우리가 얼마나 자주 함께 베이글을 먹었다고 그러시는지요? 라고 말하는 듯하다. 서맨사는 마뜩찮은 표정으로 딸을 흘겨본 뒤에 베이글 하나를 쥐고 썰기 시작한다.

컬라이어피가 고등학생이던 때부터 가족은 그녀를 '알파'라고 부르기 시작했다. '알파 걸'(사회에서 두각을 나타내는 엘리트 여성을 일컫는 말–옮긴이)의 그 알파다. 사실 컬라이어피에게 알파라는 또 하나의 이름이 붙은 것은, 본인이 원하는 것이 무엇인지 본인 스스로 잘 알고 있었기 때문이다. 이 가족과 함께 브런치를 먹는 내내 나는 컬라이어피의 대단함에 대한 온갖 이야기를 듣는다.

"누나는 모든 걸 요구하곤 했어요."

그녀의 남동생인 웨슬리가 거실에서 부엌으로 들어서면서 하는 말이다. 열여섯 살인 마른 체격의 웨슬리는 마치 홍차처럼 그윽하다.

"그리고 자기가 원하는 건 반드시 손에 넣고요."

웨슬리는 기타를 쥐고 자세를 잡고 앉아서 줄을 튕기기 시작했다. 이 아들은 기타와 피아노와 드럼을 모두 똑같이 잘 친다. 동생의 말에 누나는 반은 웃지만 반은 당황하면서 부인한다.

"아냐, 내가 언제 그랬다고?"

"그랬잖아! 솔직히 누나가 한동안은 우리 집을 그러니까… 지배했잖아."

"내가 우리 집을 지배해? 우리 집을 지배한 건 엄마지!"

아마도 모녀가 모두 개성이 강했기 때문에 딸이 집에 있을 때까지는 두 사람 사이에 충돌이 무척 잦았던 모양이다. 내가 처음 디어드리의 집에서 서맨사를 만났을 때 그녀는 딸과 대판 싸웠던 이야기를 했다. 무엇이 발단이었는지는 구체적으로 말을 하지 않았지만…. 그래서 나는 오늘 그 궁금증을 풀고 싶어서 묻는다. 모녀가 그때는 왜 그렇게 크게 싸웠나요? 서맨사는 무엇 때문이었는지 정확하게 기억하지 못한다. 그러나 웨슬리가 안다면서 곧바로 대답한다.

"내가 알아요! 그때 누나가 고등학교 에세이 숙제를 다음날까지 내야 했어요. AP 과정의 대학교 에세이 과제는 한 달 뒤에 내도 괜찮은 거였죠. 그런데 엄마가… (엄마를 바라보면서) 대학교 에세이를 쓰라고 했고, 누나는… (이번엔 누나를 바라보면서) 내일까지 내야 하는 고등학교 에세이를 쓴다고 했지? 그러면서 엄마한테 이랬잖아, '엄마는 상관하지 말고 빠져요. 나는 오늘밤에 이 에세이를 써야 하니까.'라고. 맞지?"

웨슬리는 그 이야기를 누구 편도 들지 않고 공정하게 정리한다. 그런 다음에 엄마를 바라보고 말을 잇는다.

"근데 엄마는 대학교 에세이가 중요하니까 그것을 써야 한다고 계속 우겼잖아요. 그렇죠?"

서맨사는 아무 말도 하지 않고 기다린다. 달리 할 말이 없는 것 같다.

"엄마는 그런 얘기를 계속하면서 왔다 갔다 서성였고, 그때 짠 하고 아빠가 들어오셨지."

서맨사가 당황한다.

"그런 말도 안 되는 소리가 어디 있니? 내가 왜 다음날이 제출 마감일인 에세이 숙제를 굳이 하지 말라고 했겠어?"

그러자 웨슬리는 엄마를 반박한다.

"이유가 있었죠. 지금 와서 생각해 보면 엄마도 누나 생각을 이해할 수 있겠죠. 하지만 그때 엄마는 누나가 엄마 말을 안 들어 준다는 게 화가 났던 거예요. 그래서 그 말다툼이 오래 계속 이어졌고요."

이 말다툼은 많은 말다툼이 그렇듯이 발단은 사소한 것이었다. 수면 아래에서 부글부글 끓고 있던 것이 갑자기 서맨사를 폭발하게 만들었던 것이다. 서맨사는 딸이 우선순위로 둬야 하는 것에 대해서 자기 나름대로 어떤 생각을 가지고 있었지만, 딸은 또 딸대로 엄마와 다른 생각을 가지고 있었던 것이다. 그러자 엄마는 자기의 권위가 밀려난다고 느꼈을 것이다. 서맨사는 자기 제안에 대해서 딸이 보였던 반응에서 어떤 조롱이나 모욕의 작은 낌새를 느꼈을 수도 있다. 서맨사는 누가 자기를 조롱하는 것을 싫어하고 절대로 참지 못하는 성격이다. 한참 뒤에 서맨사는, 아이들이 자기에게 욕을 할 때 어떤 느낌이 드는지 정확하게 묘사하려고 애를 쓰면서 이렇게 말한다.

"욕 자체는 나한테 문제가 안 돼. 문제는 목소리의 톤이야."

이때 컬라이어피가 끼어든다.

"혹은 우리가 '열 받지 마세요.'라거나 '식히세요.'라고 말할 때."

서맨사는 새총에서 발사된 돌멩이처럼 자리에서 벌떡 일어난다.

"그래 맞다! 맙소사!"

그녀는 부엌을 서성거리기 시작한다.

"그건 진짜 사람을 깔보는 거야. '넌 아무것도 아니니까 빠져!'라는 말과 같거든!"

그러자 웨슬리가 한결 부드럽게 말을 한다.

"엄마는 진짜 때로 너무 흥분해요. 예를 들면 우리한테 청소하는 아주머니가 온다는 얘기를 열 번째 할 때라든가…."

서맨사가 아들의 말을 자른다.

"그건 말이야. 내가 '기억해라, 아주머니 내일 오신다.'라고 말하면 너희들은 뭐랬는지 아니? (목소리 톤을 열다섯 살 소년으로 바꾸어서) 열 받지 마세요, 엄마. 아줌마가 언제 오시는지 나도 안다고요. 아 씨, 짱나, 진짜! 이랬잖아?"

지금은 서맨사까지 포함해서 모든 사람이 웃는다.
"내가 그런 소리를 듣고 살았다!"

부모를 거부하는 아이들 | 사춘기에 대한 전통적인 견해는 유아기 시절의 반복이며 괴팍스럽고 배고프며 빠르게 성장하는 아이, 조숙함과 이기심이 번갈아 가며 나타나는 아이의 지배를 받는다는 것이다. 그러나 엄마와 아빠가 사춘기 아이들과 부닥치는 문제들은 많은 점에서 이런 전통적인 견해와 정반대다. 아이들이 아직 어릴 때 부모는 자기만의 공간과 시간을 간절하게 바란다. 그런데 아이들이 커서 사춘기를 맞으면 아이들과 더 많은 시간을 함께 보내고 싶어 하고, 아이들이 숭배까지는 아니라고 해도 존경심을 가지고 자기를 대해 주길 바란다. 그리고 아이들이 자기 곁을 떨어지지 않으려고 했던 게 마치 그저 과거의 일일 뿐이고 다시는 그런 걸 바라지 않을 것만 같은 생각이 든다.

나는 사춘기의 청소년이 가족과 함께 보내는 시간이 점점 줄어드는 것을 계량적으로 분석했던 놀랍도록 꼼꼼한 1996년의 어떤 논문을 우연히 접했다. 이 논문은 시카고 외곽의 중산층 및 노동자 계층에 속한 220명의 아이를, 이 아이들이 5학년에서 8학년일 때와 9학년에서부터 12학년일 때를 따로 구분해서 추적했다. 각 단계에서 연구자들은 이 아이들을 한 주 동안 무작위로 추적하면서, 누구와 무엇을 하고 있는지 그리고 그게 재미있는지 물었다. 그리고 5학년에서 12학년으로 올라가는 기간에서 아이들이 깨어 있는 시간 동안에 가족과 함께 보내는 시간의 비율이 35퍼센트에서 14퍼센트로 줄어들

었다는 사실을 확인했다.[11]

브루클린에 사는 또 다른 엄마는 (이 엄마와 자주 만나는 여자들은 디어드리 집에서 모였던 엄마들과 부분적으로 겹친다) 열다섯 살 된 자기 딸을 카레이서에 비유했다.

"나는 쉬지도 않고 이 아이의 자동차 타이어를 교체합니다. 차체에서 윤이 반짝반짝 나도록 광택제를 발라서 닦습니다. 그것도 빨리 해내야 합니다. 그런 다음에는 길을 비켜 주죠. 그러면 이 아이는 뒤도 돌아보지 않고 쏜살같이 달려 나갑니다. 나는 그야말로 뒤치다꺼리나 하는 정비공입니다."

카레이싱 현장에서 뒤치다꺼리를 하는 정비공이 되려면 엄청난 자아력ego strength이 필요하다. 일단 어느 정도의 권력을 아이들에게 넘겨줘야 한다는 뜻이다. (지금까지 부모로서 당연히 해 오던 결정권의 범위 가운데 일부분을 양보해야 한다는 말이다.) 그리고 아이들이 당신 없이 혹은 당신이 생각하는 목표와 상관없이 자기 삶의 모습과 방향을 자기 마음대로 규정하는 것을 인정해야 한다는 뜻이기도 하다. 스토니브룩의 심리학자인 조앤 다빌라Joanne Davila는 이런 내용을 다음과 같이 표현했다.

"어린아이 시절에는 당신의 아이가 모델로 삼고 지향하는 어떤 인물상이 되도록 도와줘야 하지만, 아이가 사춘기에 접어들면 당신의 아이가 되고 싶어 하는 어떤 인물상에 반응해 줘야 한다."[12]

그러나 이것은 부모의 관점에서 바라보는 관대한 해석이다. 사춘기 아이의 관점에서 보면 이런 태도는 보통 부족하기만 할 뿐이다. 그래서 애덤 필립스는 에세이집 『균형에 대하여On Balance』에서 "사춘기 아이는 광신도 집단에게 스스로 납치되고자 노력하는 인간"이라

고 썼다.[13]

부모는 처음 자기 아이의 보호자이지만 나중에는 자기 아이의 탈옥을 감시하는 교도관이 된다. 그래서 아이로부터 지겨워 죽겠다는 말을 끊임없이 듣는 신세가 된다.

아닌 게 아니라 사춘기 아이들이 자기 부모에게 얼마나 비판적인지 구체적인 수치를 통해서 명확하게 알 수 있는데, 이런 내용은 엘렌 갈린스키의 『아이들에게 물어보라』에서 확인할 수 있다. 4장에서도 언급했듯이 이 책은 3학년에서 12학년에 걸친 천 명이 넘는 아이들을 대상으로 해서 다양한 주제에 걸친 설문 조사를 바탕으로 만들어졌다. 그런데 갈린스키는 어떤 시점에 피설문자들에게 자기 부모에게 성적을 매겨 보라고 했다. 거의 모든 항목에서 7학년부터 12학년의 고학년 아이들은 저학년 아이들에 비해서 자기 부모에게 상당히 낮은 점수를 주었다. '공부와 관련해서 도움을 받는다, 화가 났을 때 기댈 수 있다, 함께 대화를 나누면서 시간을 보낸다, 가족의 전통을 세운다, 아이들에 어떤 일이 일어나는지 알고 있다, 그리고 화가 나도 참는다'의 항목에서 고학년 아이들로부터 A라는 점수를 받은 부모는 절반에도 미치지 못했다. (한편 '화가 나도 참는다'라는 항목에서는 저학년 아이들도 고학년 아이와 마찬가지로 나쁜 점수를 매겼다.)[14]

배은망덕은 양육의 세계에서 이미 가장 큰 골칫거리의 하나가 되었다. 셰익스피어도 『리어왕King Lear』에서 "부모의 은혜를 모르는 자식을 두는 것은 독사의 이빨에 물리는 것보다 더 아프도다!"라는 리어왕의 대사로 부모의 이런 심정을 표현했다.[15] 사춘기에는 이런 배은망덕에 경멸이라는 양념도 함께 덧붙여진다. 부모로서는 이런 상황이 감당하기 어렵다. 특히 자식을 자기 삶의 중심에 놓고 살아온 부모 세대라서 더욱 그렇다. 메이의 엄마인 게일을 디어드리의 집에서 만나고 여러 달 지난 뒤에 다시 만났다. 게일은 자기가 아이들이 어릴 때 보모에게 맡기고 외출을 한 횟수는 두 손으로 다 꼽을 수 있을 정도로 몇 번 되지 않는다고 했다. 하지만 게일과 그녀의 여자 형제들은 어렸을 때에는 툭 하면 보모 손에 맡겨졌다. 하루 온종일 정도가 아니라 몇 주씩 그렇게 맡겨진 적도 수두룩했다. 그때를 회상하면서 게일은 이렇게 말했다.

"그게 어떤 건지 아세요? 그때 우린 진짜 행복했어요."

하지만 그녀는 아이들에게 엄마로서 보다 많은 걸 해 주고 싶었다. 그녀는 아이들과 함께 있기를 바랐다. 그리고 그렇게 했다. 그런데 아이들에게 사춘기가 온 것이다. 그녀의 딸들은 뉴욕의 지하철을 어른 없이 혼자 이용할 수 있을 정도로 충분히 컸다. 큰딸인 메이는 엄마에게 까칠하게 굴었다. 그리고 두 사람 사이의 대화는 점점 더 사나워졌다. 게일은 온 정성을 다해 아이들을 집중적으로 돌봤지만, 그렇다고 해서 아이들에게 거부당하는 운명을 피할 수 없었을 뿐만 아니라 그 어떤 고통에서도 피할 수 없었다.

취향이 도덕적 문제로 번질 때 | 아이가 사춘기일 때 부모로부터 떨어져 나가려는 시도가 주는 긴장과 씨름하는 것도 여간 힘든 일이 아니다. 스타인버그의 추정에 따르면, 가족 사이의 유대 관계가 돈독했으며 상당히 평온하던 이전 시기와 대비될 때 이런 상황은 한층 더 힘들어진다. 많은 심리학자들은 사춘기가 전체 가족 체계 안에서 어떤 극적인 불연속성을 만들어 내, 그동안 안정적으로 유지되던

가족 내의 역학과 위계와 의례적인 절차를 무너뜨린다고 지적해 왔다. 심지어 『블랙웰 사춘기 핸드북Blackwell Handbook of Adolescence』은 사춘기에 일어나는 대격변을 놓고 볼 때 사춘기는 "유아기 다음으로 심각한 시기"라고 말한다.[16] 권력 분배를 둘러싼 협상이 다시 이루어져야 하고, 가족은 재정비되어야 하고, 가족 내의 의례적인 절차도 다시 검토해야 한다. 이런 상황을 놓고 스타인버그도 『엇갈린 길들』에서 "낡은 대본은 이 새로운 등장인물들에 더 이상 맞지 않다."고 쓰고 있다.[17]

이처럼 아이들의 사춘기에 부모가 맞닥뜨리는 어려운 과제들은 아이들이 훨씬 어렸던 시기에 나타난 문제들의 재방송 형태로 나타난다. 그런데 좀 다른 구석이 있다. 첫째, 예전에는 지시가 먹혀들었지만 지금은 먹혀들지 않는다. 그리고 갓난아기 시절의 문제가 아니라 여기저기 걸어 다니면서 온갖 말썽을 부리던 유아기 시절의 문제다. 그리고 그때처럼 아이들은 자율성을 주장하며 투쟁한다. 그런데 이번에는 막무가내로 떼를 쓰는 게 아니라 이성적인 논리와 완력을 내세워서 자기 계획을 관철하려고 한다. 스타인버그는 『엇갈린 길들』에서 미묘하고도 과감한 가설 하나를 제시한다.

"아이들이 어릴 때 부모들이 물리적으로 자기 아이를 통제할 수 있는 상태에서 비롯되는 긍정적인 감정을 그동안 우리가 과소평가해 왔다고 나는 믿는다. 나는 부모의 이런 상태를 부정적인 의미로 바라보지 않는다. 부모가 아이에게 휘두르는 물리적인 권력은 통제감과 자존감을 재확인시켜 준다."[18]

그러나 사춘기의 부모들은 자기가 가진 물리적인 통제력과 거기에 따르는 위안을 단계적으로 포기하는 방법을 배워야 한다. 한때는 자기의 것이었지만 이제는 그것을 내려놓아야 한다. 그렇게 하나씩 포기하다가 보면 결국 남는 것은 말뿐이다. 이런 전이 과정은 거의 대부분 갈등에 대한 특정한 처방이다. 갑자기 욕이 난무한다. 쓸데없는 (적어도 그렇게 보이는) 반항은 또 왜 그렇게 많은지. 단순한 지시, 예컨대 옷을 집어 달라는 요구조차도 '대판 싸움'으로 쉽게 비화된다고 브루클린의 또 다른 엄마이자 정부 기관 소속의 변호사가 푸념을 했다.

"이 아이에게 뭐라고 요구라도 하면 이 아이는 화를 벌컥 냅니다. 기가 막혀서!"

사춘기 아이들이 그보다 나이가 어린 아이들에 비해서 더 많이 싸운다는 주장에 모든 연구자들이 동의하는 건 아니다. 그러나 거의 대부분의 연구자들은, 사춘기의 아이들은 보다 격렬하고 기술적으로 싸우며, 8학년부터 10학년 사이의 아이들이 부모와 가장 격렬하게 싸운다는 주장에 동의한다. (정확하게 말하면 이것은, 사춘기 아이들과 부모 사이의 갈등을 조사한 37개 연구 보고서를 바탕으로 한 1998년의 메타 분석 결과다.)[19] 이 연령대의 아이들은 또한 추론 능력이 훨씬 발달해서 부모의 논리를 말꼬리를 잡아 가면서 교묘하고도 교활하게 반박해서 자기에게 유리한 쪽으로 결론을 유도한다. 많은 부모들이 입을 모아 말하듯이, 사춘기 아이들은 부모에게 상처를 주는 말이나 행동이 무엇인지 알고 있다.

컬라이어피도 이런 사실을 털어놓는다.

"지금 떠올려 보면, 고등학교 다닐 때에는 엄마가 진짜 마음 아파할 말들을 어떻게 그렇게 금방 생각해 냈었는지 신기했어요."

그러자 서맨사가 믿을 수 없다는 표정으로 딸을 흘겨본다.

"네가 정말 그랬니? 얘가 어쩌면 그렇게 비열하게⋯ 어?"

심리학자이자 육아 블로거인 낸시 달링은 정확하게 무엇이 사춘기 아이들로 하여금 자율성을 그토록 치열하게 추구하도록 만들까 하는 문제를 중심으로 해서 미묘한 분석을 내놓는다.[20] 그녀는, 대부분의 아이들은 자기 부모가 사람을 때리지 마라, 친절해라, 청결을 유지해라, 미안하다고 사과해라 등과 같이 도덕적 기준이나 사회적인 관습을 강요할 때는 반항하지 않는다고 지적한다. 이런 것들은 모두 공정한 규칙이라고 인정한다. 안전과 관련된 문제에 대해서도 마찬가지다. 아이들은 안전벨트를 매라는 지시에 저항하지 않는다. 그러나 즐겨 듣는 음악, 즐겨 하는 오락거리, 함께 어울리는 친구 등과 같이 훨씬 개인적인 취향이나 취미에 부모가 간섭을 할라치면 아이들은 곧바로 저항하고 나선다. 아이들이 어릴 때는 이런 개인적인 취향이 부모에게 그다지 큰 걱정을 안겨 주지 않는다. 대부분의 경우에 아이들은 고분고분하기 때문이다. 언쟁? 짜증이 나긴 해도 받아들일 만하다. 무단횡단? 한바탕 소동이 일어나긴 해도 기본적으로 공중도덕은 안다. 조나스 브라더스(미국의 3형제 팝 그룹—옮긴이)? 넌더리가 나긴 하지만 아이에게 전혀 해를 끼치지 않는 아주 약간의 시럽과 같은 존재일 뿐이다.[21]

그런데 문제는 사춘기 때는 취향과 관련된 문제가 도덕성과 안전에 관련된 문제로 번지고, 나중에는 이런 문제들과 관련해서 어디에다 경계선을 그어야 할지 모호해지는 상황이 자꾸 벌어진다. 예를 들면 이런 문제들이다. 네가 어울리는 그 아이 누구니? 나는 그 아이의 운전 버릇이 마음에 안 들어. 그 아이가 너한테 소개하는 것들도 그렇고. 네가 하는 게임들은 또 뭐니? 그 폭력성과 여자와 관련해서 사람들이 너에게 보내는 구역질나는 메시지들이 마음에 안 들어. 달링은 심지어 교회에 갈 때 청바지를 입는 문제를 놓고 시작된 사소한 언쟁조차도 엄청난 전쟁으로 비화된다고 자기 블로그에 올린 포스트에서 소개한다.[22]

그리고 정말 엄청난 싸움으로 폭발하는 것도 따지고 보면 처음 발단은 아주 사소한 문제다. 서맨사의 집 식탁에서 대화를 나눌 때 그녀는 자기가 최근에 팝가수 비욘세의 가치를 놓고 컬라이어피와 벌였던 사소한 말다툼을 소개한다. 보다 정확하게 표현하면, 비욘세의 가치를 놓고 벌어진 '오해'라고 할 수 있다. 서맨사는 팝가수이자 배우인 그녀를 천박한 싸구려의 어떤 다른 인물로 잘못 생각했다. 그래서 컬라이어피에게 어떻게 그런 막돼먹은 인간을 동경할 수 있는지 도무지 알 수 없다면서 고개를 절레절레 저었다.

엄마의 이 거만한 관점이 딸에게 심각한 상처를 입혔으며 딸은 화가 났다. 그리고 딸은 도대체 자기 엄마 머릿속에 무슨 벌레가 들어 있는지 모르겠다고 생각했다. 딸이 듣기에 엄마가 쏘아 대는 비난의 화살은 비욘세가 하는 사업과 비욘세가 누리는 특권을 향했다. 엄마에게 이것은 도덕적 차원의 문제였다. 엄마는 비욘세가 잘못된 가치관을 대표한다고 생각했으며, 자기 자녀가 이런 사람을 동경한다는 사실에 가슴 깊이 실망했던 것이다.

그런데 그런 이야기를 한참 하다가 서맨사는 문득 자기가 말하는 비욘세가 그 비욘세가 아닐지도 모른다는 생각이 들었다. 딸은 엄마에게 비욘세의 사진을 보여 주었으며, 그제야 엄마는 곧바로 자기가 엉뚱한 사람과 착각했음을 알았다. 그런데 딸로서는 오히려 이런 상황이 두 배로 더 미칠 노릇이었다. 그래서 엄마에게 두 배로 더 화가 났다. 그래서 엄마의 말은 두 배로 더 생각할 가치도 없었다.

부모의 행동이 사춘기 자녀에게 투영될 때 | 스타인버그는 아이가 사춘기를 거칠 때 부모가 받는 충격의 정도는, 부모가 현재 처한 상황에 따라서 한층 심각해질 수 있음을 확인했다. 예를 들어, 부모가 이혼했을 때를 생각할 수 있다. 아이들이 사춘기로 접어들 때 결혼 상태를 유지하는 부모와 이혼한 부모가 각각 받는 정신적 충격은 커다란 차이를 보인다. 이런 현상에 대해서 스타인버그는, 이혼한 부모와 (특히 엄마와) 아이 사이의 관계가 너무 강렬하기 때문이라고 생각한다. 그래서 사춘기에 들어선 아이가 부모 곁에서 떨어져 나가기 시작할 때 부모가 특히 더 큰 고통을 겪는다는 것이다.[23]

스타인버그는 동일한 성별의 아이를 가진 부모가 (즉, 딸이면 엄마가, 아들이면 아빠가) 다른 성별의 아이를 가진 부모보다 아이의 사춘기 시절을 훨씬 힘들게 보낸다는 사실도 확인했다. (모녀 사이의 갈등은 특히 치열하게 전개된다고 스타인버그는 덧붙인다. 이런 사실은 스타인버그 외에도 수많은 연구자들이 확인했다.) 스타인버그는 이런 부모가 겪는 어려움은 균형의 갑작스러운 붕괴로도 설명할 수 있다고 했다. 아이가 사춘기에 접어들기 이전에 부모들은 자기와 동일한 성별의 아이와 한층 가까운 경향을 보이는데, 이랬던 아이가 자기에게서 멀어져 가려고 할 때 그만큼 더 큰 고통을 느낄 수밖에 없지 않느냐는 말이다.[24]

그러나 이런 현상을 다르게 설명할 수도 있는데, 이런 설명을 나는 사람들과 인터뷰를 하는 과정에서 드물지 않게 접했다. 부모는 아이가 자기와 동일한 성별일 때 동일시의 불편한 감정들이 일어날 수 있다는 것이다. 훌쩍 커 버린 아이가 현재의 자기 모습이나 고등학교 시절의 자기 모습을 상기시킨다는 것이다. 수치심 문제를 전문적으로 연구하는 휴스턴 대학교의 연구교수 브렌 브라운Brene Brown은 나와 나눈 대화에서 이렇게 말했다.

"아이가 부모가 했던 투쟁을 반영하기 시작하면, 그때부터는 아이를 키우는 게 그 이전보다 훨씬 어려워집니다. 아이가 처음으로 이성에게 초대받지 못하고 좌절할 때, 혹은 아무도 함께 춤을 추자는 말을 해 주지 않을 때, 바로 그때 수치심의 기제가 발동하거든요."[25]

한층 더 복잡하게는, 부모가 경험했던 불편한 사춘기 시절을 아이가 그대로 대변할 수도 있다. 서맨사의 경우에 그랬다. 서맨사는 디어드리의 집에서 다른 여자들과 모여서 수다를 떨 때 자기 딸이 이따금씩 얼마나 위협적으로 느껴지는지 모른다고 했다.

"때로 그 아이를 보면 고등학교 시절의 내가 보여서 자주 깜짝깜짝 놀라요. 고등학교 시절의 내 모습으로 돌아가는 거예요. 그러면 속으로 이렇게 중얼거려요. 진정하라고. 나는 지금 이 아이의 엄마잖아, 라고요."

스타인버그는, 아이가 맞는 사춘기는 일이든 취미든 간에 집 바깥의 어떤 일에 관심을 가지고 있지 않은 부모에게 특히 가혹하다는 사실을 확인했다. 아이가 자기 곁에서 멀어져 갈 때 자기 관심을 따로 쏟을 수 있는 대상이 없기 때문이다. 그가 제시한 사례에서 보자면, 아이 돌보기에 적극적인 부모든 그렇지 않은 부모든 간에, 혹은 헬리콥터 부모(자녀의 학교 주변을 헬리콥터처럼 맴돌며 자녀의 일에 지나치게 간섭하며 자녀를 과잉보호하는 부모–옮긴이)든 더 나아가서 무인조종 드론 부모든 간에, 이것은 엄연한 사실이다.

"결정적인 변수는 일반적으로 예상하듯이 어떤 부모가 양육에 많은 시간과 노력을 들이느냐 아니냐 하는 게 아니었다. 부모가 양육과 관련이 없는 다른 어떤 것에 많은 시간과 노력을 들이고 있는가의 문제였다."[26]

일을 포기하고 집에서 아이 양육에 집중하기로 선택한 엄마들은 특히 아이가 사춘기에 접어들면서부터 정신적인 건강이 나빠졌다. 그러나 달리 취미를 가지고 있지 않은 부모도 그랬으며, 직업에서 만족을 얻지 못하는 부모와 자기가 하는 일을 자부심의 원천이라기보다는 소득의 원천으로 더 많이 바라보는 부모도 그랬다. 아이가 무대에서 퇴장하고 나면 지금까지 아이를 비추던 스포트라이트가 부모의 생활을 비추는데, 그 순간 부모가 충족된 삶을 사는지 혹은 그렇지 않은지가 적나라하게 드러난다.

이런 사실을 나는 베스와 대화를 나누는 자리에서 생생하게 확인한다. 베스는 디어드리의 집에서 열다섯 살 아들이 똑똑한 머리로 사악한 짓을 한다고 한숨을 쉬던 바로 그 엄마다. 베스에게는 대학교에 다니는 딸이 있다. 그 딸은 어떠냐고 묻자 더할 나위 없이 훌륭하다는 대답이 돌아온다. 딸은 별다른 사건을 일으키지 않고 사춘기 시절을 보냈다고 한다. 베스는 딸을 생각하면 놀랍고 고마울 뿐이다. 하지만 칼이라는 아들 녀석은…. 이 아이가 보낸 사춘기는 한 편의 드라마 그 자체다. 음란 동영상이야 얼마든지 그럴 수 있다고 베스는 생각한다. (사실 십 대 소년이 성에 호기심을 가지는 게 뭐가 문제인가? 그런 호기심을 가지지 않는다는 게 오히려 문제 아닌가?) 그런데 문제는 다른 데 있었다. 반항하고 화를 내며 욕을 하고 허구한 날 '스타크래프트'만 하면서 시간을 보내는 것이었다. 이 모든 것이 그녀는 끔찍할 정도로 힘들었다. 그녀는 육체적인 피곤함과는 차원이 다른 문제에 시달렸다. 자신감이 점점 사라졌다. 자기가 여태까지 한 모든 것들이 잘못된 것 같다는 생각에 사로잡혔다. 칼은 똑똑한 아이였다. 그랬기에 경쟁률이 높은 명문 중학교와 고등학교에 시험을 거치고 들어갔다. 그러나 그녀는 아이가 열심히 공부를 하긴 하지만 동기부여나 주도성이 부족해서 이 문제로 더 많이 씨름을 한다는 사실을 알았다. 그리고 아이와 관련된 모든 것이 성가시고 짜증나는 의지의 대결이 되었다. 모든 것이 결국은 언쟁으로 치달았다.

"사사건건 그랬죠. 침대에서 일어나게 하다가도 언제나 싸움으로 끝이 났습니다."

그러다 보니 베스의 기분은 아들의 기분에 따라서 좌우되었다. 두 사람 사이가 좋으면 엄마는 기분이 좋았고, 아들이 엄마의 손을 뿌리치고 멀어지면 비록 싸우지 않았다 하더라도 엄마의 기분은 엉망이 되고 말았다.

그렇게 세월이 흘러서 대학교 신입생 첫 학기가 끝나고 여름방학이 왔다. 그런데 아들이 얼마나 게을러 터졌는지 시트도 깔지 않은 맨 매트리스에서 잠을 자는 일이 빈번하게 일어났다.

"나는 이렇게 말했어요. '칼, 당장 일어나서 침대에 시트 깔아라.' 그러자 아들이 뭐랬는지 아세요? '내 방에서 나가요! 엄마는 엄마로서 실패했다고요!' 그러더라고요."

8월 말에 베스는 아들에게 최후통첩을 했다. 집안의 규칙을 지키든지, 그게 싫으면 아빠한테 가서 살라고. 아들은 그렇게 집을 나가서 아빠에게 갔다. 이런 일이 일어나기 전까지만 하더라도 아들은 지금까지 거의 모든 밤을, 거의 모든 주말을, 평생을 엄마와 함께 보냈었다.

"그렇게 아들이 가 버리고 나자 내 삶의 목표가 과연 무엇일까 하는 생각이 들더군요. 나는 내가 직장에서 하는 일이나 내 경력을 내가 헌신해야 할 것이라고는 한 번도 생각하지 않았었거든요. 내가 헌신해야 할 대상은 언제나 아이들밖에 없었으니까요."

그런데 이제 칼은 전남편의 집에서 살고 딸은 대학교 기숙사로 돌아간 상태에서 베스는 교사로서 자기가 신학기에 대한 기대를 전혀 하고 있지 않음을 새삼스럽게 깨달았다.

"내가 가진 모든 게 내 일자리와 내 일이라면, 뭔가 달라져야 한다는 생각이 들었습니다."

그리고 베스는 아들이 자기 곁을 떠나가 버린 곤경에 처해서도 건설적으로 대응했다. 그녀는 아들과 전남편에게 각각 편지를 써서 좋은 관계를 유지하려고 노력했고, 공감을 얻어 내려고 노력했고, 받아들여야 할 비난은 받아들이려고 노력했다. 그녀는 칼을 심리치료사에게 데리고 가서 검사를 받아 보게 했는데, 과잉행동장애ADHD 판정이 나왔고, 여기에 대한 적절한 처방으로 심리치료사는 명상을 제안했다. 아들의 성적은 좋아졌다. 아들은 여러 차례 집으로 돌아와서 엄마를 만나고 돌아갔는데, 그때부터 엄마에게 음성 메시지를 남기기 시작했다. 베스가 들려준 음성 메시지 가운데 하나를 소개하면 이렇다.

> 안녕하세요? 엄마, 칼이에요. 그냥 오늘 좋았다고, 엄마한테 진짜 고맙다는 말, 하려고요. 나도 알아요. 내가 어땠는지. 그러니까… 음… 노트북과 관련해서 무책임했고… 전체적으로, 모든 생활에서 다요. 나는… 알잖아요, 나는 아주 못된 아이였죠. 그냥 엄마한테 미안하다고 하고 싶어서요. 그리고 고마워요. 나를 다시 한 번 더 믿어 줘서요. 예전에 우리가 그렇게 많이 싸웠음에도 불구하고… 정말로 사랑해요, 엄마…

아들이 이 음성 메시지를 보낸 것이 여섯 달 전이라고 했다. 베스는 이 음성 메시지를 틀어 주면서 아들이 보낸 메시지들을 평생 지우지 않고 간직할 거라고 말한다.

베스는 아들에게 집으로 돌아와서 함께 살자는 말은 하지 않았다. 그리고 아들도 집에 오지 않았다. 두 사람 사이의 관계는 뜨뜻미지근한 상태로 미미하게 유지되었다. 그런데 이런 와중에 베스는 직업에 대한 자기 태도가 미묘하게 바뀐 것을 감지하기 시작했다. 겨울이 되어서 그녀는 자기가 자기 학생들을 정말로 사랑한다는 사실을 깨달은 것이다. 특별히 그녀의 마음을 움직인 아이가 둘 있었는데, 한 아이는 베스더러 자기가 연극에 참가하는데 꼭 이 연극을 보러 오면 좋겠다고 한 남자아이였고 또 한 아이는 엄마가 죽고 없는 여자아이였다.

"아들에게서 얻지 못하던 것을 우리 학생들에게서 얻고 있었던 겁니다. 고마움 그리고 연결되어 있다는 느낌…. 내 가족, 내 아이들에게서 모든 것을 다 얻어 낼 수는 없다는 사실을 분명히 알아야 했습니다."

배우자가 미워질 때

케이트가 말한다.

"최근에 우리 부부 사이에 의견이 강력하게, 아주 강력하게 엇갈리는 문제가 하나 있었어요."

약간 긴 은발의 오십 대 중반인 남편 리가 무슨 뚱딴지같은 소리

난 얼굴로 케이트를 바라본다.

“난 당신이 무슨 말 하는지 모르겠는데?”

“폴 집에서 있었던 파티 말이에요.”

리가 숨을 한 차례 크게 들이마시고 말한다.

“하지만 그건….”

“아니에요, 내가 이야기해야 해요.”

리는 뭔가 말을 하려다가 아내에게 양보한다. 일순 긴장이 흐른다. 케이트와 리는 22년 동안 함께 살았으며, 두 사람의 결혼생활은 견실하다. 함께 운동하고 함께 장을 보고 언제나 함께 저녁을 먹는다. 두 사람 다 집에서 일을 하며 가정의 평화를 튼튼하게 지켜왔다. 그런데 두 사람 사이에 태어난 아들과 딸이 모두 사춘기에 접어들면서 (이 아이들은 지금 각각 열다섯 살과 열아홉 살이다) 케이트는 부부 사이의 역학 관계에서 어떤 변화가 일어나고 있음을 알아차렸다. 케이트는 이 문제를, 우리가 디어드리의 집 부엌 식탁에 둘러앉았던 바로 그날 솔직하게 남편에게 말했다. 케이트의 집은 디어드리의 집에서 얼마 떨어져 있지 않은 곳에 있다.

“십 대 아이가 둘이나 있어서 그런지 우리 사이에 의견이 일치하지 않는 게 요즘 참 많네요. 이 아이들이 나중에 둘 다 집에서 나가게 되면 그런 문제들은 많이 줄어들겠죠?”

이날 아침 케이트와 리는 그 문제를 새삼스럽게 다시 꺼내서 이야기를 하고 있다. 의견이 일치하지 않는 문제를 바로잡으려고 적어도 노력은 한다. 그러나 쉬운 일이 아니다.

“만일 아이들이 누군가의 집에서 파티를 한다고 쳐요. 그럼 나는 그 집에 부모가 있는지 알려고 할 거예요. 그런데 아이들이 알려 주지 않는다면 내가 직접 전화를 해서 확인할 거예요. 진짜로요. 그런데 이번에는 내가 조금 방심했어요. 이번에는 헨리의 친구 가운데서도 평소에 믿음직하다고 생각하던 아이였잖아요."

그래서 아들은 파티에 갔는데 그 집 부모는 집에 없었다.

"그러니까 이건 애가 거짓말을 한 거란 말이에요. 이 아이는 자기 부모에게는 친구 집에 가서 잘 거라고 해 놓고선 집에서 파티를 벌였잖아요. 자기 반 애들을 모두 불러서 말이에요. 경찰까지 출동했잖아요."

그 집 부모는 깜짝 놀랐고, 관련된 모든 사람과 모든 부모들에게 이메일을 보내서 사과를 했다. 또 아이에게도 모든 사람에게 일일이 전화를 해서 죄송하다는 말을 하게 했다.

그래서 부부 사이의 논쟁은 어떻게 되었느냐고 나는 케이트에게 묻는다.

"이 사람은 그게 그만큼 중요한 문제라고는 생각하지 않는다고 하더라고요."

그러자 리가 끼어든다.

"지금도 내 생각은 변함이 없는데…."

"그게 아니죠. 그러면 안 되죠. 만일 우리가 집을 비웠는데 아이들이 파티를 벌이고 경찰이 출동하고 우리 집이 난장판이 된다고 쳐봐요. 이게 얼마나 끔찍한 일이냐고요. 나는 우리 아이가 그렇게 하도록 내버려 두지는 않을 거예요."

아이의 모습에서 보기 싫은 배우자의 모습을 보게 될 때 | 만일 사춘기 아이가 보다 전투적이고 지시를 고분고분하게 따르지 않고 어른과 함께 있는 것을 달갑게 여기지 않는다면, 이 아이에게서 비롯되는 긴장이 부부 사이의 관계에 스며드는 건 당연하다. 그러나 십 대 아이들이 부부 관계에 미치는 영향을 계량화하기란 쉽지 않다. 직업과 관련된 문제, 건강 문제, 노쇠한 부모에게서 비롯되는 문제 등 수많은 혼란 변수(독립 변수와 종속 변수에 부분적으로 영향을 미침으로써 인과적 추론을 방해하는 변수—옮긴이)들이 섞여 들어서, 사춘기 아이에게서 비롯된 영향과 중년기에 통상적으로 나타나는 효과를 명확하게 가르기 어려워진다. 이 시기에 부부 사이의 결혼 만족도가 지속적으로 떨어지는 것은 순전히 습관화에 따른 통상적인 현상일 수도 있다. (사실 중년 부부의 성관계 횟수는 세월이 흐를수록 줄어드는 게 사실이다.)[27] 그러나 이런 어려움이 있음에도 불구하고 연구자들은 사춘기 아이들이 부모에게 미치는 영향을 꾸준하게 연구하고 수치로 계량화하려고 노력해 왔다. 많은 연구자들이 결혼 만족도는 첫아이가 사춘기로 접어드는 순간부터 특히 하향세가 두드러진다고 결론을 내렸다.

사실 많은 연구 저작들이 자녀의 사춘기 시작과 부부의 결혼 만족도의 감소가 어떤 식으로 일치하는지 입증하기 위해서 온갖 정성을 다 쏟는다. 심지어 「결혼과 가족 저널Journal of Marriage and Family」에 발표된 2007년의 한 연구는 188 가구의 아이들을 대상으로 해서 '청소년기의 성장 급등, 체모의 성장 그리고 피부 변화' 및 소년의 변성기와 소녀의 첫 월경 시기까지 치밀하게 조사했다. 이 연구는 부부 사이의 사랑과 만족도가 사춘기 아이들에게서 나타나는 이런 변화

시기에 더욱 더 큰 폭으로 떨어지는지를 추적했다. 그리고 실제로도 그렇다는 사실을 확인했다.[28]

그런데 이런 갈등은 결코 미리 정해져 있는 것이 아니다. 아이들이 사춘기에 접어들면서 부부만의 오붓한 시간을 더 많이 가지게 된 부부도 있었다. 아닌 게 아니라 신혼 때처럼 살고 있다고 말하는 부부도 얼마든지 있다. 캘리포니아 대학교 로스앤젤레스 캠퍼스UCLA의 결혼 문제 전문가인 토머스 브래드버리Thomas Bradbury는, 만일 어떤 부부가 큰아이가 사춘기를 무사히 통과하는 걸 지켜보았다면 이들은 '생존자'가 되고, 따라서 이 부부는 그 후로 평균보다 더 오래 결혼생활을 유지하게 된다고 말한다.

"이 부부는 수많은 폭풍우를 이겨 내고 지금은 자기들만의 문제에 보다 깊이 그리고 편안하게 몰두한다."[29]

그러나 전체적으로 보면, 설문 조사를 통해서든 임상을 통해서든 간에 사춘기 아이에 의해서 부부 관계의 역학은 강화된다기보다는 오히려 스트레스를 받는다는 사실을 입증하는 증거가 우세하다. UCLA의 교수로 부부 문제 치료에 관한 연구를 하며 임상 실험도 하는 앤드류 크리스텐슨Andrew Christensen은 가족 갈등을 단순히 활자로서가 아니라 현실 속에서 날마다 생생하게 경험한다. 그는 나와 대화를 나누면서 사춘기 아이를 둔 부부들 사이에서 일어나는 보다 미묘한 갈등의 완벽한 사례를 제시했다.

> 우리는 필연적으로 우리 아이들에게서 우리 모습을 바라봅니다. 그리고 우리 배우자가 우리에게 대하는 것과 똑같은 방식으로 우리 아이를 대하는 것을 보죠. 예를 들어, 엄마는 아빠가 야망이 없다는 것을 늘

못마땅하게 생각하고 화를 낸다고 칩시다. 아빠는 조금 게으른 편이며, 주도적인 방식으로 세상에서 자기 입지를 탄탄하게 마련했어야 함에도 그렇게 하지 못했습니다. 그런데 이 부부의 사춘기 남자아이는 자기 아빠를 쏙 빼닮아 주도적이지 않습니다. 엄마는 이 모습을 보고 아빠에게 화를 냅니다. 아빠가 아들에게 훌륭한 롤모델이 되지 못했다는 게 이유죠. 그리고 어쩌면 아들이 아빠처럼 게으름뱅이가 될까 봐 겁이 납니다. 그러나 이런 상황을 아빠의 관점에서 보면 전혀 다른 양상이 전개됩니다. 아빠는 아내가 아들을 마치 자기에게 하듯이 모질게 대하는 것으로 바라봅니다. 그래서 아빠는 아들을 감쌉니다. **이것은 우리가 임상 현장에서 목격하는 최악의 양육 갈등 시나리오 가운데 하나입니다.**(강조는 필자)[30]

"간밤에 내가 아기 기저귀를 갈아 줬어."나 "당신은 하루 종일 뭐 했다고 그래?"와 같은 말로 싸우던 시절은 아득히 먼 옛날이 되었다. 직접적으로든 간접적으로든 간에 이제 싸움은 아이가 누구를 닮아서 어떻다느니 하는 내용으로 바뀐다. 이제는 투사(개인의 성향인 태도나 특성에 대하여 다른 사람에게 무의식적으로 그 원인을 돌리는 심리적 현상-옮긴이)가 가능해졌다. 동일시도 가능해졌다. 경쟁심, 질투, 혐오, 이 모든 것이 가능하며 이 모든 것이 제각기 머리를 쳐들 수 있다. 이것들은 영아나 유아 혹은 소아가 빚어 내는 감정이 아니다. 또 하나의 어른이 된 아이로 인해서 나타나는 감정이다.

십 대 청소년을 어른으로 착각할 때 특히 높은 수준의 갈등 관계가 형성될 수 있다. 아이가 점점 성숙해져서 추론하고 공감하는 능력을 점점 더 많이 개발하면, 부모는 부부싸움을 하면서 아이를 이 싸움에 끌어들이는 경향이 있다. 하지만 이럴 때 부부 사이의 관계는 더욱 나빠질 뿐이다. 지금 찰리를 이 싸움에 끌어들인다 이거지? (어떤 흥미로운 연구에서, 십 대 소녀들은 부모가 결혼생활을 유지하고 있을 경우 엄마와 아빠가 싸우면 엄마 편을 드는 경향이 있고, 십 대 소년은 부모가 이혼했을 경우에 엄마 편을 드는 경향이 있음을 밝혔다. 십 대 소년은 아빠가 더 이상 집에 있지 않을 때 엄마를 보호하는 사람이 되어야 한다는 관념에 사로잡힌다는 사실을 입증하는 결과다.)[31]

스타인버그는 『엇갈린 길들』에서 사춘기 아이가 부부의 결혼생활에 영향을 미치는 방식과 관련해서 또 다른 사례를 제시한다. 그런데 먼저 이야기해 둘 점은 이런 사례를 다른 데서는 찾아보지 못했다는 사실이다. (아울러, 나 말고 다른 또 어떤 사람이 이런 탐색을 했는지에 대해서도 확실하지 않다.) 스타인버그는 사춘기의 십 대 아이들이 애인과 데이트를 하기 시작할 때 남자 피실험자들의 결혼 만족도가 상당한 폭으로 떨어진다고 지적했다.

"사실 십 대 아이들이 보다 자주 데이트를 할수록, 사춘기 아이 아버지의 결혼생활은 점점 더 불행해진다."

만일 이 십 대 아이가 남자라면 그 효과는 한층 고약하게 나타난다고 스타인버그는 말한다. 그리고 이런 현상이 나타나는 것은 성적인 질투심과, 모든 가능성이 활짝 열려 있던 지나가 버린 시절에 대한 향수가 뒤섞인 복합적인 감정에 휩싸이기 때문이 아닐까 하고 추정한다. 하지만 그러면서도 스타인버그는 이런 궁금증을 피실험자들에게 직접 물어볼 수는 없는 노릇이라고 말한다.[32]

아이와 싸우는 엄마, 위로하는 아빠 | 아이의 사춘기는 또한 서로 동의할 수 없는 새로운 주제들에 관한 문제들을 마구 쏟아낸다. 바로 그런 단순한 이유가 부부 사이의 관계에 영향을 미칠 수 있다는 사실을 우리는 간과해서는 안 된다. 부모는 아이들이 태어나기 전에는 이성 친구를 사귀는 문제, 미니스커트를 입는 문제, 밤늦게 귀가하는 문제 등과 같은 것들을 놓고 사춘기 아이들의 양육 방침을 어떻게 정할 것인지 미리 상의하지 않는 경향이 있다. 펜실베이니아 대학교의 발달심리학자인 수잰 맥헤일Susan McHale은 나와 대화를 하면서 이렇게 말했다.

"적어도 모유수유에 대해서는 가르쳐 주는 사람들이 있잖아요. 하지만 사춘기와 관련된 문제에 대해서는 이런 사람들이 없어요. 보통 부모들은 사춘기 아이들을 어떻게 대해야 하는지, 혹은 이 아이들에게서 무엇을 기대해야 하는지 몰라요."[33]

사춘기의 아이가 어떤 실수를 저질렀을 때는 더욱 그렇다. 이 문제에 대해서 크리스텐슨은 다음과 같이 말한다.

"부모 가운데 한 사람은 마음이 여리고 한 사람은 엄격합니다. 이런 경우가 참 많아요. 근데 이게 참 큰 문제입니다. 아빠는 자기 사춘기 시절에 한두 번 마약을 하고 술독에 빠졌던 기억을 가지고 있습니다만, 엄마는 무언가 나쁜 일이 일어났던 것만을 기억하고 있죠. 그래서 이걸 놓고 두 사람은 의견이 갈립니다."[34]

바로 이런 종류의 말다툼을 케이트와 리가 많이 하고 있는 것 같다. 아들이 축구 시합을 하는 경기장에서 두 사람은 마침내 나에게, 자기 딸 니나가 가게에서 치마를 훔치다가 잡혔던 이야기를 한다. 그 일로 가족은 엄청나게 큰 대가를 치러야 했다. 그리고 니나가 이런 어리석은 행동을 하도록 조장했던 주변 환경이 정상적이지 않았다는 데 두 사람은 동의한다. 딸이 한 행동은 있을 수 있는 평범한 일이 아니라 매우 이례적인 일이라는 점에도 동의한다. 때는 여름이었고, 니나는 막 고등학교를 졸업한 뒤에 낯선 도시에서 살고 있었다. 그 도시에 딸이 아는 사람은 단 한 명도 없었다. 그런데 그 일이 일어나던 당시에 케이트와 리의 반응은 매우 달랐다. 케이트는 너무 화가 난 나머지 딸이 그 문제를 이야기하려고 전화를 걸었을 때 아예 전화를 받지도 않았다. 이에 비해서 리는 딸을 위로했다. 왜 그렇게 했는지 묻자 리는 이렇게 대답한다.

"다른 때와 마찬가지로, 나는 아이를 불과 유황 구덩이에 밀어 넣지 않은 겁니다. 목소리만으로도 딸이 얼마나 무서워하는지 느낄 수 있었습니다. 딸이 한 행동에 반응하기보다는 그냥 그 애 말을 듣기만 했습니다."

그러자 케이트가 나선다.

"학기말 리포트도 그랬잖아요. 그건 진짜 아니라고 봐요, 난."

케이트는 지금, 딸이 제출해야 하는 리포트를 리가 수정했는데, 이 수정 흔적이 그대로 남아 있는 리포트를 딸이 교수에게 제출한 일을 말한다.

"이건 범죄가 될 수 있고 아이의 인생을 좌우할 수도 있는 일이 된단 말이에요. 진짜 진짜 심각하게 생각해야 된다고요."

"하지만 그건 표절이 아니었잖아."

"그래도 교수는 딸에게 표절 혐의를 씌울 수 있었고 그러면 장학금을 못 받을 수 있었잖아요."

"오케이, 알았어요. 그건 됐고, 어쨌든 간에…."

"되긴 뭐가 돼요? 일 년에 2,000달러란 말이에요, 장학금이. 안 돼요, 절대로."

비슷한 대화는 디어드리의 부엌 식탁에서도 오갔다.

케이트 : 나는 진짜 진짜 아이들에게 엄격하거든요. 남편도 내가 그런 걸 알아요. 그래서 그런지 남편은 완전히 다르게 행동해요. 그 문제를 가지고 오늘도 한판 했지 뭐예요. 아이들은 나에게는 겁이 나서 감히 입 밖으로 꺼내지도 못하는 얘기를 자기 아빠에게 가서는 다 말해요. 그러면 이 사람은 '괜찮아, 그럴 수도 있지 뭐.'라면서 옛날에 있었던 비슷한 재밌는 이야기를 해 준답니다. 기가 막혀서!

서맨사 : 우리 집에 있는 남자도 꼭 그렇다니까요? 안 좋은 이야기는 무조건 축소를 해요.

베스 : 우리 집도 똑같아요. 내가 규칙을 정하죠. 그러면 아빠라는 사람이 애 편이 되어서 그 규칙을 먼저 깨요.

이런 발상은 자료에서도 고스란히 드러난다. 특히 미시간 대학교에서 했던 저 유명한 조사, 무려 1968년부터 전체 조사 가운데 일부분이 진행되었던 그 조사에서도 그런 식의 태도가 나타난다. 열 살에서 열여덟 살 아이의 부모 약 3,200명을 대상으로 한 상당히 최근의 어떤 연구에서도, 규칙을 정하고 규율을 세우는 일은 자기들 몫이라고 응답한 엄마들의 비율이 압도적으로 높았다. 규칙을 정하는 아빠는 9퍼센트밖에 되지 않는 데 반해, 그 일을 떠맡은 엄마는 무려 31퍼센트나 되었다.

엄마들은 또한 사춘기 아이들에게 제한 사항을 아빠보다 많이 설정한다고 응답했다. 아이들이 비디오게임이나 컴퓨터게임을 하는 시간을 제한하는 일을 떠맡는다고 응답한 비율이 엄마가 아빠보다 10퍼센트 더 많았고, 인터넷 사용을 제한하는 일을 떠맡는다고 응답한 비율도 엄마가 아빠보다 11퍼센트 더 많았다. 텔레비전 시청을 제한하는 일을 떠맡는다고 응답한 비율 역시 엄마가 아빠보다 5퍼센트 더 많았다.[35]

낸시 달링은 지난 십여 년 동안 자기가 수행한 연구를 포함한 여러 연구 저작들이, 사춘기 아이들이 자기 아빠보다는 엄마에게 더 많은 욕을 했으며, 완력도 더 많이 행사했음을 보여 준다고 말한다.[36] 스타인버그가 조사한 내용에 따르면, 엄마들은 또한 아빠들보다 사춘기 아이들과 더 많이 싸우는 경향이 있으며,[37] (어쩌면 이런 높은 빈도의 갈등 때문일 수도 있겠지만) 집안 문제로 빚어진 스트레스를 아빠보다 직장에 더 많이 가지고 간다.[38]

아이들이 장성해서 집을 떠나고 없을 때 아빠보다 엄마가 더 홀가분하다고 느끼는데, 이런 복잡한 역학은 전통적인 고정관념과는 정반대인 현상의 이유를 설명해 줄 수도 있다. 케이트도 니나가 대학교에 진학하면서 멀리 떨어져 살게 되자, 오히려 니나와의 관계가 개선되었다고 말한다. 스타인버그가 압축적으로 표현하듯이 "여자가 중년에 느끼는 개인적인 위기는 사춘기 아이들과 함께 사는 데서 비롯되는 문제이지, 이 아이들을 독립시켜서 내보내는 데서 비롯되는 문제가 아니다."[39] 엄마들은 아이들이 따로 나가서 살게 되는 과정에 보다 더 직접적으로 연관이 된다. 아이들과 더 많이 싸우고 아이들에게 더 많은 경멸과 무시를 받는다. 반면에 아빠들은 아이들이 집을 떠나면 이 일을 더 많이 갑작스러운 사건으로 받아들이며, 때로는 굳이 그랬어야 하는지 훨씬 회의를 품고 후회한다.

청소년의 뇌

웨슬리가 자기 누나와 엄마 사이에 빚어졌던 여러 갈등을 평가하는 것을 지켜보면서, 나는 그가 가족 사이에서 어떤 역할을 스스로 떠맡고 있는지 분명히 알 수 있었다. 그는 어느 쪽에도 편파적이지 않으려고 세심하게 노력하는 평화 중재자이자 외교관이었다. 이게 바로 힘이 센 엄마와 누나를 대하는 자기만의 방식이다. 눈은 언제나 내리깔고 까불지 말 것!

하지만 새벽 4시에 경찰에 붙잡혀서 집으로 질질 끌려온 사람도 바로 이 웨슬리였다. 다정다감하며 자제력이 강하고 모든 점에서 넓은 마음으로 이해할 줄 아는 바로 이 웨슬리였던 것이다. 컬라이어피는 졸업을 앞두고 있었고, 내일 할머니가 방문하기로 되어 있었다. 손님방에는 또 다른 손님이 잠을 자고 있는 바로 그런 상황에서 경찰차에 태워진 웨슬리가 집으로 끌려온 것이다. 그것도 새벽 4시에! 웨슬리와 그의 친구 한 명이 동네의 이웃집들을 돌아다니면서 창문에 달걀을 던지다가 잡혀 왔다.

"우린 그게 못된 짓이라고 생각 안 했어요."

베이글을 먹던 브런치 시간이 막 끝나 갈 무렵에, 웨슬리는 태연하게 당시 상황을 묘사한다.

"그건 그냥 재미로 한 거였어요."

그러나 엄마 서맨사는 전혀 그렇게 보지 않았다.

"그걸 말이라고 하니? 네가 달걀을 던진 집들 가운데는 너와 야구를 했던 친구 집도 있어. 걔는 아직도 모르겠지만."

서맨사의 그 마지막 말에 웨슬리와 누나 컬라이어피가 은밀하게 눈빛을 교환하며 피식 웃는다. 누군지 모르지만 그 아이도 알고 있었던 모양이다. 그런 사실을 엄마만 모르고 있고…. 그런데 서맨사가 몰랐던 일은 또 있었다. 서맨사는 그 사실을 지금까지도 모르고 있었다. 도대체 어떻게 웨슬리가 자기 눈과 귀를 속이고 그렇게 한밤중에 감쪽같이 바깥으로 나갈 수 있었을까? 웨슬리는 부모가 잠들기를 기다렸다. 다행히 선풍기는 큰 소리를 내면서 돌아가고 있었고, 그는 까치발로 살금살금 현관문을 열고 나갔다. 그러다가 나중에는 보다 대담하고 창의적인 방법을 개발했다. 그리고 그는 지금 엄마를 바라보면서 그 사실 관계를 차분하게 설명한다.

"지붕에서 뛰어내리기 시작했죠. 그러니까 엄마가 나를 절대로 볼 수가 없었죠."

"잠깐… 지붕? 어디 지붕?"

"우리 집 지붕이요. 내 방 창문으로 밖으로 나가 지붕으로 올라간 다음에 지붕에서 뛰어내렸다고요. 돌아와서는 다시 기어 올라와서 창문으로 들어왔고요."

서맨사는 아무 말도 하지 않은 채 아들을 바라보기만 한다. 그러다가 입을 연다.

"들어올 때는 어떻게 들어왔다고?"

"기어 올라왔다니까요. 올라설 수 있는 철책이 있잖아요. 처음에는 나도 그렇게 할 수 있을 줄 몰랐는데 해 보니까 되더라고요. 그 방법을 개발하고 나니까 모든 게 정말 쉬웠죠. 그전에는 사실 집에서 몰래 빠져 나가는 게 상당히 어려웠는데."

"별짓을 다 했구나…."

사춘기 아이들의 논리, 그냥 재미있을 것 같아서 | 십 대 아이를 얼핏 보면 어른처럼 보이지만 1분만 지나면 어른이 아니라는 걸 알아차릴 수 있다. 독립을 향한 이 아이들의 시도는 당황스러울 정도로 쉽게 이루어진다. 마치 자율성이니 독립성이니 하는 것뿐만 아니라 자기 자신의 도덕성을 걸고서 그리고 아울러 법률이 허용하는 자비와 관용의 힘을 빌려서, 막무가내로 무모한 실험을 하는 것 같다. 그것도 자주.

이제 막 걸음마를 뗀 시점부터 학교에 들어가기 전 연령대에 속한 아이들이 보이는 수수께끼 같은 행동들과 마찬가지로, 사춘기 아이들의 이런 어이없는 행동은 신경 단위의 독특한 특성이 영향을 미친다. 20년 전만 하더라도 연구자들은 십 대 아이들의 뇌를 그다지 중요하게 다루지 않았다. 어른들의 뇌와 본질적으로 다르지 않을 것이라고 잘못 예단했기 때문이다. 그러나 최근에 자기공명영상MRI 기술이 등장함에 따라서 뇌의 지형과 기능을 보다 정밀하게 확인할 수 있게 되었다. 그 덕분에 연구자들은 사춘기의 아이들은 위험을 적절하게 평가하지 못하도록 가로막는 어떤 결함을 가진 채로 돌아다니는 게 아니라는 사실을 발견했다. 코넬 대학교의 코넬 의학대학원의 신경과학자인 케이시는, 정반대로 이 아이들은 (적어도 자기 자신의 도덕성이 관련된 상황에서는) 어떤 위험이든 과대평가한다는 사실을 지적한다.[40] 그런데 실질적인 문제는, 그 위험을 감수할 때 얻을 수 있는 보상의 가치를 어른에 비해서 크게 설정한다는 데 있다. 쾌감을 느끼게 해 주는 신경 전달 물질인 도파민dopamine은 인간의 전체 생애 단계 가운데서 사춘기에 가장 왕성하게 분출된다. 그러므로 사춘기를 지나고 나면 사춘기 때 느꼈던 감정의 격렬함을 결코 두 번 다시 맛볼 수 없다.[41]

게다가, 뇌 가운데서도 고도의 실행 기능(계획하고 추론하는 능력, 충동을 자제하고 자기 자신을 돌아보는 능력)을 제어하는 부분인 전전두엽 피질에서는 결정적인 구조 변화가 여전히 진행 중인데, 이 변화는 이십 대 중반이나 심지어 이십 대 후반에 가서야 완전히 종결된다.

하지만 그렇다고 해서 십 대 아이들에게는 추론할 도구가 부족하다는 뜻은 아니다. 사춘기를 맞이하기 직전에 전전두엽 피질은 갑자기 엄청나게 활발히 활동한다. 이 덕분에 아이들은 추상적인 내용을 보다 잘 파악하고 여러 다른 관점들을 좀 더 잘 이해할 수 있다.[42] (달링이 추정하는 내용에 따르면, 사춘기의 아이들이 따지는 것을 그렇게 좋아하는 이유도 바로 이들이 새롭게 얻게 된 이 능력 때문이라고 설명할 수 있다. 이제 이 아이들은 처음으로 온전하게 그리고 실질적으로 어른들에게 따지고 든다.)[43] 그러나 사춘기 아이들의 전전두엽 피질은, 신호 전송이 보다 빠르게 이루어질 수 있도록 신경세포를 둘러싸는 백색 지방질 물질인 미엘린myeline을 보완하는 과정이 여전히 진행되고 있으므로, 아이들은 아직은 어른들처럼 장기적인 차원에서 빚어지는 결과를 추정하거나 복잡한 선택을 해야 하는 일에 서투르다. 또한 아이들의 전전두엽 피질은 여전히 최종적인 형태를 향해서 형성되는 과정에 있다. 그리고 뇌 가운데서도 보다 원시적이고 정서적인 부분(이것을 통틀어서 변연계라고 부른다)과의 연결을 강화하는 과정이 진행 중이므로, 사춘기 아이들은 아직은 어른들처럼 강한 자제력을 가지고 있지 않다. 그리고 아이들에게는 지혜와 경험이 부족하므로, 노련한 어른들이라면 한눈에 알아볼 수 있는 시시한 것들을 쓸데없이 주장하면서, 여기에 많은 시간과 노력을 열정적으로 쏟는다.[44] 이런 맥락에서 케이시는 다음과 같이 말한다.

"그러니까 이 아이들은 자기 바지를 양탄자 삼아서 하늘을 날아다닙니다. 이 아이들은 딱 하나 매우 강렬한 어떤 경험을 했다고 하더라도, 같은 영역에 있는 다른 경험들은 하지 못한 상태라는 말이죠. 그런데 딱 한 번 한 그 경험이 이 아이들의 행동에 엔진을 달아줍니다."[45]

시간이 흐르면서 사춘기 아이들의 뇌를 들여다보는 연구자들은 이 아이들의 과잉행동을 묘사하기 위해서 다양한 비유를 동원해 왔다. 예를 들어서 케이시는 '스타트렉' 비유를 좋아해서 "십 대 아이들은 일등항해사 스팍보다는 선장 커크에 가깝습니다."라고 말한다.[46] 스타인버그는 십 대 아이들을 가속 장치는 강력한데 제동 장치는 부실한 자동차에 비유해서, "부모들이 십 대 아이와 그렇게 싸우려고 드는 이유도 이 아이의 브레이크가 되어 주려고 하기 때문이다."라고 말한다.[47]

누군가의 전전두엽을 이야기한다는 것은 불확실하고도 위험하다. 그러나 어린아이의 전전두엽을 인정하고자 하는 충동에 저항하는 것은 쉽지 않다. 이것은 어린아이가 실수를 저지르는 것을 허용한다는 것이기 때문이다. 십 대는 (사실 십 대뿐만 아니라 누구나 그렇지만) 오로지 경험을 통해서 자제력이라는 고통스러운 기술을 배운다.

그런데 사춘기 아이들의 뇌는 새로운 시냅스 연결점을 워낙 많이 만들어 내고, 워낙 많은 도파민을 분출하기 때문에 어른들의 뇌에 비해서 약물 남용 및 약물 의존에 훨씬 취약하다. 그 점은 문제를 더욱 복잡하게 만든다. 사람이 안정과 도피를 위해서 의존하는 부도덕한 거의 모든 것들(예를 들면 술, 마약, 비디오게임, 음란물 등)은 십 대 아이들에게 보다 지속적이고 훨씬 강력한 효과를 발휘한다. 이런 것들은 특히 사춘기 아이들에게 유혹적이며, 한번 습관을 들이고 나면 좀처럼 끊기 어렵다.[48] 이런 맥락에서 케이시는 다음과 같이 말한다.

"나는 우리 아이가 스물한 살이 될 때까지 이 녀석을 자기 방에 가둬 버리면 정말 좋겠다는 생각을 하곤 했어요. 그러나 아이의 뇌는 다른 사람들과 어울리지 않고 혼자만 있을 때는 성숙하지 않는다는 게 문제죠. 십 대 아이들은 경험을 통해서 배웁니다. 좋은 것과 나쁜 것 그리고 추한 것까지 모두요."[49]

하지만 그래도 케이시와 그녀의 동료들은 스팍이 아니라 커크가 사춘기 아이들의 마음을 지배하게 되는 데는 진화론 차원의 이유가 있다고 추정한다. 그 사실을 떠올리면 조금은 위안이 된다.[50] 인간에게는 가족이라는 둥지를 떠나게 되는 동기가 필요하다. 가족과 집을 떠나는 일은 위험하다. 그렇게 살기도 어렵고 힘들다. 용기가 필요하고 독립에 대해서 배워야 한다. 어쩌면 의도적인 부주의가 필요할지도 모른다.

과학기자 데이비드 돕스David Dobbs는 2011년에 「내셔널 지오그래픽National Geographic」에 십 대 아이들의 뇌를 다루는 글을 쓰면서, 개인적인 경험을 풀어 나가기 시작했다. 열일곱 살이던 큰아들이 시속 180킬로미터로 과속을 해서 경찰에 체포되었다. 그런데 진짜 이상

한 건 자기 아들이 그렇게 과속을 했는데 결코 '미치광이'가 되어서 그런 행동을 한 게 아니라는 사실이었다. 그는 어떻게 하다 보니까 그렇게 된 게 아니고, 처음부터 그렇게 하려고 계획했었다. 시속 180킬로미터로 한번 달려보고 싶었던 것이다. 그리고 경찰이 부주의한 운전에 대한 단속 규정을 이야기했을 때 진짜 억울해서 미칠 것 같다면서 자기 아버지에게 이렇게 하소연했다.

"'운전 부주의'라고 하는데, 그 말대로라면 내가 충분히 주의를 기울이지 않았다는 말이잖아요. 하지만 아빠, 나는 진짜 부주의하지 않았어요. 오히려 정신을 바짝 차렸단 말이에요."[51]

그리고 내가 웨슬리에게 왜 남의 집 유리창에 달걀을 던졌느냐고 물었을 때도 그 아이는 그냥 있는 그대로 말했고, 그 대답은 돕스의 아들이 했던 대답과 비슷했다.

"그냥 그렇게 해 보고 싶었거든요. 다른 이유는 없었어요."

그런데 왜 그런 특이한 행동을 했을까, 하고 나는 물었다. 그러자 그는 재미있다는 듯이 나를 바라보았다. 오로지 어른들만이 이런 상황에서 논리를 요구한다. 이것은 벌칸 족의 특징이다. 벌칸 족은 다른 사람들의 감정은 전혀 생각하지 않는다. 자신의 결정이 조직에 미칠 영향을 전혀 생각하지 않은 채 오로지 논리에 따라서만 결정을 내린다. 하지만 웨슬리는 이 논리를 거의 사용하지 않았다. 그는 이렇게 말했다.

"즉흥적으로, 그냥 그러고 싶어서, 달걀을 던집니다. 재밌잖아요."

가족의 역설

그런데 우리가 고려해야 할 역사적인 관점이 한 가지 있다. 사춘기 아이들이 만약 위험을 무릅쓰는 자아를 표현할 보다 긍정적이고 흥미로운 방법을 알고 있었다면, 아마도 남의 집 창문에 달걀을 던진다거나 고속도로에서 시속 180킬로미터로 달린다거나 그 밖의 모든 황당한 행동을 조금은 덜할 수도 있다. 그렇다. 그저 단지 그럴 가능성이 있다는 말이다. 이것이 바로 버클리 대학교의 심리학자이자 철학자인 앨리슨 고프닉의 이론이다. 현대의 사춘기 아이들은, 오늘날의 우리 문화가 "나이가 상대적으로 많은" 아이들이 건설적이고 어쩐지 적절할 것 같은 위험을 무릅쓸 기회를 거의 주지 않기 때문에, 끔찍할 정도로 많은 "기기묘묘한"(앨리슨 본인의 표현이다) 행동을 한다는 것이다.[52]

그런데 이런 관점을 제시한 사람이 또 있었다. 1960년대에 마거릿 미드는 어른들로부터 보호를 받고 사는 현대의 사춘기 아이들은 자기의 미래 모습을 보여 주는 사람들과 함께 안전하게 실험할 수 있는 시기를 박탈당했다고 문제를 제기했다.[53] 즉, 즉흥성을 중요하게 여기는 '자기가 마치 뭐라도 된 것처럼 느껴 보는as-if 시기'가 사라진 것이다.[54] 이 박탈의 결과는 엄청나게 많은 행동화로 나타났다. 미국 국립 정신 건강 연구원에서 십 대 아이들의 뇌를 연구하는 제이 지드Jay Giedd는 최근에 한 매체와 인터뷰를 하면서 이런 내용을 적절하고도 훌륭하게 표현했다.

"이 석기시대의 경향들은 지금 현대의 경이로운 것들과 상호작용을 하고 있는데, 이런 상호작용은 때로 단지 일회성의 재미있는 일화로만 그치지 않고 보다 지속적인 영향을 줄 수 있다."[55]

그저 재미있을 것 같다는 이유만으로 헬멧을 쓰지 않고 오토바이를 탄다거나 달리는 기차 위에 올라선다거나 하는 것과 같은 모든 섬뜩한 행동들을 아이들은 서슴지 않고 한다.

과거의 여러 장점을 낭만적으로 바라본다든가 과장할 필요는 없다 하더라도, 사춘기 아이들의 넘쳐나는 에너지를 보다 목적의식적으로 분출시키는 통로들이 예전에는 분명히 존재했었다는 사실은 확실하게 짚어 둘 필요가 있다. 미국이라는 나라가 처음 시작될 때만 하더라도 "지금 우리 눈에는 조숙하기 짝이 없는 것처럼 비치는 행동들이 일상적으로 있었다."고 스티븐 민츠는 말한다. 발명가 엘리 휘트니Eli Whitney는 예일 대학교에 입학하기 전인 열여섯 살에 못 공장을 열었고, 『모비딕Morby Dick』의 저자인 소설가 허먼 멜빌Herman Melville은 "삼촌의 은행에서 직원으로, 모자 가게에서 점원으로, 또 교사로, 농장 노동자로, 포경선 사환으로 일하고 싶어서 다니던 학교를 때려치웠다. 그런데 이 모든 게 스무 살 안짝의 나이에서 일어났다." 그리고 조지 워싱턴George Washington은 열일곱 살에 컬페퍼 카운티의 공식 감정원이 되었고 스무 살에는 군대에서 정식으로 소령 임관을 받았다. 토머스 제퍼슨Thomas Jefferson은 열네 살 때 부모를 여의고 열여섯 살에 대학교에 입학했다. 민츠는 이런 내용을 소개한 뒤에 다음과 같이 덧붙인다.

"18세기 중엽은 야망과 재능을 가진 십 대 아이들에게 이 세상에 발자취를 남길 많은 기회를 제공했다."[56]

그러나 20세기에 인간의 평균 수명이 늘어나고 보다 많은 부모들이 보다 오래 살면서 자기 아이들을 보호했다. 또 유아 사망률은 예전에 비해서 큰 폭으로 줄어들었다. 가족의 규모도 점점 작아졌다. 혁신주의 시대(통상 1890년부터 1920년까지)의 정치에서는 인간적인 측면들이 보다 더 강조되었다. 여러 형태의 아동 노동을 금지하는 법률이 제정되었고, 공립학교가 등장해 의무교육 제도가 시행되었다. (1880년부터 1900년 사이에 미국에서 공립학교의 수는 750퍼센트 늘어났다.)[57] 이런 것들은 모두 긍정적인 발전이었다. 인정이 있는 사람이라면 그 어떤 사람도 디킨스의 소설에서 묘사되는 아동 노동의 관행을 그리워하지 않았다. 하지만 바로 이 시기에도 이 새로운 법률들이 어린이들에게서 용기와 독립성을 빼앗는 폭거라고 주장하는 자유주의적인 사회비평가들이 있다. 「우먼 시티즌」의 1924년 12월호에서 어떤 사람은 다음과 같은 도전적인 질문을 던졌다.

"만일 링컨이 학교 수업이 끝난 뒤에 공이나 던지고 받는 단조로운 놀이만 하고 살아야만 했다면 우리가 아는 링컨이라는 인물은 결코 세상에 나타나지 않았을 것이다."[58]

「우먼 시티즌」은 개혁주의의 대의에 적대감을 가지고 있던 잡지가 아니어서 같은 해에 마거릿 생어Margaret Sanger(미국의 여성 운동가, 산아 제한 운동을 활발히 벌였다–옮긴이)의 에세이 "산아 제한을 옹호하다"를 게재하기도 했던 매체다.[59]

제2차 세계대전이 끝난 뒤, 이제 나이가 많은 아이들은 더 이상 공장의 핵심 노동력이 아니었다. 미국에서 어른으로 성장하는 경로는 그 이전까지 다양하게 있었지만, 이제는 고속도로라고 할 수 있는 한 가지 길로 모아졌다.[60] 거의 모든 아이들이 동일한 속도로 동일한 프로그램을 거치게 되었다. 유치원과 공립학교를 거치면서 12학년까지 다니게 된 것이다.

학교도 사춘기 아이들에게 모험을 감행할 수 있는 기회를 제공하지 않느냐는 반론이 있을 수 있다. 하지만 이것은 고무줄 늘이기 식의 이야기밖에 안 된다. (설령 그런 게 있다 하더라도, 오히려 학교 수업보다는 방과 후 활동, 예를 들면 운동이나 연극과 같은 게 더 모험적이라고 할 수 있다.) 모든 아이들이 다 학교에서 좋은 성적을 올리지는 않는다. 아이들이 거두는 성적은 과목마다 천차만별이다. 미국의 학교는 강의에서부터 평가에 이르기까지 표준화된 체계와 커리큘럼을 갖추고 있어서 학생들 사이에 존재하는 여러 차이들을 특별히 잘 수용하지는 않는다. 오늘날 학교 교육은 너무도 엄격하게 구조화되어 있으며 고통스러울 정도로 엄격하기 때문에 유연성의 여지가 거의 없다. 위험이 동반되는 모험을 추구할 여지는 더 말할 것도 없다.

정반대의 주장도 있다. "자기가 마치 뭐라도 된 것처럼 느껴 보는 시기"가 사라짐으로 해서 사회학자들이 말하는 이른바 '이머징 어덜트후드emerging adulthood'(심리학자 제프리 옌슨 아네트가 정의한 말로, 아직 부모의 품에서 벗어나지 못한, 성인이 되긴 했지만 완전한 성인이라 칭할 수는 없는 자녀－옮긴이)가 나타났다는 것이다. 학자들은 이 시기를 대학교를 졸업한 청년이 공동 숙소에서 살면서 자기가 어디에서 살고 싶은지, 무엇을 하고 싶은지 알고자 이 직업 저 직업 탐색하며 사는 청소년기와 성년기 사이의 일종의 낀 시기로 정의한다. 이 시기는 새로운 "자기가 마치 뭐라도 된 것처럼 느껴 보는 시기", 안전한 실험을 할 수 있는 새로운 시기가 되었다. 그래서 어떤 학자들은 이 시기를 '확장된 사춘기'라고도 부른다. 그러나 곰곰이 생각해 보면 이른바 '이머징 어덜트후드'야말로 진정한 의미의 사춘기다. 과거에는 사회적인 관습상 당연하게 그랬지만 부모의 보호를 받게 되면서 할 수 없었던 것, 즉 아이들이 실험을 하고 자아를 찾는 모험을 시도하는 최초의 시기인 것이다.

거침없이 날뛰는 야생마이자 잘 길들여진 송아지 | 아이들이 조율되고 자기들끼리 격리되면서 또 다른 일이 일어나기 시작했다. 아이들은 자기만의 문화를 개발하기 시작했다. 이 문화는, 역시 제2차 세계대전 이후에 갑자기 붐을 일으키며 성장하기 시작한 매스미디어와 광고 시대를 통해서 한층 더 강력해졌다. 십 대 아이들 주변으로 상업 시장이 폭발했고, 이 아이들은 대중문화 속의 여러 유행을 주도하기 시작했다. '십 대teenager'라는 단어가 미국 사전에 나타난 시기가 1940년대며,[61] 1941년에 「포퓰러 사이언스 먼슬리」와 「라이프」에 처음 등장한 것은 결코 우연이 아니다. (「라이프」는 "그들은 갱, 게임, 영화 그리고 음악의 유쾌한 세상에 살고 있다."고 천명했다.)[62] 이 시기는 현대적인 의미의 어린아이 개념과 매스미디어가 탄생한 바로 그 시기이기도 하다. 그래서 민츠는 다음과 같이 말한다.

"십 대 아이들은 역사상 처음으로 공동의 경험을 공유했으며 어른들의 감시에서 벗어나서 자기들만의 자율적인 문화를 만들어 낼 수 있었다."[63]

고등학교는 그 자체로 사회학의 탐구 대상이 되었고, 중서부 지역 고등학교 문화의 초상화라고 할 수 있는 『청소년 사회The Adolescent Society』가 이런 분위기 속에서 1961년에 사회학의 고전이 되었다.[64]

그리고 20세기가 점점 더 펼쳐지면서 역설적인 현상이 나타났다. 아이들이 함께 어울리는 시간이 많아질수록 이들의 독립적인 문화가 점점 더 강력한 힘을 가지게 되었다. 또 이 문화가 점점 더 강력해질수록 말을 잘 듣지 않는 사춘기 아이들은 점점 부모의 영향권에서 벗어나게 되었다. 그러나 사춘기 아이들이 점점 더 부모 세대와 동떨어진 삶을 살게 되면서, 심지어 부모의 영향권 아래에서 고통을 당하면서까지도, 이 아이들은 부모가 가지고 있는 여러 자산(예를 들면 자동차나 돈), 정서적인 지지 그리고 점점 복잡하게 변해 가는 세상 속에서의 연결성에 훨씬 더 많이 의존하게 되었다. 모순이다.

그 결과 현대의 십 대 아이들은 엄청나게 큰 목소리를 내며 날뛰지만, 동시에 혼자서는 독립해서 살 수 없는 무기력한 존재가 되고 말았다. 야생마이면서 동시에 잘 길들여진 송아지가 된 것이다. 이런 모습을 두고 오스트레일리아 출신의 심리학자 브루노 베텔하임Bruno Bettelheim이 1970년대에 다음과 같이 적절한 지적을 했다.

"우리는 그들을 날뛰게 만드는 것이 무엇인지 굉장히 잘 알고 있지만, 그들과 함께 사는 방식에 대해서는 그만큼 잘 알지 못한다."[65]

최근에 몇 가지 측면에서 사춘기 아이들과 어른들 사이에 놓여 있던 이런 간극이 좁혀졌다. 미국의 사춘기 아이들이 사는 세상은 이들 부모가 사춘기 시절에 살았던 세상에 비해서 한층 다양하다. 이 아이들의 세상은 비전통적인 가족 형태들로 더 많이 채워져 있다. 인터넷 때문에 오늘날의 사춘기 아이들은 과거 세대에 비해 섹스, 폭력, 실시간 공포(유명인 섹스 동영상, 테러 공격으로 훼손되고 분리된 사체, 사담 후세인의 교수형 등)에 훨씬 더 많이 노출된다. 또한 오늘날의 사춘기 아이들은 전통적인 중산층 출신이 수적으로 적음에도 불구하고 예전의 사춘기 아이들에 비해서 세계의 금융 상황에 대해서 훨씬 더 많이 알고 있다. 이 아이들이 볼 때 자기들을 줄곧 보호해 왔던 부모 세대는 섹스와 마약과 로큰롤에 관한 한 모두 달인들이라 할아버지 세대에 비해서는 개방성에 한층 동조적이다. 이 부모 세대는 소비자 문화나 대중문화에서 아이들 세대에 비해 비록 느리긴 해도 자식 세대와 동일한 전자 클라우드에 둘러싸여 있다. 이들도 모두 『헝거게임The Hunger Games』(2008년에 출간된 SF 소설. 12세에서 18세 사이의 아이들이 벌이는 목숨을 건 서바이벌 게임 이야기로, 영화로도 제작되었다-옮긴이)을 읽었으며 영화 〈프라이데이 나잇 라이츠Friday Night Lights〉(1990년에 출간된 소설을 바탕으로 만들어진 영화로, 2004년에 개봉되었으며, 나중에는 텔레비전 드라마로도 제작되었다. 시골 고등학교 미식축구부의 사랑과 우정 그리고 가족을 다룬다-옮긴이)를 보았다. 이런 현상과 관련해서 하워드 추다코프는 『놀이하는 아이들』에서 이렇게 썼다.

"다른 말로 하면, 아이들의 '열망하는 자아'는 상승해 온 반면에 어른들의 자아는 추락해 왔다. 열한 살 아이는 이제 더 이상 천으로 만든 동물 인형이나 장난감 소방차를 사 달라고 하지 않는다. 미식축구 게임인 '매든 NFL', 휴대전화, 아이팟, 비욘세 놀스의 CD를 사 달라고 한다. 그리고 서른다섯 살의 부모 역시 '매든 NFL', 휴대전화, 아이팟 혹은 비욘세 놀스의 CD에 푹 빠진다."[66]

그러나 사춘기 아이들의 존재와 관련된 역설, 즉 무기력하게 부모에게 의존하면서도 오만하기 짝이 없는 태도로 부모 세대에 저항하는 모습이 강화되는 또 다른 중요한 경로들이 있다.

도대체 왜 그럴까? 왜냐하면, 오늘날의 사춘기 아이들은 예전보다 훨씬 더 학생이라는 일을 풀타임 직업으로 삼고 살아가기 때문이다. 그것도 고도로 구조화된 환경 아래에서, 즉 자기들을 집에 붙잡아 두고 부모의 지갑에 의존해서 살게 만드는 (이런 모습은 영원히 계속될 것 같다) 환경 아래에서. 아이들의 부모는 아이들을 자기 삶의 중심으로 만들려고 정말 오랜 세월 동안 기다리면서, 이들을 보호하고 이들이 필요로 하는 것을 제공하는 데 자기 아버지 세대보다 훨씬 많은 시간을 소비한다. 그렇기에 부모들은 아이들의 독립을 저지하려고 음모를 꾸미게 된다.

"우리 어릴 때만 하더라도 훨씬 더 독립적이었잖아요."

케이트가 한 말이다. 나는 케이트, 리와 함께 이 부부의 열다섯 난 아이가 축구 연습을 하는 모습을 지켜보고 있었다. 케이트가 한 말은 대학생인 큰딸을 두고 한 말이다.

"니나는 자기가 하는 모든 것에 대해서 뭐든 필요한 게 있을 때마다 우리를 찾아와요. 내가 그 애만 했을 때는 엄마한테 한 번도 그런 적이 없는데."

"그래, 나도 그런 것들에 대한 얘기를 그다지 많이 하지 않았지."

리도 동의한다.

"어떤 것을 하는 절차를 말하는 것도 아니에요. 무엇을 해야 할지 그걸 묻는다니까요."

그와 동시에 사춘기 아이들은 지난 수백 년과 비교해 보아도 또래 집단 아이들과 어울리는 시간이 훨씬 많다. 그리고 이들은 기술 발전이 그야말로 눈부실 정도로 빠르게 진행되고 매스미디어가 넘쳐나는 세상에 살고 있다. 이것은 비록 많은 부모들이 페이스북 같은 것을 사용하기는 해도 아직은 낯설어하는 여러 가지 현대적인 방식으로 (힐러리 클린턴Hillary Clinton도 러트거스 대학교에서 연설을 할 때 페이스북을 '마이페이스'라고 잘못 말했는데, 이것은 본인이야 의도하지 않았겠지만 부모 세대가 처한 이런 상황을 압축적으로 요약한다고 할 수 있다)[67]

사회화되고 있을 뿐만 아니라, 서로를 사회화하고 있다는 뜻이다. 마찬가지 맥락이지만, 메이의 엄마 게일은 십 대 아이를 키우면서 가장 힘든 거 하나를 꼽자면 뭐냐고 묻자 곧바로 이렇게 대답했다.

"모르는 거요. 걔들이 무엇을 하고 있는지 진짜로 모르겠어요."

게일은 예전에 있었던 일 하나를 얘기했다. 막내가 9학년일 때였다. 게일은 딸에게 휴대전화로 두 번이나 전화를 해서 잘 있는지 물었는데, 딸은 별일 없다고 대답했다. 그런데 다음날 아침에 항만 관리소 소속이라는 어떤 젊은 사람으로부터 전화를 받았다. 이 사람이 왜 아침에 나에게 전화를 했을까? 궁금증은 곧 풀렸다. 이 사람은 딸에게 뉴저지에서 밤을 보내도 된다고 허락해 줬느냐고 물었던 것이다. 물론 그런 적이 없었다. 딸과 딸의 친구 한 무리는 그곳에 가면서 각자 자기 엄마들에게 거짓말을 했던 것이다. 휴대전화가 있기에 가능한 일이었다.

아이의 사생활

십 대 문화의 새벽이 열린 뒤로 사춘기 아이들은 부모 세대와 분리된 삶을 살아왔다. 그러나 최근에 여러 기술 발전으로 이 아이들은 자신의 독립을 주장하며 자기만의 전망을 가지는 완전히 새로운 방식의 삶을 살 수 있게 되었다. 뉴욕 대학교의 뉴미디어 철학자인 클레이 셔키Clay Shirky는 나와 나눈 대화에서 이렇게 말했다.

"이것이 사람들을 환각 상태로 몰아넣습니다. 왜냐하면 당신과 당신의 부모가 성장하면서 정상적이라고 생각했던 모든 것이 지금은 이 두 세대에게 모두 옛날처럼 정상적으로 보이지 않기 때문입니다. 아주 먼 옛날에 신이 한 얘기를 받아쓴 것 같단 말이에요. 예컨대 「레위기」(구약 성서 가운데 하나로 이스라엘 백성의 종교 의식, 예배, 일상 생활에서 지켜야 하는 율법을 기록한 책 – 옮긴이)에 나오는 내용처럼 말입니다."[68]

대부분의 미디어 혁명은 대중적인 열광을 동반한다. 1920년대의 사회과학자들은 영화가 "세상을 손쉽고 자유분방하게 살려고 하는 마음을 조장하며 청소년 범죄를 강력하게 조장할 것"이라고 생각했다.[69] 그리고 다시 수십 년이 흐른 뒤에 만화에 대한 반응 역시 이보다 심하면 심했지 결코 덜하지 않았다. 1954년에 범죄 만화를 격렬하게 반대하던 논객으로 『순수에의 유혹Seduction of the Innocent』이라는 베스트셀러의 저자이자 심리치료사이던 프레드릭 웨덤Fredric Wertham은 청문회에 출석해서 다음과 같이 말했다.

"존경하는 의장님, 만일 내가 하는 일이 아이들에게 게으름을 가르치고, 아이들에게 여자를 유혹하고 강간하는 법, 가게에서 물건을 훔치는 법, 사람을 속이는 법, 문서든 뭐든 위조하는 법 그리고 범죄 행위로 알려진 그 모든 행위를 하는 법을 가르치는 것이라면, 만일 이런 게 모두 내가 하는 일이라면 말입니다. 나는 이런 것들을 범죄 만화에 그려 넣을 겁니다."[70]

어쩌면 오늘날의 부모 세대와 십 대 사춘기 자식 세대 사이에 놓인 차이의 핵심은, 기술 발전이 너무도 빠르게 일어나는 바람에 부모들은 이 속도를 따라잡지 못하는 데 비해서 아이들은 뇌가 아직 유동적이고 무엇이든 얼마든지 받아들일 수 있는 터라 실시간으로 진행되는 이런 빠른 변화에 문제없이 적응한다는 사실일지도 모른다.

아이들의 이런 적응성은 부모들 세대와 아이들 세대의 감수성 차이로 전환된다. 그리고 이런 상황이 부모와 십 대 아이 사이의 역학을 완전히 뒤죽박죽으로 만들어 버린다. 설령 양쪽이 모두 선의의 의도를 가지고 있다 하더라도 말이다.

예를 들어 십 대 아이들은 부모와 완전히 다른 시간 개념을 가지고 있다. 그래서 어떤 것을 계획한다고 할 때도 접근하는 방식이 완전히 다르다. 디어드리가 어울리는 엄마들의 또 다른 집단에 속하는 엄마인 피오나는 이 문제를 다음과 같이 설명했다.

"예를 들어서 우리 딸들이 내일 시내에서 친구들을 만나려 한다고 말하면, 나는 언제 나갈 건지 물어보겠죠. 그런데 이 아이들은 언제 나갈지 모른다는 거예요. 계획이 아직 서지 않았다는 겁니다. 이 아이들이 사는 삶은 우리가 생각하는 것보다 훨씬 유동적입니다."

그래서 나는 그게 왜 문제가 되는지 물었다.

"왜냐하면 나는 계획을 원하거든요! 그런데 영화 상영 시각이 언제인지 몰라요. 어쩌면 피자를 먹으려고 극장에서 만날 수도 있겠죠. 이 아이들은 모두 휴대전화를 가지고 있어요. 무엇을 할지 그리고 언제 할지는 바로 그 순간이 되어야만 알겠죠."

어른이나 십 대 아이들 모두 휴대전화를 가지고 있지만 십 대 아이들은 이 휴대전화를, 미국 항공 우주국NASA이 우주선을 추적할 때 사용하는 것처럼 추적 장치로 사용한다. 사춘기 아이들은 늘 서로 문자를 보내면서 서로가 어디에서 무엇을 하는지 살피고 있다. 자기 친구들이 어디에 있는지 또 하나의 감각으로 알고 있다. 그렇기 때문에 구체적인 계획을 세울 긴박한 필요성은 한층 줄어든다. (사실 십 대 아이들이 가장 약한 부분이 계획을 세우는 일이긴 하다.) 하지만 부모들은 아이들의 생활과 안전을 책임지고 있는 터라서 시간에 대해서 여전히 전통적인 발상을 가지고 있다. 그래서 일정표를 보고 말로 했던 약속을 확인하고 그 밖의 온갖 구체적인 도구들을 활용한다. 소셜미디어 인류학자인 미미 이토도 이렇게 말했다.

"나이가 든 세대는 말이에요, 의사소통 채널을 확실하게 열어서 확인해요. 보통은 전화로 합니다만, 언제 얼굴을 보며 만날지 정하고 약속을 합니다. 그런데 십 대 아이들은 이렇게 하지 않죠. 이들은 기본적으로 언제나 서로 연결되어 있습니다. 기계로 치자면 이게 이 아이들의 초기 설정 사항입니다. 이 아이들은 늘 휴대전화를 가지고 다녀요. 이것은 약속 시간에 늦는다고 해도 전혀 문제가 되지 않는다는 뜻이죠."[71]

바로 이런 감수성, 시간과 사회적 소통에 대한 이런 사고방식이 이 아이들의 독립성에 필요한 편의를 제공해 주려고 노력하는 부모들로서는 당혹스러울 뿐이고 그래서 좌절감을 느낀다. 부모들은 아이들이 독립적이고 충족된 삶을 살아갈 수 있는 능력을 키워 주고 싶어 한다. 그러나 그 과정에서 끊임없이 발을 헛디디고 고꾸라지는 느낌을 떨쳐 버릴 수 없다. 아이들이 "이따가 피자를 먹으러 갈 수도 있고 아닐 수도 있어요. 또 샘의 집에 있을 수도 있지만 잭의 집에 있을 수도 있어요."라고 말할 때 그런 느낌을 받지 않을 부모는 없을 것이다.

바로 이 시간 관리 문제는 아이들이 비디오게임을 하고 있을 때에도 문제가 된다고 이토는 덧붙인다.

"이런 게임들은 언제나 접근이 가능합니다. 그래서 아이들은 굳이 따로 시작을 하거나 끝을 내려고 하지 않아요."[72]

부모들은 비디오게임을 하는 아이들이 게임을 그만하고 제발 좀 식탁에 와서 앉게 하려고 애를 쓰지만 잘 먹히지 않는다. 아이들은 경계선이라는 게 애초에 존재하지 않는 시간대에 어떤 인위적인 경계선을 그으려 하지 않기 때문이다.

아이들에게 페이스북 친구를 구걸하는 부모들 | 그러나 부모에게 가장 혼란스럽고 난처한 것은, 아이들이 가지고 있는 기술 조작의 능숙함이 부모와 아이 사이의 권력 구조를 뒤흔들어 놓았다는 점일 수도 있다. 열네 살짜리 아이가 한 집의 실질적인 최고기술책임자이고, 부모는 텔레비전에서 판도라 TV를 보려면 그리고 아이폰에 있는 모든 창을 닫으려면 어떻게 해야 하는지 이 아이에게 가서 묻는다. 엄마들과 아빠들은 자기들이 조작해야 하지만 조작 방법을 온전하게 알지 못하는 이 새로운 장치들 때문에 무력감을 느낀다고 호소한다.

"그뿐만이 아니에요."

셔키도 나와 나눈 대화에서 이렇게 말한다.

"부모들은 자기가 어떤 것을 하려면 자기 자녀들에게 허락을 받아야만 한다는 느낌을 주는 사회 환경 속에서 살아갑니다. 예를 들면 페이스북 친구로 받아 달라고 아이에게 부탁을 해야 하는 겁니다."[73]

디어드리의 집 식탁에 둘러앉았던 엄마들도 모두 이 문제를 말했다. 아이가 친구로 받아 줬다는 사람도 있었고 받아 주지 않았다는 사람도 있었고, 제한적인 접근만 허용받았다는 사람도 있었다. 베스는 아들로부터 친구로 받아들여졌다가 차단되기를 여러 차례 반복했지만 딸은 언제나 자기 생활의 모든 것을 다 보게 해 준다고 했다. 서맨사는 딸이 어른은 친구로 받아들여 주지 않는다는 방침을 가지고 있다는 말을 직접 들었는데, 나중에 알고 보니 오십 대인 자기 사촌을 친구로 받아 주었다는 사실을 알고는 배신감을 느꼈다고 말했다. 디어드리는 페이스북을 하지 않는데 페이스북을 하는 남편을 통해서 아이들을 살핀다고 했다.

"자기 아이와 친구 관계를 맺으려는 건 아이가 어떤 대답을 하든 간에 걱정만 가득 안게 될 뿐입니다."

셔키가 하는 말이다. 아이가 친구 요청을 받아 주면 아이의 페이스북 페이지에서 전혀 예상하지 않았던 것들을 보게 될 테고, 친구 요청을 받아 주지 않는다면 마음에 상처를 받을 뿐만 아니라 아이의 페이스북에 어떤 이상하고 고약한 내용들이 게시되어 있을지도 모른다는 찜찜한 생각을 계속 안고 살아야 하기 때문이라고 셔키는 설명했다.[74] "그리고 그건 새로운 양상의 문제죠." 셔키가 말했다.

소셜미디어가 나타나기 이전에는 전화기와 텔레비전은 집에서 일종의 공공재였다. 설령 아이들이 전화기를 들고 자기 방에 들어가서 문을 잠갔다고 하더라도 부모는 아이가 그 방 안에 있으며 누군가와 통화를 하고 있다는 걸 알 수 있었다. 그리고 몇 가지 교묘하게 질문을 하면 심지어 사생활에 간섭한다는 인상을 주지 않고도 통화 상대가 누구인지도 알아 낼 수 있었다. 텔레비전도 마찬가지였다. 설령 부모로서는 아이들이 보고 있는 프로그램이 마음에 들지 않아서 아예 자리를 피해 버린다 하더라도 텔레비전에서 나오는 소리만 듣고도 지금 무슨 내용이 방영되고 있는지 그리고 언제쯤이면 그 프로그램이 끝날지 알 수 있었다. 이와 관련해서 낸시 달링은 이렇게 말했다.

"휴대전화와 페이스북에 관한 흥미로운 사실은 그것의 내용을 소극적으로는 감시할 방법이 도무지 없다는 겁니다."

달링은 여기에서 '소극적으로'가 결정적인 단어라고 말한다.

"이런 것들을 보는 것은 아무리 자기 아이라고 하더라도 사생활을 침범하는 행위임에는 틀림없잖아요. 그러니 결국 적극적으로 할 수밖에 없다는 겁니다. 부모는 무언가를 의도적으로 캐내려고 합니다. 마치 스파이 활동을 하는 것처럼 말입니다."[75]

어떤 부모들에게는 이것이 넘기 어려운 선이다. 아무리 자기 아이라 하더라도 개인의 사생활이 얼마나 소중한지 잘 알고 있다면, (그리고 자기들도 한때는 십 대 아이였으며 그 시기를 생생하게 기억한다면) 염탐질 권한을 스스로에게 부여할 때 가책을 느낄 수밖에 없다는 뜻이다. 어떤 부모들은 사생활에 대해서 자기 아이들보다도 더 철저한 생각을 가지고 있을 수도 있다. 물론 부모들은 늘 뒤캐기를 해 왔었다. 엄마들은 늘 아이들의 일기장을 몰래 훔쳐보았으며 아빠들은 아이들이 방에 담배를 숨겨 놓지나 않았는지 확인하려고 구석구석 뒤졌다. 그러나 부모들은 이런 뒤캐기가 단순한 호기심이 아니라 의무라고 느낀다. 그러니 더욱 더 강력하게 뒤를 캐려 든다. 이것은 자식의 양육을 책임지는 부모로서 당연히 해야 하는 일이다. 그런데 감시해야 할 대상이 페이스북, 텀블러, 플리커, 휴대전화 문자, 휴대전화 사진, 트위터피드, 엑스박스 사용 시간 등 한두 가지가 아니다. 뿐만 아니라 이런 것을 하려면 머리와 손이 빠르게 잘 돌아가야 한다. 디어드리의 집에 모였던 엄마들은 이와 관련된 질문을 서로 수도 없이 해 대는 한편으로 이런 감시(아이들은 이것을 '은밀한 염탐질creeping'이라고 부른다)의 윤리적인 문제에 대해서 갑론을박했다. 한 사람은 자기 딸에게 딸의 페이스북 페이지를 절대로 보지 않겠다고 약속을 했으며 그 약속을 지켰다고 했다. 어떤 사람은 그런 약속을 아이들에게 절대로 하지 않았으며 줄기차게 스파이 활동을 한다고 했다. 그러던 끝에 디어드리가 어떤 말을 하자 다들 공감했다. 진짜 중요한 문제, 즉 부모로서 극복해야 할 진짜 어려운 과제는, 부모가 스스로에게 그런 뒤캐기의 권한을 주느냐 마느냐의 문제가 아니라 그런 뒤캐기를 통해서 알아낸 사실을 인정하느냐 마느냐 하는 것이라고 이야기하자, 모두가 이 말에 정서적으로 공감했다.

"한번은 그렇게 아이의 뒤를 캐서 어떤 사실을 알아냈는데, 그야말로 정신이 아뜩하더라고요. 그러자 남편이 '당신, 이제 그거 그만하는 게 좋겠어. 그러다가 당신이 미쳐 버리는 꼴을 볼 거 같아서 말이야.'라고 말하더군요."

디어드리의 말에 베스가 맞장구를 쳤다.

"진짜 맞는 말이에요. 차라리 모르는 게 나을 때가 있다니까요."

왜냐하면, 어떤 비밀을 알아낸다는 것은 더 어려운 어떤 사실을 목격해야 하는 위험을 무릅쓴다는 뜻이기 때문이다. 자기 아이가 파티를 벌이는 현장에서 술에 취해 벌이는 온갖 추태를 다른 아이가 사진으로 찍어서 자기 페이스북 담벼락에 붙여 놓을 수 있다. 혹은 딸이 자기 나체 사진을 찍어서 휴대전화에 저장해 놓을 수 있다. 딸은 왜 이런 사진을 찍어서 저장해 두고 있을까? 누구에게 전송하려고 하는 것일까? 아니면, 이미 전송했을까? 그것도 아니면 벌거벗은 자기 모습이 다른 사람 눈에는 어떻게 보일지 궁금해서 그냥 한번 찍어 봤을까? (사실 베스도 어린 시절에 그랬던 적이 있다.) 케이트도 한번은 스파이 활동을 통해서 자기 아들이 마약을 할 계획을 세우고 있음을 안 적이 있다면서 수사적인 질문을 던졌다.

"자기가 보고 싶지 않은 것을 보고 싶을까요? 자기가 알지 못하게 되어 있는 어떤 것을 다루고 싶을까요?"

이런 문제에 대해서 셔키는 이렇게 말한다.

"우리가 성장하던 시기를 생각해 보세요. 우리는 그때 술을 가지고서 사춘기의 온갖 실험을 했습니다. 하지만 만일 우리가 집으로 돌아올 때 술 냄새를 지독하게 풍기지 않았다면, 그것은 우리가 누군가를 만나서 건전하게 있다가 돌아왔다는 뜻이었습니다."

그런 만남에 대해서는 부모가 캐묻지 않는다는 암묵적인 약속이 전제되어 있었고, 따라서 부모도 거기에 대해서는 달리 말을 하지 않았다.

"예컨대 영화관 같은 곳은 십 대 아이들이 키스를 하는 따위의 실험이 문화적으로 허용된 공간이었잖아요. 우리 때는 부모가 이해하고 굳이 이렇다 저렇다 말을 하지 않기로 한 어떤 협정이 있었습니다만, 지금은 그런 게 모두 사라지고 없습니다."[76]

그런 협정을 새로 마련하고 모든 사람이 투명성의 새로운 모습들에 대처할 방안, 모든 사람들이 갈망하는 이런 방안을 찾아내야 한다. 그런데 지금은 과도기라서 확정된 규범이라고는 아무것도 없다. 그렇기 때문에 부모는 더욱 혼란스럽다. 때로는 '아무것도 묻지 않고 아무것도 말하지 않는' 방침이, 모든 사실이 까발려졌을 때의 여러 가지 가능성과 씨름하는 것보다 쉬울 수 있다.

그러나 현대의 기술이 부모에게 좋은 방향으로도 작용할 수도 있다. 온라인 세상은 워낙 유혹적이라서, 아이들은 무분별한 행동을 실제 세상에서 하기보다는 안전한 자기 침대에서 한다. 실제 세상에서는 물리적인 손상이 실제적으로 도사리고 있기 때문이다. 이와 관련된 이야기가 디어드리의 집에 모인 엄마들 사이에서도 나왔다.

"전자 기기들 덕분에 여러 가지 점에서 한결 쉬워졌어요. 왜냐하면 아이들은 기껏해야 온라인 세상에서 고약한 짓들을 하니까요. 우리가 예전에 그랬던 것처럼 바깥으로 싸돌아다니지는 않잖아요."

베스의 말에 게일이 동의했다.

"맞아요. 나도 늘 밖으로 나돌고 싶어 했거든요. 그런데 요즘 아이들은 심심하면 집으로 들어와요."

휴대전화의 문자 메시지 역시 아이들이 부모와 자주 신중하게 소통할 수 있는 빠르고 간편한 수단이다. 예를 들어서 아이들이 파티에서 놀다가 다들 취해서 운전할 사람이 아무도 없을 때 문자 메시지는 요긴하고도 적절한 소통 수단이 된다. 부모 입장에서도 마찬가지다. 문자 메시지가 없었다면 도무지 불가능했을 순간에도 아이들이 어디에서 무엇을 하고 있는지 확인하고, 전화 통화가 부담스러운 상황에서라도 필요한 메시지를 적절하게 보낼 수 있다.

십 대 아이들이 새로운 기술을 사용하는 방식은 현대의 사춘기 아이들이 가지고 있는 존재론적인 역설을 어느 정도 드러낸다. 즉, 이 아이들은 부모가 알지 못하는 일들을 하는데, 그것을 부모가 사다 준 컴퓨터로 부모와 한 지붕 아래에서 한다는 것이다. 아이들은 휴대전화를 사용해서 자기들이 어디에서 밤을 보냈는지 묻는 부모에게 거짓말을 하는 한편, 문자 메시지로 대학교 기숙사에서 새로 만난 룸메이트에 대한 이야기를 하기도 한다. (미들버리 대학교의 심리학 교수인 바버라 호퍼Barbara Hofer에 따르면, 대학교 1학년 학생은 첫 학기에 부모와 한 주에 평균 10.4회 접촉한다.)[77] 오늘날의 기술은 사춘기 아이들의 이

중적인 존재, 혹은 존재론적인 역설을 강화한다. 아이들은 부모와 매우 가깝게 연결되어 있지만, 동시에 멀리 분리된 삶을 살아간다.

익숙한 공포

우리는 지금까지도 계속 웨슬리의 달걀 던지기를 놓고 이야기를 하고 있다. 나는 서맨사에게 그날 밤 사건에 대해서 어떻게 반응했는지 묻는다.

"그때요? 완전히 꼭지가 돌았죠."

곧바로 웨슬리가 엄마를 정면으로 바라보며 말한다.

"지금까지 계속 그렇잖아요. 계에에에속."

나는 꼭지가 돌면 어떤 모습으로 바뀌는지 묻는다.

"신경증 환자처럼 비명을 지르죠. 여기 이 부엌에서요."

자기 자신에 대해서 회의감이 들어서 더 기분이 나빠졌던 건 아닌지, 자기가 무언가를 잘못했기 때문이라는 생각이 들어서 그랬던 건 아닌지, 내가 묻는다.

"그런 건 아니에요. 나는 웨슬리가 아니라 웨슬리와 함께 그 짓을 한 다른 아이를 비난했어요. 남의 집 창문에 달걀을 던지겠다는 생각이 내 아이의 머릿속에서 나왔다고는 도저히 생각할 수 없었거든요. 물론 내가 잘못 생각하고 있을지도 모르…"

아들이 엄마의 말을 자르고 들어온다.

"잘못 생각한 거 맞아요. 진짜 완전히 내가 생각해 낸 것이라고요."

아들은 엄마의 눈을 정면으로 바라보면서 자기 말을 받아들이길 원한다.

"재미있네."

이번에는 서맨사가 아무렇지도 않은 듯 태연하게 대꾸한다. 그런데 정말 재밌는 것은 그녀가 무슨 생각을 하고 있는가 하는 점이다. 서맨사는 나를 건너다 보면서 말한다.

"있잖아요, 난 이 사태에 대해 약간은 내 책임도 있는 것 아닌가 하는 생각이 들었어요. 나 때문에 그런 일이 일어났다고요. 왜냐하면 우리는 자동차 안에 도토리를 뒀었거든요. 아이들 가운데 누가 이상한 짓을 하면 도토리를 던지려고요. 그런데 그때 가끔씩 내가 던지는 게 도토리가 아니라 달걀이면 좋겠다는 생각을 하곤 했어요. 물론 그 누구에게도 달걀을 던져 본 적이 없긴 했지만 말이에요. 아무튼 그래서 웨슬리가 달걀 던질 생각을 나한테서 이심전심으로 배운 게 아닌가 하고 생각한 거죠."

실제로 그랬을 수도 있다. 이심전심으로 그랬을 수도 있다. 본인은 기억하지 못해도 달걀을 던지고 싶다는 말을 서맨사가 입 밖으로 냈을 수도 있을 테니까 말이다. 하지만 중요한 것은 그게 아니다. 중요한 것은 서맨사가 아들의 충동에 공감할 수 있다는 점이다. 서맨사 본인도 그런 충동을 가지고 있었기 때문이다.

부모도 때로 미친 짓을 한다 | 사춘기 아이들이 저지르는 과잉 행동은 부모에게는 끔찍할 정도로 무섭다. 그러나 만일 심리분석가 애덤 필립스가 이 주제에 관해서 했던 말을 읽는다면 잘 알겠지만, 그런 과잉 행동이 무서운 이유는 그것이 낯설기 때문이 아니다. 오히

려 너무도 익숙하기 때문에 무섭다. 부모는 자기 아이가 하는 그 무서운 과잉 행동에 공감할 수 있다.

예를 들어서 어른들은 짜증을 내고 싶은 소망에 익숙하다. (앞에서도 언급했지만, 엘렌 갈린스키는 『아이들에게 물어보라』에서 아이들이 부모들을 평가할 때 화를 참는 항목에서 가장 낮은 점수를 매긴다는 사실을 확인했다.)[78] 어른들은 이메일, 비디오게임, 페이스북, 인터넷 음란물, 문제, 채팅, 섹스팅(섹스와 관련된 내용으로 문자·사진·동영상을 주고받는 행위－옮긴이) 등과 관련된 유혹에 매우 익숙하다. 어른들은 술을 마시고 싶다는 충동에, 통상적으로 허용이 되지 않는 상황의 섹스를 하고 싶다는 충동에 그리고 직장 상사의 얼굴에 주먹을 날리거나 뒤캐기를 좋아하는 이웃집의 창문에 달걀을 던지고 싶다는 충동에 매우 익숙하다. 디어드리의 집 부엌 모임에서 서맨사는 뜬금없이 불쑥 이런 말을 했다.

"나는 집에서 멀어지려고 이틀 동안 정신없이 달린 적이 있어요."

"나도 늘 그랬어요."

베스가 맞장구를 치자 서맨사는 확인하듯이 다시 힘주어 말한다.

"어른인데 말이에요, 베스. 나는 부모가 되어 가지고서도 집을 떠났다고요."

이런 행동이 나타나게 되는 심리적 현상에 대해서 필립스는 다음과 같이 썼다.

"어른들은 사춘기 아이들에 비해서 과잉 행동을 결코 적게 하는 게 아니다. 강제수용소를 만들고 운영한 사람들은 사춘기 아이들이 아니었다. 알코올중독자나 백만장자들 가운데서 사춘기 아이들이 과연 몇 명이나 되겠는가?"[79]

필립스가 볼 때 유일한 차이점은 어른은 사춘기 아이보다 이런 충동을 보다 오랜 기간 동안 안고 살아왔으며, 따라서 (운이 좋다면) 이런 충동을 따라서 행동하기보다는 참는 방법을 익혔다는 데 있다. 그러니까 어른으로 산다는 것은 "적절한 미친 짓이 더 진행되는 것을 극복하는가" 아니면 (이것보다는 좀 더 나은 거지만) "규율을 가지고서 다스리는가" 하는 문제를 안고 살아가는 것이다.[80] 즉, 어른들이 볼 때 사춘기 아이들은, 이런 미친 짓이 여전히 우리 어른들 안의 어딘가에 자리를 잡고 있으면서 수면 밖으로 나오기만 기다리고 있음을 일깨워 주는 존재다. 어쩌면 우리는 그 미친 짓을 두려워하는 것만큼이나 부러워하는지도 모른다. 그러나 어른이기 때문에 해도 된다고 우리에게 허용된 것들 대부분은 우리가 가진 혼란스러운 감정들을 바람직한 방향으로 이끌어 준다. 그런 감정들을 직접적으로 좇아서 행동하는 건 우리에게 금지되어 있다. 그래서 필립스는 이렇게 말한다.

"사춘기 아이들과 한때 사춘기 아이였던 적이 있는 부모들은 각각 단순한 두 종류의 무력감을 느끼며 살아간다. 그것은 바로 경험 부족에서 기인하는 무력감과 경험에서 기인하는 무력감이다."[81]

민츠는 비록 어른은 십 대 아이들의 문제가 낯설고 특이한 문제들인 것처럼 다루지만, 사실은 이런 문제가 어른들의 문제와 나란히 일어나고 스러진다고 지적한다.[82] 20세기 마지막 25년 동안의 자료를 조사해 보면 음주, 흡연, 마약 사용, 혼외자 출산 그리고 폭력 등의 경향이 어른과 사춘기 아이 두 집단에서 나란하게 진행되었음을 알 수 있다. 어른들은 자기가 안고 있는 불안을, 자기가 통제할 수 있다고 믿는 자기 다음 세대에 투사하고 있다는 말이다.

혹은 그렇지 않을 수도 있다. 베스의 전남편인 마이클은 쉰 살인

데 젊은 시절 한때 중독자였다. 그는 십 대 후반에 마약과 술에 손을 댔다가 이십 대 후반에야 이런 것들을 끊었다. 보안업계의 관리자로 일을 하며 베스와 헤어진 뒤 재혼을 해서 잘 살아가고 있는 그는, 혹시 자기가 십 대 시기를 지나고 있는 친아들, 양아들과 함께 어울리면서 지나치게 많은 시간을 어린아이처럼 행동하며 보내는 건 아닌지 의심한다. 함께 커피를 마시는 자리에서 그는 이렇게 말했다.

"아무래도 그 아이들과 지나치게 많이 어울리면서 그 아이들 수준으로 많이 내려간 것 같습니다."

마이클은 이런 말을 하면서도 완벽하게 낙관적이었다. 십 대 아이들이 자기 주변에 있을 때 누릴 수 있는 그다지 비밀스럽지 않은 즐거움들 가운데 하나는, 롤러하키를 할 수 있는 기회나 마구잡이 장난을 칠 수 있는 기회일 수도 있겠다는 생각이 들었다. 적어도 마이클에게는 확실히 그런 것 같았다. 하지만 그와 동시에 그는 진정으로 멀쩡한 정신을 가지고 있었으며, 성숙한 어른으로 살려면 무엇이 필요한지도 알고 있었다. 적어도 다음과 같은 말을 엄숙하게 한 것으로만 미루어 봐도 그렇다.

"우리는 엄혹한 현실의 조건을 전제로 인정하고 그 속에서 가정을 일구어야 합니다."

후회의 순간들

사람들이 자기 아이에 대해 생각하는 것만큼 자기 자신에 대해서는 생각하지 않는다는 사실이, 어쩌면 사춘기 아이를 둔 부모가 안고 있는 중대한 문제일지도 모른다. 아직 학교에 들어가지 않은 연령대의 아이들은, 부모가 그들의 선택들에 대해 곰곰이 생각하게 만들 수 있다. 뿐만 아니라 부모들에게 어떤 후회의 감정들을 일깨울 수도 있다. 하지만 부모에게 가장 절실히 스스로를 비판하는 마음이 들도록 만드는 것은 바로 사춘기 아이들이다. 아이가 우리를 더 이상 필요로 하지 않을 때, 우리가 과연 어떤 사람으로 남을지 그리고 우리는 과연 무엇을 할 것인지 고민하게 만드는 것도 사춘기 아이들이다. 우리로 하여금 부모로서 내렸던 여러 결정들을 되돌아보게 하고, 과연 우리가 부모 역할을 잘했는지 성찰하게 만드는 것도 바로 사춘기 아이들이다. (하지만 이에 비해서 어린아이들은 여전히 미완성의 개체며 완성된 존재로 나아가고 있는 중이다. 필요할 경우 경로를 바꿀 시간의 여유도 이들에게는 아직 남아 있다.)

로렌스 스타인버그는 사춘기 아이를 둔 부모를 연구하는 작업의 하나로, 피조사자들에게 이른바 '중년 인생의 성찰도'를 확인할 수 있는 여러 내용을 물었다. 이 설문에는 예컨대 "나는 내가 해야 할 일이 무엇인지 아는 상태에서 모든 것을 새로 시작할 수 있으면 좋겠다"와 같은 문항들이 포함되어 있었다. 그리고 이 설문에서 여자 응답자들 가운데 3분의 2 가까운 수가 자주 그런 느낌을 가진다고 응답했고, 남자 경우에는 두 명에 한 명 꼴로 그런 느낌을 가진다고 응답했다.[83]

스타인버그는 『엇갈리는 길들』에서 결론을 쓰면서, 그 설문이 가진 결정적인 문제점을 지적했다. 그 설문이 응답자들에게 다시 한 번 십 대 시절로 돌아가고 싶은지 묻지 않았다는 것이다. 즉, 어른은 중년에 들어서면 청춘 시절의 요란스러움과 자유로움(예컨대 남자라면 빨간색 스포츠카를 사는 것이고 여자라면 테니스 선생과 눈이 맞아서 달아나는 것)을 진정으로 갈망한다는 상투적인 관념이 과연 실제와 일치하는지 묻지 않았다는 것이다. 그런데 스타인버그가 앞서 설문 조사를 했던 사람들을 대상으로 추가로 설문 조사를 한 끝에, 어른 응답자들은 또 한 번의 사춘기 시절을 전혀 원하지 않는다는 사실을 확인했다.

"그들이 원한 것은 두 번째의 어른 시절이었다."(강조는 저자)

아이가 통과하는 사춘기를 바라보면서 이 아이의 부모는, 자기가 인생을 살아오면서 했던 모든 선택들을 통틀어서 전면적으로 바라보지는 않는다 하더라도, 어쨌든 광범위한 대상을 놓고 이른바 '재고 조사'를 하게 된다는 것이다.

"그래서 어른들은 현재의 직업과 배우자, 혹은 삶의 방식에 대한 의구심을 가슴 가득 품은 채 또 다른 삶의 기회를 소망한다."[84]

바로 이 재고 조사를 게일이 어느 일요일 아침에 나와 함께 앉았던 햇볕 들던 부엌에서 열네 살, 열일곱 살 그리고 스무 살인 사춘기의 세 딸들이 부산하게 움직이던 바로 그 시점에서 실시한다. 게일은 자기가 살아온 역사를 되짚어 보면서, 자기가 걸어갈 수도 있었던 또 다른 인생 여정을 더듬어 본다. 하지만 그렇다고 해서 아주 처음부터 되돌리고자 하는 것은 아니다. 그녀는 자기가 가출을 했던 고등학교 시절의 어떤 시점으로 돌아간다.

"만일 내가 고등학교 때 공부에 더 많은 시간을 쏟았더라면, 아마도 더 좋은 대학교에 들어갔을 것이고, 졸업을 한 뒤에는 조금 더 일찍 다른 직업에 종사했을 거예요. 그랬더라면 아마 지금과는 전혀 다른 인생을 살게 되었을 테지요. 어쩌면 그것은 지금보다 나은 인생을 선택하는 기회가 되었을 테지요."

하지만 실제로 게일이 했던 선택은 집에서 아이를 키우는 것이었다. 처음 그런 결정을 내렸을 때는 완벽한 것이다 싶었다. 적어도 정서적인 차원에서는.

"일도 그만뒀어요. 아이들을 떼어 놓고 일을 할 수는 없었으니까요."

게일이 이런 얘기를 하는 동안에도 딸들은 부산스럽게 부엌을 들락거린다.

"은행에 다녀오느라고 단 한 시간만 아이들을 떼어 놓아도 마음이 아프더라고요."

그렇다고 게일은 아이를 낳은 뒤에도 직장을 포기하지 않고서 아이를 맡길 다른 대안을 찾는 친구들을 단 한 번도 좋지 않게 본 적도 없다. 그저 자기로서는 그 친구들처럼 할 수 없다고만 생각했을 뿐이다.

"그런데 지금은 이런 생각을 들어요. 도대체 나는 우리 아이들에게 어떤 유형의 롤모델이었지? 하는 의문요. 세 딸들에게 난 어떤 모범을 보인 걸까요? 내가 다니던 직장을 그만두는 모범? 난 대학교를 나오고 대학원을 다녔는데 말이에요!"

게일은 고개를 절레절레 젓는다.

"만일 우리 아이들이 딸이 아니고 아들이었다면, 마음에 덜 걸렸을지 모르겠어요."

물론 그녀의 딸들은 자기 엄마가 어떤 선택을 했는지 알았다.

"지금도 분명히 기억해요. 둘째인 리나가 내게 왜 직장을 계속 다니지 않았느냐고 물었죠. 그래서 너희들과 함께 있고 싶어서 그랬다고 했어요."

리나는 뭐라고 하던가요?

"그 애는 사려 깊은 애예요. 나한테는 엄마가 필요 없어, 라는 무례한 대답을 하지는 않아요. 그렇지만 나는 집에 너무 오래 틀어박혀 있었어요. 이제 와서 보니 확실하게 알겠네요."

아이들이 사춘기로 접어들 때 게일은 자기가 걸어가고 있던 경로를 바꾸려고 애를 썼다. 최근에 그녀는 공립학교 교사 자리를 알아보고 있다. 이 분야에 관해서는 대학교 때 훈련을 받았었다. 그러나 그렇잖아도 살벌한 구조조정의 칼바람이 휘몰아치는 분야에서 그것도 쉰셋이라는 나이에, 일자리를 찾기란 쉬운 일이 아니다. 여기저기에서 숱하게 퇴짜를 맞다 보니까 이제는 사기도 많이 떨어졌다.

"어느 학교의 홈페이지를 들어가 봐도 '우리 학교 교사들은 젊고 열정이 넘칩니다.'라는 문구를 볼 수 있는데, 학부모 입장에서 보면 정말 좋은 얘기죠. 하지만 내 입장에서는 그렇지가 않아요. 나는 열정은 넘치지만 젊지 않거든요."

지난 몇 년 동안 그녀는 자기가 직장을 포기하고 집에 들어앉음으로 해서 빚어진 경제적인 결과를 어쩔 수 없이 힘겹게 받아들여야만 했다. 메이가 아직 고등학교에 다니고 있을 때 장차 메이가 입학할 대학교를 알아보려고 딸을 데리고 뉴욕 주립대학교 체계 속에 들어 있는 몇몇 대학교를 순례하던 얘기를 한다. 그런데 이 과정에서 모녀는 심하게 다투었다. 메이는 그런 학교들이 수준이 너무 낮아서 지원하는 것조차 시간 낭비라고 했다.

"나는 괜찮을 거라는 말만 반복했어요."

그 대학교들은 소규모 우편 주문 사업을 하는 남편의 수입을 기준으로 할 때 그래도 무난하게 등록금을 감당할 수 있는 편이었다.

메이가 성장할 때 공부만 열심히 한다면 원하는 대학 어디에든 다 갈 수 있다는 생각을 가지게 하려고 게일은 애써 노력했다. 그런 환상은 유용했으며, 기본적으로 사랑에서 비롯된 것이었다. 사실은 때로 무섭고 팍팍할 수도 있는 세상이지만 이런 세상에서 자신감과 목표를 가지고 낙관적으로 살아가게 해 주기 위한 배려였다. 어린 딸의 마음에 미리부터 상처를 주고 싶지 않아서였다.

"성공할 기회와 가능성은 얼마든지 주어져 있다고 생각하도록 아이들을 키워야 하잖아요. 사실 우리 자신만 하더라도 '언젠가는 우리도 돈을 많이 벌 거야.' 혹은 '아이들이 축구 장학생으로 대학교에 입학할 거야.'라는 생각을 하잖아요. 그런데 어느 날 갑자기 아이들이 열여덟 살이 되고, '아이고 어떡하니, 넌 그 대학교에 갈 수 없어. 거기는 등록금이 너무 비싸.'라는 말을 해야 한단 말이에요."

모녀의 대학교 순례에서 메이는 엄마 마음대로 해 볼 테면 해 보라면서, 자기를 둘러싼 세상의 한계를 예리한 눈으로 평가한 뒤에 자기는 그런 한계가 도무지 마음에 들지 않는다고 선언했다. 바로 그때 게일은 자기가 걸었던 환상의 주문, 자기가 그토록 사랑스럽게 했던 이야기들이 어쩌면 메이를 위해서라기보다 자기 자신을 위한 것이었을지도 모른다는 사실을 깨달았다. 그리고 그녀는 지금 이렇게 말한다.

"우리 역시 그 꿈의 세상에 살고 있었던 겁니다."

자신의 나이를 받아들이고 사랑하는 법 | 20세기의 가장 혁신적인 심리학자들 가운데 한 명으로 꼽히는 에릭 에릭슨Erik Erikson은 인간의 생애 주기를 다루는 저서 『아이덴티티와 생애 주기Identity and the Life Cycle』에서 이 존재론적인 성찰의 순간들을 다룬다. 그는 이 책에서, 사람은 누구나 여덟 개의 생애 단계를 거치며, 각각의 생애 주기마다 독특한 갈등이 존재한다는 유명한 주장을 한다.[85] 그는 자신의 이론 틀을 성인의 생애를 포함하는 것으로 확장했는데 (심지어 그는 성인의 시기를 일관되게 앞으로 전진하는 게 아니라 전진과 후퇴가 반복되는 일련의 과정으로 바라보았다) 이런 발상 덕분에 그의 이론은 지금까지도 여전히 강력한 영향력을 발휘하고 있으며, 그가 분류한 성인기의 여러 단계들은 여전히 사람들에게 호감을 준다. 초기 성인기에는 자아도취와 자기보호의 안개 속으로 사라져서는 안 되며 사랑하는 법을 배워야 한다고 주장한다. 중기 성인기에는 무기력한 타성에 굴복하기보다는 생산적인 삶을 영위하고 미래 세대에 무언가를 남겨 주는 법을 배워야 한다고 (본인의 표현을 빌리자면 '침체성stagnation'을 버리고 '생산성generativity'을 얻어야 한다고) 주장한다.[86] 그리고 이에 따라서 우리가 수행해야 할 과업은, 인생의 쓰라림에 굴복하기보다는 우리가 가진 경험 그리고 우리가 했던 다양한 선택들을 평화롭게 끌어안는 법을 배우는 것이라고 (본인의 표현을 빌리자면 '절망과 혐오'에 빠질 게 아니라 '자기통합'을 이루어야 한다고) 주장한다.[87]

그런데 몇몇 현대 학자들은 이 성인기의 여러 단계들이 과도하게 설정되었다고 믿는다. 심지어 있지도 않은 것을 에릭슨이 억지로 지어냈다고 주장하는 사람들도 있다. 그러나 사춘기 아이들의 부모는 흔히 그 생애 단계들을 정확하게 밟아 나간다. 이들은 게일이 그랬던 것처럼, 비록 직업과 관련해서 자기가 선택할 수 있는 여지는 점점 줄어듦에도 불구하고 침체성에 맞서 싸우며 앞으로 나아가는 것과 관련된 이야기를 한다. 이런 현상을 에릭슨은 다음과 같이 표현했다.

"그것은 자기에게 유일한 생애 주기를 받아들이는 것이며, 그 생애 주기에 새롭게 큰 의미를 가지게 된 사람들, 반드시 있어야만 하고 어떤 필요성 때문에 다른 것으로는 결코 대체할 수 없는 사람들을 받아들이는 것이다."[88]

여자들은 특히 이런 자성自省의 순간들에 민감하다. 2010년 경제활동 인구 조사에 따르면 12세에서 17세 사이 나이의 자녀를 둔 부모 가운데 22퍼센트가 현재 50세 이상이며, 이들 가운데 46퍼센트는 45세 이상이다.[89] 이 통계 수치가 뜻하는 것은, 오늘날 사춘기 아이들의 엄마들 가운데 상당한 수가 폐경기를 맞고 있거나 (폐경기에는 안면 홍조, 수면 장애, 성욕 감퇴 등의 증상이 나타난다) 이미 그 시기를 지나갔다는 뜻이다. 많은 사춘기 아이들이 자신들의 생애 단계를 큰 소동 없이 지나가듯이, 많은 엄마들도 이 생애 단계를 커다란 혼란 없이 지나간다. 그러나 그렇지 않은 엄마들도 많이 있다. 이 사람들은 이제 막 꽃봉오리를 피우는 십 대 아이들의 거울 이미지를 자기가 놓인 조건 속에서 바라보며 우울증과 싸우고, 툭 하면 벌컥 화를 내는 자기 자신과도 싸운다. (2006년부터 철저하게 설계되고 진행된 두 편의 논문은, 폐경기를 전후한 시기에 우울증이 발병할 위험은 설문 응답자의 수에 따라서 두 배에서 네 배까지도 커진다는 사실을 확인했다.)[90]

다행스럽게도 게일은 자기는 자기 딸들이 아름답게 피어나는 걸 바라보는 게 참 좋다고 말한다. 이것은 힐난이라기보다는 일종의 보상이다. 게일은 이렇게 말한다.

"나는 아이들이 소녀에서 숙녀로 변해 가는 걸 바라보면서 참으로 많은 즐거움을 느낀답니다. 이 아이들이 남자를 만나서 잠을 자고 어쩌고 하는 건 지금 나에게는 전혀 신경 쓰이거나 골치 아픈 문제가 아니에요. 내가 죽음에 점점 더 가까워진다는 사실이 신경이 쓰이죠. 그런 생각이 들어요. 세상에나… 난 이제 늙었구나, 하는 생각이요."

게일은 늙지 않았다. 이제 쉰세 살이다. 그녀는 거실을 보라고 눈짓을 한다. 거실에는 이브가 앉아 있다. 게일은 이 아이를 서른여덟 살에 낳았다.

"저 아이를 보면 이런 생각이 들어요. 내가 쟤 나이 때가 언제였나?… 거의 40년 전이구나, 하는 생각 말이에요."

후회의 순간들 | 후회는 온갖 종류의 이상한 옷을 입고 나타난다. 때로는 자기 자신에 대한 어떤 질문으로 나타나기도 한다. 예를 들면 저 직업을 선택했어야 하지 않았을까, 저런 방식의 삶을 선택했어야 하지 않았을까, 저런 배우자를 선택했어야 하지 않았을까 하는 질문들이다. 그런데 사춘기 아이들이 집에 함께 있다는 단순한 이 사실이, 다시 말해서 온갖 잠재적인 가능성으로 가득 차 있으며 그 아이의 미래가 어떻게 전개될지 아무도 알지 못하는 그런 상황이 (게일은 "우리 딸들은 자기들이 알아서 선택을 잘할 겁니다."라고 나에게 말했다) 온갖 몽상을 불러일으킨다.

그러나 때로 이 후회는 우리가 아이를 키운 방식이나 양육 그 자체에 대한 의심의 형태로 나타나기도 한다. 이 후회는 미묘하며, 반드시 우리가 의식적으로 선택한 것에 대한 후회가 아닐 수도 있다. 사실 최악의 고통은 우리가 했어야 하지만 하지 못했던 것들에서, 우리가 저지르고 말았으며 아이들이 보고 말았던 실수들에서, 혹은 우리가 절대로 감추지 못했으며 그 바람에 지금 아이들이 답습하고 있거나 아니면 아이들이 질색을 하며 뒷걸음을 치는 나쁜 버릇들에서 비롯된다. 아이들은 우리가 했던 가장 부끄러운 행동과 최악의 실수들을 생생하게 기억한다. 부모들은 대부분 그런 부끄러운 행동과 최악의 실수들이 어떤 것이었는지, 그런 것들로 인해서 어떤 일들이 어떻게 전개되었는지 그리고 그때의 고통이 얼마나 컸는지 놀랍도록 정확하게 기억한다.

사춘기 아이들이 때로 자기 부모의 결점과 실수를 성급하고도 미묘하게 바라본다는 사실도 위안이 되지 않는다. 아이들의 이런 태도는 자기 자신을 드러내기 위해서, 즉 심리학자들의 표현대로 "자기 개성을 드러내기 위해서" 자기 부모를 밀어내는 데 사용하는 장치가 된다. (예컨대 "난 엄마/아빠처럼 되지 않을 거야!"라고 말하는 식이다.) 이 아이들은 자기들이 가지고 있는 세계관을 어떻게 하면 하나의 무기로, 남에게 상처를 주기 위해서 정교하게 다듬어 낸 무기로 전환시킬지 그 방법을 알고 있다. 컬라이어피도 자기 엄마 서맨사에게 상처를 주고 싶을 때 이따금씩 구사하는 표현들이 있다. 이 가운데 하나는, 서맨사가 본인의 엄마를(즉, 자기 엄마가 외할머니를) 쏙 빼닮았다고 하는 말이다. 그것은 서맨사가 자기 어머니를 끔찍할 정도로 냉정하고 다른 사람을 잘 무시하는 사람이라고 생각하기 때문이다. 심지어 한번은 이 모녀가 말다툼을 벌일 때 딸은 엄마를 외할머니의 이름으로 부르기도 했다. 여기에 대해서 컬라이어피는 웃으면서 순순히 인정한다.

"나도 알아요. 그게 심각한 반칙이라는 걸요."

하지만 내가 들은 이야기 가운데서 양육과 관련해서 가장 심각한 후회는 칼의 아버지이자 베스의 전남편인 마이클의 입에서 나온다.

우리 두 사람은 이야기를 나누기 위해서 자리를 잡고 앉는다. 나는 마이클에게 후회 따위는 절대로 하지 않을 사람으로 보이는데 맞느냐고 묻는다. 그러자 자기는 모든 점에서 행운아라고 생각한다면서 자기 아이들도 나중에 가서는 자기가 선한 의도를 가지고 있음을 알아 줄 것이라고 믿는다고 말한다. 그러나 아이들이 자기에게 슬픔을 안겨 줄 때는 전 아내인 베시가 이혼 조건에 합의하던 때를 떠올리지 않을 수 없다. 공동 친권을 끝내 얻지 못한 채 포기해 버린 일을 말하는 것이다.

"법정에서 긴 공방이 펼쳐졌을 겁니다. 오랫동안 싸워야 했을 거예요. 그렇게 할 수는 없다고 생각했는데…. 하지만 지금도 그때 그 일이 후회됩니다."

마이클은 자기가 잘못했으니 벌을 받는 것도 마땅하다고 생각한다. 특히 큰딸 새러에 대한 감정이 그렇다.

"딸과의 관계는 늘 어긋났습니다. 우리 둘이 함께 있을 때 편한 적이 한 번도 없었습니다."

2년 전 새러가 고등학교를 졸업할 때였다. 멋진 딸이었다. 광채가 저절로 뿜어져 나오는 아름다운 아이. 이 아이는 대단한 공립학교에 입학해서 이제 졸업을 하고, 명문대학교에 그것도 전액 장학금을 받고 입학하기로 되어 있었다. 바로 내 딸이! 그로 말하자면 대학도 못 간 사람이었다. 그런데 어쩐지 서먹하고 어색하기만 했다. 색색의 풍선들이 기쁘게 일렁거리는 졸업식장인데….

"그렇게 졸업식은 끝났습니다. 그리고 누군가가 말했습니다, '그럼 이제 다들 어디로 가지?' 그런데 거기에 나온 대답은 '어디로 가긴, 엄마 집으로 가야지.'였습니다."

그는 그 상상 속의 자기가 있는 반대 방향, 즉 엄마의 집을 제스처로 가리킨다.

"나는 지금 여기 있는데…. (자기 자신을 가리키며) 이렇게 쫙 빼 입고, 속으로는 이런 생각을 합니다. 나도 초대를 받는 거야. 하지만 그런 일은 일어나지 않을 거 같아. 그때 기분을 뭐라고 할까요…. 무력감, 예, 무력감이었습니다. 새러는 엄연히 내 딸이기도 한데 말입니다."

마이클은 일인칭의 시점으로는 도저히 그 이야기를 할 수 없는 것 같다. 삼인칭 시점을 유지해야만 겨우 이야기를 이어 나갈 수 있다.

"누구라도 거기에서 자기 자리를 찾을 수는 없었을 겁니다."

그는 잠시 그때의 그 감정에 젖더니, 곧 모든 걸 인정했다. 일인칭 시점으로.

"내 심정이 그랬습니다. 거기에 내 자리는 없었습니다."

그리고 마이클의 아들 칼도 아빠를 매정하게 대한다. 화를 낸다. 심지어 아예 피하기까지 한다.

"이 아이가 나에게 뭐라는지 압니까? '누나는 아빠가 보기 싫대요. 누나는 아빠를 좋아하지 않아요.' 이럽니다. 만일 이 아이가 나를 온전하게 떨쳐낸다면, 그 자리에서부터 이 아이는 새로 잘 시작할 겁니다."

마이클이 '시작'이라고 한 말의 뜻은 말 그대로 새로운 시작이다. 그런데 아이들의 이런 공격적인 태도는 때로 도저히 견딜 수 없는 방향으로 비화되기도 한다.

"잔인하고 악랄하고 고약한 친구와 말싸움을 한다고 생각하면 됩니다. 그러면 나는 앉아서 이런 생각을 합니다. 이 아이가 하는 말이 맞는 말일까? 아닐까?"

그리고 마이클은 몇몇 경우에는 그것이 맞는 말이라고 생각한다.
"그 애 때문에 나는 결국 울고 맙니다."
마이클은 그 모든 걸 인정하고 받아들인다.

행복한 아이로 키운다는 것

각각 열네 살과 열일곱 살인 게일의 둘째 딸과 막내인 셋째 딸은 편하고 얌전한 성격이다. 이 아이들 역시 사춘기의 성마름으로 게일을 힘들게 할 게 뻔하지만, 그래도 엄마와 대화를 할 때는 언제나 애정을 가지고 있다. 오늘 아침만 해도 이 아이들은 자기 엄마와 내가 나누는 대화에 방해가 되지 않으려고 노력하면서 될 수 있으면 조용히 있으려고 애를 쓰며 부엌을 들락거린다. 그럼에도 아침마다 각자 해야 하는 일상적인 일들을 하느라 부산스럽긴 하지만 말이다.

그리고 메이가 있다. 메이는 부엌에서 지금까지 우리와 함께 있으면서 우리 대화를 듣기도 하고 직접 끼어들기도 한다. 메이는 정말 사랑스러운 외모의 소유자다. 두 동생과 마찬가지로 긴 줄기 끝에 핀 한 떨기 장미 같다. 그러나 그녀 주변의 공기는 늘 떨리는 듯한 느낌이 든다. 아닌 게 아니라 그녀에게서는 어딘가 불안하게 경계하는 모습이 느껴진다. 마치 자기가 나아갈 길 저 앞에 어떤 걱정거리가 있음을 미리 알고 있기라도 한 듯하다. 솔직히 메이는 어릴 적의 내 모습과 비슷하다. 인생이 쉽고 만만하지 않음을 어릴 때 이미 알아 버린 사람에게서는 언제나 그런 느낌이 풍긴다. 사춘기 시절의 내 모습이 그랬다.

"등에 허물 벗겨져요?"

메이가 돌아서며 자기 엄마에게 등을 보인다. 메이도 동생들처럼 탱크탑을 입고 있다. 그리고 코에 작은 스터드를 자랑스럽게 박고 있다.

"아냐, 괜찮아."

메이는 언제나 달랐다. 메이가 늘 걱정이 많은 아이라는 걸 게일도 알았다. 메이는 심지어 다섯 살 때부터 그랬다. 패거리가 생기기 시작하는 5학년 때였다. 메이는 서맨사의 딸이자 가장 친한 친구인 컬라이어피와의 사이에서 문제가 생겨 고민을 했지만, 게일로서는 딸의 이런 고민을 해결할 방법이 별로 없었다.

"컬라이어피가 그렇게 자기를 미워하며 화를 내는데 정작 얘는 걔가 왜 그러는지 몰랐으니까, 그게 당황스러웠던 거지요. 그래서 얘는 걔를 하루 종일 졸졸 따라다니면서 자기가 뭘 어떻게 했기에 그러냐고 물었어요. 나는 제발 그렇게 하지 말라고 타일렀죠. 때로는 목소리를 높이면서까지 말이에요."

그때 생각을 하면 게일은 지금도 저절로 움츠러든다. 게일은 자기 딸이 겪었을 그 일이 마음에 걸리기도 하지만, 그런 일은 딸이 혼자 힘으로 극복하도록 내버려 둘 수밖에 없었던 것도 사실이다.

그런데 8학년 때 메이가 스스로를 고립시키기 시작했다. 게일은 이런 이야기를 많이 듣기도 하고 읽기도 했지만, 자기가 알고 있는 엄마들 가운데 같은 문제로 고민하는 사람이 있는지 알지 못했다. 그래서 엄마로서 자기가 할 수 있는 것을 했다. 심리치료사에게 데리고 가서 상담을 받게 하고, 딸이 하는 말에 귀를 기울이는 법과 필요할 때 조언을 해 주는 방법을 배웠다. 그렇게 하자 메이는 한결 좋아졌다. 지금 메이는 얼마나 참하고 생각이 깊은지 모른다. 게다가 명문 대학교에 그것도 전액 장학금을 받고 들어갔으니….

그러나 메이를 보면 애덤 필립스가 에세이집 『균형에 대하여』에서, 행복은 아이들에게서 요구할 수 있는 게 아니라고 했던 말이 잘 들어맞는 것 같다. 우리가 아이에게서 행복을 기대한다면 그런 기대는 아이를 '우울증 치료제' 정도로 여기는 것과 마찬가지다. 따라서 "아이들이 부모에게 의존하는 것보다 부모가 더 많이 아이들에게 의존하도록" 만든다고 필립스는 썼다.[91]

그리고 마찬가지로 중요한 사실이 있다. 메이는 부모에게 아이를 행복하게 만들어야 한다고 주문하는 것 역시 공정하지 않음을 보여주는 좋은 사례라는 것이다. 아이를 행복하게 만드는 것, 이것은 정말 아름다운 목적이다. (솔직히 나 자신도 이런 목적을 금방 받아들이고 말았다.) 그러나 스포크 박사가 지적하듯이 행복한 아이로 키운다는 것은, 과거의 구체적인 양육 목표들(즉, 특정 분야에 유능한 능력을 발휘하도록 하는 것 그리고 공동체의 의무를 다하며 도덕적인 책임감을 가진 시민으로 성장하도록 하는 것)과 비교하면 쉽게 실체를 파악할 수도 없고, 쉽게 달성할 수도 없는 목표다.

그런데 사실 과거의 그런 목표들이 훨씬 더 구체적이며 따라서 더 달성하기 쉽다. 부모들이 아무리 지극정성의 노력을 다한다 하더라도 모든 아이들이 행복하게 성장하지는 않을 것이다. 그리고 아무리 부모들이 안전하게 보호하고 따뜻하게 감싸 주려고 노력한다 해도 모든 아이들은 성장 과정에서 적어도 한 번쯤은 불행을 느낀다. 그러므로 결국 부모로서는, 아이들이 인생에서 마주칠 보다 더 예리하고 사나운 시련으로부터 (이런 시련은 인생의 여러 단계들 가운데서 특히 사춘기 때 공통적으로 많이 나타난다) 아이들을 얼마나 많이 보호할 수 있을까 하는 어떤 한도를 생각할 수밖에 없다. 이런 맥락에서 필립도 다음과 같이 썼다.

"성장해 가는 아이들에게 인생은 온갖 놀라움들로 가득 차 있다. 이런 놀라움이 트라우마로 남지 않고 그저 놀라운 일들로만 남을 수 있도록 어른들은 헌신적인 노력과 주의를 기울인다. 그러나 아무리 건전한 보살핌이라고 하더라도 자기 아이를 보호하는 데는 한계가 있을 수밖에 없다는 걸 깨닫는다. 인생에서 설계가 가능한 부분은 아주 조금밖에 없다는 깨달음을 피해 갈 수는 없다."[92]

지금까지 메이는 또래의 다른 아이들에 비해서 자기 주변 사물이나 상황에 대해서 훨씬 깊은 곳까지 생각하고 느낀다. 그리고 평온하고 까다롭지 않은 중서부 지역 사람들의 전형적인 기질을 가진 게일은 다른 부모들과 마찬가지로 자기 아이의 이런 모습을 두고서 자책하지 않는다. 게일은 인간의 능력을 가지고서 할 수 있는 모든 것을 다해서 딸을 위해 노력했다는 사실을 스스로도 잘 안다. 그래서 다른 어떤 엄마들 못지않게 스스로에게 연민을 느낀다.

"나는 내가 엄마로서 부족하다고는 생각하지 않아요. 다만 다른 사람이 가진 문제를 해결해 주는 사람으로서는 부족하다는 생각이 들어요. 그저 다른 사람을 도와줄 뿐이죠."

그러나 그것이 쉽다는 뜻은 아니다. 걱정이 많은 아이를 키우는 문제를 보다 잘 극복하기 위한 방법을, 지나온 그 힘든 세월 동안에 따로 배운 적이 있느냐고 묻자, 게일의 짧은 대답이 곧바로 들려온다.

"아뇨."

그렇게 세월은 지나가고 | 하지만 지금 게일은 메이를 얼마나 자랑스럽게 여기는지 모른다. 그저 황홀할 뿐이고, 온갖 칭찬을 다 늘어놓아도 부족하기만 하다. 나는 게일과 대화를 나누면서 어떤 시점에선가 에릭 에릭슨이라는 학자의 이름을 게일에게 언급했다. 생애 주기 8단계 이론을 제시했던 이 학자를 게일이 알고 있을 것이라고 생각했던 것이다. 그러나 게일은 어디에선가 들어본 적이 있는 것 같긴 하지만 잘 모르겠다고 했다. 부엌에서 우리 두 사람의 대화를 가만히 듣고 있던 메이가 부엌에서 나가 2층으로 올라가더니 에릭슨의 저서 한 권을 가지고 내려왔다. 심리학 강좌에서 읽은 책이라면서 이 책을 자기 엄마 앞에 툭 던져 주고는 다시 밖으로 나갔다.

게일은 나를 바라보면서 미소를 지었다.

"이런 재미에 사는 거죠. 사람들은 아이들이 자기보다 더 낫기를 바라잖아요. 자기보다 더 똑똑하고 더 많은 것을 하고 더 많은 것을 알길 바라죠."

게일은 책을 집어서 앞뒤의 표지를 쓰윽 훑어보았다. 그녀는 대화의 앞부분에서 이미 메이가 글을 얼마나 잘 쓰는지 그리고 마음씀씀이가 얼마나 예쁜지 자랑했었다.

"대단하네요. 내가 스무 살 때는 이런 거 읽지도 않았는데."

바로 이 점이 핵심이다. 사람들은 여기저기서 온갖 실수를 하지만, 저마다의 버릇과 눈높이로 그리고 각자 나름대로 깊은 생각을 하고 성취를 이뤄 내면서 그렇게 살아간다.

서맨사의 집에서도 그런 적이 있었다. 서맨사는 웨슬리가 아직 어릴 때 이 아이에게 충분히 집중하지 못한 적이 있다고 말했다.

"나는 컬라이어피가 어릴 때밖에 생각이 안 나요. 웨슬리는 낮에 낮잠도 잘 자지 않고 늘 깨어 있었고, 자동차 시트에서 꺼내 어디다가 두면 그냥 그렇게 잘 있었어요. 얘는 요구하는 것도 그렇게 많지 않았어요. 그저 먹는 거만 주면 좋아했지요. 그래서 늘 이런 생각을 했어요. 얘한테 이 정도만 해도 될까? 하는 생각이요. 그런데 얘 아빠를 보면 아빠도 똑같아요. (웨슬리를 바라보며) 근데 네 생각이 어떤지 엄마는 잘 모르겠어. 응, 웨슬리?"

서맨사는 아들을 지그시 바라보았다. 재능이 많고 감수성이 예민하며, 때로는 골칫덩이 '원수'가 되어 가슴에 그렇게나 커다란 슬픔을 안겨 주곤 하는 그 아이…. 하지만 지금 아들을 바라보는 서맨사의 눈빛은 자신의 선택이 옳았음을 인정받기를 간절히 바라는 절망의 눈빛이 아니었다. 엄마는 용감하게 아들을 바라보았다. 엄마는 진정으로 아들의 대답을 듣고 싶은 눈치였다. 아들도 엄마를 바라보았다. 그 순간 기타를 연주하던 그의 두 손이 그 자리에 고정된 채 움직이지 않았다. 몇 초 동안의 정적이 흘렀다. 그 자리에서 내가 서맨사와 대화를 시작하면서부터 처음으로 배경음악이 중단된 순간이었다. 아무런 소리도 들리지 않은 때는 그때가 처음이었다.

"말할 준비가 되지 않았으면 엄마가 기다려 줄게."

하지만 정작 시간을 필요로 하는 사람은 웨슬리가 아니었다. 서맨사였다.

"너희들을 낳고 키웠다는 게 내가 지금까지 한 일 가운데 가장 멋진 일이야. 그래서 나는…."

서맨사의 말이 거기에서 끊기더니, 갑자기 그녀가 울기 시작했다.

"나는 우리 아이들이 얼마나 자랑스러운지 몰라요. 내가 아이들을 얼마나 사랑하는데. 어젯밤에 문득 컬라이어피가 아기 때 일이 떠올랐어요. 그러면서 어머나, 이제 어떡해. 이제 그 세월들이 다 지나가 버렸잖아, 하는 생각이…."

아이들은 엄마의 이런 솔직한 감정 표현에 깜짝 놀라서 서로의 얼굴을 멀뚱하게 바라보더니 이내 눈시울이 붉어지기 시작했다. 서맨사는 손으로 눈물을 훔치면서 계속 말을 이었다.

"그러면서 또 이런 생각이 들더군요. 그래, 언젠가는 이 애들도 아기를 낳아 기르면…."

웨슬리는 아직도 아무 말도 하지 않았다. 말문이 막히거나 하는 모습을 나에게 한 번도 보여 주지 않았던 컬라이어피도 아무 말 하지 않았다. 대신 한 손으로 엄마의 입을 부드럽게 쓸어 주고, 다른 한 손으로 엄마의 손을 꼭 쥐었다.

6장

행복이란 무엇인가?

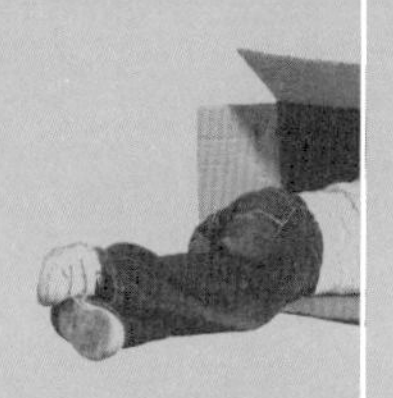

◇◇◇◇◇◇

하지만 나는 진실을 반밖에 말하지 않는다. 어쩌면 반이 아니라 반에 반일지도 모른다. 나머지 진실은 내가 아이들을 사랑하는 걸 그토록 참을 수 없었다는 것이다. 이런 사랑이 나를 약하게 만들었고 민감하게 만들었다. 할 수만 있다면 캐서린과 마거릿을 내 양쪽 겨드랑이에 한 명씩 붙여 버리고 싶었다. 아니, 그보다는 이 아이들을 영원히 안전하게 보호해 줄 수 있도록 다시 내 배 안으로 넣고 싶었다.[1]

메리 캔트웰, 『맨해튼, 내가 어릴 때』(1995년)

이 책 전체를 통해서 나는 아이들이 각각의 발달 단계에서 자기 부모에게 어떤 영향을 미치는지 밝히려고 노력했다. 이렇게 하기 위해서 발달 단계에서 나타나는 변곡점들을 살폈고, 긴장을 유발하는 여러 가지 원천들을 살폈다. 그리고 이런 것들 가운데서 어떤 것들이 보편적이며, 또 어떤 것들이 발달 단계별로 특수한지 가려내고 싶었다. 1장에서는 우리가 익숙하게 가지고 있던 자율성을 아이들이 어떻게 훼손할 수 있는지 설명하려고 노력했다. 그러면서 우리가 밤에 잠을 설쳐야 하고, 일을 하는 자아와 가정에 있는 자아 사이의 경계선을 확정하기 어렵게 만드는 이유가 무엇인지 찾아내려 애썼다. 2장에서는 가정에서 여전히 진행되고 있는 혁명에 대해서 얘기했다. 또 아이가 태어난 뒤에 부부 사이에 가사 노동 분담에 대한 합의가 잘 이루어지지 않을 때 결혼생활이 얼마나 더 힘들어질 수 있는지 그리고 사회적인 차원의 (친구, 친지, 이웃, 민간 및 정부 기관 등의) 지원이 줄어들 때 이런 어려움이 얼마나 더 악화될 수 있는지 살펴보았다. 4장에서는 제2차 세계대전이 끝난 뒤부터 부모에게 점점 더 무겁게 가해지기 시작한 집중 양육의 부담에 대해서 살펴보았다. 생활비 증가의 압박, 직장 여성이 감당해야 하는 이중적인 고통, 빠르게 발전하는 기술, 아이의 안전과 관련해서 점점 늘어나는 공포도 살펴보았다. 그리고 무엇보다도 현대에 들어서면서 아이들이 가지고 있던 경제적인 차원의 효용 가치가 사라져 버린 점 등이 부모의 양육 부담을 가중시켰다는 사실을 확인했다. 그리고 5장에서는 어린아이들이 예전보다 훨씬 더 오랜 기간 보호를 받게 되면서 빚어지는 여러 결과들을 살펴보았다. 그리고 '행복하고 잘 적응된 아이'를 키워야 한다는 전반적인 문화 풍토가 사춘기 아이들의 부모에게 주는 압박도 살펴보았다.

그러나 각각의 장들은 (어린아이가 가져다주는 기쁨을 살펴본 3장을 제외하고는) 어떤 고정된 편견을 가지고 있다. 각각의 장은 부모 노릇을 한다는 것이 실제로 우리에게 어떤 의미인지 혹은 부모 노릇을 하는 전반적인 경험이 우리의 자아 이미지에 어떻게 녹아드는지 하는 문제보다는 하루하루 우리가 활발하게 수행하고 있는 현실 속의 부모 모습에 초점을 맞추고 있다.

내가 이런 쪽으로 방향을 잡은 데는 이유가 있다. 아이를 키우려면 엄청난 노력이 필요하다. 그리고 현대적인 개념의 어린이가 등장한 뒤로 (특히, 명사이던 '부모parent'가 동사로도 사용되기 시작한 뒤로) 보다 높은 효율성을 추구하는 쪽으로 어린아이 양육의 초점이 맞추어졌다. 윌리엄 도허티의 말을 다시 한 번 반복하자면, 아이를 키우는 일은 '고비용-고수익 활동'이다. 나는 이 말 속의 '비용'을 입증하려는 노력을 각 장별로 기울였다.

그러나 이런 비용들은 아이들이 순간순간의 즐거움을 우리에게 줄 수 없다는 뜻은 아니다. 웨이크 포리스트 대학교의 사회학자인 로빈 사이먼Robin Simon은 사회과학적 관점에서 보자면 아이를 양육하는 일과 행복 사이의 상관성이 반비례 관계에 있음을 밝혀냈다. 그런데 이랬던 사이먼조차도 나와 커피를 마시며 편하게 이야기하는 자리에서 노골적으로 이렇게 말했다.

"아이를 키우면 분명히 재미있는 일들이 있죠, 그럼요!"[2]

그 말은 맞다. 재미. 그녀는 자기가 학술적으로 규명한 사실과 방금 말했던 이런 발상 사이에서 어떤 모순도 보지 않는다. 그녀는 열아홉 살인 자기 아들 이야기를 했다. 그 아이는 무술 영화에 심취하는 시기를 거치는 중이라고 했다.

"이 아이와 함께 진짜로 고약한 영화들을 보는 게 재미있어요. 사물에 대해서 이 아이가 생각하는 것을 듣고 자기 관심을 표현하는 모습을 바라보는 게 재미있어요."

하지만 이것은 아이를 기르는 일 가운데서 재미있는 부분일 뿐이다. 아이와 함께 목청껏 노래를 부른다거나, 딸에게 예쁜 드레스를 사 준다거나, 운동 경기의 규칙을 가르쳐 준다거나, 함께 바나나빵을 굽는다든가 하는 일은 분명 재미있긴 하다. 문제는 이 재미있는 부분들이 양육에 소요되는 순간순간의 온갖 잡일의 긴장과 고통에 비하면 너무도 작다는 점이다.

그러나 부모 노릇이라는 것은 단순히 우리가 일상적으로 하는 일이 아니다. 엄마 아빠가 된다는 것은 우리의 본질과 관련된 것이다.

이와 관련해서 낸시 달링은 다음과 같이 썼다.

"나는 '부모 노릇 하기parenting'라는 단어를 생각하면 아이들에게 식탁을 정리하라고 시키고, 숙제를 하게 만들고, 막내에게 바이올린 연습을 시키던 일을 떠올린다."

그래서 그녀는 이 일은 힘든 노동이라고 말한다. 그리고 그녀가 쓴 내용 가운데 핵심을 찌르는 것은 "아마도 내가 아이들과 소통하는 것들 가운데서 가장 즐겁지 않은 일이 아닐까 싶다."라는 고백이다.[3]

그렇다면 과연 달링에게 즐거움을 주는 것은 무엇일까?

> 느긋하게 비디오를 보는 것, 차를 마시는 것, 아이들을 부르면 냉큼 달려와서 나를 안아 주는 것, 아이가 어떤 것을 할 때 아이들의 솜씨에 감탄하는 것, 아이에게 어떤 것을 시킬 때 군말 않고 시키는 대로 하는 것 그리고 아이들이 커 가는 것을 지켜보며 조용히 경이로움에 휩싸이는 것…. (…) 어젯밤에 막내가 바이올린 연습하는 걸 들었다. 이 아이는 여름 내내 지루하다면서 바이올린 연습을 싫어했었다. 그런데 끔찍한 악필이며 마당에서 칼싸움을 좋아하고 툭 하면 물장난을 칠 기회를 호시탐탐 노리는 이 아이가 그렇게 아름다운 음악을 연주할 줄 안다는 사실에 나는 깜짝 놀랐다.[4]

그런데 이 즐거움들에 공통적으로 들어 있는 요소가 수동성임을 달링은 깨닫는다.

"나는 그냥 가만히 앉아, 아이들이 그저 그들 자신으로 존재하는 상황을 즐기는 것이다."

그렇다. 그래서 이런 즐거움들은 설문지의 문항을 읽을 때나 조사자와 면담을 할 때 즉각 튀어나오지 않는다. 그래서 달링도 "만일 누가 나에게 부모 노릇 하기에 대해서 어떻게 생각하느냐고 묻는다면, 그런 즐거움들은 단 하나도 정당한 평가를 받지 못할 거라고 대답할 것"이라고 썼다.[5] 부모가 되었을 때 받는 느낌과 부모 노릇을 하면서 일상적이지만 대개는 몹시도 힘든 온갖 일들을 하는 느낌은 전혀 별개의 것이다. 부모가 된다는 것, 혹은 부모 노릇을 한다는 것을 사회과학적으로 해부하기에는 너무도 어려운 일이다.

기쁨과 행복

우리는 지금 행복을 추구하는 것이 다른 어떤 것보다 중요하다는 말을 듣는 시대에 살고 있다. 행복을 추구할 권리는 헌법에도 명시되어 있다. 행복을 추구하는 것은 수많은 자기 계발서와 텔레비전 프로그램의 주제이기도 하다. 행복은 또한 긍정 심리학이라는 신생 학문 분야가 초점을 맞추고 있는 주제이기도 한데, 긍정 심리학은 무엇이 주변의 모든 것을 풍성하게 만들어서 인생을 멋지게 만드는지 그 방법을 연구하는 학문이기 때문이다. (한동안 긍정 심리학은 하버드 대학교의 학부 학생들에게 가장 인기가 높은 강좌이기도 했다.)[6] 사람들은 행복을 얼마든지 성취할 수 있다고 말한다. 그런데 지금 우리는 물질적인 풍요를 누리고 있음에도 불구하고 여전히 행복을 얻는 것은 소수만이 누릴 수 있는 특권, 혹은 목적이나 심지어 운명으로 인식한다.

그러나 그렇게도 많은 엄마들이 나에게 말했듯이, '행복'은 범위가 매우 넓어서 절망적일 정도로 정확하지 않은 단어다. ECFE 강좌 모임에 우연한 기회에 참석했던 메릴린이라는 할머니는 행복을 무엇이라고 생각하냐는 질문을 받자 내가 들어본 대답 가운데서 가장 퉁명스러운 반문을 했다.

"그런데 굳이 우리가 행복과 기쁨을 구분해야 합니까?"

이 반문에 모든 사람이 그렇다고, 그렇게 하는 게 좋겠다고 대답했다. 그러자 메릴린은 이렇게 말했다.

"내가 보기에는 말이에요. 행복이라는 것은 좀 더 피상적인 감정이에요. 다른 사람들이 어떻게 느끼는지 나는 모르지만, 아이들을 다 키우고 나니까 이런 생각이 들지 뭐예요. 아, 그래도 내가 인생을 살면서 가치 있는 어떤 것을 해냈구나, 하는 생각 말입니다."

여기까지 말한 뒤에 메릴린은 울음을 터트렸다. 그리고 울면서 다시 말을 이었다.

"왜냐하면 모든 것이 끝났을 때 도대체 내 인생은 무엇이었을까 하는 질문을 하게 됩니다. 이제 와서야 나는 그걸 알겠어요."

의미, 기쁨 그리고 목적은 매우 다양한 원천에서 비롯되는 것이지, 오로지 아이들에게서만 나오는 건 아니다. 그러나 여기에서 중요한 것은 메릴린이 했던 보다 기본적인 관찰이다. 즉, '행복'이라는 단 하나의 단어로는 그런 감정들을 (혹은 자기가 인간임을 초월적으로 느끼게 해 주는 그 밖의 수많은 감정들을) 온전하게 모두 아우를 수 없다는 것이다. 아기와 처음 눈을 맞출 때의 그 신비로운 감정은 십여 년이 지난 뒤에 이 아이가 커서 얼음판에서 더블악셀 점프를 완벽하게 뛰는 모습을 바라볼 때의 자랑스러움과 다르다. 또한 이 자랑스러움이 추수감사절에 멀리 흩어져 있던 가족이 한자리에 모여서 웃음꽃을 피울 때 느끼는 소속감이나 따뜻함과도 다르다. 누구든 이런 수많은 감정들을 따로 하나하나 수치로 계량화하려고 노력할 수는 있으며, 나로서도 이런 노력이 가지는 가치를 폄훼할 생각은 없다. 이런 노력을 통해서 알지 못했던 새로운 사실들이 드러나기 때문이다. 그러나 궁극적으로 보면 숫자는 그저 숫자이고 그래프 상의 어떤 곡선이나 점일 뿐이다. 숫자는 우리가 느끼는 어떤 것의 정도를 반영할 수는 있어도 그것의 실체를 생생한 입체감으로 구현하지는 못한다. 이런 감정들이 모두 동일한 수치로 나를 뒤흔들지는 않는다. 예를 들어 기쁨과 같은 감정은 우리의 기분을 드높이는 만큼 우리에게 상처를 줄 수 있다. 의무와 같은 다른 것들은 우리 삶에 배경으로 소리 없이 흐르면서 우리가 살아가는 하루하루를 더 힘들게 만들지만, 다른 한편으로는 우리의 전반적인 삶을 보다 가치 있게 만들어 주며, 우리가 각자 가지고 있는 가치관과 보다 많이 공명하도록 해 준다. 이런 맥락에서 하버드 대학교의 철학자인 시셀라 복Sissela Bok은 『행복학 개론Exploring Happiness』에서 다음과 같이 말했다.

"자서전적인 글에서 전달되는 행복의 경험 가운데서 심리학적 연구나 신경과학적 연구로 온전하게 측정할 수 있는 것은 드물다. 또한 현시대의 어떤 행복 측정치로도 행복의 특성에 대해서나 행복이 인생에서 수행하는 역할에 대한 철학적이고 종교적인 대부분의 주장들을 담아낼 수 없다."[7]

실제로 누군가는 부모가 되어 부모 노릇을 하면서 살아 보면 행복에 대해서 우리가 가진 집착이 (이런 집착은 보통 즐거움이나 축복을 추구하는 형태로 나타난다) 얼마나 피상적인지 알 수 있다는 주장을 할 수도 있다. 아이를 키우면서 우리는 이런 집착을 재평가하게 되고,

어쩌면 행복이 무엇일까 하는 본질적인 의문을 재규정하게 (최소한, 이런 의문을 확장하게) 된다. 우리가 거의 매일 듣는 행복 추구의 방향이 사실은 잘못된 것일 수도 있다. 영화 〈레이더스, 잃어버린 성궤를 찾아서Raiders of the Lost Ark〉에서 살라와 인디아나 존스는 "저 친구들은 엉뚱한 데를 파고 있군."이라는 대사를 말한다. 어쩌면 바로 우리가 이런 꼴일지도 모른다. 우리가 오랜 세월 자녀를 키우면서 (어린아이가 가치를 매길 수 없을 정도로 소중한 시대에서 부모라는 새로운 역할을 이해하려고 애쓰면서, 직장에 나가는 부모에게나 직장에 나가지 않고 온종일 아이를 돌보는 부모에게나 거의 지원을 하지 않는 팍팍한 문화에서 부모라는 역할을 잘 감당하려고 애쓰면서) 뒤죽박죽 엉망진창으로 힘들게 나아갈 때, "우리는 진짜 제대로 된 구덩이를 파고 있는가?" 혹은 "우리가 발견한 것은 무엇인가?"라는 질문을 던져야 한다. 물론 충분히 그럴 가치가 있다.

수치로 따질 수 없는 것들 | 자, 그럼 이제 기쁨에 대한 이야기를 본격적으로 시작해 보자. 그런데 사실 메릴린만 자기 경험을 설명하기 위해서 그 단어를 사용했던 게 아니다. 실제로는 모든 부모들이 그렇게 한다. 그런데 하버드 대학교 의과대학의 정신과의사 조지 베일런트George Vaillant만큼 철저하고 섬세하게 기쁨을 탐구한 사람은 없을 것 같다.

베일런트는 직업적으로는 의사이고 기질적으로는 시인이자 철학자이지만, 사회과학 분야에서 대단한 권위를 가지고 있는 그랜트 연구Grant study(하버드 대학교가 1939년부터 대학생 268명을 줄곧 추적하고 있는 연구 조사–옮긴이)를 수십 년 동안 이끌고 있는 사람이다. 그랜트 연구는 1939년부터 하버드 대학교 2학년 학생들의 삶(그리고 죽음까지)의 모든 측면을 샅샅이 추적하면서 자료를 수집해 왔다.[8] 이 연구에서 베일런트는 순간순간의 행복보다는 장기적인 관점을 가지고서 그들을 바라보고 있다. 그래서 그는 그랜트 연구에 참가하는 연구진들에게 다음과 같이 썼었다.

"이 사람들의 인생은 과학으로 분석할 수 없을 정도로 인간적이었고, 숫자로 담아낼 수 없을 정도로 아름다웠으며, 뭐라고 진단할 수 없을 정도로 슬펐고, 잡지의 논문에 담을 수 없을 정도로 영원한 것이었다."[9]

보스턴에서 내가 처음 베일런트를 만났을 때 그는 유쾌한 느낌의 파란색 스웨터를 입고 있었는데, 이 스웨터에는 작은 구멍이 여러 개 뚫려 있었다. 이 구멍들은 그가 매우 유쾌한 성격의 소유자이며, 쉽게 정신을 딴 데 파는 버릇을 가지고 있음을 보여 주는 증거였다. 짙은 눈썹에 두 눈은 생기가 돌았으며, 일흔일곱 살로는 도저히 볼 수 없을 정도로 정정했다. 자리를 잡고 앉자 그는 이 말부터 시작한다.

"당신 세대 사람들은 집착이 없는 세상은 도저히 상상도 하지 못하겠지요? 그러나 예전에 행동과학자들도 사랑에 대해서 쓸 때, 오로지 성(섹스)만 가지고서 이야기했습니다."

그는 기본적으로 프로이트와 스키너에 대해서 이야기했는데, 이들은 부모와 자식 사이의 사랑을 성애주의 말고는 다른 것으로 바라볼 수 없었다고 말한다.

"그들은 집착이라는 것을 개념화할 수 없었던 겁니다."[10]

하지만 베일런트는 기쁨은 정확하게 집착에서 비롯된다고 말한다.

『행복의 완성Spiritual Evolution』에서 그는 "기쁨은 연결성이다."라고 썼다.[11] 기쁨은 흥분을 추구하거나 어떤 충동을 충족하는 데서 얻는 즐거움과는 완전히 다른 종류의 감정이다. 그런 즐거움들은 강렬하지만 오래 지속되지 못하는 경향이 있다. 그래서 베일런트는 나와 대화를 나누는 과정에서 그런 즐거움이 바로 "프로이트가 성(섹스)을 바라보던 방식이었다."고 말한다.

"전립선을 가득 채웠다가 방출하는 것이야말로 영예로운 것이라고 바라보았던 겁니다."[12]

그렇다고 해서 베일런트가 그런 즐거움들을 평가절하하는 것은 아니다. 우리 인간의 신경회로는 구석구석까지 즐거움을 받아들이도록 연결되어 있음을 그는 알고 있다. 그 즐거움이 바로 재미다. 그러나 그것은 또한 고독이기도 하다. 그런데 이런 것들은 기쁨과 완전히 다르다. 기쁨은 혼자서는 거의 경험할 수 없는 것이기 때문이다.

"이것은 (1970년대에 나온 선정적인 것으로 유명한 프랑스 영화인) 〈엠마뉴엘Emmanuelle〉을 보는 것과 할머니 집 식탁에 차려진 추수감사절 음식을 바라보는 것 사이의 차이와 같다고 말할 수 있죠. 물론 둘 다 즐거움의 형태를 띠고 있긴 하지만 말입니다."

그러나 전자는 개인을 자기 자신에게 향하도록 하는 반면에 후자는 개인을 외면으로, 즉 다른 사람들에게로 향하게 한다.

"그러니까 기쁨이라는 것은 뚱뚱한 할머니를 바라보는 것이고, 유익한 온갖 것들을 알고 있는 어머니를 바라보는 것이고, 당신 뒤를 졸졸 따라다니는 막내 남동생을 바라보는 것입니다. (…) 이 친밀함, 서로 연결되어 있다는 느낌 그리고 부엌에서 나는 특유의 냄새 등은 모두 추수감사절에 모인 가족 사이의 유대감과 연결되어 있는 거지요."[13]

기쁨은 뜨거운 것이 아니라 따뜻한 것에 대한 감정이라고 베일런트는 덧붙인다. 그는 또 『행복의 완성』에서 다음과 같은 사랑스러운 경구를 제시한다.

"흥분, 성적 황홀감 그리고 행복은 모두 심장박동이 빨라지게 만들지만 기쁨과 포옹은 심장박동이 느려지게 만든다."[14]

내가 부모들에게서 들은 가장 가슴 찡한 증언들 가운데 몇몇은 이런 연결성을 이야기하는 것이었다. 미주리시티에 살던 네 아이의 어머니인 안젤리크에게는 열세 살 난 아들이 있는데, 이런 연령대의 아이가 가장 예쁠 때가 언제냐고 묻자 이렇게 말했다.

"내 앞에 서서 내가 안아 주기를 바랄 때죠. 열세 살이나 먹은 아이들도 여전히 내가 안아 주길 바란답니다."

슈가랜드의 한 마을에 살던 레슬리도 열 살 난 자기 아이 이야기를 하면서 안젤리크와 비슷한 말을 했다.

"아이가 '지금 아무개 집으로 놀러 가도 돼요?'라고 묻습니다. 그러면 내가 고개를 끄덕이면서 이렇게 손짓으로 가도 된다고 말하죠. 그러면 좋아서 휙 돌아서서 문을 향해 달려가다가 '아 참, 까먹은 게 있는데!' 하면서 다시 돌아와서는 나한테 와락 안긴답니다."

이 아이들은 무척 쾌활하고 독립심이 있어 보이며 자기들끼리 위Wii 게임을 하거나 헐렁한 미식축구 옷을 입고 연습을 하러 나간다. 그러나 이 아이들이 원하는 것 그리고 이 아이들이 가장 필요로 하는 것은 바로 당신이다. 그리고 당신 역시 이 아이들을 원하고 필요로 한다.

그러나 이 연결은 아무리 강력하다 하더라도 사실은 수천 개의 거미줄처럼 약한 실로 형성된 것이다. 만일 이 연결이 바로 기쁨이라면, 이 기쁨을 온전하게 경험하려면 한편으로는 멋지지만 다른 한편으로는 끔찍한 어떤 것을 필요로 한다. 그것은 바로 상실의 가능성에 자신을 내맡기는 일이다. 이것이 바로 베일런트가 기쁨에 대해서 알아낸 진실이다. 기쁨은 슬픔보다 사람을 더 쉽게 상처받게 만들 수 있다. 베일런트는 윌리엄 블레이크William Blake의 시 '순수의 전조Auguries of Innocence'에 나오는 "기쁨과 슬픔은 훌륭하게 잘 직조되어 있는"이라는 구절을 즐겨 인용한다. 사람은 누구나 슬픔을 예감하지 않고서는 기쁨을 누릴 수 없다. 그래서 어떤 사람들에게는 기쁨이 감당하기 어려운 감정이 되기도 한다는 것이다.[15]

특히 아이를 키우는 부모로서는 상실을 피할 수 없다. 아이가 어느 날 자기를 훌쩍 떠나갈 수 있을 정도로 많은 사랑을 쏟아부어서 강하게 키우는 것이 부모가 수행해야 하는 역설의 역할이기 때문이다. 아이들이 아직 어리고 자기 몸을 제대로 간수하지 못할 때조차도 우리는 이 아이들이 언젠가는 우리 곁을 떠나고 말 것을 예감한다. 우리는 이 아이들을 바라보면서 이제 곧 이 아이가 벗어 버릴 모습을 아쉬워한다. 앨리슨 고프닉은 『우리 아이의 머릿속』에서 일본식 표현인 '物の哀れ(모노노 아와레, 어쩐지 슬프게 느껴지는 일)'를 들어서 이런 감정을 "희비가 엇갈리는 달콤씁쓸함은 덧없는 아름다움 속에 내재되어 있다."고 묘사했다.[16] 기쁨과 상실은 선물의 사랑이 안고 있는 내재적인 모습의 한 부분이다. 그래서 C. S. 루이스도 다음과 같이 썼다.

"우리가 아이들을 먹이고 거두는 것은, 이 아이들이 머지않아서 스스로 그런 문제를 해결할 수 있도록 하기 위함이다. 우리가 아이들을 가르치는 것은, 이 아이들이 머지않아서 우리의 가르침을 필요로 하지 않도록 하기 위함이다. 그러므로 선물의 사랑에는 무거운 과제, 스스로를 파기하기 위해서 노력해야 하는 과제가 주어진다."[17]

어떤 부모들의 심경에는 두려움과 기쁨이 한층 깊고 강하게 직조되어 있다. 2010년에 휴스턴 대학교의 브렌 브라운 교수가 했던 강연의 동영상을 그 뒤로 수십만 명이 보았는데, 이 강연은 다음과 같은 질문으로 시작된다.

> 크리스마스이브의 아름다운 저녁입니다. 하얀 눈이 소복소복 내리고, 어린아이 둘을 포함한 네 식구가 탄 자동차가 할머니 집으로 향합니다. 다들 즐겁고 유쾌한 저녁 식탁을 기대하며 잔뜩 흥분해 있습니다. 가족은 라디오에서 나오는 음악을 듣고 있습니다. 물론 크리스마스 캐럴 "징글벨"입니다. 뒷자리에 앉은 아이들은 신이 납니다. 가족은 모두 모두 소리를 높여서 "징글벨"을 함께 부릅니다. 이때 카메라가 천천히 움직이면서 아이들과 엄마 그리고 아빠의 얼굴을 보여 줍니다. 자, 그런데 다음 장면에서는 어떤 일이 일어날까요?[18]

그녀는 가장 흔하게 나오는 대답이 '교통사고'라고 청중에게 말했다. 사실 이 질문에 대답하는 사람들 가운데 60퍼센트가 교통사고라고 말한다. (그리고 10~15퍼센트는 "동일하게 치명적인 그러나 보다 창의적인 어떤 사고"라고 대답한다고 브라운은 말했다.) 그녀는 이것이 우리가 할리우드의 공식에 얼마나 많이 젖어 있는지 보여 주는 사례일 수도 있음을 인정한다. 그러면서도 이런 현상에는 단지 그것뿐만이 아니라 또 다른 어떤 진실이 숨어 있는 게 아닐까 하고 의심한다. 실제로 아닌 게 아니라 수많은 부모들이 그것과 똑같은 사건을 이야기 한다. 실제 현실에서 그런 일이 일어난다는 것이다. 그녀는 계속되는 강연에서 전형적인 사례 한 가지를 제시한다.

"나는 내 아이들을 바라보고 있습니다. 이 아이들은 잠을 자고 있습니다. 나는 그야말로 무한한 행복감에 젖어듭니다. 그런데 그 순간 어떤 끔찍한 일이 아이에게 일어날 것만 같은 불길한 생각이 머릿속에 퍼뜩 떠오릅니다."[19]

브라운은 이런 감정을 '불길한 기쁨'이라고 부른다.[20] 부모라면 거의 모두가 이런 경험을 한다. 그리고 모든 부모가 운명에 적대적이다. 미국의 비평가 고 크리스토퍼 히친스Christopher Hitchens는 이런 부모의 마음을 "부모의 몸 주변을 돌아다닌다."고 썼다.[21] 이처럼 상처받기 쉬운 부모의 마음은 고뇌하며 괴로워한다. 그러나 부모가 이런 감정을 느끼지 않고서 어떻게 황홀경을 경험할 수 있겠는가? 이런 감정들은 엄마와 아빠가 기쁨의 대가로, 그 끝없는 연결성의 대가로 지불해야 하는 값이다. 그래서 베일런트도 기쁨을 뒤집으면 슬픔이 되고 슬픔을 뒤집으면 기쁨이라고 말했다.[22]

부모로 산다는 것의 의미 | 갑작스럽긴 하지만 미네소타의 샤론 이야기로 다시 돌아가자. 샤론은 혼자서 손자 캠을 키우고 있는 할머니다. 그녀는 상상할 수도 없는 큰 슬픔을 맛본 엄마다. 한 명도 아니고 두 명이나 되는 자식을 먼저 저세상으로 떠나보내야 했기 때문이다. 캠의 어머니인 미셸은 그래도 성인이 되어 자기 자식을 낳을 때까지는 살았다. 그러나 자기 배로 처음 낳은 아들인 마이크는

1985년에 열여섯 살의 나이로 일찌감치 세상을 떠났다. 샤론은 그 비극을 지켜보아야 했다.

샤론과 그녀의 가족은 당시 투손에 살았다. 미셸은 화를 무척 많이 냈고 지능지수가 겨우 75인 그녀의 상황이 어떤 문제의 원인이 되었다. 지능지수가 185였던 마이크 역시 화를 무척 많이 냈었는데 이런 상황은 미셸의 경우와는 전혀 다른 문제를 야기했다. 마이크의 총명함과 분노 그리고 외로움은 일찌감치 활활 타올랐다. 네 살 때 그는 많은 시간을 혼자 보내며 온갖 긴 단어들의 철자를 암기했다. '콘스탄티노플Constantinople'이나 '국교國敎 폐지 조례 반대론antidisestablishmentarianism'과 같은 단어들이 그런 것들이었다.

"그 아이는 늘 기묘한 농담을 했습니다. 다른 아이들은 아무도 알아듣지 못하는 그런 농담을 말이에요."

샤론이 하는 말이다. 초등학교 다닐 때였는데 짧은 기간 동안이긴 했지만 무척 사교적일 때도 있었다.

"하지만 그러다가 다시 자기 내면으로 움츠러들었죠. 마치 세상을 구하는 일이 자기에게 지워진 의무라도 되는 것처럼 말입니다. 그리고 이 아이는 실제로 세상을 구하려고 노력했답니다."

예를 들면, 노숙자를 구타하는 사람이 있으면 잡으려고 공원에 앉아서 기다리는 일 따위가 그랬다. 이때가 6학년 때였는데, '천부적인 재능'을 지닌 아이들이 모인 중학교에 진학해서는 자기와 비슷한 아이들을 만났다. '던전 앤드 드래곤' 게임을 하고 여러 개의 외국어를 구사하며 시를 쓰는 아이들이었다. 하지만 이 아이들과 어울려도 마이크의 우울증은 사라지지 않았고, 이 증상은 마이크가 고등학교에 진학한 뒤에 점점 더 심해졌다. 마이크는 샤론에게 자기가 얼마나 큰 고통 속에 살고 있는지 말하기 시작했다. 스스로 목숨을 끊어 버리고 싶은 충동에 얼마나 자주 휩싸이는지 모른다고 했다. 그리고 결국 그렇게 하고 말았다.

"그날은 화요일이었는데, 마이크가 내 방으로 들어오더니 자꾸 자살하고 싶은 마음이 드는데 아무래도 병원에 입원해야 할 것 같다고 말했어요."

샤론은 마이크와 관련된 모든 이야기를 캠이 낮잠을 자는 동안에 했다.

"그래서 우리는 함께 병원에 갔고, 의사는 아이가 굳이 병원에 입원할 것까지는 없고 자기 혼자서 일어설 필요가 있으니 나더러 아이 일에 너무 깊이 개입하지 않는 게 좋겠다고 조언했어요."

그러면서 의사는 당장 그날부터 약을 복용하는 것도 마이크 본인이 책임지고 알아서 하도록 해야 한다고 덧붙였다.

"우리는 그 의사의 지시를 따르기로 했죠. 그리고 그 아이는 결국 그 길을 선택하고 말았지요."

샤론은 다음날 아침에 죽어 있는 아들을 발견했다.

오랜 세월이 지난 지금 아들의 삶을 어떻게 이해하고 받아들이는지 샤론에게 물었다. 그녀는 곧바로 대답하지 않고 한동안 생각하더니….

"마이크와 함께했던 내 삶을 생각해 보면, 생각해 보면… 모르겠어요. 어려운 질문이네요."

샤론은 어디에서부터 말을 해야 할지 찾는 듯하더니 마침내 어쩌면 가장 논리적일 수 있는 것에서부터 시작했다.

"사실 나는 아들이 아니라 딸을 원했어요. 그때 내 심정이 어땠는지 모를 거예요. 내가 낳은 아이가 딸이 아니라 아들이라는 사실에 적응하는 데 두 주나 걸렸습니다. 하지만 진짜, 그 아이는 아름다웠죠. 금발에 파란 눈… 완벽한 아이였습니다. 크기도 그렇고 모든 게 다… 그 아이는 그러니까….”

다시 한 번 샤론은 적절한 단어를 찾으려고 애를 썼다.

“그 아이는 정말 내 인생의 기쁨이었습니다.”

그러다가 아이에게 우울증이 찾아왔다. 그리고 분노도 뒤를 따랐다.

“그러나 그런 것들은 언제나 보다 큰 인생의 작은 한 조각일 뿐이었어요. 그 아이는 재미있었고, 나에게 커다란 기쁨이자 도움이었죠. 그 아이는 열두 살 때도 쇼핑몰에 갈 때는 여전히 내 손을 잡았습니다. 나란히 함께 걸어 다녔죠. 정말 대단한 아이였고, 나는 그 아이가 자랑스러웠습니다. 그리고 나는 아이를 도와 병을 치료할 방법을 찾아낼 것이라는 희망을 늘 가지고 있었어요.… 모르겠어요. 그 많은 것들을 어떻게 다 요약해서 말해야 할지….”

사실 정확하게 말하면 나는 그 질문을 하지 않았다. 너무 직설적이지 않을까 싶어서 조심스러웠기 때문이다. 내가 하는 질문이 너무 순진한 것이거나 너무 잔인한 것일 수도 있었고, 거기에 대한 판단을 정확하게 내릴 수 없었기 때문이다. 하지만 내가 묻고 싶었던 내용은, 과연 샤론이 자기가 아들에게 기울였던 그 모든 것에 대해서 절망한 적이 있는가, 하는 것이었다. 내 질문이 그런 내용을 제대로 담았는지는 확실하지 않지만… 샤론은 내 질문에 잠시 생각을 하더니 이렇게 대답했다.

“나는 그렇게 생각하지 않았어요. 나는 아이를 가지려고 했죠. 그리고 아이를 가졌어요. 그 아이에게는 병이 있었어요. 하지만 여전히 온전하고 완벽한 존재였죠. 나는 그 애를 키웠어요. 우리는 서로 소통했지요. 나는 그 아이가 다른 선택을 했더라면 얼마나 좋을까, 하고 생각해요. 지금도 살아 있다면, 하고 말이에요. 하지만…."

샤론은 다시 여기에서 잠시 멈추었다. 그녀의 대답은 내가 예상한 것보다 훨씬 간단했다.

"마이크를 키우는 것은 그냥 마이크를 키우는 것이었죠. 나는 여전히 그 아이의 엄마이고요. 그 아이가 열여섯 살 나이로 죽었다 하더라도 내가 그 아이에게서 바랐던 것은 전혀 바뀌지 않아요. 미셸은 서른세 살에 죽었지만 그 아이도 마찬가지예요. 그 아이들은 여전히 내 안에 살아 있어요. 그 아이들은 여전히 내 아이들이죠."

이미 가고 없는 두 사람은 그녀 역사의 한 부분이다. 그들은 그녀가 사랑했던 사람들이며, 그녀가 먹이고 입힌 사람들이며, 그녀가 때로 실수해서 잘 돌보지 못하기도 한 사람들이며, 그녀가 때로 구조해 주기도 한 사람들이며, 인생을 살면서 그 어떤 것보다 최고의 감정과 그 어떤 것보다 최악의 감정을 느끼게 해 준 사람들이다.

"그 아이들은 나에게 부모로 산다는 것이 어떤 것인지 그 모든 걸 알고 느끼게 해 주었죠. 그것은 행복만이 있는 것도 아니고 슬픔만이 있는 것도 아닙니다. 그저 부모 노릇을 다한다는 것, 부모로 산다는 것이 있을 뿐이죠. 아이를 키우는 사람이라면 누구나 가지는 느낌이랍니다."

우리가 살아가는 이유

어린이라고 하면 거의 대부분 미래를 연상한다. 굳이 거창한 진화론을 동원하지 않는다 하더라도 사실 우리가 아이를 낳는 이유도 여기에 있다. 우리 자신, 인간이라는 종이 계속 이어지는 것을 보고 싶은 것이다.

하지만 자기 아이를 자기 DNA의 연속선이라고 바라보는 것과 이 아이에게 우리가 가진 희망, 이루어질 수도 있고 이루어지지 않을 수도 있는 온갖 희망을 짐 지우는 것 사이에는 차이가 있다. 그런데 자기 아이에게 개인적인 기대를 너무 많이 하지 않는 것이 사실은 아이를 키우는 더 건강한 태도다.

영국의 소설가이자 비평가인 존 란체스터John Lanchester는 회고록인 『아주 특별한 요리 이야기Family Romance』(원제는 '가족사 소설'이라는 뜻이다－옮긴이)에서 아름다운 한 가지 청원을 한다. 특히 그는 의무의 개념을 부활시킬 것을 요구하며 다음과 같이 썼다.

"우리 문화에서 사라져 버린 단어들이 여럿 있는데, 그 가운데 하나가 의무가 아닐까 싶다. 그것(그 단어와 어쩌면 그 단어가 뜻하는 것)은 군대와 같은 특수한 집단들에서만 존재한다."

그리고 이어서 거의 본능적으로 다른 사람에 대한 배려라는 주제로 넘어간다.

우리는 흔히 무능한 친척을 돌보는 것과 같은 행위를 마땅히 해야 하는 어떤 의무라고 생각하는 사람들에 대해서 '보살핌care' 혹은 '보살피는 사람carer'이라는 단어를 즐겨 사용한다. 누군가의 더러운 속옷을 갈아입히는 행위를 보살핌의 노동이라고 부르면, 당사자가 그 일을 스스로 원해서 한다는 느낌을 준다. 그러나 의무 차원에서 이런 일을 한다고 생각하면 그 일은 개인적인 차원에서 한결 멀어지며, 따라서 (나의 주관적인 생각일 수도 있지만) 짐은 보다 가벼워진다. 이때 당사자는, 자기가 옳은 일을 한다는 느낌을 여전히 가지면서도 자기가 하는 일 자체를 싫어할 수 있는 자유를 누릴 수 있다.[23]

그런데 아이들은 무능한 친척들과는 다르다. 그리고 란체스터가 이런 말을 하는 의도는 다른 사람을 돌보는 일이 즐겁지 않을 수 있다는 주장, 혹은 어떤 사람이 하고 싶어 안달을 내는 그런 일이 될 수 없다는 주장을 하려는 게 아니다. 그러나 그는 그 방정식에서 즐거움을 제거함으로써 (다시 말하면, 어떤 기대도 하지 않을 권리를 허용함으로써) 우리가 가지는 기대의 내용을 바꾸어 놓는다.

란체스터의 이런 발상은, 아이를 계획에 따라서 낳고 키울 뿐만 아니라 임신 촉진 치료니 입양이니 대리모니 하는 것들을 통해서 적극적으로 아이를 얻으려고 애를 쓰는 시대에서 보면 놀랍도록 진보적이다. 아이를 가지려고 그렇게나 많은 노력을 기울인 끝에 얻은 소중한 아이라면 부모로서는 그 아이를 기르는 경험에서 행복을 기대하는 게 당연하다. 그리고 물론 행복을 발견할 것이다. 하지만 반드시 계속 행복만을 느끼지는 못할 것이다. 또한 그 행복도 늘 자기들이 기대하던 방식이나 형태로 나타나지는 않을 것이다. 란체스터가 제시했던 아주 단순한 발상에서 시작하는 사람들이라면 아마도 매우 유리할 것이다. 오로지 의무라는 발상 속에서만 즐거움을 찾고자 한다면 이 과정은 매우 멀리까지 이어진다. 앞서 1장에서도 언급했듯이, 우리 문화권에서의 자유는 의무에서 벗어나는 자유를 의미하는 것으로 진화해 왔다. 하지만 우리가 어떤 자유를 얻기 위해서 포기해야 하는 무언가를 가지고 있지 않다면, 그렇게 해서 얻은 자유가 도대체 무슨 의미가 있겠는가?

미하이 칙센트미하이는 『몰입의 즐거움』에서 이 문제를 상당히 깊이 생각한다. 그는 자유로워지려면 일련의 법률에 무릎을 꿇으라는 키케로의 통찰을 들고 나온다. 개인적인 삶 속에서 법률은 사람을 구속하기도 하지만 동시에 해방시키기도 한다고 썼다.

"이럴 때 사람은 정서적인 보상을 최대화하려는 끊임없는 압박에서 해방된다."[24]

제시는 자기와 남편 루크의 삶에서 법칙들이 늘어나는 바로 그때 키케로의 통찰과 동일한 깨달음을 얻었다고 말했다.

"윌리엄이 태어나자 우리는 예전보다 더 행복해졌습니다. 그 시점은 우리가 자기들만의 독립적인 삶을 살아가는 것에서 부모 노릇 하면서 살아가는 것으로 넘어가는 전환점이었죠. 아이를 하나 혹은 둘 키울 때는 자기가 아직도 독립적인 삶을 살아간다고 생각하거나 그런 척할 수 있어요. 하지만 세 명이 되자 우리는 부모로서 살아가야 한다는 사실을 받아들일 수밖에 없더군요. 새로운 현실, 새로운 현실의 실체가 자리를 잡는 순간이라고 할 수 있죠."

아이 셋을 키우면 '규칙'은 한층 더 많아지고 운신의 폭을 제한하는 구조도 더 많아진다.

"솔직히 말하면 우리는 아이를 하나 더 낳을까 하는 생각도 했답니다."

샤론 역시 보다 많은 아이들에게 보다 많은 헌신을 하는 데서 위안과 어떤 든든한 체계를 발견했던 것 같다. 미셸을 입양할 때 판사 앞에서 선서한 것처럼 샤론은 "죽을 때까지" 아이를 자기 가슴에 품고 살았다. 그녀는 능동적으로 그리고 자유롭게 미셸을 돌보겠다는 길을 선택했다. 그리고 그 일을 자기 일상의 한 부분으로 삼았다. 마이크와 미셸을 키운 자기 경험을 바라보는 태도도 그랬다. 그 일이야말로 자기가 평생에 걸쳐서 마땅히 해야 하는 일이었고, 그랬기에 자기 인생이 지금의 모습으로까지 올 수 있었다고 생각한다. 그녀가 밤낮으로 아이들을 위해서 했던 그 모든 것은 어떤 비극이나 승리의 결과에 매여서 어쩔 수 없이 해야 했던 게 아니다. 그녀가 날마다 아침에 일어나서 두 아이를 돌본 것은 애초에 본인이 기꺼이 자임한 일이었기 때문이다.

어떤 사람은 샤론의 이런 헌신은 그녀가 가지고 있었던 가톨릭 신앙이나 종교적인 신념의 한 부분이라고 말할지도 모르겠다. (예컨대 『바가바드 기타Bhagavad Gita』에서 힌두교의 신 크리슈나도 제자 아루주나에게 "너에게 맡겨진 일을 성심을 다해서 하되 결코 보상에 마음을 두지 마라."고 말했다.)[25] 하지만 그것은 부모라면 마땅히 지켜야 하는 '교의'의 한 부분이기도 하다. 앨리슨 스포크가 말한 것처럼 우리는 우리의 아이를 사랑하기 때문에 돌보는 것이 아니라 이 아이를 돌보기 때문에 사랑한다.

베일런트가 궁극적으로 나에게 말하고자 했던 것도 바로 이것이다. 그에게는 자식이 다섯 명 있다. 그런데 한 명이 자폐아다. 이 아이는 대부분의 스펙트럼 장애에 아직 이름이 붙지도 않았던 시절에 태어났다. 그리고 설령 그런 장애가 어떤 이름을 가지고 있었다 하더라도 의사들은 거의 언제나 비관적인 이야기만 하던 시절이었다. 나는 베일런트에게 자폐증을 앓던 그 아들 때문에 아버지가 되는 것과 관련해서 기존에 가지고 있던 기대의 내용을 재조정했는지 물었다. 베일런트는 그 아들이 자기나 내가 살아가는 것과 같은 삶은 결코 살지 못할 것임을 알고 있었는데, 내 질문에 고개를 저었다.

"나는 영웅이 되고 싶다거나 노년에 나를 부양해 줄 누군가를 두고 싶어서 자식을 낳은 게 아닙니다. 내가 아이를 가진 것은 잔디가 자라는 걸 내가 좋아하고 산길을 걷는 걸 좋아하는 것과 똑같은 이유에서입니다. 아이를 가진다는 것은 내 존재의 한 부분입니다. 그렇게 큰 흐름에 묻혀서 가는 게 훨씬 쉬우니까요. 나에게 다른 기대는 전혀 없습니다."[26]

어쩌면 베일런트는 자기가 속한 세대의 전형적인 인물일 수도 있다. 일흔일곱 살이라는 그의 연령대 남자들은 아이를 자아실현과 연관시키지 않는다. 그저 그러기로 되어 있으니까 아이들을 낳고 길렀을 뿐이다.

하지만 어쩌면 베일런트는 자폐증을 가진 아들을 키우면서 부모의 도리를 의무라는 관점으로 바라보게 되었을지도 모른다. 그 아들이 그에게 부모로 산다는 것에서 무엇을 기대해야 할지, 혹은 무엇을 기대하지 않아야 할지 가르쳐 주었을지도 모른다. 이런 말을 하자 베일런트는 잠시 생각을 더 해 본 뒤에 이렇게 대답했다.

"그러니까 떠오르는 기억이 하나 있군요. 이게 행복이 아니긴 하지만 사랑인 건 분명합니다. 그 애가 여섯 살 때였는데, 나는 아들 옷의 단추를 하나하나 다 꿰어 주어야 했습니다."

그리고 잠시 말을 멈추고는 시선을 거두고 다른 곳을 바라보았다. 그렇게 침묵 속에 몇 초가 지나갔다.

"신발 끈도 일일이 다 매어 주어야 했지요."

다른 여섯 살짜리 아이들은 저 혼자 옷의 단추를 꿰고 신발 끈도 스스로 매겠다고 하는데, 자기는 그렇게 해야만 했다고 했다.

"분명 그건 번거롭고 성가신 일이었죠. 그러나 잔디가 무성하게 자라면 깎아 줘야 하는 것과 마찬가지입니다. 그렇게 해야죠. 그렇게 하지 않고 어떻게 합니까?"[27]

우리가 아침에 일어나야 하는 이유 | 현대 철학에서 가장 유명한 사고 실험(머릿속에서 생각으로 진행하는 실험. 실험에 필요한 장치와 조건을 단순하게 가정한 후 이론을 바탕으로 일어날 현상을 예측한다-옮긴이) 가운데 하나가 로버트 노직Robert Nozick의 '경험 기계experience machine'인데, 여기에 대해서 그는 1974년에 저서인 『아나키에서 유토피아로Anarchy, State, and Utopia』에서 다음과 같이 썼다.

> 당신이 원하던 경험을 주는 기계, 즉 경험 기계가 있다고 치자. 기가 막히게 훌륭한 신경 심리학자들이 당신의 뇌를 자극해서 당신이 위대한 소설을 쓴다거나 친구를 사귄다거나 재미있는 책을 읽는다는 느낌이 들게 만든다고 치자. 이런 실험이 진행되는 동안 당신은 실험실의 어떤 탱크 안에서 잠을 자듯 둥둥 떠 있고, 온갖 전극들이 당신의 뇌에 연결되어 있다. 자, 그렇다면 당신은 이런 상태로 평생 동안 탱크 안에서 당신 생애의 경험을 프로그래밍해야 옳을까?[28]

그의 대답은 '아니다'이다. 많은 사람들도 본능적으로 노직의 견해에 동의할 것이다. 우리는 어떤 짜릿한 쾌감을 얻는 것보다 훨씬 더 많은 것에 신경을 쓴다.

"우리는 다른 사람들과 심오하게 연결되는 경험을 소망한다. 아울러 자연 현상을 깊이 이해하는 경험, 사랑하는 경험, 음악이나 비극에 깊은 감동을 받는 경험 혹은 새로운 혁신적인 어떤 것을 행하는 경험을 소망한다."[29]

또한 존경심과 자부심, 즉 "행복이 딱 들어맞는 반응으로 나타나는 자아"를 소망한다. 노직의 실험에서 분명한 것은 행복은 목적이 아니라 부산물이 되어야 한다는 사실이다.(삶의 가치는 삶 그 자체가 아니라 삶 속에 채워지는 내용물에 달려 있다는 말이다-옮긴이) 고대 그리스인 가운데 많은 사람들도 이런 생각을 가지고 있었다. 아리스토텔레스에게 에우다이모니아eudaimonia('풍족하고 행복한 삶'이라는 뜻)는 생산적인 어떤 것을 하는 것이라는 뜻이었다.[30] 행복은 우리가 가진 힘과 잠재력을 사용하는 과정을 통해서만 얻을 수 있다는 뜻이다. 다시 말해서 행복하려면 단지 느끼기만 할 게 아니라 실천해야 한다는 뜻이다.

아이를 키우려면 많은 일을 해야 한다. 노직이 제시했던 경험 기계에 수동적으로 몸을 맡겨서 되는 일이 아니라 끊임없이 나타나는 온갖 잡다한 일을 해치우면서 한 걸음 한 걸음 앞으로 나아가야 한다. 그러나 많은 사람들에게, 특히 비전통적인 여러 가지 방식으로 의미를 창조하는 데 필요한 상상력이나 수단을 가지고 있지 않은 사람들에게, 양육해야 하는 아이를 가진다는 것은 자기에게 주어진 잠재력을 사용해서 삶을 설계하고 삶에 어떤 목적을 부여하는 하나의 길이 된다. 이런 점을 로빈 사이먼은 "아이는 우리가 아침에 일어나야 하는 이유"[31]라는 말로 간단명료하게 표현했다.

사이먼은 삶에 대한 일상적인 관찰에 그치지 않는다. 그녀는 통계학적인 진실도 말한다. 양육해야 할 아이가 있는 사람은 그렇지 않은 사람에 비해서 자살률이 훨씬 낮다.[32] 프랑스의 철학자 에밀 뒤르켐Émile Durkheim의 1897년 저서 『자살론Le Suicide』을 필두로 해서 많은 사회학자들은 사이먼이 인용한 바로 그 이유가 정당하다는 사실을 확인해 왔다. 부모는 계속해서 살아가야 하는 여러 가지 이유, 세상을 버릴 수 없는 여러 가지 이유인 연결성을 가지고 있다는 것이다.

뒤르켐은 사회적인 연결성이 제공하는 편익에 대해서 많은 생각을 했다. 그의 관심을 끈 것은 단지 부모와 자식 사이의 유대감뿐만이 아니었다. 어른과 보다 넓은 제도 혹은 기관 사이의 유대감도 그의 관심 대상이었다. 이런 것들이 없다는 사람은 뿌리가 뽑혀 버렸다는 느낌 속에서 자기가 어디로 가고 있는지, 어디로 어떻게 가야 할지 감을 잡지 못한다. 뒤르켐은 이런 상태를 '아노미anomie'라고 불렀다. 오늘날 우리는 이 단어를 '소외'와 같은 뜻이라고 생각하지만, 사실 뒤르켐이 이 단어를 쓰면서 가졌던 의도는 정확하게 말하면 소외가 아니다. 그가 의도했던 뜻은 '규범이 없는 상태'다.[33] 규범이 없는 세상에서 사는 것은 매우 고립적일 수 있다. 조너선 헤이트Jonathan Haidt는 이런 상황을 『행복의 가설The Happiness Hypothesis』에서 다음과 같이 묘사한다.

"어떤 아노미 사회가 있다고 치자. 이 사회 안에서 사람들은 자기 내키는 대로 행동할 수 있다. 그러나 어떤 분명한 기준이나 이런 기준을 강제할 존중받는 사회적 제도가 없을 때, 사람들이 자기가 원하는 것을 찾아내기란 한층 더 어렵다."[34]

사람들은 일단 자기가 부모가 되면 지켜야 할 보다 명확한 일련의 기준을 가지게 되며, 자기를 강제하기 위해서 마련되어 있는 사회적인 제도를 새로운 눈으로 존중하게 된다. 새로 부모가 된 사람들이 부모가 되어서 가장 좋은 점에 대해서 하는 이야기를 들으면서, 이들이 단 한 가지의 단순한 사항을 공통적으로 말한다는 사실에 나는 깜짝 놀랐다. 삶을 정상적인 것으로 만들어 주는 제도에 예전과 다르게 더 강력하게 연결되어 있다고 느낀다는 내용이었다. 그래서 예컨대 갑자기 종교를 더 열심히 믿게 되었고, 갑자기 인근에 있는 학교들과 공원들에 대해서 그리고 교사-학부모 간담회에 대해서 더 많이 알게 되었고, 갑자기 지역 정치에 더 많은 관심을 가지게 되었다. 그리고 예전에는 눈에 잘 띄지도 않았던, 설령 눈에 띄었다 하더라도 그저 밋밋한 2차원의 공간에서만 존재하던, 아이 가진 부모들이 살아가는 세상이 갑자기 3차원의 생생한 현실로 보이기 시작했다. 예를 들어서 ECFE 강좌 모임에서 만난 젠이라는 엄마는 이렇게 말했다.

"일종의 해방이 아닌가 싶네요. 사람들이 나에게 와서 말을 걸고 이야기하기 시작해요. 누군가와 이야기할 수 있는 얘깃거리를 가지게 되었다는 게 정말 좋아요."

이 사람들은 부모가 되면서 다른 사람들과 연결될 수 있는 소재를 제공받았다. 이 사람들은 기차에서든 은행에서든 대기표를 들고 자기 차례를 기다릴 때든 투표소 앞에 길게 늘어선 줄에서 자기 차례를 기다릴 때든 간에 가까이 있는 사람이 아기를 데리고 있으면 말을 붙일 수 있게 되었다. 공동의 관심사를 가지고 있기 때문이다. 그래서 앨리슨 고프닉은 『우리 아이의 머릿속』에서 다음과 같이 쓰고 있다.

"우리가 아이들에게서 느끼는 사랑은 특수성이나 보편성 양측에서 모두 특별한 성질을 가지고 있다."[35]

어린아이가 우리에게 구조와 목적 그리고 우리를 둘러싼 세상에 대한 보다 튼튼한 유대감을 제공한다는 발상이 사회과학 차원의 통계 자료에서 언제나 나타나지는 않는다. 하지만 올바른 도구들로 올바르게 설정하면 반드시 확인할 수 있다. 예를 들어서 로빈 사이먼은 아이에 대한 양육권을 가진 아빠들이 그렇지 않은 아빠들에 비해서 우울증에 시달리는 비율이 낮다는 사실을 확인했다.[36] 이런 사실은 양육과 행복이라는 주제를 묶어서 다루는 대부분의 다른 연구 저작들이 내린 결론과 매우 다르다. 이런 저작들은 아이들의 양육권을 더 갖는 싱글맘들이 싱글파파에 비해서 행복하지 않다는 결론을 내리고 있기 때문이다. 이런 차이가 빚어진 이유가 있다. 사이먼의 연구 방식이 다른 연구 저작들의 방식과 달랐기 때문이다. 사이먼은 우울증의 정도를 측정하면서, 흔히 하루하루의 기분뿐만 아니라 삶의 전반적인 의미나 목적을 응답자에게 묻는다. 그래서 응답자들이 한 주 동안 이런저런 말썽을 겪었는지, 혹은 실패감을 느꼈는지, 혹은 미래에 대한 희망을 느꼈는지 묻는다.[37] 그러므로 아이를 데리고 사는 사람은 아이들을 빼앗기고 없는 사람들에 비해서 이런 질문들에 보다 낙관적인 대답을 할 것임은 누가 봐도 명백하다. 아이를 데리고 사는 사람들은 아침에 일어나야 할 이유, 인생을 살면서 소중한 무언가를 성취하고 있다는 느낌을 가질 이유, 미래와 연결되어 있을 이유를 가지고 있기 때문이다.

베스는 앞 장에서 나왔던 이혼한 교사인데, 이 엄마와 대화를 나누던 도중에 그녀는 이런 이야기를 했다. 아들 칼이 한층 격렬하게 반항을 할 때 (예를 들면 문자 메시지를 보내도 답장을 하지 않고, 엄마의 얼굴을 바라보려고도 하지 않을 때) 일부러 한동안 아들과 접촉을 피했는데….

"그때 정말 비참하더군요. 문자 메시지를 보냈는데 답장을 못 받을 때보다 더 비참하더라고요."

아들과 연결되지 않는다는 느낌은 정말 불편한 감정이었다. 사랑을 줄 수 없어서 불편한 감정이었다.

이와 비슷한 내용을 칙센트미하이가 『몰입의 즐거움』에서도 말한다. 그는 혼자 살며 종교를 가지고 있지 않은 사람들은 한 주 가운데 일요일 아침 시간에 기분이 가장 저조해진다고 했다. 이유는 간단하다. 관심과 주의를 기울일 대상도 없고 장소도 없기 때문이다.

"많은 사람들에게 그런 시간이 부족한 구조는 엄청난 손상을 가져다준다."[38]

정신과 의사이자 홀로코스트의 생존자인 빅터 프랭클Viktor Frankl도 저 유명한 베스트셀러 『죽음의 수용소에서Man's Search for Meaning』를 통해 이른바 '우울한 일요일'에 대해 이야기한다. 프랭클은 이런 현상을 '일요 신경증Sunday neurosis'이라고 부르면서 "바쁘게 살던 한 주가 끝난 뒤에 갑자기 자기 생활을 채울 내용이 부족함을 깨닫는 사람들이 겪는 우울증의 한 종류"라고 정의한다.[39] 이런 상황에 대해서 그가 추천하는 치료법은 생활에 의미 있는 활동을 추가하는 것이다. 이 활동은 굳이 즐거워야 할 필요는 없다. 심지어 당사자에게 어느 정도 고통을 가하는 활동이 될 수도 있다. 이때 고통 자체는 문제가 되지 않는다. 의미 있는 무언가를 계속해야 하는 이유를 가지는 것이 중요하다.

"건축가는 노후한 아치 구조물을 강화하고자 할 때 이 구조물이 받는 하중을 의도적으로 늘이는데, 이렇게 하면 구조물의 각 부분이 보다 튼튼하게 결합되기 때문이다."

그러므로 우울증을 앓는 환자들을 치료하는 사람들은 환자가 가지는 인생의 의미를 재설정하게 함으로써 상당한 양의 긴장을 불러일으키는 것을 두려워해서는 안 된다고 그는 지적한다.[40]

부모가 무슨 일을 할지 고를 때도 마찬가지로, 의미 있는 긴장을 통해서 자기 삶에 강도와 구조적 통합성을 강화해야 한다.

만일 의미를 고려한다면, 행복은 시셀라 복이 자기 저서에서 썼듯이 "복잡하기 짝이 없는 삶을 위한 풍미"라고 말할 수 있다.[41] 행복해지고 싶으면 무언가를 해야 한다. 주일학교에서 어린이를 가르치는 소박한 것이 될 수도 있고, 정부 권력에 비폭력 저항을 하는 거대한 것이 될 수도 있다. 암을 치료하기 위해서 머리를 쓰는 활동을 할 수도 있고 등산을 하는 육체적인 활동을 할 수도 있다. 그림을 그릴 수도 있다. 그리고 17세기 초 영국 시인인 벤 존슨Ben Jonson이 일곱 살 아들을 위한 엘레지에서 썼던 것처럼 '내 최고의 시'[42]인 아이를 키울 수도 있다.

기억하는 자아

세인트폴에서 어느 아빠 반 모임에서 폴 아챔보란 사람이 발언권을 얻는다. 그는 그 모임의 다른 아빠들과 다르다. 대부분 첫 아이를 가진 아빠들이라 갓난아기에서부터 많아야 세 살배기 아이를 하나씩 키우고 있는데 비해서 아챔보는 네 아이의 아빠다. 막내가 세 살이라서 그 모임에 참가할 수 있는 자격을 얻었지만 큰아이는 열한 살이다.

"벤과 아이작이 점점 커 가는 걸 보는데 나는 이 녀석들이 식탁에 앉아서 자기 손으로 시리얼을 그릇에 부어서 먹으려 했던 날들이 그립습니다. 막내 노라는 나를 아주 미쳐 버리게 만들기도 합니다만, 그래도 한두 해만 지나고 나면 '이야, 그때 정말 재미있었지!'라고 말하게 될 걸 잘 알고 있습니다."

생후 17개월의 아들을 둔 크리스가 폴의 말에 깜짝 놀라는 얼굴이다.

"왜 그게 그립다는 거지요? 아이가 자라면 여러 가지로 쉬워지고 편해지지 않을까요?"

뒤이어 다른 아빠들도 가세한다.

"예, 나도 지금으로서는 매일같이 이런 생각을 해요. 빨리 크기만 해라."

"글쎄요, 모르겠습니다. 어쩌면 마지막이라는 생각 때문일지도 모르죠. 이제 다시는 그런 날들을 돌이킬 수 없다는 걸 아니까요. 아니면 그게 얼마나 힘든 나날들이었는지 잊어버렸을 수도 있겠네요."

사람들은 이 주제를 놓고 잠시 토론을 벌인다. 계속해서 폴이 말한다.

"만일 누군가 이렇게 묻는다고 칩시다. '당신 아이가 지금 세 살인데, 기쁨이라는 측면에서 당신 인생은 몇 점인가요?' 이 질문에 여러분은 몇 점이라고 대답을 하겠죠. 그리고 5년이 지났습니다. 그런데 그 사람이 찾아와서 또다시 묻습니다. '당신 아이가 세 살일 때 당신 인생은 몇 점이었습니까?'라고요. 그러면 이때 여러분의 대답은 5년 전과 완전히 다를 겁니다."

현실보다 기억이 아름답다 | 이 단순한 통찰을 통해서 폴은 심리학에서 다루는 가장 큰 역설들 가운데 하나와 우연히 맞닥뜨렸다. 사람들은 자기가 어떤 일을 경험할 때의 느낌을 실제 경험하던 느낌과 전혀 다른 방식으로 기억 속에 고이 간직한다는 역설이다. 이와 관련해서 심리학자인 대니얼 카너먼은 '경험하는 자아experiencing self'와 '기억하는 자아remembering self'라는 한 쌍의 용어를 새로 만들어냈다.[43]

경험하는 자아는 세상을 헤치고 나가는 자아로, 적어도 논리적으로만 따지면 우리가 일상생활에서 부닥치는 여러 가지 선택들을 기억하는 자아보다 더 많이 제어한다. 하지만 실제로는 그렇지 않다. 우리 일상생활에서 보다 큰 영향력을 행사하는 것은 경험하는 자아가 아니라 기억하는 자아다. 특히 어떤 결정을 내린다거나 미래를 위한 계획을 짤 때 그 사실은 더욱 분명하게 드러난다. 기억하는 자아가 오류를 빚을 가능성이 훨씬 더 크다는 사실을 염두에 둔다면 그 사실은 더욱 기이할 뿐이다. 기억이라는 것은 유별나고 선택적이며 온갖 다양한 편견들에 휩쓸리는 경향이 있기 때문이다. 우리는 어떤 일의 경과 및 결론을 우리가 그 일을 전체적으로 받아들이고 느끼는 내용으로 믿는 경향이 있다. (그래서 영화든 휴가든 혹은 심지어 20년간의 결혼생활이든 간에 그 전체 경험은 고약한 종말에 의해 전혀 다른 것으로 왜곡되고 만다. 최종적인 변질이 일어나기 전까지만 해도 아름다웠던 것들까지 모두 치 떨리는 혐오의 대상으로 바뀌어 버린다.)[44] 사람들은 일상적으로 하는 사소한 일들보다는 기념비적으로 의미 있는 일들을 더 잘 기억한다. 그리고 어떤 활동이 얼마나 오래 지속되었는가 하는 점은 우리의 기억에 거의 영향을 미치지 않는다. 카너먼은 2010년에 했던 테드TED 강연에서, 두 주 일정으로 다녀온 휴가 여행이 한 주 여행 이상의 강렬한 기억으로 떠오르지 않을 수도 있다고 했다. 두 번째 주의 경험이 애초의 기억에 그다지 새로운 소재를 보태지 않았을 것이기 때문이라는 게 그 이유다. (경험하는 자아가 그 두 번째 주를 정말 신나게 보냈다고 하더라도 개의치 마라.)

바로 이 강연에서 카너먼은 기억하는 자아의 엄청난 힘이 자기를 혼란스럽게 만든다고 고백했다. 그러면서 청중들에게 질문을 던졌다.

"왜 우리 인간은 이처럼 실제 경험한 사실보다 기억에 훨씬 더 많은 가중치를 줄까요? 정말 뭐라고 설명하기 까다로운 문제라고 나는 생각합니다."[45]

하지만 여기에 대한 대답은 분명하다. 어린아이가 개입하기 때문이다. 기억하는 자아는 우리가 그 모든 것을 간직할 것임을 보장한다. 부모로 살 때의 기억은 경험하는 자아와 기억하는 자아 사이의 간극을 다른 어떤 것들보다 많이 노출시킨다. 카너먼이 텍사스의 909명 엄마들을 상대로 했던 설문 조사에서 드러났던 것처럼, 경험하는 자아는 아이를 돌보는 일보다 설거지를 하는 게 (혹은 낮잠을 자는 게, 쇼핑을 하는 게, 이메일 답장을 쓰는 게) 더 낫다고 연구자들에게 응답한다. 그러나 다른 한편으로 우리의 기억하는 자아는 자기 아이만큼 큰 기쁨과 행복을 주는 건 없다고 연구자들에게 말한다. 그것은 우리가 일상적으로 살아가면서 느끼는 행복이 아닐 수 있다. 그러나 그것은 분명, 우리의 인생 이야기를 구성하는 내용들에 대해서 우리가 생각하는 행복, 다시 말해서 우리가 기억 속에서 끄집어내는 행복이다.

폴은 정확하게 바로 이런 사실을 다른 아빠들에게 말한다.

"이 이야기를 해 드리면 가장 좋은 설명이 될 수 있을지 모르겠네요. 지난주에 나는 아이들을 모두 데리고 고등학교 하키 토너먼트 시합을 구경하러 갔습니다. 정말 대단했죠. 난리도 그런 난리가 없었습니다. 특히 세 살배기를 함께 데리고 가서 더 그랬지요. 가만히 앉혀 두려고 하는데 얘가 말을 들어야지요. 그런데 어떤 여자가 나한테 이러는 겁니다. '이 아이들이 다 당신 아이들입니까?'"

그러면서 폴은 여자가 아이들을 가리키던 손짓을 흉내 낸다.

"그래서 내가 그랬죠. '예.' 그런데 내 목소리는 내가 들어도 후회하는 마음이 가득 담겨 있었습니다. 그런데 바로 그 순간…"

여기에서 폴은 잠시 말을 멈추고 생각하더니, 곧 감탄하듯이 말한다.

"갑자기 이런 생각이 드는 겁니다. 바로 그 현장에 있을 때는 정신이 하나도 없고 혼돈 그 자체지만, 만일 그 현장에서 한 걸음 떨어져 있을 수 있다면, 설령 그게 불과 몇 초 동안만이라고 하더라도 말입니다, 그 느낌이 어떨 것 같습니까? 진짜 신나고 좋았다는 느낌 아닐까요?"

그 느낌을 느끼려면 그저 그 순간에서 살짝만 발을 빼서 뒤로 물러나서 바라보면 된다. 폴이 그렇게 했다.

놀랍지 않은가? 많은 부모들은 십 대 아이들의 숙제를 봐주느라 씨름을 하거나 어린 아기가 부엌 바닥에 흩뿌려 놓은 건포도를 줍고 있지 않을 때, 가만히 아이들을 생각하면 그렇게 행복할 수 없다는 말을 한다. 설문 조사업체인 퓨 리서치 센터가 2007년에 실시한 여론 조사를 보면 부모의 85퍼센트가 자기 아이들이 어릴 때 그들과 씨름하면서 맺었던 인간적인 관계를 자기 개인의 행복과 충족에서 가장 중요한 요소로, 배우자나 부모 혹은 친구나 직업보다도 더 중요한 요소로 평가했다. 무엇이 자기를 행복하게 만든다고 생각하느냐는 질문에는 한결같이 "우리 아이"라고 대답했다.[46]

칙센트미하이와 필라델피아에서 인터뷰를 했는데, 이 자리에서 그도 비슷한 이야기를 했다. 사람들을 관찰해 보면, 아이들과 함께 있을 때는 쉽게 몰입할 수 없다고 말을 하지만, 가장 좋았던 몰입의 순간이 어떤 때라고 회상하느냐는 물음에 엄마들이 가장 많이 하는 대답이 아이들과 함께 있을 때 혹은 아이들과 관련된 일을 할 때라고 그는 말했다.

"특히 아이들에게 책을 읽어 줄 때나 아이들이 어떤 일에 흥미를 가지고 주의를 집중하는 모습을 바라볼 때라는 대답이 많이 나옵니다."[47]

한편 노스웨스턴 대학교의 심리학자인 댄 맥애덤스Dan P. McAdams는 이렇게 말한다.

"연구 조사 작업 차 사람들을 만나서 이야기를 들을 때 우리는 고점과 저점 그리고 전환점에 초점을 맞추어서 사람들의 얘기를 듣습니다."

맥애덤스는 사람들이 하는 자기 이야기를 통해서 자신의 정체성을 형성하는 방식을 연구하는데, 그는 수백 명의 남녀 성인들과 이야기를 나누면서 그들이 하는 이야기를 수집하고 그들이 하는 이야기들에서 특정한 패턴이 있는지 찾아낸다.

"그런데 중년에 접어든 사람들에게 가장 공통적인 고점은 첫아이가 태어날 때입니다."[48]

카너먼이 즐겨 말하듯이 스토리텔링은 기억에 대한 사람들의 자연스러운 반응이다.[49] 우리가 회상하는 여러 일화들은 우리 정체성의 한 부분, 우리가 누구인지를 구성하는 미묘한 한 구성 요소가 된다. 더 나아가, 비록 우리의 경험하는 자아가 우리의 실제적인 생활 모습이긴 하지만, 사실은 기억하는 자아가 우리 자신이라고 카너먼은 『생각에 관한 생각』에서 말한다.[50]

그런데 만일 정말 우리의 본질이 기억하는 자아라면, 현실에서 순간순간 아이들에게 느끼는 감정은 훨씬 덜 중요한 문제가 된다. 아이들은 우리의 고점을 한껏 높여 주는 동시에 우리의 저점을 한껏 떨어뜨리면서 우리 인생에서 풍성하고도 결정적인 역할을 한다. 이런 복잡성이 없다면 우리는, 우리가 많은 것을 이룩했다는 느낌을 가지지 않는다. 그렇기 때문에 맥애덤스도 이렇게 말했다.

"자기가 예상하던 것에서 완전히 빗나가는 어떤 것이 나타날 때 이 사람으로서는 좋은 이야기가 나오는 겁니다. 그런데 아이를 키우면 그 어떤 일을 할 때보다 예상치 못한 일들이 많이 일어나죠."[51]

즐거웠던 기억으로 회상하는 이야기들이 사실 그 이야기가 현실에서 실제로 전개될 때는 늘 그렇게 즐겁지만은 않았다. 오히려 정반대로 전혀 즐겁지 않았을 수도 있다. 다만 시간이 흐른 뒤에 되돌아볼 때 그 일에서 어떤 따뜻한 느낌을 받을 뿐이다. 코넬 대학교의 심리학자인 토머스 길로비치Tom Gilovich는 나에게 이렇게 말한다.

"내가 생각하기에, 이 문제는 심리적인 차원의 질문이라기보다는 철학적인 차원의 질문으로 압축됩니다. 과연, 순간순간의 행복을 나중에 되돌아볼 때 느끼는 감정보다 더 중요하게 평가해야 옳을까 하는 질문입니다."

길로비치는 이 질문에 대해서 자기는 정답을 가지고 있지 않다고 한다. 그런데 그가 제시하는 사례는 어떤 편견을 내포하고 있다. 그는 아이들과 함께 새벽 3시에 텔레비전을 시청하던 일을 떠올린다. 마침 그때는 아이들이 모두 아플 때였다.

"아마도 분명 그때 나는 그 일이 재미있다고 말하지 않았을 겁니다. 그러나 지금은 그때를 돌이켜보면서 아이들에게 이렇게 말하죠. '너희들 그때 우리가 새벽에 일어나서 애니메이션 보던 거 기억나니? 그때 재밌지 않았니?'라고요."[52]

우리는 그렇게 성장한다

아이들은 우리 자신에 관한 이야기만을 제공하지는 않는다. 아이들은 우리에게 구원의 기회도 함께 준다. 라이프스토리를 25년 동안 연구한 맥애덤스는 자기 표본들 가운데서 가장 "발생학적으로 생산적인generative" 어른들일수록, 즉 다음 세대에 의미 있는 무언가를 물려줘야 한다는 생각에 가장 많이 사로잡혀 있는 어른들일수록, 회복이나 부활 혹은 보다 발전된 발상에 대한 이야기를 많이 하는 경향이 있다고 말한다.

이런 사람들은 상당한 시간과 돈과 열정을, 장기적인 수익이 결코 확실하게 보장된다고 볼 수 없는 모험적인 일에 투자한다. 아이를 키우는 일, 주일학교에서 교사로 활동하는 일, 사회의 변화를 촉구하는 일, 가치 있는 사회 기구나 제도를 만드는 데 힘을 보태는 일 등과 같이 발생학적으로 생산적인 일들은 흔히 충족감도 크지만 또 그만큼 많은 좌절과 실패를 안겨다 준다. 그러나 만일 어떤 사람의 내면화되고 진화하는 라이프스토리(즉, 그 사람의 서사적 정체성)가 고통은 얼마든지 극복할 수 있는 것이며 이런 고통과 실패 뒤에는 전형적으로 구원이 뒤따른다는 사실을 반복해서 일러 준다면, 이 사람으로서는 자기의 삶을 구원이라는 차원에서 바라보는 것에 심리적으로 한결 적응하기 쉬워진다.[53]

아이들은 삶의 구원이라는 우리의 이야기(서사) 속에서 어떤 역할을 수행할 수 있다. 맥애덤스는 많은 아빠들로부터 "만일 우리 아이가 세상에 없다면 아마 나는 여전히 세상을 허랑방탕하게 살고 있을 겁니다."라는 말을 자주 듣는다고 한다.[54] 또 아이들은 부모로서의 삶을 살아오기 무척 힘들었던 사람들이 하는 이야기, 특히 가난한 엄마들이 하는 이야기에서 흔히 가장 큰 역할을 한다. 예컨대 공동 저자인 젊은 싱글맘 캐스린 에딘Kathryn Edin과 마리아 케팔라스Maria Kefalas는 『내가 할 수 있는 약속들Promises I Can Keep』에서 다음과 같이 쓰고 있다.

"우리 엄마들이 말하는 구원의 이야기들은 엄마라는 역할이 얼마나 중요한지 말해 준다. 즉, 엄마라는 역할은 젊은 엄마의 삶에서 찾을 수 있는 정체성과 의미에 대한 사실상 유일한 원천이 될 수 있다."[55]

이 책에 등장하는 많은 엄마들은 비록 경제적으로 쪼들리고 함께 아이를 키울 배우자가 없어서 힘들긴 해도 아이들이 자기를 구원해 주었다고, 만일 아이들이 없었다면 자기들은 보다 파괴와 황폐함으로 점철되는 인생을 살고 있을 것이라고 증언했다.

그런데 중산층은 행복하게도 충분히 많은 선택권을 가지고 있기에 (따라서 의미 있는 삶을 살아갈 방도를 적어도 두 개 이상 가지고 있기에) 아이들이 자기 인생에 나타나고 나면 자기 삶이 갑자기 찻잔 하나 안에 구겨 넣어진 것 같은 속박을 느낀다. 그러나 아이들이 이런 부모들의 삶도 확장시킨다. 아이들은 부모들이 할 수 있는 새로운 활동과 새로운 생각들로 이어지는 창문을 활짝 열어 준다. 그래서 필립 코완의 표현을 빌리자면 "예전과는 전혀 다른 세상을 이 부모들의 가정에 끌고 들어온다."[56] 예를 들어서 전에는 한 번도 해 보지 않았던 체스와 같은 것들에 미치도록 몰입하게 되고, 공식적으로는 한 번도 배우지 않았던 이슬람교에 대해서도 공부를 하게 되고, 예전에는 그다지 관심이 없었던 저녁 뉴스 프로그램에도 좀 더 많은 관심을 기울이게 된다. 전에 알지 못했던 것들을 새로 알게 되고 자기가 가지고 있을 것이라고는 생각도 하지 않았던 능력을 깨닫게 되면서 부모들은 보다 큰 자신감과 자부심을 가지게 된다. 자기 아들이 바이올린을 연주하는 모습을 바라보는 낸시 달링이나 자기 딸이 에릭 에릭슨의 책을 읽는다는 사실에 놀라는 게일을 떠올려 보면 알 수 있을 것이다. 그때 게일은 나에게 이렇게 말했다.

"바로 이런 게 인생을 살아가는 보람이 아닌가 싶네요. 아이들이 자기보다는 더 낫기를 바라고, 그런 사실을 확인하는 거 말이에요."

이런 자부심은 아이들이 어떤 성취를 이룩하는 데서만 생겨나는 게 아니다. 아이들이 도덕적인 인간으로, 남의 고통에 공감할 줄 아는 인간으로 성장하는 것을 바라보는 것만으로도 이런 자부심은 생겨난다. 모든 아이들은 자아도취 속에서 인생을 시작한다. 그러나 이 아이들은 어느 사이엔가 (대부분의 경우 부모가 알아차리지 못하는 사이에) 타인이 겪는 고통을 깨닫기 시작하고, 그것을 누그러뜨리길 아주 간절히 원한다. 당신이 아파서 누워 있으면 아이들이 수프를 가지고 당신에게 온다. 낮에 점심을 먹는 자리에서 친구들이 생일파티 이야기를 하면서 그 자리에 함께 있던 아이들 가운데 일부만 초대한 바람에 자기는 속이 상해서 입을 다물고 아무 말도 하지 않았다는 이야기를 한다. 그리고 당신이 그동안 아이에게 보여 주었던 사랑, 아이에게 들려주었던 동정심과 우아함과 존중에 대한 가르침, 그 모든 것이 제대로 잘 전해졌음을 깨닫는다.

맥애덤스는 자기 표본들 가운데서 "발생학적으로 가장 생산적인" 어른들에게서 들은 이야기들 안에 있는 어떤 공통점을 파악했다. 그 사람들은 자기 이야기를 젊은 세대에게 의식적으로 하고 있으며, 자기가 하는 이야기를 젊은 세대 혹은 자기 아이들이 무언가를 배울 수 있는 우화로 바라본다는 사실이었다.

"예를 들면 그 사람들은 이렇게 말합니다. '나는 내 인생의 이야기를 온갖 지혜와 어리석음으로 가득한 이야기로 구성했습니다. 이런 이야기 구조는 내 아이들에게 말해 주고 싶은 어떤 것입니다.'라고요. 나의 서사적 정체성이 다른 사람에게 영향을 줄 수 있다는 생각을 기본적으로 가지고 있다는 말입니다."[57]

가장 생산적인 어른들은 자기 아이를 자신의 초자아superego로 바라본다는 뜻이기도 하다. 이 사람들의 눈앞에는 늘 아이들이 아른거리면서 그들이 도덕적인 선택을 할 때마다 어떤 방향으로 잡아끈다. 이들은 자기가 머뭇거리거나 바람직하지 않게 행동할 때 이런 모습을 자기 아이가 지켜본다는 것을 알고 있다. 반대로 바람직하게 행동할 때도 마찬가지다. 이들은 자기가 아이들의 롤모델이라는 사실을 예리하게 인식한다. 자기가 감시당하고 있음을 잘 안다는 말이다.

그런데 맥애덤스의 경험으로는 모든 사람이 다 이렇게 생각하지는 않는다. 약 백 년쯤 전에 프로이트는 많은 사람들이 유령으로부터 승인을 받고자 자기 과거의 드라마를 재연하는 데 시간을 들인다는 사실을 확인했다. 이들은 자기 부모를 자기의 초자아, 즉 자기들이 끊임없이 즐겁게 해 주고 만족시켜야 할 상상 속의 심판자로 생각한다. 그러나 시간을 초월하는 영속적인 유산을 후대에 물려주는 데 많은 관심을 가진 어른들의 경우에는 그렇지 않다. 이들은 "과거 세대가 평가자가 되어서는 안 된다."고 생각한다고 맥애덤스는 말한다. 과거 세대가 아니라 "다음 세대가 평가자가 되어야 한다."는 것이다.[58] 이 사람들은 자기는 과거 세대의 규범으로 지배를 당하지 않을 것임을 알기에 자유롭게 자신의 삶을 새롭게 고안하고 창조한다. 그리고 자기 아이들이 최종적인 심판자가 되어 주기를 바란다.

그것이 인생이다 | 심리학자인 대니얼 길버트는 자기 손녀들을 '칼로리 제로 초콜릿'이라고 부른다.

"이 아이들은 기쁨 그 자체이고 원하는 만큼 얼마든지 많은 재미를 선사합니다. 그런데 아무런 의무는 지지 않아도 되죠."[59]

하지만 샤론의 경우는 다르다. 손자를 키워야 한다. 그녀는 실질적으로나 법률적으로도 손자 캠을 키우는 사람이다. 그녀는 미셸이 죽은 뒤에 자기가 그 아이를 키우겠다고 떠맡았다.

마거릿 미드는 현대의 미국인 부모가 안고 있는 난감하고 무력한 처지에 대해서 말했다. 이 부모들은 지침으로 삼을 만한 오래된 관습이 없는 터라 아이들을 어떻게 키워야 할지 혼란스럽기 그지없다. 그래서 자신의 육아 본능을 믿지 못한 채 유행에 따라서 민감하게 이리저리 쏠리면서도 부모 세대의 육아 방식은 낡은 것이라면서 미덥잖게 여긴다.[60]

그렇다면 우선 샤론이 평생 동안 아이들을 키우면서 느꼈던 이런 불안들이 얼마나 통렬하고도 불편했을지 상상해 보자. 우선 그녀는 우울증을 가진 아이를 키우는 방식에 관한 정보를 거의 가지고 있지 않았다. 게다가 인지 · 행동 장애를 가진 입양아를 적절하게 보살피는 방법도 거의 알지 못했다. 그녀가 젊은 엄마였던 시절은 모든 것이 이런 것들을 알아내기 위한 특별 강좌 시간이었던 셈이다. 그리고 수십 년이 흐른 뒤에는 또다시 손자를 맡아서 키우게 되었다. 그런데 수십 년 전에 그녀가 익혔던 많은 육아 규칙과 관습이 이제는 쓸모없어졌다. 이제는 자동차 안에 아이를 혼자 두고 잠깐 가게에 물건을 사러 갔다 와서도 안 되었다. 유모차를 펼치려고 해도 두 손과 발 하나가 있어야 했다. 그리고 이제는 육아 전문가라는 사람들은 한결같이 입을 모아서, 아이들을 혼자 제멋대로 놀게 하지 말고 집중적인 놀이를 조직해야 한다고 떠든다.

그러나 샤론의 상황은 늘 달랐다. 그녀의 인생은 아이를 키우는 것만으로 채워지지 않았다. 그녀의 인생은 슬픔으로 점철되었다. 자식을 하나도 아니고 둘이나 먼저 떠나보냈다. 사랑하는 사람을 잃는 것은 한 아이를 새로 얻는 것과 마찬가지로 전혀 준비가 되지 않은 상태로 맞아야 하는 또 하나의 갑작스러운 변화다. 그리고 이제 샤론은 또다시 갑작스러운 변화를 돌파해야 한다.

처음 그녀를 만나고 거의 2년이나 지난 뒤에 책이 거의 완성되었다는 이야기를 전하려고 전화를 하지 않았더라면 그동안 그녀에게 어떤 변화가 생겼는지 알지 못했을 것이다. 전화를 여러 번 했지만 잘 연결이 되지 않았다. 돌이켜 생각해 보면 그건 내가 알게 될 소식의 전조였던 셈이다. 마침내 전화기를 통해서 연결된 그녀의 목소리는 어쩐지 많이 지쳐 있었다. 하지만 그래도 그 지친 목소리 속에서 여전히 여장부의 담대함은 살아 있었다.

"잘되었네요…. 그런데 못 본 사이에 내 상황이 좀 바뀌었어요."

샤론은 죽어 가고 있었다. 암이라고 했다. 암세포가 뇌 속에서 빠르게 증식하고 있다고 했다. 그녀는 차분한 목소리로 그 놀라운 소식을 전했다.

"당신은 신앙을 가지고 있지 않으니 죽음에 대해서 많이 생각해 보진 않았겠죠?"

여러 달 동안 그녀에게는 고통도 찾아오지 않았다. 방사능 치료도 잘 견뎌 냈다. 그녀는 교회를 통해서, ECFE의 친구들을 통해서 그리고 수십 년 동안 살아온 마을의 이웃 사람들을 통해서 세상과 잘 연결되어 있었기 때문에 그녀와 캠 주변에는 늘 사람들이 함께 있어 주었고 집에서 만든 음식도 늘 식탁에 올라왔다.

하지만 그때 이미 그녀는 단기 기억상실증에 시달리고 있었고, 합병증이 그녀를 덮치기 시작했다. 그녀가 이제 어린 캠을 돌볼 수 없다는 사실은 누가 봐도 분명했다. 그래서 그녀는 자기 생활을 다시 조직했다. 여전히 가깝게 지내고 있는 또 다른 자식이 사는 동네 가까이로 이사할 계획을 세우고, 캠은 젊은 사람이 맡아서 키울 수 있도록 조치를 취했다. 캠은 아직 독립하지 않은 아이들을 키우는 한 가정의 새로운 가족이 될 터였다. 그 가족들은 모두 캠을 사랑하고, 캠도 그들을 사랑한다.

부모는 운이 좋다면 죽음을 편안한 마음으로 받아들일 수 있다. 그러나 만일 샤론처럼 캠을 키워야 한다는 부담감 때문에 죽음이 가까이 다가오지 못하도록 발버둥을 쳐야 하는 상황이라면 다르다. 이 상황에서는 부모가 해야 하는 역할의 복잡함이 아니라 명료함이 가장 선명하게 드러난다. 날마다 해야 하는 일을 평소와 다름없이 처리하고 미래를 위해서 필요한 조치를 취하고 영원하고 무조건적인 사랑을 전하는 것, 이런 게 죽어 가는 사람이 해야 하는 기본적인 과업이다. 하지만 이런 것들은 건강한 부모가 기본적으로 해야 하는 과업이기도 하다. 그러나 눈으로 덮여 있는 정적인 바깥세상은 흔히 이런 것들을 바라보기 어렵게 만든다. 아이가 아직 어릴 때 암 진단을 받았던 작가 마저리 윌리엄스Marjorie Williams는 여기에 대해서 한 에세이에서 다음과 같이 썼다.

> 자기에게 남아 있는 삶이 1년밖에 없다는 사실을 안다면 당신은 무엇을 하겠는가 하는 그 상투적인 질문이 나에게 냉정한 현실이 되었다는 사실을 직면했을 때, 나는 어린 자식들이 딸려 있는 여자는 그 존재론적인 질문을 건너뛸 특권이나 의무가 있음을 깨달았다. 이런 경우, 만일 당신이 어린아이를 키우고 있다면, 당신이 할 일은 가능한 한 평소와 다름없이 생활하는 것이다. 달라지는 게 있다면 팬케이크를 조금 더 많이 굽는다는 것뿐이다.[61]

나는 캠이 샤론의 곁을 떠나기로 예정되어 있던 주에 샤론에게 전화를 걸었다. 마침 샤론은 집에 있었다. 사실은 그즈음 샤론은 늘 집에 있었다. 샤론과 캠은 거실에 함께 앉아서 애니메이션 〈큐어리어스 조지Curious George〉를 보고 있었다. 캠이 잠깐 샤론의 목소리가 들리지 않는 곳으로 가자 샤론은 캠이 그즈음 어떻게 행동하는지 얘기해 주었다.

"요즈음 이 녀석이 엄청나게 골을 내고 다니지 뭐예요. 한번은 신발을 벗어 들더니 내 머리에다 던지는 거예요. 바로 거기에 암세포가 있다는 걸 그 애도 알거든요."

그러나 캠은 샤론이 일부러 그런 병에 걸린 게 아니라는 사실도 알았다. 다섯 살도 되지 않았지만 그런 구분은 할 줄 알았다. 그리고 캠이 그렇게 화를 낸다는 것은 자기 할머니를 무척이나 사랑한다는 증거다. 덕분에 샤론은 사람이 죽는다고 해서 사랑이 멈추지는 않으며 부모의 역할 또한 끝나는 게 아니라는 사실을 캠에게 차분하게 설명할 기회를 얻었다.

"얼마나 사랑스러운지 몰라요. 이 아이는 '나는 할머니를 영원히 영원히 영원히 사랑해요.'라고 말해요. 우리는 영원히 영원히 영원히 사랑하는 것에 대해서 서로에게 많은 이야기를 해 주고 있어요. 설령 우리가 서로를 보지 못한다고 하더라도 말이에요. 나는 언제까지고 그 아이의 할머니이자 엄마이고, 그 아이는 나에게 손자이자 아들이니까요."

혹시 죄의식을 느끼는 건 아닌가요?

"맞아요, 그래요. 내가 캠을 버린다는 느낌이 막 드네요."

하지만 그러면서 샤론은 평생 잊지 못할 말을 했다. 죄의식을 느끼는 한편으로 어쩐지 마음이 편안해진다고 했던 것이다.

"이제 어른 두 명이 나서서 캠을 돌봐줄 거예요. 캠이 어른이 될 때까지 돌봐주겠죠. 그런 생각을 하니 얼마나 마음이 놓이는지 몰라요. 나하고 계속 있는 거보다는 그 편이 나을 거예요."

샤론은 만약 자기가 여전히 건강하다면 그럴 결정을 내릴 용기를 내지 못했을 것이라고 말했다. 그리고 마지막 며칠 동안을 그 오래된 아름다운 집에서 캠과 함께 보낼 것이라고 했다. 함께 있는 그 시간을 최대한 즐기겠다고 했다.

"나는 지금 현재의 시간에 충실하려고 노력하고 있어요. 그게 내가 할 수 있는 전부예요."

그리고 마지막으로 한마디 더 덧붙였다.

"〈큐어리어스 조지〉를 보면서 많은 시간을 보내야지요."

그건 마저리 윌리엄스가 했던 말과 다르지 않았다. 평소와 다름없는 생활, 그러나 평소보다 팬케이크를 조금 더 많이 굽는 생활.

아이들은 우리의 삶을 복잡하게 만들지도 모른다. 그러나 아이들은 또한 우리의 삶을 보다 단순하게도 만든다. 아이들에 대해서 져야 하는 도덕적 책임을 알지 못했다고 발뺌하기에는 아이들이 필요로 하는 것이 너무도 많다. 또한 아이들은 우리에게 너무도 많이 의존한다. 샤론이 말하듯이, 그것이 인생이다. 그것이 우리가 하루하루 살아가야 하는 삶이다. 거기에는 우리에게 깊은 충족감을 주는 어떤 것이 있다. 윌리엄스는 시한부 삶을 선고받았을 때 모성이 자기에게 존재론적인 의문을 건너뛸 특권을 주었다고 했다. 어쩌면 그 말이 맞는지도 모른다. 그러나 나는, 애초에 그녀가 가지고 있던 존재론적인 질문의 개수를 줄여 주는 데 모성이 도움을 준 게 아닐까 하는 생각을 한다. 그녀는 날마다 자기가 무엇을 해야 하는지 알았다. 자기가 왜 거기에 있는지도 알았다. 샤론의 경우에도 마찬가지였다. 그녀는 자기 육체가 가장 약한 순간에서조차도 (이제 더는 바닥 분수가 뿜어내는 물줄기 속으로 캠과 함께 뛰어들거나 캠을 들어서 정글짐에 올려놓을 수 없게 되었지만) 자기에게 남아 있는 마지막 힘으로 무엇을 해야 하는지 잘 알고 있었다. 캠을 위해서 캠과 함께 〈큐어리어스 조지〉를 보는 일이었다.

그리고 샤론이 죽으면 그녀 가족 가운데 누군가가 샤론이 캠의 어머니를 대신하기 위해서 판사 앞에서 했던 맹세를 똑같이 다시 할 것이다. 샤론의 집안에서 그것은 반복되는 주제인 것 같다. 가장 행복하던 때 그리고 가장 슬프던 때에 사람들이 모두 함께하는 성스러운 어떤 행동 방침인 것 같다. 사실 이것은 부모가 하는 것, 우리 모두가 하는 것이다. 그리고 이때 우리는 가장 밝게 빛이 난다. 우리는 우리를 가장 필요로 하는 사람, 즉 우리의 어린아이들을 우리와 묶어서 하나가 된다. 그리고 이 아이를 돌보는 과정을 거치면서 점점 더 이 아이들을 사랑하게 되고, 기쁨을 느끼는 방법을 점점 더 익히고, 그 아이들에게 점점 더 놀란다. 그러면서 우리는 성장한다. 가장 순수한 차원의 '선물의 사랑'이다. 이 사랑은 아무리 큰 고통과 상실 속에서도 마치 기적처럼 찾아온다. 찾기만 한다면.

감사의 말

처음 책을 쓰는 일은 처음 아이를 키우는 초보 엄마 시절과 비슷하다. 이 새로운 일이 얼마나 방대한 작업이며 얼마나 커다란 의미를 가지는지 깨닫는 순간부터 한없이 위축된다. 그뿐만이 아니다. 꼼짝없이 집에 매여 있어야 하고, 끊임없이 몰두해야 한다. 또한 (어쩌면 이게 가장 끔찍한 일인데) 사람들은 내가 아는 게 별로 없는 뭔가에 대해서 내가 당연히 잘 알고 능숙하다고 잘못 알고서 나를 대한다. 아무튼 책을 쓰고 출판하는 일에는 친구와 가족과 동료라는 엄청나게 거대한 인간관계가 필요하다.

우선 티나 베네트에게 감사한다. 그녀는 저자들의 생각을 탁월하게 읽어 내는 데 선수일 뿐만 아니라 이런 생각들을 어떤 틀로 (은밀하게!) 엮어 내는 탁월한 편집자다. 아울러 우정에 관해서도 천재성을 가지고 있는데, 그것은 에이전트로서 그녀의 천재성의 덕을 내가 누리기 오래전부터 이미 즐기고 있던 것이다. 그리고 그녀의 동료인 스베틀라나 케이츠는 힘든 일을 전혀 힘들지 않게 척척 해내는 전문가의 표본이다.

에코출판사의 리 보드로는 이 프로젝트를 얼마나 열성을 다해 추진했는지 모른다. 그녀의 열정만으로도 내 노트북이 저절로 켜졌을 정도다. 편집자로서 그녀는 거의 멸종 위기 종으로 분류될 정도로 대단하다. 개별적인 문장뿐만 아니라 전체적인 문맥까지 꼼꼼하게 짚어 주며, 원고 전체를 몇 번이고 계속해서 읽으면서 책의 내용과 품질을 높이려고 애를 썼다. 게다가 믿을 수 없게도 그녀는 함께 시간을 보내기에 정말 재미있고 사랑스러운 사람이기까지 하다. 또한 그녀는 내가 정상적인 속도로 말하는 것처럼 보이게 만들어 줬고, 이 점에 대해서도 감사한다.

에코출판사에서 이 프로젝트에 참가한 사람들에게도 감사의 마음을 전한다. 사장인 댄 핼펀은 내가 편하게 작업할 수 있도록 해 주었으며, 특히 마감이 얼마 남지 않은 마지막 시점에서도 추가 시간을 주면서 나를 편안하게 해 주었다. 홍보 책임자인 마이클 매킨지는 미국의 저널리스트들만큼이나 미국의 각종 매체를 훤하게 꿰뚫고 있다. 그리고 애쉴리 가랜드는 모든 단계마다 멋진 홍보 지침을 제공했다. 아트디렉터인 앨리슨 샐츠먼은 완벽하고도 유쾌한 표지를 만들었다. 아울러 라이언 윌러드, 안드레아 몰리터, 크레이그 영, 벤 토메크가 이 이상한 과정이 매끄럽게 진행되도록 하는 데 필요한 모든 작업을 맡아 주었다. 모두 고맙다.

「뉴욕 매거진」에서 일하는 애덤 모스와 앤 클라크의 전폭적인 지지가 없었더라면 나는 이 책을 쓰지 못했을 것이다. 자기 직원에게 2

년 동안이나 일을 면제해 주는 고용주가 과연 있을지 모르겠다. 설령 있다고 하더라도 나는 그런 사람의 이름을 들어본 적이 없다. 이 두 사람은 내가 스웨덴에 사는 게 좋겠다고 납득시키기까지 했다. 애덤은 또한 이 책의 토대가 되는 이야기를 잡지에 출판하기도 한 사람이다. 그때 실린 내용 가운데 일부는 이 책에도 그대로 나온다.

「뉴욕 매거진」에서 내가 처음 기획물로 이 이야기를 제안했을 때 귀를 기울여 준 사람이 로렌 컨이었는데, 그녀는 그때의 내 기사를 쉽게 읽힐 수 있도록 깔끔하게 정리해 주었다. 지금 그녀는 「타임스」에 있다. 지금까지의 내 경력을 통틀어서 내 글을 훨씬 좋게 다듬어 준 사람들과 함께 일할 수 있었다는 사실은 나에게 행운이다. 존 호먼스, 베라 티누닉, 앨 에이젤, 마티 톨킨, 데이비드 해스켈, 아리엘 카미너, 마크 호로비츠가 그런 고마운 사람들이다. 데이비드와 아리엘은 초고를 읽고 소중하고도 멋진 코멘트와 제안을 해 주었다. (아리엘은 초고를 읽어 주었을 뿐만 아니라 그 뒤로도 원고를 수정할 때마다 자주 읽어 주고 조언을 해 줬다.) 밥 로와 카일라 던 그리고 캐럴린 밀러에게도 고마운 마음을 전한다. 특히 캐럴린은 내가 사춘기 아이들을 이해하는 데 많은 도움을 주었으며, 1997년에 처음 나를 「뉴욕 매거진」에 고용한 사람이기도 하다. 친구 조시 쉥크는 이 책 작업의 초기 단계에서 많은 이야기를 해 주었고, 동료인 크리스 스미스는 작업 후반부에서 결정적인 조언을 해 주었다. 동료 밥 콜커는 굳이 문제 해결자 역할을 자임하면서 많은 시간 함께 점심을 먹을 수 있도록 시간을 내주었으며 최종 원고를 읽어 주는 수고까지 마다하지 않았다. 일레인 스튜어트-샤는 초기 리서치 과정에서 많은 도움을 주었고, 레이첼 애런스는 참고 도서들을 탐색하는 데 탁월한 재능과 실력을 가지고 있었고, 롭 리구오리는 이 책에서 사실 관계를 확인하는 과정이 쉬워 보이도록 도움을 주었는데, 사실 이 작업이 결코 쉽지 않았음은 하늘이 잘 알 것이다. 오류에 빠져 있는 나를 여러 차례 건져 올려 준 점에 대해서 롭에게 고맙게 생각한다.

비록 나는 이 책에서 이미 출판된 자료들을 주로 인용하지만, 많은 학자들이 일부러 시간을 내서 전화나 직접 만남을 통해서, 혹은 장문의 이메일로 나와 대화를 나눌 수 있도록 허락해 주었기에 이들과 나눈 대화나 이메일도 이 책에 인용할 수 있게 되었다. 데이비드 딩어스, 마이클 보넷, 미미 이토, 린다 스톤, 메리 체르윈스키, 로이 바우마이스터, 매튜 킬링스워스, 아서 스톤, 댄 맥애덤스, 미하이 칙센트미하이, 데이비드 메이어, 톰 브래드버리, 수잰 맥헤일, 마이크 도스, 캐스린 에딘, 앨리슨 고프닉, 산드라 호퍼스, 앤드류 철린, 스티븐 민츠, 돌턴 콘리, 캐스린 거슨, 마크 커밍스, 클레이 셔키, 브렌 브라운, 제럴드 패터슨, 도널드 마이켄바움, 안스타인 아사브, 앤 헐버트 그리고 앤드류 크리스텐슨이 그런 고마운 분들이다. 특히 댄 길버트, 조지 베일런트, 로빈 사이먼, 낸시 달링, 래리 스타인버그, B. J. 케이시 그리고 캐럴린 코완과 필립 코완 부부는 다른 일을 젖혀 두고 나에게 시간을 할애해 주었는데 이 분들에게 나는 많은 빚을 진 셈이다.

취재를 할 부모들의 표본을 모으기 위한 방법론을 찾으려고 고심할 때 ECFE와 접촉해 보라고 제안해 준 사람은 미네소타 대학교의 빌 도허티 교수였다. 그와 그의 딸 엘리자베스가 ECFE의 실무자인 아네트 개글리아디와 토드 콜로드를 소개시켜 주었는데, 이 두 사람은 자기들의 지혜를 아낌없이 나눠 주었으며 내가 ECFE 강좌 모임에 참석할 수 있도록 주선해 주었다. 바브 도프, 캐스린 스트롱, 밸러리 매튜스 그리고 크리스틴 노턴은 이런 자리에 내가 참석할 수 있게 해 주었다. 그리고 인구 통계학적인 변화를 고려해서 슈가랜드와 미주리시티를 찾아가도록 현명한 조언을 해 준 사람은 나의 단짝인 샤일라 드완이었다. 미미 슈와츠는 나를 캐스린 터콧과 랄로 마차코스에게 소개했는데, 이 두 사람이 나를 미주리시티의 팔머 초등학교 학부모-교사 간담회에 참석할 수 있도록 주선했다. 미미와 리사 그레이 그리고 에이미 와이스는 내가 휴스턴에 잘 적응할 수 있도록 도왔다. 이들에게 얼마나 많은 도움을 받았으며, 얼마나 고마운 마음을 가지고 있는지 다 표현할 수가 없을 정도다.

아울러 이 책에 들어가는 내용을 투지를 가지고서 이야기해 준 모든 가족들에게도 무한한 감사의 마음을 전한다. 앤지 그리고 클린트 홀더, 제시 그리고 루크 톰슨, 마타 쇼어, 크리스 스나이더, 폴 아챔보, 로라 앤 데이, 레슬리 슐츠, 스티브 그리고 모니크 브라운, 랜 장, 신디 아이반호, 캐럴 리드, 안젤리크 바톨로뮤, ECFE 강좌 모임에서 함께 이야기를 나누었던 많은 엄마들과 아빠들, 자기 경험을 솔직하게 들려줬던 십 대 아이들의 엄마들과 아빠들이 그런 고마운 분들이다. 이 분들은 전혀 알지 못하는 낯선 사람을 너그럽고 따뜻하고 대하며 자기 이야기를 들려주었다. 이들은 모두 밀도 높은 주제에 대해서 솔직한 얘기를 들려주었고, 솔직함이 의미하는 것에 대해서 밀도 높게 이야기해 주었다. 특히 샤론 바틀릿이 그랬다. 샤론은 내가 아는 그 누구보다도 강렬하고도 따뜻한 자극과 격려를 주는 사람이었다. 그녀는 2013년 7월 9일에 세상을 떠났다. 그녀의 딸은 그녀가 가졌던 관대함을 고스란히 물려받았다. 아마 캠도 그럴 것이다.

만일 내가 샤론에게 배운 게 있다면 그것은 우정과 공동체의 소중함이다. 내가 아는 많은 사람들이, 단지 내 사기를 북돋우는 것뿐만 아니라 내가 외로움을 느끼지 않도록 많은 생각들을 곱씹어서 나에게 전해 줌으로써, 내가 걸어왔던 고독한 집필 과정을 그럭저럭 참을 만하게 만들어 주었다. 새러 머레이, 니나 타이콜과 그레고리 매니아티스, 미카엘라 베어드슬리, 수 도미누스와 앨런 버딕, 스티브 워렌, 브라이언 베어드, 레베카 캐럴, 브라이언 헤츠와 더그 개스터랜드, 프레드 스몰러와 카렌 호닉, 조시 파이겐바움, 더그 도스트, 톰 파워스와 라파엘라 나이하우센, 하워드 앨트먼, 딤블 바트, 줄리 저스트와 톰 레이스 그리고 에릭 힘멜이 그런 고마운 사람들이다.

그 누구도 자기 부모를 다시 한 번 더 생각하지 않고서는 양육에 관한 책을 쓰지 못할 것이다. 우리 부모는 젊을 때, 너무도 젊을 때 나를 낳았다. 지금 내가 부모가 되어 있지만, 나라면 과연 그렇게 많은 것을 포기하면서 그런 결단을 내릴 수 있을지 모르겠다. 두 분의 사랑과 무조건적인 지지 덕분에 나는 세상에 발을 디딜 수 있었고, 그 지지는 지금도 여전히 나를 지탱해 준다. 또 남동생 부부인 켄 시니어와 디나 시겔 시니어는, 사람이 동생 부부에게 가질 수 있는 가장 따뜻한 사랑과 연결을 느끼게 해 준다는 사실도 밝혀 두고 싶다. 이들이 나를 지지해 주고, 원고를 읽고 검토해 주고 내 아이들을 대신 돌봐주지 않았더라면 아마도 나는 이 책을 완성하지 못했을 것이다. 존 사노프와 앨리슨 소퍼는 나에게 형제자매나 마찬가지다. 이들과 이들의 배우자인 엘렌 리와 봅 소퍼 덕분에 부모 노릇을 다하는 최고의 모습이 어떤 것인지 배웠다. 이들의 어머니가 함께 있으면서 자기 아이가 부모로서 얼마나 잘하고 있는지 보면 좋겠다는 생각을 늘 하고 있다. (그리고 딜런, 맥스, 마일스, 미아, 벤 그리고 캐럴린 덕분에 나의 아들 러스티는 이들보다 더 멋진 사촌을 원할 일은 절대로 없을 것이다.) 샘 번디와 스텔라 새뮤얼은 나와 피가 섞이지는 않아도 역시 형제자매나 마찬가지며, 이들은 내 아이만큼이나 내 인생을 가능하게 해 주었다. 조지와 엘레너 호로비츠 역시 나와 피가 섞이지 않았지만 나는 이들을 존경하며, 이들 대신에 총이라도 맞을 수 있다. 나는 이들과 끈끈하게 연결되어 있음을 느끼며 그럴 때마나 늘 놀란다. 나는 이 모든 사람들이 나를 위해서 해 준 노력에 고마움을 느낀다. 혼합가족은 아무리 뭐라고 해도 일반적인 가족보다는 더 힘들 수밖에 없기 때문이다.

그리고 마크 호로비츠에게도 고마움을 전한다. 어느 날엔가, 우리가 누군가를 사랑한다는 단 하나의 이유, 그것만으로도 충분하기 때문에, 우리가 인생을 함께 살아가면서 희생하고 위험을 무릅쓰자고 선언함으로써 내 마음을 훔쳤던 바로 그 사람이다. 그는 나에게 글쓰기를 가르쳤고, 아내가 되는 법을 가르쳤고, 의무나 명예와 같은 낡은 개념들이 얼마나 중요한지 보여 주었다. 그는 내가 이 책을 쓸 때나 대신 수백 번이나 즉흥적으로 음식을 준비했으며, 내가 쓴 글이 조금이라도 더 나아질 수 있도록 수백 번이나 조언했다. 그리고 우리 사이의 아들 러스티…. 러스티에게 이 책을 바친다. 사실 이것은 내 인생에 책을 바치는 것이나 마찬가지다. 이 아이가 없다면 세상은 지금보다 절반밖에 아름답지 않을 것이며, 절반밖에 의미가 없을 것이고, 절반밖에 넓지 않을 것이다. 내가 얼마나 사랑하는지 알아 주면 좋겠지만 아마도 이 아이는 절반밖에 알지 못할 것이다. 하지만, 그것만으로도 좋다.

옮긴이의 말

어떻게 하면 자식을 잘 키울까?

지금으로부터 대략 2,300년 전에 살았던 아리스토텔레스도 청년들이 교양 없고 무례해서 이들을 보면 문명의 미래를 절망할 수밖에 없다고 한탄했으니, 어른들 눈에 비치는 청년 혹은 더 어린 연령대의 아이들이 부모 세대의 골칫덩이라는 고민은 동서고금을 통해서 영원한 숙제일지도 모른다.

사람들은 이 영원한 숙제에 붙잡혀 세대에 세대를 이어 지금까지 왔고, 문제는 여전히 미궁에 빠져 있다.

어떤 똑똑한 아빠가 그랬다. 자기는 자식들이 어릴 때부터 누구보다도 자식을 잘 키운다고 생각했다. 나름대로 생각도 많이 하고 연구도 많이 하고 또 누구보다 자식에 대해서 애정이 많다고 자부했다. 자기 방식이 아주 훌륭하다고 생각했고, 그래서 또래의 친구들이나 후배들에게 이런 방식을 권하기도 했다. 하지만 십여 년의 세월이 지난 뒤부터 이런 믿음은 배신을 당했고, 역전의 기미는 좀처럼 보이지 않는다. 어릴 때부터 그렇게 정리정돈을 강조했건만 지금 사춘기를 막 벗어난 아이들은 여전히 정리정돈 상태를 파괴하는 왕자이고, 그렇게 부모의 말에 순종하던 아이들은 부모의 조언보다 친구의 조언을 더 가치 있게 여긴다. 이런 고약한 녀석들 같으니라고!

그 똑똑한 아빠가 또 그랬다. 이제 와 돌이켜 생각해 보면 자신의 알량한 육아 지식과 그 오만함이 부끄러울 뿐이지만, 이런 부끄러움은 그렇다 쳐도 20년 동안 아이들로 인해서 받은 그리고 앞으로도 계속 받게 될 마음의 고통은 어디에 가서 하소연을 해야 하느냐고….

이 똑똑한 아빠에게 어떤 무던한 아빠가 위로한다. 자식을 키우면서 느끼는 보람과 행복이 그런 고통을 상쇄시켜 주지 않느냐고. 그렇다, 충분히 상쇄가 된다. 하지만 그렇게 상쇄가 된다 한들, 그 고통과 상처가 없어지는 것은 아니다. 아이가 아직 어릴 때 밤에 몇 번씩이나 깨어 울어 대는 바람에 겪어야 하는 만성적인 수면 부족과 푸석한 얼굴 그리고 몽롱한 정신, 조금 커서는 사람의 혼을 쏙 빼놓을 저지레, 더 커서는 가시가 돋친 말들, 응답 없는 문자 메시지, 교사의 호출 전화 혹은 경찰의 방문, 온갖 위험한 시도들 그리고 이 아이에게 들어가는 온갖 돈들…. 이런 것들이 부모에게 안겨 주는 정신적·물리적 고통과 상처는 부모가 죽는 날까지 계속된다. 속은 문드러지고 허리는 휜다.

아이를 낳고 부모가 되는 것은 기쁜 일임에도 불구하고 왜 부모는 행복하지 않을까? 무엇이 잘못되었기에 이럴 수밖에 없을까? 부모라는 이유 하나만으로 굳이 이런 고통을 감수해야 하나? 무자식 상팔자의 논리를 주장하며 종족보존의 섭리를 거역해야 옳을까? (아닌 게 아니라 이런 경향이 최근 들어서 특히 산업화가 진전된 나라들에서 나타나며, 우리나라도 예외가 아니다.)

이 책은 이 질문에 대한 대답을 찾는다.

그런데 이 책은 육아 기술에 관한 조언을 주는 책이 아니다. 저자가 서문에서 강조하듯이 이 책은 아이에 대한 책이 아니라 부모에 대한 책이다. 말 안 듣는 아이를 온갖 방법을 동원해서 말을 듣게 만드는 육아의 기술이 이 책의 목적이 아니라, 아이를 키우면서 부모가 받는 고통 그리고 기쁨과 행복의 의미와 과정을 살피는 책이라는 말이다.

어떤 문제가 있을 때 여기에 접근하는 방식을 대증요법과 원인요법으로 분류할 수 있다. 대증요법은 증상을 완화하기 위한 치료법이고, 원인요법은 증상의 원인을 제거하기 위한 치료법이다. 대증요법은 즉각적인 효과를 보장하지만 재발의 가능성이 높고, 원인요법은 효과는 더디지만 근본적인 원인을 밝혀서 이 원인을 제거한다.

이 책은 아이를 키우는 부모에게 닥치는 온갖 문제를 원인요법 방식으로 다룬다. 그만큼 본격적이고 전면적이며, 따라서 똑 부러지는 대답을 구하지는 못한다. 사회과학 분야의 모든 학문이 다 그렇듯이…. 하지만 이 접근법은 육아 문제를 포함해서 아이를 키우는 부모가 맞닥뜨리는 모든 문제를 큰 그림으로 바라볼 수 있게 해 준다. 부모가 자기에게 닥치는 문제를 이렇게 큰 그림으로 바라볼 때 육아 과정의 고통 그리고 기쁨과 행복의 진정한 의미를 알 수 있고, 따라서 고통의 체감지수는 낮아지고 기쁨과 행복의 체감지수는 더욱 높아진다. 거창하게 말하면 학문의 힘이 그만큼 위대하다는 말이고, 소박하게 말하면 '아는 것이 힘'이다.

오늘날의 우리가 현재 알고 있는 '어린이'라는 개념이 나타난 것은 제2차 세계대전이 끝난 다음부터였다. 그 이전까지 어린이들은 어른들과 마찬가지로 농장에서 공장에서 그리고 길거리에서 일을 해야 했다. (물론 지금도 이런 현상은 개발도상국에서 일어나고 있고, 우리나라도 멀지 않은 과거에 그랬다. 지금 부모 세대의 부모 세대가 그렇게 살았다.) 하지만 이렇게 가족경제의 일원이던 어린이들이 보호의 대상이 되면서 어린이들은 정서적으로는 무한한 가치를 지니지만 경제적으로 '쓸모없는' 존재가 되고 돈 먹는 하마가 되어 부모를 더욱 힘들게 하고, 이런 경향은 최근 수십 년 동안에 점점 더 강화되었고, 이 과정에서 부모는 이제 상전이 된 아이들을 뒷바라지하느라 더욱 더 허리가 휘게 되었다.

저자는 사회경제적 변화로 어른-아이 관계가 오늘날의 모습으로 굳어진 게 불과 수십 년밖에 되지 않는다는 사실, 그에 따른 부모-자식 및 남편-아내의 관계 변화 그리고 아이를 키울 때의 고통과 기쁨을 사회학적 분석을 통해서 설명하고, 이 분석을 심리학적·뇌과학적 증거들로 뒷받침한다. 저자가 동원하는 온갖 연구 저작의 결론과 실험 결과들은 한 치의 빈틈도 없이 치밀하게 구성되어 있어서, 독자는 저절로 고개를 끄덕일 수밖에 없을 것 같다. 그리고 저자의 의도대로 부모가 되어 살아간다는 것의 초점을 육아나 아이가 아니라 자기 자신, 즉 새롭게 부모가 되는 이전 과정에 맞추게 될 것이다. 그리고 자식이 '원수'가 아니라 자식을 키우면서 점점 더 이 아이들을 사랑하게 되고, 기쁨을 느끼는 방법을 점점 더 익히고, 그 아이들에게 점점 더 놀라면서 부모가 성장한다는 사실을 깨달을 것이다.

아울러 이 책의 독특한 글쓰기 방식이 눈길을 끄는데, 학술적인 내용을 대중적으로 설명하고 설득하는 저자의 이 글쓰기 유형은 매우 강력한 효과를 발휘한다. 저자는 수많은 엄마나 아빠를 만나서 취재를 했는데, 이 각각의 취재 현장과 대화를 현재형으로 적절하게 삽입해서 해당 주제와 유기적으로 결합했다. 이 책은 영아기부터 사춘기까지 연대기적으로 구성되어 있으며, 저자는 각각의 단계에서 실제 엄마들과 인터뷰한 내용을 생생하게 (때로는 통렬하게!) 묘사한다. 얼마나 생생하게 묘사를 하는지, 책을 다 읽고 나니 한 편의 장대한 서사 소설을 읽은 느낌이 들 정도다. 아마도 내가 아이의 아버지이기 때문에 더 그럴 것이다.

부모로 살면 그렇지 않은 사람보다 고통은 더 많지만 그에 비례해서 기쁨도 더 깊어지고 커진다니까, 이제는 해피엔딩을 바라며 그걸 기대하는 수밖에 없겠다. 이런 깨달음의 선물이 독자에게는 너무 늦게 도착하는 선물이 아니길 기원한다.

주

서문

1 Alice S. Rossi, "Transition to Parenthood," *Journal of Marriage and Family* 30, no. 1 (1968): 35.

2 위와 동일, 26.

3 E. E. LeMasters, "Parenthood as Crisis," *Marriage and Family Living* 19, no. 4 (1957): 352–55, 353.

4 위와 동일, 353–54.

5 위와 동일, 354.

6 Norval D. Glenn, "Psychological Well-being in the Postparental Stage: Some Evidence from National Surveys," *Journal of Marriage and Family* 37, no. 1 (1975): 105–10.

7 Paul D. Cleary and David Mechanic, "Sex Differences in Psychological Distress Among Married People," *Journal of Health and Social Behavior* 24 (1983): 111–21; Sara McLanahan and Julia Adams, "Parenthood and Psychological Well-being," *Annual Review of Sociology* 13 (1983): 237–57.

8 이런 현상을 보여 주는 최근의 논문들로는 다음과 같은 것들이 있다. David G. Blanchflower and Andrew J. Oswald, "International Happiness: A New View on the Measure of Performance," *Academy of Management Perspectives* 25, no. 1 (2011): 6–22; Robin W. Simon, "The Joys of Parenthood Reconsidered," *Contexts* 7, no. 2 (2008): 40–45; Kei M. Nomaguchi and Melissa A. Milkie, "Costs and Rewards of Children: The Effects of Becoming a Parent on Adults' Lives," *Journal of Marriage and Family* 65 (May 2003): 356–74.

9 Daniel Kahneman 외, "Toward National Well-being Accounts," *American*

Economic Review 94, no. 2 (2004): 432.

10 킬링스워스는 아이폰앱을 사용해서 일상생활을 하는 동안에 사람들이 느끼는 감정을 추적한다. 보다 자세한 내용에 대해서는 다음을 참조. http://www.trackyourhappiness.org. 아울러, 이 자료를 바탕으로 한 출판물로는 다음이 있다. Matthew A. Killingsworth and Daniel T. Gilbert, "A Wandering Mind Is an Unhappy Mind," *Science* 330, no. 6006 (November 2010): 932.

11 Daniel A. Killingsworth, 저자와의 인터뷰, 2013년 2월 6일.

12 Arthur Stone, Distinguished Professor, Department of Psychiatry & Behavioral Science, Stony Brook University, 저자와의 이메일, 2013년 5월 30일.

13 이런 연구들 가운데서 가장 알기 쉽고 전향적인 사고로는 다음을 들 수 있다. Debra Umberson and Walter Gove, "Parenthood and Psychological Well-being: Theory, Measurement, and Stage in the Family Life Course," *Journal of Family* Issues 10, no. 4 (1989): 440-62.

14 William Doherty, 저자와의 인터뷰, 2011년 1월 26일.

15 Michael H. Bonnet, 저자와의 인터뷰, 2011년 11월 17일.

16 예를 들어 다음을 참조. Andrew J. Cherlin, *The Marriage Go-Round: The State of Marriage and the Family in America Today* (New York: Vintage Books, 2010), 139.

17 US Department of Commerce and Office of Management and Budget, *Women in America: Indicators of Social and Economic Well-being* (March 2011), 10.

18 Centers for Disease Control and Prevention, "Assisted Reproductive Technology," 다음 웹페이지에서 확인 가능, http://www.cdc.gov/art/ (접속일자, 2013년 4월 3일); 사산이 아닌 정상 출산 신생아의 수에 대해서는 다음을 참조. Brady E. Hamilton, Joyce A. Martin, and Stephanie J. Ventura, "Births: Preliminary Data for 2010," *National Vital Statistics Reports* 60, no. 2 (2011): 1.

19 Jerome Kagan, "Our Babies, Our Selves," *The New Republic* (September 5, 1994): 42.

20 Bureau of Labor Statistics, *Women in the Labor Force: A Databook,* report 1034 (December 2011), 18-19.

21 "Louis C. K. on Father's Day," June 20, 2010, 다음 웹페이지에서 확인 가능. http://www.cbsnews.com/video/watch/?id=6600481n (접속일자, 2013년 4월 4일).

22 Viviana Zelizer, *Pricing the Priceless Child* (New York: Basic Books, 1985), 14.

23 Cheryl Minton, Jerome Kagan, and Janet A. Levine, "Maternal Control and Obedience in the Two-Year-Old," *Child Development* 42, no. 6 (1971): 1880, 1885.

24 Brett Laursen, Katherine C. Coy, and W. Andrew Collins, "Reconsidering

Changes in Parent-Child Conflict Across Adolescence: A Meta-analysis," *Child Development* 69, no. 3 (1998): 817–32.

25 Kerstin Aumann, Ellen Galinsky, and Kenneth Matos, "The New Male Mystique," in Families and Work Institute (FWI), *National Study of the Changing Workforce* (New York: FWI, 2008), 2.

26 Judith Warner, *Perfect Madness: Motherhood in the Age of Anxiety* (New York: Riverhead Books, 2005), 20. 『엄마는 미친짓이다』, 주디스 워너, 임경현 옮김, 프리즘하우스.

1장 나의 삶은 어디로 간 것일까?

1 Melvin Konner, *The Tangled Wing: Biological Constraints on the Human Spirit* (New York: Henry Holt, 2002), 297.

2 Mary Owen, Minnesota Department of Education, 저자와의 이메일, 2013년 4월 9일.

3 Erma Bombeck, *Motherhood: The Second Oldest Profession* (New York: McGraw-Hill, 1983), 16.

4 John M. Roberts, "Don't Knock This Century. It Is Ending Well," *The Independent*, November 20, 1999.

5 Adam Phillips, *Missing Out: In Praise of the Unlived Life* (New York: Farrar, Straus and Giroux, 2013), xiii.

6 Skip Burzumato, Assistant Director, National Marriage Project, 저자와의 이메일, 2013년 5월 27일. 아울러 참조, Kay Hymowitz 외, "Knot Yet: The Benefits and Costs of Delayed Marriage in America," The National Marriage Project at the University of Virginia, 2013. 8, 다음 웹페이지에서 확인 가능, http://nationalmarriageproject.org/wp-content/uploads/2013/03/KnotYet-FinalForWeb.pdf.

7 Hymowitz 외, "Knot Yet."

8 David Dinges, 저자와의 인터뷰, 2011년 11월 18일.

9 Daniel Kahneman 외, "A Survey Method for Characterizing Daily Life Experience: The Day Reconstruction Method," *Science* 306, no. 5702 (2004): 1778.

10 위와 동일, 1779; Norbert Schwarz, Charles Horton Cooley Collegiate Professor of Psychology, University of Michigan, 저자와의 이메일, 2011년 9월 15일.

11 National Sleep Foundation, "2004 Sleep in America Poll," March 1, 2004, 다음 웹페이지에서 확인 가능, http://www.sleepfoundation.org/sites/default/files/FINAL%20SOF%202004.pdf (접속일자, 2013년 5월 6일).

12 Hawley E. Montgomery-Downs 외, "Normative Longitudinal Maternal Sleep: The First Four Postpartum Months," *American Journal of Obstetrics and Gynecology* 203, no. 5 (2010): 465e.1–7.

13 Michael H. Bonnet, 저자와의 인터뷰, 2011년 11월 17일.

14 Roy F. Baumeister and John Tierney, *Willpower: Rediscovering the Greatest Human Strength* (New York: Penguin Books, 2012), 3, 33. 『의지력의 재발견』, 존 티어니 · 로이 바우마이스터, 이덕임 옮김, 에코리브르.

15 위와 동일.

16 Adam Phillips, *Going Sane: Maps of Happiness* (New York: HarperCollins, 2005), 66. 『멀쩡함과 광기에 대한 보고되지 않은 이야기』, 애덤 필립스, 김승욱 옮김, 알마.

17 위와 동일, 78.

18 위와 동일, 79.

19 Adam Phillips, *On Balance* (New York: Farrar, Straus and Giroux, 2010), 33.

20 Alison Gopnik, *The Philosophical Baby: What Children's Minds Tell Us About Truth, Love, and the Meaning of Life* (New York: Farrar, Straus and Giroux, 2009), 129. 『우리 아이의 머릿속』, 앨리슨 고프닉, 김아영 옮김, 랜덤하우스코리아.

21 위와 동일, 13.

22 Daniel Gilbert, 저자와의 인터뷰, 2011년 5월 22일.

23 Mihaly Csikszentmihalyi, *Flow: The Psychology of Optimal Experience*, 1st paperback ed. (New York: HarperPerennial, 1991). 이하의 모든 인용은 이 버전에서 한다. 『몰입의 즐거움』, 미하이 칙센트미하이, 이희재 옮김, 해냄.

24 위와 동일, 49.

25 위와 동일, 72.

26 Gopnik, *The Philosophical Baby,* 129. 『우리 아이의 머릿속』.

27 Csikszentmihalyi, *Flow,* 52. 『몰입의 즐거움』.

28 Daniel Gilbert, 저자와의 인터뷰, 2011년 5월 22일.

29 Benjamin Spock, *Dr. Spock Talks with Mothers* (Boston: Houghton Mifflin, 1961), 121, 다음에서 인용, Ann Hulbert, *Raising America: Experts, Parents, and a Century of Advice About Children* (New York: Vintage Books, 2004), 353.

30 Daniel Gilbert, 저자와의 인터뷰, 2011년 5월 22일.

31 Csikszentmihalyi, *Flow,* 58, 60, 158–59. 『몰입의 즐거움』.

32 Mihaly Csikszentmihalyi, 저자와의 인터뷰, 2011년 7월 25일.

33 Bureau of Labor Statistics, "Work at Home and in the Workplace, 2010," TED:

The Editor's Desk (blog), June 24, 2011, 다음 웹페이지에서 확인 가능, http://www.bls.gov/opub/ted/2011/ted_20110624.htm.

34 인터넷과 스키너 상자의 현대적인 비교에 대해서는 다음을 참조, Sam Anderson, "In Defense of Distraction," *New York Magazine* (May 17, 2009), 다음 웹페이지에서 확인 가능, http://nymag.com/news/features/56793/;also Tom Stafford, "Why email is addictive (and what to do about it)," MindHacks (blog), 다음 웹페이지에서 확인 가능, http://mindhacks.com/2006/09/19/why-email-is-addictive-and-what-to-do-about-it/. 스키너 상자에 대한 보다 철저한 설명을 보려면 다음을 참조, B. F. Skinner, "The Experimental Analysis of Behavior," *American Scientist* 45, no. 4 (1957): 343–71.

35 Linda Stone, 저자와의 이메일, 2013년 4월 11일.

36 Dalton Conley, *Elsewhere, U.S.A.* (New York: Pantheon Books, 2008), 13, 29.

37 Mary Czerwinski, 저자와의 인터뷰, 2011년 6월 8일.

38 David E. Meyer, 저자와의 인터뷰, 2011년 6월 10일.

39 위와 동일.

40 Sheryl Sandberg, *Lean In: Women, Work, and the Will to Lead* (New York: Knopf, 2013). 『린인』, 셜리 샌드버그, 안기순 옮김, 와이즈베리.

41 Anne-Marie Slaughter, "Why Women Still Can't Have It All," *The Atlantic* (July–ugust 2012).

42 Andrew J. Cherlin, *The Marriage-Go-Round: The State of Marriage and the Family in America Today* (New York: Vintage Books, 2010), 44.

43 Stephanie Coontz, *The Way We Never Were: American Families and the Nostalgia Trap* (New York: Basic Books, 1992).

44 US Census Bureau, "Figures," at "American Community Survey Data on Marriage and Divorce," 다음 웹페이지에서 확인 가능, http://www.census.gov/hhes/socdemo/marriage/data/acs (접속일자, 2013년 4월 22일).

45 Coontz, *The Way We Never Were,* 24.

46 Betty Friedan, *The Feminine Mystique* (New York: W. W. Norton, 2001), 243. 『여성의 신비』, 베티 프리단, 김현우 옮김, 이매진.

47 위와 동일.

48 Cherlin, *The Marriage-Go-Round,* 188.

49 Claire Dederer, *Poser: My Life in Twenty-three Yoga Poses* (New York: Farrar, Straus and Giroux, 2011), 283. 『포저』, 클레어 데더러, 김미정 옮김, 그책.

50 Coontz, *The Way We Never Were,* 51.

51 Phillips, *Missing Out,* xi.

1 Barack H. Obama, *The Audacity of Hope* (New York: Vintage reprint edition, 2008), 531.

2 LeMasters, "Parenthood as Crisis," 353.

3 Brian D. Doss 외, "The Effect of the Transition to Parenthood on Relationship Quality: An Eight-Year Prospective Study," *Journal of Personality and Social Psychology* 96, no. 3 (2009): 601–19.

4 J. M. Twenge, W. K. Campbell, and C. A. Foster, "Parenthood and Marital Satisfaction: A Meta-analytic Review," *Journal of Marriage and Family* 65, no. 3 (2003): 574–83.

5 Carolyn Cowan and Philip A. Cowan, *When Partners Become Parents: The Big Life Change for Couples* (New York: Basic Books, 1992), 109.

6 W. Bradford Wilcox, ed., "The State of Our Unions: Marriage in America 2011," National Marriage Project at the University of Virginia and the Center for Marriage and Families at the Institute for American Values, 다음 웹페이지에서 확인 가능, http://www.stateofourunions.org/2011/index.php (접속일자, 2013년 4월 19일).

7 예를 들어 다음을 참조, Thomas N. Bradbury, Frank D. Fincham, and Steven R. H. Beach, "Research on the Nature and Determinants of Marital Satisfaction: A Decade in Review," *Journal of Marriage and Family* 62 (November 2000): 964–80; Daniel Gilbert, *Stumbling on Happiness* (New York: Vintage Books, 2007), 243 (chart).

8 Cowan and Cowan, *When Partners Become Parents,* 2.

9 위와 동일, 107.

10 Abbie E. Goldberg and Aline Sayer, "Lesbian Couples' Relationship Quality Across the Transition to Parenthood," *Journal of Marriage and Family* 68, no. 1 (2006): 87–100.

11 Lauren M. Papp, E. Mark Cummings, and Marcie C. Goeke-Morey, "For Richer, for Poorer: Money as a Topic of Conflict in the Home," *Family Relations* 58 (2009): 91–103.

12 Lauren M. Papp, E. Mark Cummings, and Marcie C. Goeke-Morey, "Marital Conflicts in the Home When Children Are Present," *Developmental Psychology* 38, no. 5 (2002): 774–83.

13 E. Mark Cummings, 저자와의 인터뷰, 2011년 1월 21일.

14 Arlie Russell Hochschild, *The Second Shift: Working Parents and the Revolution at*

Home (New York: Penguin, 2003), 4. 『돈 잘 버는 여자 밥 잘 하는 남자』, 알리 러셀 혹실드, 백영미 옮김, 아침이슬.

15 Suzanne M. Bianchi, "Family Change and Time Allocation in American Families," *Annals of the American Academy of Political and Social Science* 638, no. 1 (2011): 21–44.

16 Hochschild, *The Second Shift*, xxvi. 『돈 잘 버는 여자 밥 잘 하는 남자』.

17 Hanna Rosin, *The End of Men: And the Rise of Women* (New York: Penguin, 2012). 『남자의 종말』, 해나 로진, 배현 외 옮김, 민음인.

18 Paul R. Amato 외, *Alone Together: How Marriage in America Is Changing* (Cambridge, MA: Harvard University Press, 2009), 150.

19 Rachel Krantz-Kent, "Measuring Time Spent in Unpaid Household Work: Results from the American Time Use Survey," *Monthly Labor Review* 132, no. 7 (2009): 46–59.

20 Ruth D. Konigsberg, "Chore Wars," *Time*, August 8, 2011, 44.

21 Hochschild, *The Second Shift*, 46. 『돈 잘 버는 여자 밥 잘 하는 남자』.

22 위와 동일, 19.

23 위와 동일, 273.

24 Amato 외, *Alone Together*, 153–54, 156.

25 Darby Saxbe and Rena L. Repetti, "For Better or Worse? Coregulation of Couples' Cortisol Levels and Mood States," *Journal of Personality and Social Psychology* 98, no. 1 (2010): 92–103.

26 Konigsberg, "Chore Wars," 48.

27 Sarah A. Burgard, "The Needs of Others: Gender and Sleep Interruptions for Caregiving," *Social Forces* 89, no. 4 (2011): 1189–1215.

28 Brooklyn Book Festival, "Politically Incorrect Parenting," panel discussion, September 18일, 2011년

29 Cowan and Cowan, *When Partners Become Parents*, 142.

30 Bianchi, "Family Change," 27, 29.

31 Belinda Campos 외, "Opportunity for Interaction? A Naturalistic Observation Study of Dual-Earner Families After Work and School," *Journal of Family Psychology* 23, no. 6 (2009): 798–807.

32 Amato 외, *Alone Together*, 170. 추가로 덧붙이자면, 2012년에 OECD는 미국에서 여자들은 남자들에 비해서 하루에 21분 일을 더 한다는 사실을 확인했는데, 이것은 세계 평균과 정확하게 일치한다. Catherine Rampell, "In Most Rich Countries, Women Work More Than Men," Economix (blog), *New York Times*, December 19, 2012, 다음 웹페이지에서 확인 가능, http://economix.blogs.nytimes.

com/2012/12/19/in-most-rich-countries-women-work-more-than-men.

33 Suzanne M. Bianchi, John P. Robinson, and Melissa A. Milkie, *Changing Rhythms of American Family Life* (New York: Russell Sage Foundation, 2006), 66–67.

34 Amato 외, *Alone Together,* 150.

35 Bianchi, "Family Change," 7, 9.

36 Kim Parker and Wendy Wang, "Modern Parenthood: Roles of Moms and Dads Converge as They Balance Work and Family," *Pew Research Social & Demographic Trends*, March 14, 2013, 다음 웹페이지에서 확인 가능, http://www.pewsocialtrends.org/2013/03/14/modern-parenthood-roles-of-moms-and-dads-converge-as-they-balance-work-and-family/.

37 Bianchi 외, *Changing Rhythms,* 136 (chart).

38 Shira Offer and Barbara Schneider, "Revisiting the Gender Gap in Time-Use Patterns: Multitasking and Well-being Among Mothers and Fathers in Dual-Earner Families," *American Sociological Review* 76, no. 6 (2011): 809–33.

39 Marybeth J. Mattingly and Liana C. Sayer, "Under Pressure: Gender Differences in the Relationship Between Free Time and Feeling Rushed," *Journal of Marriage and Family* 68 (2006): 205–21.

40 위와 동일, 216.

41 Cowan and Cowan, *When Partners Become Parents,* 82.

42 Charlotte J. Patterson, "Families of the Lesbian Baby Boom: Parents' Division of Labor and Children's Adjustment," *Developmental Psychology* 31, no. 1 (1995): 115-23.

43 코완 부부가 수행한 연구와 관련된 배경 지식의 대부분은 이들을 상대로 다음 일자에서 진행된 저자와의 인터뷰를 통해서 확인한 것이다. 2011년 2월 2일, 2011년 5월 10일.

44 Cowan and Cowan, *When Partners Become Parents,* 81.

45 Mom Central, "How Moms Socialize Online–Part 1," *Revolution + Research = R2* (blog), December 1, 2010, http://www.momcentral.com/blogs/revolution-research-r2/how-moms-socialize-online-part-1.

46 Allison Munch, J. Miller McPherson, and Lynn Smith-Lovin, "Gender, Children, and Social Contact: The Effects of Childrearing for Men and Women," *American Sociological Review* 62 (1997): 509-20.

47 Kathryn Fink, 저자와의 인터뷰, 2012년 2월 24일.

48 Masako Ishii-Kuntz and Karen Seccombe, "The Impact of Children upon Social Support Networks throughout the Life Course," *Journal of Marriage and the Family* 51 (1989): 777–90, 783쪽의 도표-3.

49 Robert Putnam, *Bowling Alone: The Collapse and Revival of American Community* (New York: Touchstone, 2000), 93. 『나 홀로 볼링』, 로버트 퍼트넘, 정승현 옮김, 페이퍼로드.

50 위와 동일, 278.

51 Benjamin Spock, *Problems of Parents* (Boston: Houghton Mifflin, 1962), 34.

52 Miller McPherson, Lynn Smith-Lovin, and Matthew E. Brashears, "Social Isolation in America: Changes in Core Discussion Networks over Two Decades," *American Sociological Review* 71 (2006): 353-75.

53 Putnam, "Civic Participation," in *Bowling Alone,* 48. 『나 홀로 볼링』.

54 위와 동일, 105.

55 Peter V. Marsden, ed., *Social Trends in American Life: Finding from the General Social Survey since 1972* (Princeton: Princeton University Press, 2012), 244.

56 Putnam, *Bowling Alone,* 189. 『나 홀로 볼링』.

57 위와 동일, 98.

58 Coontz, *The Way We Never Were*, 12.

59 Janice Compton and Robert A. Pollak, "Proximity and Coresidence of Adult Children and Their Parents: Description and Correlates" (working paper), Ann Arbor: University of Michigan, Retirement Research Center (October 2009).

60 George James, "A Survival Course for the Sandwich Generation," *New York Times,* January 17, 1999. 아울러 참조, Carol Abaya's website (http://www.thesandwichgeneration.com/index.htm); Abaya, the subject of the *Times* article, holds a registered trademark on the term "sandwich generation."

61 Gerald R. Patterson, "Mothers: The Unacknowledged Victims," *Monographs of the Society for Research in Child Development* 45, no. 5 (1980): 1–64.

62 Rex Forehand 외, "Mother-Child Interactions: Comparison of a Non-Compliant Clinic Group and a Non-Clinic Group," *Behaviour Research and Therapy* 13 (1975): 79–84.

63 예를 들어 다음을 참조, Leon Kuczynski and Grazyna Kochanska, "Function and Content of Maternal Demands: Developmental Significance of Early Demands for Competent Action," *Child Development* 66 (1995): 616–28; Grazyna Kochanska and Nazan Aksan, "Mother-Child Mutually Positive Affect, the Quality of Child Compliance to Requests and Prohibitions, and Maternal Control as Correlates of Early Internalization," *Child Development* 66, no. 1 (1995): 236–54.

64 Margaret O'Brien Caughy, Keng-Yen Huang, and Julie Lima, "Patterns of Conflict Interaction in Mother-Toddler Dyads: Differences Between Depressed and Non-depressed Mothers," *Journal of Child and Family Studies* 18 (2009): 10-20.

65 Urie Bronfenbrenner, *The Ecology of Human Development: Experiments by Nature and Design* (Cambridge, MA: Harvard University Press, 1979), 18.

66 Amato 외, *Alone Together*, 12-13.

67 David Popenoe and Barbara Defoe Whitehead, eds., "The State of Our Unions: 2001," National Marriage Project, 다음 웹페이지에서 확인 가능, http://www.stateofourunions.org/pdfs/SOOU2001.pdf (접속일자, 2013년 3월 30일).

68 위와 동일.

69 Bianchi 외, *Changing Rhythms*, 104.

70 William Doherty, 저자와의 인터뷰, 2011년 1월 26일.

71 R. Kumar, H. A. Brant, and Kay Mordecai Robson, "Childbearing and Maternal Sexuality: A Prospective Survey of 119 Primiparae," *Journal of Psychosomatic Research* 25, no. 5 (1981): 373-83.

72 Cathy Stein Greenblat, "The Salience of Sexuality in the Early Years of Marriage," *Journal of Marriage and Family* 45, no. 2 (1983): 289-99.

73 Vaughn Call, Susan Sprecher, and Pepper Schwartz, "The Incidence and Frequency of Marital Sex in a National Sample," *Journal of Marriage and Family* 57, no. 3 (1995): 639-52.

74 위와 동일.

75 위와 동일.

76 Adam Phillips, *Side Effects* (New York: HarperCollins, 2006), 73-74.

77 Janet Shibley Hyde, John D. DeLamater, and Amanda M. Durik, "Sexuality and the Dual-Earner Couple, Part II: Beyond the Baby Years," *Journal of Sex Research* 38, no. 1 (2001): 10-23.

78 Michael Cunningham, *A Home at the End of the World* (New York: Picador, 1990), 26.

79 Robin W. Simon, Jennifer Glass, and M. Anders Anderson, "The Impact of Parenthood on Emotional and Physical Well-being: Some Findings from a Cross-National Study." 이 논문은 2012년 6월 22일 아일랜드의 더블린에서 열린 제13차 '사회적 스트레스 연구 국제 총회(the Thirteenth International Conference of Social Stress Research)'에서 발표되었다.

80 Arnstein Aassve, Letizia Mencarini, and Maria Sironi, "Institutional Transition, Subjective Well-being, and Fertility." 이 논문은 2013년 4월 11일 미국 로스앤젤레스에서 열린 미국 인구 협회 2013년 연례 총회에서 발표되었다.

81 Arnstein Aassve, 저자와의 인터뷰, 2013년 4월 9일.
82 Warner, *Perfect Madness*, 10.『엄마는 미친짓이다』.
83 Child Care Aware of America, "Parents and the High Cost of Child Care, 2012 Report," 다음 웹페이지에서 확인 가능, http://www.naccrra.org/sites/default/files/default_site_pages/2012/cost_report_2012_final_081012_0.pdf (접속일자, 2013년 5월 5일).
84 Daniel Kahneman 외, "The Structure of Well-being in Two Cities: Life Satisfaction and Experienced Happiness in Columbus, Ohio, and Rennes, France," in *International Differences in Well-being*, ed. Ed Diener, Daniel Kahneman, and John Helliwell (Oxford: Oxford University Press, 2010).
85 Daniel Kahneman, *Thinking, Fast and Slow* (New York: Farrar, Straus and Giroux, 2011), 394.『생각에 관한 생각』, 대니얼 카너먼, 이진원 옮김, 김영사.
86 Bianchi 외, *Changing Rhythms*, 135.
87 Cowan and Cowan, *When Partners Become Parents*, 196.
88 Philip and Carolyn Cowan, 저자와의 인터뷰, 2011년 2월 2일, 2011년 5월 10일.
89 Michael Lewis, *Home Game: An Accidental Guide to Fatherhood* (New York: W. W. Norton, 2009), 11, 13.
90 Druckerman, *Bringing up Bebe*.『프랑스 아이처럼』, 파멜라 드러커맨, 이주혜 옮김, 북하이브.
91 예를 들어 다음을 참조, William J. Doherty, *Take Back Your Marriage: Sticking Together in a World That Pulls Us Apart* (New York: Guilford Press, 2001), 53.
92 Cowan and Cowan, *When Partners Become Parents*, 176.

3장 소박한 선물

1 Michael Ondaatje, *The English Patient* (New York: Vintage Books, 1992), 301.
2 Milan Kundera, *Immortality*, trans. Peter Kussi (New York: HarperCollins, 1990), 4.『불멸』, 밀란 쿤데라, 김병욱 옮김, 민음사.
3 C. S. Lewis, *The Four Loves* (Boston: Houghton Mifflin Harcourt, 1991), 8.『네 가지 사랑』, C. S. 루이스, 이종태 옮김, 홍성사.
4 Gopnik, *The Philosophical Baby*, 72.『우리 아이의 머릿속』.
5 Maurice Sendak, *Where the Wild Things Are* (New York: HarperCollins, 1988).『괴물들이 사는 나라』, 모리스 센닥, 강무홍 옮김, 시공주니어.
6 Phillips, *Going Sane*, 92.『멀쩡함과 광기에 대한 보고되지 않은 이야기』, 애덤 필립스, 김승욱 옮김, 알마.

7 위와 동일, 81.

8 위와 동일.

9 위와 동일, 79.

10 Matthew B. Crawford, *Shop Class as Soulcraft: An Inquiry into the Value of Work* (New York: Penguin, 2009), 8. 『모터사이클 필로소피』, 매튜 크로포드, 정희은 옮김, 이음.

11 Harris Interactive Poll, "Three in Ten Americans Love to Cook, While One in Five Do Not Enjoy It or Don't Cook," July 27, 2010, 다음 웹페이지에서 확인 가능, http://www.harrisinteractive.com/vault/HI-Harris-Poll-Cooking-Habits-2010-07-27.pdf (접속일자, 2013년 4월 10일).

12 Crawford, *Shop Class as Soulcraft*, 3-4. 『모터사이클 필로소피』.

13 위와 동일, 65-6.

14 위와 동일, 68.

15 Gopnik, *The Philosophical Baby*, 157-8. 『우리 아이의 머릿속』.

16 Mihaly Csikszentmihalyi, 저자와의 인터뷰, 2011년 7월 25일.

17 Gareth B. Matthews, *The Philosophy of Childhood* (Cambridge, MA: Harvard University Press, 1996), 5. 『아동기의 철학』, 개러스 매슈스, 남기창 옮김, 필로소픽.

18 다음에서 인용, Oliver Wendell Holmes, "Brown University—Commencement 1897," in *Collected Legal Papers*, ed. Harold J. Laski (New York: Harcourt, Brace, and Howe, 1920), 164.

19 Matthews, *Philosophy of Childhood*, 18. 『아동기의 철학』.

20 다음에서 인용, 위와 동일, 13.

21 위와 동일, 17.

22 위와 동일, 28.

23 위와 동일, 13.

24 다음에서 인용, Gareth B. Matthews, *Philosophy and the Young Child* (Cambridge, MA: Harvard University Press, 1980), 2.

25 Lewis, *The Four Loves*, 1. 『네 가지 사랑』.

26 Gopnik, *The Philosophical Baby*, 243. 『우리 아이의 머릿속』.

27 Lewis, *The Four Loves*, 133, 135. 『네 가지 사랑』.

28 Gopnik, *The Philosophical Baby*, 243. 『우리 아이의 머릿속』.

4장 어떻게 가르칠 것인가?

1 Edward S. Martin, *The Luxury of Children and Some Other Luxuries* (New York: Harper & Brothers, 1904), 135.

2 도허티 인터뷰. 아울러 참조, William Doherty and Barbara Z. Carlson, "Overscheduled Kids and Underconnected Families," in *Take Back Your Time: Fighting Overwork and Time Famine in Families,* ed. J. de Graaf (San Francisco: Berritt Koehler, 2003), 38-45.

3 Annette Lareau, *Unequal Childhoods: Class, Race, and Family Life* (Berkeley: University of California Press, 2003), 3. 『불평등한 어린 시절』, 아네트 라루, 박상은 옮김, 에코리브르.

4 위와 동일, 13.

5 위와 동일, 171, 175.

6 Bianchi, "Family Change," 27, 29.

7 Steven Mintz, *Huck's Raft: A History of American Childhood* (Cambridge, MA: Harvard University Press, 2004), 3.

8 Zelizer, *Pricing the Priceless Child,* 25.

9 Mintz, *Huck's Raft,* 17, 20.

10 위와 동일, 3, 77, 80, 90.

11 위와 동일, 135.

12 Zelizer, *Pricing the Priceless Child,* 59.

13 Mintz, *Huck's Raft,* 136.

14 위와 동일, 3.

15 Zelizer, *Pricing the Priceless Child,* 104.

16 위와 동일, 97, 98.

17 위와 동일, 14.

18 William H. Whyte, "How the New Suburbia Socializes," *Fortune* (August, 1953), 120.

19 Lareau, *Unequal Childhoods,* 13, 153. 『불평등한 어린 시절』.

20 위와 동일, 111.

21 슈가랜드의 인구통계 자료에 대해서는 다음을 참조, US Census Bureau, "State and County QuickFacts, Sugar Land, Texas," 다음 웹페이지에서 확인 가능, http://quickfacts.census.gov/qfd/states/48/4870808.html (접속일자, 2013년 4월 19일).

22 Texas House bill 588 (1997).

23 Mary Lou Robertson, Fort Bend Independent School District, 저자와의 이메일, 2012년 5월 18일.

24 이 프로그램에 대해서는 듀크 대학교 웹사이트 http://www.tip.duke.edumf 참조.

25 Margaret Mead, *And Keep Your Powder Dry: An Anthropologist Looks at America* (New York: Berghahn Books, 2000), 63.

26 위와 동일, 24.

27 위와 동일, 28.

28 위와 동일, 64, 65.

29 위와 동일, 25.

30 Mintz, *Huck's Raft*, 383.

31 Nora Ephron, *I Feel Bad About My Neck: And Other Thoughts on Being a Woman* (New York: Vintage, 2006), 58.

32 Immigration and Nationality Act, P.L. 89-236, 79 Stat. 911 (1965).

33 US Census Bureau, "American FactFinder," 다음 웹페이지에서 확인 가능, http://factfinder2.census.gov/faces/nav/jsf/pages/index.xhtml (접속일자, 2013년 4월 21일).

34 Josh Sanburn, "Household Debt Has Fallen to 2006 Levels, But Not Because We've Grown More Frugal," Economy (blog), *Time*, October 19, 2012, 다음 웹페이지에서 확인 가능, http://business.time.com/2012/10/19/household-debt-has-fallen-to-2006-levels-but-not-because-were-more-frugal/.

35 Warner, *Perfect Madness*, 201-2. 『엄마는 미친짓이다』.

36 Office of the Vice President of the United States, Middle Class Task Force, "Why Middle Class Americans Need Health Reform," 다음 웹페이지에서 확인 가능, http://www.whitehouse.gov/assets/documents/071009_FINAL_Middle_Class_Task_Force_report2.pdf (접속일자, 2013년 4월 22일).

37 Frank Levy and Thomas Kochan, "Addressing the Problem of Stagnant Wages," Employment Policy Research Network, 다음 웹페이지에서 확인 가능, http://www.employmentpolicy.org/sites/www.employmentpolicy.org/files/field-content-file/pdf/Mike%20Lillich/EPRN%20WagesMay%2020%20-%20FL%20Edits_0.pdf (접속일자, 2013년 4월 22일).

38 "The Motherhood Penalty: Stanford Professor Shelley Correll," Clayman Institute, 다음 웹페이지에서 확인 가능, http://www.youtube.com/watch?v=vLB7Q3_vgMk (접속일자, 2013년 4월 22일).

39 US Department of Agriculture, "Expenditures on Children by Families, 2010," ed. Mark Lino, 다음 웹페이지에서 확인 가능, http://www.cnpp.usda.gov/publications/crc/crc2010.pdf.

40 US Department of Education, National Center for Education Statistics, *Digest of Education Statistics: 2011* (2012): table 349.

41 Peter Kuhn and Fernando Lozano, "The Expanding Workweek? Understanding Trends in Long Work Hours Among US Men, 1979-2004," *Journal of Labor Economics* (December 2005): 311-43.

42 Annette Lareau and Elliot B. Weininger, "Time, Work, and Family Life: Reconceptualizing Gendered Time Patterns Through the Case of Children's Organized Activities," *Sociological Forum* 23, no. 3 (2008): 422, 427.

43 위와 동일, 427.

44 위와 동일, 초록.

45 위와 동일, 422, 442.

46 Amato 외, *Alone Together,* 145.

47 Chris McComb, "Few Say It's Ideal for Both Parents to Work Full Time Outside of Home," Gallup News Service, May 4, 2001.

48 Sharon Hays, *The Cultural Contradictions of Motherhood* (New Haven, CT: Yale University Press, 1996).

49 T. Berry Brazelton, *Working and Caring* (New York: Perseus, 1987), xix.

50 Hulbert, *Raising America,* 32.

51 다음에서 인용, 위와 동일, 101.

52 위와 동일, 281.

53 Friedan, *The Feminine Mystique,* 243.『여성의 신비』.

54 이 용어는 프리단의 책 전체에서 숱하게 등장한다. 44, 61, 89, 91–93, 103, 118, 298, 334, 350, 435, 461, 488.

55 위와 동일, 57.

56 위와 동일, 310.

57 Bianchi, "Family Change," 27.

58 Erica Jong, *Fear of Flying* (New York: NAL Trade, 2003), 210. (아울러 클레어 데더러의 저서 『포저』에 고마움을 전하는데, 이 책이 없었다면 이런 완벽한 인용을 할 수 없었다.) 『비행공포』, 에리카 종, 이진 옮김, 비채.

59 Ayelet Waldman, *Bad Mother: A Chronicle of Maternal Crimes, Minor Calamities, and Occasional Moments of Grace* (New York: Doubleday, 2009).

60 Sharon Hays, *The Cultural Contradictions of Motherhood* (New Haven, CT: Yale University Press, 1996), 4.

61 위와 동일, 146.

62 Bianchi, "Family Change," 31.

63 Roni Caryn Rabin, "Disparities: Health Risks Seen for Single Mothers," *New York Times,* June 13, 2011.

64 Jennifer A. Johnson and Julie A. Honnold, "Impact of Social Capital on Employment and Marriage Among Low Income Single Mothers," *Journal of Sociology and Social Welfare* 38, no. 4 (2011): 11.

65 Bianchi, "Family Change," 31.

66 Linda Nielsen, "Shared Parenting After Divorce: A Review of Shared Residential Parenting Research," *Journal of Divorce and Remarriage* 52 (2011): 588.

67 Bianchi, "Family Change," 30.

68 위와 동일, 106.

69 위와 동일, 96.

70 Warner, *Perfect Madness,* ch. 1. 『엄마는 미친짓이다』.

71 Aumann 외, "The New Male Mystique," 11.

72 위와 동일, 2.

73 위와 동일, 7.

74 위와 동일, 6.

75 위와 동일.

76 Ellen Galinsky, 저자와의 인터뷰, 2010년 4월 29일.

77 Howard Chudacoff, *Children at Play: An American History* (New York: New York University Press, 2007), 6.

78 다음에서 인용, Zelizer, *Pricing the Priceless Child,* 53–54.

79 Mintz, *Huck's Raft,* 277.

80 Pamela Paul, *Parenting, Inc.* (New York: Times Books, 2008), 10.

81 Toy Industry Association, "Annual Sales Data," 다음 웹페이지에서 확인 가능, http://www.toyassociation.org (접속일자, 2013년 4월 23일).

82 Mintz, *Huck's Raft,* 217.

83 Chudacoff, *Children at Play,* 118–19.

84 Mintz, *Huck's Raft,* 347.

85 Rose M. Kreider and Renee Ellis, "Living Arrangements of Children: 2009," *Current Population Reports*, U.S. Census Bureau (2011): 70–126.

86 Lareau, *Unequal Childhoods,* 185. 『불평등한 어린 시절』.

87 Nancy Darling, "Are Today's Kids Programmed for Boredom?" Thinking About Kids (blog), *Psychology Today,* November 30, 2011, 다음 웹페이지에서 확인 가능, http://www.psychologytoday.com/blog/thinking-about-kids/201111/are-todays-kids-programmed-boredom.

88 위와 동일.

89 Nancy Darling, 저자와의 인터뷰, 2011년 5월 3일.

90 Lareau, *Unequal Childhoods,* 81. 『불평등한 어린 시절』.

91 Mintz, *Huck's Raft,* 179.

92 위와 동일.

93 Sandra A. Ham, Sarah L. Martin, and Harold W. Kohl, "Changes in the

Percentage of Students Who Walk or Bike to School—United States, 1969 and 2001," *Journal of Physical Activity and Health* 5, no. 2 (2008), 초록.

94 David Finkelhor, Lisa Jones, and Anne Shattuck, "Updated Trends in Child Mistreatment, 2011," Crimes Against Children Research Center, University of New Hampshire (January 2013), available at http://www.unh.edu/ccrc/pdf/CV203_Updated%20trends%202011_FINAL_1-9-13.pdf.

95 위와 동일.

96 Mintz, *Huck's Raft,* 336.

97 위와 동일.

98 위와 동일, 337. 115,000명 가운데 한 명 꼴이라는 수치는 민츠가 인용한 통계를 미국 인구 통계국이 제시한 18세 이하 유괴 희생자 통계에 대입해서 나온 결과다.

99 National Highway Traffic Safety Administration, "Fatality Analysis Reporting System," 다음 웹페이지에서 확인 가능, http://www-fars.nhtsa.dot.gov (접속일자, 2013년 4월 22일).

100 Howard N. Snyder, "Sexual Assault of Young Children as Reported to Law Enforcement: Victim, Incident, and Offender Characteristics" (Washington, DC: US Department of Justice, Bureau of Justice Statistics, July 2000), 10.

101 Victoria J. Rideout, Ulla G. Foehr, and Donald F. Roberts, "Generation M2: Media in the Lives of Eight-to Eighteen-Year-Olds," *Kaiser Family Foundation* (January 2010): 5, 15.

102 위와 동일, 5.

103 Lawrence Kutner and Cheryl Olson, *Grand Theft Childhood: The Surprising Truth About Violent Video Games, and What Parents Can Do* (New York: Simon & Schuster, 2008), 90.

104 Mintz, *Huck's Raft,* 193.

105 Conn Iggulden and Hal Iggulden, *The Dangerous Book for Boys* (New York: HarperCollins, 2007), passim.

106 Mimi Ito, 저자와의 인터뷰, 2012년 5월 24일.

107 Zelizer, *Pricing the Priceless Child,* 22.

108 다음에서 인용, Hulbert, *Raising America,* 101.

109 Hays, *The Cultural Contradictions of Motherhood,* 67.

110 Phillips, *On Balance,* 90.

111 Jerome Kagan, "The Child in the Family," *Daedalus* 106, no. 2 (1977): 33-56; 케이건의 연구 내용을 보다 철저하게 알고 싶으면 대해서는 다음을 참조, Zelizer, *Pricing the Priceless Child*, 220.

112 Spock, *Problems of Parents,* 290.

113 Amy Chua website, "From Author Amy Chua," 다음 웹페이지에서 확인 가능, http://amychua.com (접속일자, 2013년 4월 22일).

114 Talent Education Research Institute, "Suzuki Method," 다음 웹페이지에서 확인 가능, http://www.suzukimethod.or.jp/indexE.html accessed April 22, 2013).

115 Putnam, *Bowling Alone,* 100. 가족들이 저녁 식탁에 함께 앉는 횟수가 점점 줄어드는 현상에 대해서는 2014년에 출간 예정인 로버트 퍼트넘의 신작을 참조. 『나 홀로 볼링』.

116 Bianchi 외, *Changing Rhythms,* 104.

117 Putnam, *Bowling Alone,* ch. 7. 『나 홀로 볼링』.

118 Kagan, "Our Babies, Our Selves," 42.

119 Ellen Galinsky, *Ask the Children: What America's Children Really Think About Working Parents* (New York: William Morrow, 1999), xv.

5장 사춘기 아이들

1 Dani Shapiro, *Family History: A Novel* (New York: Anchor Books, 2004), 120.

2 *The Winter's Tale,* ed. Jonathan Bate and Eric Rasumssen (New York: Modern Library, 2009), act 3, scene 3, lines 64–65.

3 Ephron, *I Feel Bad About My Neck,* 125.

4 Laurence Steinberg, 저자와의 인터뷰, 2011년 4월 11일.

5 Laurence Steinberg, *Adolescence,* 10th ed. (New York: McGraw-Hill, 2014), 418.

6 Laurence Steinberg, *Crossing Paths: How Your Child's Adolescence Triggers Your Own Crisis* (New York: Simon & Schuster, 1994), 17, 253, 254–55.

7 위와 동일, 28.

8 위와 동일, 59.

9 예를 들어 다음을 참조, Jeffrey Jensen Arnett, "G. Stanley Hall's *Adolescence:* Brilliance and Nonsense," *History of Psychology* 9, no. 3 (2006): 186–97.

10 Steinberg, *Crossing Paths,* 17.

11 Reed W. Larson 외, "Changes in Adolescents' Daily Interactions with Their Families from Ages 10 to 18: Disengagement and Transformation," *Developmental Psychology* 32, no. 4 (1996): 752.

12 Joanne Davila, 저자와의 인터뷰, 2011년 4월 8일.

13 Phillips, *On Balance,* 102.

14 Galinsky, *Ask the Children,* 45.

15 William Shakespeare, *King Lear*, 2d ed., ed. Elspeth Bain 외 (Cambridge:

Cambridge University Press, 2009), act 1, scene 4, lines 243 – 44.

16 Gerald Adams and Michael Berzonsky, eds., *Blackwell Handbook of Adolescence* (Malden, MA: Blackwell Publishing, 2006), 66.

17 Steinberg, *Crossing Paths,* 209.

18 위와 동일, 62.

19 Laursen 외, "Reconsidering Changes in Parent-Child Conflict."

20 예를 들어 다음을 참조, Nancy Darling, Patricio Cumsille, and M. Loreto Martinez, "Individual Differences in Adolescents' Beliefs About the Legitimacy of Parental Authority and Their Own Obligation to Obey: A Longitudinal Investigation," *Child Development* 79, no. 4 (2008): 1103 – 118.

21 Nancy Darling, 저자와의 인터뷰, 2011년 5월 29일.

22 Nancy Darling, "The Language of Parenting: Legitimacy of Parental Authority," Thinking About Kids (blog), *Psychology Today* (January 11, 2010), 다음 웹페이지에서 확인 가능, http://www.psychologytoday.com/blogthinking-about-kids/201001/the-language-parenting-legitimacy-parental-authority.

23 Steinberg, *Crossing Paths,* 234, 237.

24 Steinberg, *Crossing Paths,* 233.

25 Brene Brown, 저자와의 인터뷰, 2012년 9월 18일.

26 Steinberg, *Crossing Paths,* 239.

27 예를 들어 다음을 참조, Call 외, "The Incidence and Frequency of Marital Sex."

28 Shawn D. Whiteman, Susan M. McHale, and Ann C. Crouter, "Longitudinal Changes in Marital Relationships: The Role of Offspring's Pubertal Development," *Journal of Marriage and* Family 69, no. 4 (2007): 1009.

29 Thomas Bradbury, 저자와의 이메일 2012년 8월 15일.

30 Andrew Christensen, 저자와의 인터뷰, 2011년 5월 18일.

31 Christy M. Buchanan and Robyn Waizenhofer, "The Impact of Interparental Conflict on Adolescent Children: Considerations of Family Systems and Family Structure," in *Couples in Conflict,* ed. Alan Booth, Ann C. Crouter, and Mari Clements (Mahwah, NJ: Lawrence Erlbaum Associates, 2001), 156.

32 Steinberg, *Crossing Paths,* 178 – 79.

33 Susan McHale, 저자와의 인터뷰, 2012년 9월 12일.

34 Andrew Christensen, 저자와의 인터뷰, 2011년 5월 18일.

35 나는 미시간 대학교의 연구에서 제공받은 원본 자료를 사용할 수 있었는데, 그것은 메릴랜드 인구 조사센터의 U. J. Moon의 도움 덕분이다. 그가 수치를 추출한 그 원본 자료는 다음에서 찾아볼 수 있다. Panel Study of Income Dynamics, 2002 public use dataset, produced and distributed by the Institute for Social Research,

Survey Research Center, University of Michigan (2012).

36 Darling 외, "Aggression During Conflict." 아울러 참조, Nancy Darling 외, "Within-Family Conflict Behaviors as Predictors of Conflict in Adolescent Romantic Relations," *Journal of Adolescence* 31 (2008): 671–90.

37 Steinberg, *Crossing Paths,* 200.

38 위와 동일, 200.

39 위와 동일, 256.

40 이것과 관련된 기술적 관점에 대해서는 다음을 참조, Wandi Bruine de Bruin, Andrew M. Parker, and Baruch Fischoff, "Can Adolescents Predict Significant Life Events?" *Journal of Adolescent Health* 41 (2007): 208–10. 비전문가의 관점에 대해서는 다음을 참조, David Dobbs, "Teenage Brains," *National Geographic* 220, no. 4 (October 2011): 36–59.

41 사춘기 아이의 뇌가 작동하고 진화하는 방식에 대한 보다 총체적이고 복잡하지 않은 개요에 대해서는 다음을 참조, Daniel R. Weinberger, Brita Elvevag, and Jay N. Giedd, "The Adolescent Brain: A Work in Progress," report of the National Campaign to Prevent Teen Pregnancy (June 2005).

42 Sarah-Jayne Blakemore and Suparna Choudury, "Brain Development During Puberty: State of the Science" (commentary), *Developmental Science* 9, no. 1 (2006): 11–14.

43 Nancy Darling, "What Middle School Parents Should Know Part 2: Adolescents Are Like Lawyers," Thinking About Kids (blog), *Psychology Today* (September 9, 2010), 다음 웹페이지에서 확인 가능, http://www.psychologytoday.com/blog/thinking-about-kids/201009/what-middle-school-parents-should-know-part-2-adolescents-are-lawyer.

44 Weinberger 외, "The Adolescent Brain," 9–10.

45 B. J. Casey, 저자와의 인터뷰, 2012년 8월 28일.

46 위와 동일.

47 Laurence Steinberg, 저자와의 인터뷰, 2011년 4월 11일.

48 Linda Patia Spear, "Alcohol's Effects on Adolescents" (sidebar), *Alcohol Research and Health* 26, no. 4 (2002): 288.

49 Casey interview.

50 Siobhan S. Pattwell 외, "Altered Fear Learning Across Development in Both Mouse and Human," *Proceedings of the National Academy of Sciences* 109, no. 40 (2012): 13–21.

51 Dobbs, "Teenage Brains," 36.

52 Alison Gopnik, "What's Wrong with the Teenage Mind?" The Saturday Essay (blog), *Wall Street Journal,* January 28, 2012, 다음 웹페이지에서 확인 가능, http://online.wsj.com/article/SB10001424052970203806504577181351486558984.html.

53 Margaret Mead, "The Young Adult," in *Values and Ideals of American Youth*, ed. Eli Ginzberg (New York: Columbia University Press, 1961), 37-51.

54 Rolf E. Muuss, *Theories of Adolescence*, 5th ed. (New York: McGraw-Hill, 1988), 72.

55 Jay Giedd, interview with Neal Conan, *Talk of the Nation*, NPR, September 20, 2011.

56 Mintz, *Huck's Raft,* 68, 75, 87.

57 위와 동일, 197.

58 Zelizer, *Pricing the Priceless Child,* 67.

59 Margaret Sanger, "The Case for Birth Control," *Woman Citizen* 8 (February 23, 1924): 17-18.

60 Jeylan T. Mortimer, *Working and Growing Up in America* (Cambridge, MA: Harvard University Press, 2003), 9.

61 Mintz, *Huck's Raft,* 239.

62 다음에서 인용, 위와 동일, 252.

63 위와 동일, 286.

64 James S. Coleman, *The Adolescent Society: The Social Life of the Teenager and Its Impact on Education* (Westport, CT: Greenwood Press, 1981).

65 Hulbert, *Raising America,* 280.

66 Chudacoff, *Children at Play,* 217.

67 Carrie Dann, Lauren Appelbaum, and Eman Varoqua, "Clinton's Speech at Rutgers," First Read (blog), NBCNEWS.com, April 20, 2007.

68 Clay Shirky, 저자와의 인터뷰, 2011년 4월 20일.

69 Mintz, *Huck's Raft,* 230.

70 다음에서 인용, Kutner and Olson, *Grand Theft Childhood,* 50-51.

71 Mimi Ito, 저자와의 인터뷰, 2012년 5월 24일.

72 위와 동일.

73 Clay Shirky, 저자와의 인터뷰, 2011년 4월 20일.

74 위와 동일.

75 Nancy Darling, 저자와의 인터뷰, 2011년 5월 29일.

76 Clay Shirky, 저자와의 인터뷰, 2011년 4월 20일.

77 Barbara K. Hofer, *The iConnected Parent: Staying Close to Your Kids in College (and Beyond) While Letting Them Grow Up* (New York: Free Press, 2010), 16.

78 Galinsky, *Ask the Children*, ch. 2.

79 Phillips, *On Balance*, 38. 『멀쩡함과 광기에 대한 보고되지 않은 이야기』.

80 Phillips, *Going Sane*, 129.

81 Phillips, *On Balance*, 38.

82 Mintz, *Huck's Raft*, 345.

83 Steinberg, *Crossing Paths*, 151.

84 위와 동일, 152.

85 발달의 여러 단계에 대한 에릭슨의 독창적인 성과에 대해서는 다음을 참조, Erik H. Erikson, *Identity and the Life Cycle* (New York: W. W. Norton, 1994).

86 위와 동일, 103.

87 위와 동일, 104.

88 위와 동일.

89 US Census Bureau, "America's Families and Living Arrangements: 2012," American Community Survey, Current Population Survey, table F1, 다음 웹페이지에서 확인 가능, http://www.census.gov/hhes/families/data/cps2012.html (November 2012).

90 Salynn Boyles, "Nearing Menopause? Depression a Risk," WebMD.com, available at: http://www.webmd.com/menopause/news/20060403/nearing-menopause-depression-risk (접속일자, 2013년 4월 22일).

91 Phillips, *On Balance*, 98.

92 Phillips, *Going Sane*, 220. 『멀쩡함과 광기에 대한 보고되지 않은 이야기』.

6장 행복이란 무엇인가?

1 Mary Cantwell, *Manhattan, When I Was Young* (Boston: Houghton Mifflin, 1995), 155.

2 Robin Simon, 저자와의 인터뷰, 2011년 4월 4일.

3 Nancy Darling, "Why Parenting Isn't Fun," Thinking About Kids (blog), *Psychology Today* (July 18, 2010), 다음 웹페이지에서 확인 가능, http://www.psychologytoday.com/blog/thinking-about-kids/201007/why-parenting-isn-t-fun.

4 위와 동일.

5 위와 동일.

6 Tara Parker-Pope, "Teaching Happiness, on the Web," Well (blog), *New York Times*, January 24, 2008, 다음 웹페이지에서 확인 가능, http://well.blogs.nytimes.

com/2008/01/24/teaching-happiness-on-the-web.

7 Sissela Bok, *Exploring Happiness: From Aristotle to Brain Science* (New Haven, CT: Yale University Press, 2010), 103. 『행복학 개론』, 시셀라 복, 노상미 옮김, 이매진.

8 George Vaillant, 저자와의 인터뷰, 2013년 5월 8일.

9 다음에서 인용, Joshua Wolf Shenk, "What Makes Us Happy?" *The Atlantic* (June 2009): 36–53.

10 George Vaillant, 저자와의 인터뷰, 2011년 5월 23일.

11 George Vaillant, *Spiritual Evolution: A Scientific Defense of Faith* (New York: Broadway Books, 2008), 124. 『행복의 완성』, 조지 베일런트, 김한영 옮김, 흐름.

12 George Vaillant, 저자와의 인터뷰, 2011년 5월 23일.

13 위와 동일.

14 Vaillant, *Spiritual Evolution,* 125. 『행복의 완성』.

15 위와 동일, 119.

16 Gopnik, *The Philosophical Baby,* 201. 『우리 아이의 머릿속』.

17 Lewis, *The Four Loves,* 50. 『네 가지 사랑』.

18 Brene Brown, "The Price of Invulnerability," 테드 강연, August 12, 2010, posted October 10, 2012, 다음 웹페이지에서 확인 가능, http://tedxtalks.ted.com/video/TEDxKC-Bren-Brown-The-Price-of.

19 위와 동일.

20 위와 동일.

21 Christopher Hitchens, *Hitch-22: A Memoir* (New York: Twelve Books, 2011), 338.

22 Vaillant, *Spiritual Evolution,* 133. 『행복의 완성』.

23 John Lanchester, *Family Romance: A Love Story* (New York: Putnam, 2007), 154. 『아주 특별한 요리 이야기』, 존 란체스터, 공경희 옮김, 열림원.

24 Csikszentmihalyi, *Flow,* 179. 『몰입의 즐거움』.

25 Bhagavad Gita, trans. Juan Mascaro, rev. ed., (New York : Penguin Classics, 2003), 2:47.

26 George Vaillant, 저자와의 인터뷰, 2011년 5월 23일.

27 위와 동일.

28 Robert Nozick, *Anarchy, State, and Utopia* (New York: Basic Books, 1974), 42. 『아나키에서 유토피아로』, 로버트 노직, 남경희 옮김, 문학과지성사.

29 Robert Nozick, *Examined Life: Philosophical Meditations* (New York: Simon & Schuster, 1990), 117.

30 예를 들어 다음을 참조, Sarah Broadie, "Aristotle and Contemporary Ethics," in *The Blackwell Guide to Aristotle's* Nicomachean Ethics, ed. Richard Kraut (Malden,

MA: Blackwell, 2006), 342.

31 Robin Simon, 저자와의 인터뷰, 2011년 4월 4일.

32 Emile Durkheim, *Suicide: A Study in Sociology,* ed. George Simpson, trans. John A. Spaulding and George Simpson (New York: Free Press, 1979), 197–98. 『자살론』, 에밀 뒤르켐, 황보종우 옮김, 청아.

33 위와 동일, 241 이하 참조.

34 Jonathan Haidt, *The Happiness Hypothesis: Finding Modern Truth in Ancient Wisdom* (New York: Basic Books, 2006), 175. 『행복의 가설』, 조너선 헤이트, 권오열 옮김, 물푸레.

35 Gopnik, *The Philosophical Baby,* 241. 『우리 아이의 머릿속』.

36 Ranae J. Evenson and Robin W. Simon, "Clarifying the Relationship Between Parenthood and Depression," *Journal of Health and Social Behavior* 46 (December 2005): 355.

37 예를 들어 다음을 참조, the Center for Epidemiologic Studies Depression Scale (CES-D), 이것의 사본은 다음에서 찾아볼 수 있다, Center for Substance Abuse Treatment, *Managing Depressive Symptoms in Substance Abuse Clients During Early Recovery: Appendix B* (Rockville, MD: Substance Abuse and Mental Health Services Administration, 2008), 다음 웹페이지에서 확인 가능, http://www.ncbi.nlm.nih.gov/books/NBK64056.

38 Csikszentmihalyi, *Flow,* 168. 『몰입의 즐거움』.

39 Viktor Frankl, *Man's Search for Meaning* (Boston: Beacon Press, 1992), 112.

40 위와 동일, 110. 『죽음의 수용소에서』, 빅터 프랭클, 이시형 옮김, 청아.

41 Bok, *Exploring Happiness,* 117. 『행복학 개론』.

42 Ben Jonson, "On My First Sonne" (c. 1603).

43 Kahneman, *Thinking, Fast and Slow,* 381. 『생각에 관한 생각』.

44 위와 동일.

45 Daniel Kahneman, "The Riddle of Experience vs. Memory," TED Talk, February 2010, posted March 2010, 다음 웹페이지에서 확인 가능, http://www.ted.com/talks/daniel_kahneman_the_riddle_of_experience_vs_memory.html.

46 Pew Research Center, "As Marriage and Parenthood Drift Apart, Public Is Concerned About Social Impact," July 1, 2007, 다음 웹페이지에서 확인 가능, http://www.pewsocialtrends.org/files/2007/07/Pew-Marriage-report-6-28-for-web-display.pdf.

47 Mihaly Csikszentmihalyi, 저자와의 인터뷰, 2011년 7월 25일.

48 Dan P. McAdams, 저자와의 인터뷰, 2013년 1월 8일.

49 Kahneman, "The Riddle of Experience vs. Memory."

50 Kahneman, *Thinking, Fast and Slow,* 390. 『생각에 관한 생각』.

51 Dan P. McAdams, 저자와의 인터뷰, 2013년 1월 8일.

52 다음에서 인용, Jennifer Senior, "All Joy and No Fun: Why Parents Hate Parenting," *New York,* July 4, 2010.

53 Dan P. McAdams, "The Redemptive Self: Generativity and the Stories Americans Live By," *Research in Human Development* 3 (2006): 93.

54 Dan P. McAdams, 저자와의 인터뷰, 2013년 1월 8일.

55 Kathryn Edin and Maria Kefalas, *Promises I Can Keep: Why Poor Women Put Motherhood Before Marriage* (Berkeley: University of California Press, 2005), 11.

56 Philip Cowan, 저자와의 인터뷰, 2011년 2월 2일, 2011년 5월 10일.

57 Dan P. McAdams, 저자와의 인터뷰, 2013년 1월 8일.

58 위와 동일.

59 Dan Gilbert, 저자와의 인터뷰, 2011년 5월 22일.

60 특히 다음을 참조, Mead, *And Keep Your Powder Dry*.

61 Marjorie Williams, "Hit by Lightning: A Cancer Memoir," in *The Woman at the Washington Zoo,* ed. Timothy Noah (New York: PublicAffairs, 2005), 321.

찾아보기

ㅇ

ㅌ

ㅍ

ㅎ

옮긴이 이경식

서울대 경영학과와 경희대 대학원 국문학과를 졸업하고, 전문번역가로 활동하고 있다. 영화「개 같은 날의 오후」「나에게 오라」, 연극「춤추는 시간 여행」「동팔이의 꿈」, 텔레비전 드라마「선감도」등의 각본을 썼다. 옮긴 책으로『승자의 뇌』『결핍의 경제학』『거짓말하는 착한 사람들』『소셜 애니멀』『스노볼』『내 아버지로부터의 꿈: 오바마 자서전』등이 있으며, 저서로 사회 에세이『청춘아 세상을 욕해라』, 경제학 에세이『대한민국 깡통경제학』, 역사 에세이『미쳐서 살고 정신 들어 죽다』, 평전『이건희 스토리』『안철수의 전쟁』등이 있다.

부모로 산다는 것

1판 1쇄 발행 2014년 4월 19일
1판 4쇄 발행 2014년 7월 7일

지은이 제니퍼 시니어
옮긴이 이경식

발행인 양원석
편집장 강훈
교정교열 최은하
전산편집 김미선
해외저작권 황지현, 지소연
제작 문태일, 김수진
영업마케팅 김경만, 정재만, 곽희은, 임충진, 김민수, 장현기, 임우열
송기현, 우지연, 정미진, 윤선미, 이선미, 최경민

펴낸 곳 ㈜알에이치코리아
주소 서울시 금천구 가산디지털2로 53, 20층(가산동, 한라시그마밸리)
편집문의 02-6443-8916 구입문의 02-6443-8838
홈페이지 http://rhk.co.kr
등록 2004년 1월 15일 제2-3726호

ISBN 978-89-255-5269-9 (03590)